STARK

ABITUR

Prüfungsaufgaben
mit Lösungen

2015

Biologie

Leistungskurs
Gymnasium • Gesamtschule
Nordrhein-Westfalen

2008–2014

STARK

ISBN: 978-3-8490-1097-3

8. ergänzte Auflage
www.stark-verlag.de

Inhalt

Autoren:

Rolf Brixius: Lösungen der Jahrgänge 2008–2014; Übungsaufgabe 3
Mustafa Jannan: Übungsaufgaben 1 und 2

Vorwort

Liebe Schülerinnen und Schüler,

das vorliegende Buch bietet Ihnen die Möglichkeit, sich optimal auf die **zentral gestellte, schriftliche Abiturprüfung 2015 in Nordrhein-Westfalen** im Leistungskurs Biologie vorzubereiten.

Im Abschnitt „**Hinweise und Tipps zum Zentralabitur**" bieten wir Ihnen dazu zunächst einen Überblick über:

- den **Ablauf** und die **Anforderungen** des Zentralabiturs in NRW. Dies wird Ihnen helfen, die formalen Rahmenbedingungen für das Zentralabitur kennenzulernen. Erläuterungen zu den Prüfungsanforderungen, zum Umgang mit den sogenannten Operatoren und zu den festgesetzten thematischen Schwerpunkten lassen Sie die Prüfungssituation besser einschätzen.
- die erfolgreiche Bearbeitung der Arbeitsaufträge und Materialien in den Prüfungsaufgaben. Die „**Tipps zum Umgang mit Prüfungsaufgaben**" zeigen Ihnen konkret, wie Sie erfolgreich an die Aufgaben der schriftlichen Abiturprüfung herangehen können.

Dieses Buch enthält neben drei Übungsaufgaben im Stil der **Leistungskurs-Abiturklausuren**, wie sie inhaltlich und vom zeitlichen Ausmaß her im Abitur 2015 auf Sie zukommen können, alle Original-Leistungskurs-Prüfungsaufgaben des Zentralabiturs ab 2008. Zu allen Aufgaben bieten wir Ihnen **ausführliche, kommentierte Lösungsvorschläge mit Tipps und Hinweisen zur Lösungsstrategie**.

Das Autorenteam und der Verlag wünschen Ihnen für die Prüfungsvorbereitung und Ihre schriftliche Abiturprüfung viel Erfolg!

Stichwortverzeichnis

Die folgende **Auflistung der Unterrichtsinhalte für das Abitur 2015** ist mehrfach gegliedert. Nach der Überschrift der Themenhalbjahre (**fett**) folgt in der zweiten Unterteilung eine Benennung der Themenfelder, die im Lehrplan als obligatorisch (verbindlich) vorgesehen sind. Diese werden in einer dritten Gliederungsebene durch Schwerpunktsetzungen deutlich gemacht und präzisiert. Die hier gewählte Reihenfolge der verbindlichen Unterrichtsinhalte stellt lediglich eine Auflistung der vier Themenhalbjahre dar. Die unterrichtliche Abfolge kann sich von Schule zu Schule ändern, je nachdem, für welche Sequenz sich die jeweilige Biologie-Fachkonferenz entschieden hat.

Verbindliche Unterrichtsinhalte	Beispiele
A Genetische und entwicklungsbiologische Grundlagen von Lebensprozessen	
– Molekulare Grundlagen der Vererbung und Entwicklungssteuerung	Übungsaufgabe 3
• Replikation, Proteinbiosynthese bei Pro- und Eukaryoten, Mutagene und Mutationen	09 Aufgabe 2 11 Aufgabe 2
• Regulation der Genaktivität am Beispiel der Prokaryoten (Operonmodell)	
– Aspekte der Zytogenetik mit humanbiologischem Bezug	
• Meiose, Crossing over, Rekombination	14 Aufgabe 2
• Stammbaumanalyse und Erbgänge	Übungsaufgabe 3
• Humangenetische Beratung	08 Aufgabe 2
– Angewandte Genetik	Übungsaufgabe 3
• Werkzeuge und Verfahrensschritte der Gentechnik (PCR und genetischer Fingerabdruck)	14 Aufgabe 2
• Methoden der Bakteriengenetik: Herstellung und Isolation von genetisch veränderten Bakterien	14 Aufgabe 2
B Ökologische Verflechtungen und nachhaltige Nutzung	
– Umweltfaktoren, ökologische Nische – Untersuchungen in einem Lebensraum	Übungsaufgabe 2 11 Aufgabe 3
• Aquatisches System – Stehende Gewässer und Aspekte des Fließgewässers: Zonierung, Eutrophie und Oligotrophie, Methoden der Bestandsaufnahme, Gewässergüte und Selbstreinigung, Anwenden des Saprobienindex, Erfassen physikalischer und chemischer Faktoren (Licht, Temperatur, pH-Wert)	10 Aufgabe 3 (Vorschlag 1)
• Terrestrisches System – Wald oder naturnaher Park: Schichtung und Aufbau, Einfluss von Standortfaktoren und Bewirtschaftung, Erstellen von Vegetationsaufnahmen, Charakterisierung von Waldgesellschaften, Standortbeurteilung mit Zeigerwerten, Erfassen physikalischer und chemischer Faktoren (Licht, Temperatur, pH-Wert)	10 Aufgabe 3 (Vorschlag 2)

– Einfache Beziehungen zwischen Organismengruppen und abiotischen Habitatfaktoren • Anpassungen an Temperatur und Feuchtigkeit bei Tieren und Pflanzen • Toleranzbereiche, physiologisches und ökologisches Optimum	09 Aufgabe 1 12 Aufgabe 3
– Wechselbeziehungen, Populationsdynamik • Beziehungen zwischen Populationen: LOTKA-VOLTERRA-Regeln, Konkurrenz, Koexistenz	09 Aufgabe 3 11 Aufgabe 3 14 Aufgabe 3
– Verflechtungen in Lebensgemeinschaften • Biomasseproduktion, Trophieebenen, Energiefluss • Biogeochemischer Kreislauf am Beispiel des Stickstoffkreislaufs	 14 Aufgabe 3 10 Aufgabe 3 (Vorschlag 2) 13 Aufgabe 3
– Nachhaltige Nutzung und Erhaltung von Ökosystemen • nachhaltige Bewirtschaftung (chemische Schädlingsbekämpfung, biologischer Pflanzenschutz)	 14 Aufgabe 3
C Evolution der Vielfalt des Lebens in Struktur und Verhalten	
– Grundlagen evolutiver Veränderung • Genotypische Variabilität von Populationen (keine Modellberechnungen)	09 Aufgabe 1
– Verhalten, Fitness und Anpassung • Fortpflanzungsstrategien (einschließlich Partnerwahl und Paarungssysteme)	Übungsaufgabe 2 11 Aufgabe 1
– Art und Artbildung	Übungsaufgabe 2
– Evolutionshinweise und Evolutionstheorie • Rezente und paläontologische Hinweise (Homologie der Wirbeltiergliedmaßen) • Systematik und phylogenetischer Stammbaum (Grundlegende Zusammenhänge innerhalb des Wirbeltierstammbaumes, vertiefend: phylogenetische Stellung der Primaten) • Vergleich und Beurteilung der Ergebnisse unterschiedlicher Analysemethoden; bei der Analyse bzw. Erstellung eines Stammbaumes sind Übereinstimmungen in der DNA-Sequenz und Aminosäure-Sequenz von Proteinen einzubeziehen • Datierungsmethoden • Synthetische Evolutionstheorie	 08 Aufgabe 1 09 Aufgabe 1 12 Aufgabe 1 14 Aufgabe 1
– Transspezifische Evolution der Primaten • Einordnung von fossilen und rezenten Hinweisen zur Evolution des Menschen	08 Aufgabe 1

D Steuerungs- und Regulationsmechanismen im Organismus – Molekulare und zytologische Grundlagen mit den Schwerpunkten • Bau und Funktion des Neurons • Erregungsentstehung, Erregungsleitung, Synapsenvorgänge einschließlich molekularer Grundlagen • Synaptische Verschaltung und Verrechnung	Übungsaufgabe 1 12 Aufgabe 2

Die in der Tabelle genannten **Fachbegriffe** sollten Sie **als Oberbegriffe** zu bestimmten Themenkomplexen verstehen. So sind z. B. bei der genannten „Stammbaumanalyse" die Mendel'schen Regeln, autosomale oder gonosomale, dominante oder rezessive Vererbung sowie deren zytologische Grundlagen, d. h. der Vorgang der Meiose (einschließlich Kopplung und Entkopplung von Genen) von Bedeutung. „Mutagene und Mutationen" umfasst hierbei auch die Kenntnis der unterschiedlichen Mutationstypen in der Molekulargenetik.
Das bedeutet, dass auch Inhalte der Jahrgangsstufen 10 sowie der gesamten Sekundarstufe I den Abituraufgaben zugrunde gelegt werden, insofern sie für das Verständnis der Themen des Oberstufenunterrichtes von Bedeutung sind. Dies gilt z. B. für die oben bereits genannten Mendel'schen Regeln, den Aufbau und die Struktur von Proteinen oder die Feinstruktur der Zelle. Ebenso sollten Ihnen organische Moleküle vom Grundaufbau her bekannt sein, sodass sie von Ihnen über die funktionellen Gruppen einer Stoffgruppe (z. B. Aminosäure, Kohlenhydrate) zugeordnet werden können.

1.3 Die Prüfungsaufgaben – Struktur und Anforderungen

Aus den zuvor aufgelisteten Inhalten setzen sich die einzelnen Prüfungsaufgaben zusammen. Die Aufgabenstellungen bestehen aus mehreren Teilaufgaben, deren Schwierigkeitsgrad sich von Frage zu Frage steigert. Jede Aufgabe besteht dabei aus vier bis fünf Teilaufgaben.
Bei der schriftlichen Abiturprüfung müssen Sie damit rechnen, dass die Ihnen zur Bearbeitung vorgelegten Aufgaben **themenbereichs- und kurshalbjahrübergreifend** sind. Eine Aufgabe aus dem Themenbereich der Evolution benötigt für die erfolgreiche Bearbeitung dann z. B. zusätzlich Kenntnisse aus den Bereichen Ökologie oder Genetik. Sie müssen darauf vorbereitet sein, dass auch innerhalb einer Aufgabe verschiedene Themenbereiche angesprochen werden können. Hier kann es sich als fatal erweisen, wenn Sie „auf Lücke" lernen. In diesem Fall können Sie u. U. eine oder mehrere der Prüfungsaufgaben – aufgrund des fehlenden Hintergrundwissens aus einem weiteren Kurshalbjahr – nicht bearbeiten oder lösen!

Anforderungsbereiche

Sämtliche Prüfungsaufgaben stützen sich auf die, für alle Bundesländer vorgeschriebenen „Einheitlichen Prüfungsanforderungen in der Abiturprüfung Biologie" (EPA). Danach enthalten alle Prüfungsaufgaben Teilaufgaben aus drei verschiedenen Anforderungsbereichen:

- **AFB I (Reproduktion):** Sie müssen Ihr gelerntes Wissen wiedergeben können, also z. B. die Zeichnung einer Nervenzelle beschriften.
- **AFB II (Reorganisation/Transfer):** Hierbei geht es um die Anwendung Ihrer Kenntnisse, Sie müssen Ihr Wissen also neu geordnet anwenden können. Es kann z. B. von Ihnen verlangt werden, einen Vergleich in Form einer Tabelle anzufertigen (Reorganisation) oder das im Unterricht Gelernte auf unbekanntes Material sinnvoll anwenden zu können (Transfer).
- **AFB III (Problemlösendes Denken):** Schließlich müssen Sie auch in größeren Zusammenhängen argumentieren können. Hier sollen Sie z. B. Probleme lösen, Hypothesen aufstellen, einen Lösungsweg oder einen Versuch planen und Entscheidungen bewerten und begründen können.

Der **Schwerpunkt aller Prüfungsaufgaben** liegt dabei immer auf dem **AFB II**, in diesem Bereich können Sie auch die meisten Bewertungspunkte erreichen.

Operatoren

Damit sicher gestellt ist, dass alle Schülerinnen und Schüler unter vergleichbaren Voraussetzungen lernen und geprüft werden, wurden sogenannte **Operatoren** für die Aufgaben ausgewählt. Es sind Arbeitsanweisungen, die eine definierte Bedeutung haben und die Sie auf das in der Aufgabe angebotene fachspezifische Material (Texte, Abbildungen, Schemata, grafische Darstellungen, Tabellen etc.) anwenden müssen. Die Handlungsanweisungen signalisieren Ihnen, was *genau* Sie mit den angebotenen Materialien machen sollen.

Während z. B. beim „Nennen“ biologische Sachverhalte, Phänomene und Merkmale einfach wiedergegeben oder aufgezählt werden dürfen (AFB I), erfordert das „Bewerten“ selbstständige Deutungen und Begründungen in Form strukturierter, zusammenhängender Texte unter Verwendung der komplexen Materialien (AFB III).

Mit dem Arbeitsauftrag „Erläutern Sie“ wird von Ihnen die verständliche, anschauliche Darstellung eines Sachverhalts unter Verwendung weiterer Informationen z. B. aus dem Material erwartet, sodass der Leser den Sachverhalt nachvollziehen kann (AFB II). Dabei gibt es auch Überschneidungen, sodass einige der Operatoren zu zwei Anforderungsbereichen gehören können – je nachdem, wie der Inhalt des konkreten Arbeitsauftrags formuliert wurde.

In der folgenden Tabelle finden Sie die alphabetisch geordnete Liste der Operatoren für das Fach Biologie mit Erklärungen und der Zuordnung zu den Anforderungsbereichen. Die Operatoren sowie deren Beschreibung in der folgenden Tabelle sollten Sie sehr genau studieren, damit Sie exakt wissen, was von Ihnen verlangt wird. In der Aufgabensammlung finden Sie außerdem viele Beispiele zum Einsatz dieser Operatoren, an denen Sie den Umgang mit solchen Handlungsanweisungen üben können.

Operator	Beschreibung der erwarteten Leistung	AFB	Beispiele*
Ableiten	Auf der Grundlage wesentlicher Merkmale sachgerechte Schlüsse ziehen	III	10 II.2 12 III.3 13 II.2
Analysieren, Untersuchen	Wichtige Bestandteile oder Eigenschaften auf eine bestimmte Fragestellung hin herausarbeiten; Untersuchen beinhaltet ggf. zusätzlich praktische Anteile	II–III	09 I.3 12 III.1
Auswerten	Daten, Einzelergebnisse oder andere Elemente in einen Zusammenhang stellen und ggf. zu einer Gesamtaussage zusammenführen	II–III	09 III.4 10 II.1 11 I.2, 3
Begründen	Sachverhalte auf Regeln und Gesetzmäßigkeiten bzw. kausale Beziehungen von Ursachen und Wirkung zurückführen	II–III	08 I.1 10 I.4 10 III(V2).2
Beschreiben	Strukturen, Sachverhalte oder Zusammenhänge strukturiert und fachsprachlich richtig in eigenen Worten wiedergeben	I–II	08 II.3 09 I.2 13 II.3
Beurteilen	Zu einem Sachverhalt ein selbstständiges Urteil unter Verwendung von Fachwissen und Fachmethoden formulieren und begründen	III	08 II.2 10 III(V1).4 11 II.5
Bewerten	Einen Gegenstand an erkennbaren Wertkategorien oder an Beurteilungskriterien messen	III	10 II.4 10 III(V1).1 10 III(V1).2
Darstellen	Sachverhalte, Zusammenhänge, Methoden etc. strukturiert und ggf. fachsprachlich wiedergeben	II	09 II.3 12 III.3, 4 13 II.1
Diskutieren, Erörtern	Argumente und Beispiele zu einer Aussage oder These einander gegenüberstellen und abwägen	III	08 I.3 09 III.2 10 III(V2).1
Erklären	Einen Sachverhalt mithilfe eigener Kenntnisse in einen Zusammenhang einordnen sowie ihn nachvollziehbar und verständlich machen	II–III	Ü 1.3 09 I.1 09 III.1
Erläutern	Einen Sachverhalt veranschaulichend darstellen und durch zusätzliche Informationen verständlich machen	II–III	09 I.4 11 I.2 13 II.3, 4

Ermitteln	Einen Zusammenhang oder eine Lösung finden und das Ergebnis formulieren	II–III	Ü 3.2 09 III.4 13 I.2
Hypothesen entwickeln/ aufstellen	Begründete Vermutung auf der Grundlage von Beobachtungen, Untersuchungen, Experimenten oder Aussagen formulieren	III	08 I.1 09 II.2 11 I.3 12 II.4
Interpretieren/ Deuten	Fachspezifische Zusammenhänge in Hinblick auf eine gegebene Fragestellung begründet darstellen	II–III	11 I.1 12 II.2 13 III.2
Nennen, Angeben	Elemente, Sachverhalte, Begriffe, Daten ohne Erläuterungen aufzählen	I	09 III.2 11 III.4 12 III.2
Protokollieren	Beobachtungen oder die Durchführung von Experimenten detailgenau zeichnerisch einwandfrei bzw. fachsprachlich richtig wiedergeben	I–II	–
Skizzieren	Sachverhalte, Strukturen oder Ergebnisse auf das Wesentliche reduziert übersichtlich grafisch darstellen	II	12 III.3 13 III.1 14 I.4, III.1
Stellung nehmen	Zu einem Gegenstand, der an sich nicht eindeutig ist, nach kritischer Prüfung und sorgfältiger Abwägung ein begründetes Urteil abgeben	III	–
Überprüfen, Prüfen	Sachverhalte oder Aussagen an Fakten oder innerer Logik messen und eventuelle Widersprüche aufdecken	II–III	–
Vergleichen	Gemeinsamkeiten, Ähnlichkeiten und Unterschiede ermitteln	II	09 III.3 11 II.3 13 I.1
Zeichnen	Eine möglichst genaue grafische Darstellung beobachtbarer oder gegebener Strukturen anfertigen	I	11 II.4 14 II.4
Zusammenfassen	Das Wesentliche in konzentrierter Form herausstellen	I–II	08 I.2 09 I.1 11 I.3

*Ü = Übungsaufgabe; 08, 09, 10, 11, 12, 13, 14 = Jahrgang 2008, 2009, 2010, 2011, 2012, 2013, 2014; angegeben ist jeweils die Nummer der Aufgabe und der darin befindlichen Teilaufgabe

1.4 Bewertung

Ihre Fachlehrerin bzw. Ihr Fachlehrer korrigiert und bewertet die Reinschrift der Abiturarbeiten auf der Grundlage eines **vorgegebenen Bewertungsschemas**, in dem eine Beurteilung der von Ihnen zu erbringende Teilleistungen aufgeschlüsselt ist. Diese Aufschlüsselung nennt konkrete Eigenschaften und Merkmale, die eine Bearbeitung der jeweiligen Aufgabenteile enthalten soll. Bei der Bewertung der von Ihnen erstellten Lösung wird deren Brauchbarkeit des Weiteren an den o. g. drei Anforderungsbereichen gemessen. Sie werden bei der Anzahl der maximal zu vergebenden Punkte mit berücksichtigt. Von diesem Bewertungsschema kann die Fachlehrerin bzw. der Fachlehrer *in der Regel* nicht abweichen!

Dies bedeutet allerdings nicht, dass Sie exakt die Formulierungen der Vorgaben wiedergeben müssen. Sie dienen als Orientierung und insofern hat Ihre Lehrerin bzw. Ihr Lehrer einen gewissen „Spielraum" bei der Benotung. Insgesamt werden bei der Bewertung Ihrer Darstellung sowohl die fachliche Richtigkeit und Vollständigkeit berücksichtigt als auch die Schlüssigkeit Ihrer Argumentation, die Qualität Ihrer Darstellung (klarer Aufbau und richtige Verwendung der Fachsprache) sowie gegebenenfalls die Kreativität und Eigenständigkeit bei Ihren Lösungen. Werden hier von Ihnen bei der Bearbeitung der einzelnen Teilaufgaben weitere, aufgabenbezogene Kriterien erfüllt, die eigentlich nicht vorgesehen sind, können Sie dafür Zusatzpunkte erhalten. Das können Lösungen sein, die im Bewertungsbogen nicht erfasst wurden, fachlich aber richtig sind und von Ihnen schlüssig dargestellt wurden. Hierzu zählen beispielsweise konstruktive Versuchskritik und das Aufstellen begründeter Hypothesen oder, wenn Sie einen biologischen Sachverhalt durch eine eigene Meinung fundiert beurteilen.

Für die Korrektur Ihrer Ausführungen sind detaillierte Randbemerkungen Ihrer Lehrerin bzw. Ihres Lehrers vorgesehen. Die inhaltlichen Leistungen und die Darstellungsleistungen werden bei der Bewertung Ihrer Arbeit gesondert ausgewiesen. Sie gehen mit fachspezifischer Gewichtung in die Gesamtbewertung mit ein. Denken Sie daran, dass *gehäufte* Verstöße gegen die sprachliche Richtigkeit (vor allem Verstöße gegen Rechtschreibung, Grammatik und Satzzeichensetzung, aber auch die äußere Form) zu einer Absenkung der Bewertung Ihrer Abiturarbeit um bis zu 3 Punkte (d. h. um eine komplette Note!) führen kann.

Ihre Arbeit kann mit ausreichend (5 Punkte) bewertet werden, wenn Sie annähernd die Hälfte der im Bewertungsschema beschriebenen Anforderungen erreicht haben. Dies bedeutet, dass rein reproduktive Leistungen des AFB I für ein Bestehen des Abiturs nicht ausreichen! Entsprechend erreichen Sie ein sehr gutes Prüfungsergebnis nur dann, wenn Sie auch Leistungen aus dem AFB III erbringen. Bedenken Sie bitte auch, dass ein mit „gut" beurteiltes Prüfungsergebnis von Ihnen verlangt, zumindest ansatzweise Aufgaben des AFB III zu bearbeiten.

Ihre Arbeit wird, nachdem Ihre Lehrerin bzw. Ihr Lehrer sie korrigiert und benotet hat, von einem zweiten Fachkollegen einer Zweitkorrektur unterzogen. Diese kann von einer Kollegin oder einem Kollegen an Ihrer Schule erfolgen, es ist aber auch möglich, dass die Zweitkorrektur an einer anderen Schule vorgenommen wird.

Je nach individueller Veranlagung werden einige von Ihnen diese Vorbemerkungen überspringen und sich direkt auf die Aufgaben stürzen. Vielleicht, weil Sie schon wissen, wie man **sachgerecht** und **ökonomisch** arbeitet oder aus genau dem gegenteiligen Grund: Vielleicht gehen Sie grundsätzlich zu **überhastet** vor und wollen möglichst rasch ans Ziel kommen. Wenn Sie zur zweiten Gruppe gehören sollten, sind – gerade durch Ihr Vorgehen – **Leistungsvermögen** und erbrachte **Leistung** daher oft **nicht deckungsgleich**. Dabei ist es eigentlich ziemlich einfach, ein gutes Ergebnis mit vernünftigem Aufwand zu erreichen.
Im Folgenden daher einige **Tipps**, die allgemein für jede Form von schriftlicher Arbeit gelten und damit über dieses Buch hinaus während der Berufsausbildung oder des Studiums **hilfreich** sein können.
Wir können Ihnen hier nur eine kurze Auflistung der wichtigsten Punkte geben, die Sie beim Bearbeiten der Aufgaben beachten sollten. Ebenso kann an dieser Stelle nur exemplarisch auf einige Aspekte der Analyse von Materialien eingegangen werden.
Weiterführende Hilfestellungen zum Umgang mit Prüfungsaufgaben finden Sie in dem Buch „Training Methoden – Biologie“, Stark Verlag (Best.-Nr. 94710), mit dem Sie anhand einer Reihe konkreter Beispiele die prüfungsrelevanten Arbeitstechniken im Fach Biologie trainieren können. Zwei weitere Trainingsbücher ermöglichen es Ihnen, den Unterrichtsstoff zu wiederholen und sich optimal auf die Inhalte der schriftlichen und mündlichen Abiturprüfung vorzubereiten: „Abitur-Training – Biologie 1 und 2“, Stark Verlag (Best.-Nr. 54701 und 54702).

2.1 Ökonomisches Bearbeiten der Aufgaben

Ökonomisches Arbeiten soll in diesem Zusammenhang heißen: eine Klausur in möglichst **kurzer Zeit** möglichst **gründlich** zu bearbeiten.
Ihre Bearbeitung der schriftlichen Abiturprüfung beginnt mit der Auswahl der Aufgaben. Wie bereits angesprochen, sollte diese Auswahl zügig und trotzdem sorgfältig erfolgen. Wichtig ist hierbei, dass Sie sich zunächst einen Überblick über alle Aufgaben und Materialien verschaffen, auch wenn Sie aufgrund der thematischen Überschrift schon eine Vorentscheidung gefällt haben. Vielleicht verbirgt sich in der Aufgabe ein „Haken“, den Sie bei der schnellen Durchsicht nicht gesehen haben!
Zur weiteren Bearbeitung der Aufgaben hilft es, wenn Sie sich vor der Klausur zu Hause einen Plan erstellen, wie Sie an die einzelnen Aufgaben herangehen sollen. Etwaige Nervosität in der Abitur-Prüfung wird dadurch übrigens vermindert, da Sie nach gewohnter Routine vorgehen können. Dieser **Plan** kann z. B. wie folgt aussehen:

- **Lesen** Sie sich die Aufgabenstellung sorgfältig durch, lassen Sie sich **Zeit**. Achten Sie dabei besonders auf die Operatoren. Versuchen Sie sich klarzumachen, worum es in der Aufgabe geht. Hierbei hilft Ihnen oft das Thema der Aufgabe.
- **Markieren** Sie beim Durcharbeiten des Aufgabentextes mit einem Stift – am besten mit einem **Textmarker** – wichtige Textstellen und Schlüsselbegriffe. (Werden unterschiedliche Sachverhalte in den Teilaufgaben angesprochen, kann es hilfreich sein, mit mehreren Farben zu arbeiten!)

gabe als Tabelle oder Skizze) durchgehend **in vollständigen Sätzen** unter Verwendung der passenden **Fachbegriffe** formulieren.
Auch wenn zur Beantwortung der Aufgabe kein Fließtext gefordert wird, sollte die unkommentierte Aufzählung einzelner Schlagworte (Ausnahme: Operator „Nennen“) sowie unbeschriftete Skizzen und Tabellen vermieden werden. Bei allen Lösungen sollten Sie außerdem beachten,

- dass Sie sich bei der Bearbeitung der Aufgabe an den Operator der Aufgabenstellung halten, damit Sie die **Lösung im Sinne der Aufgabenstellung** erstellen. Sie sollten z. B. beim Operator „Nennen / Angeben“ keine weiteren Erklärungen angeben, dies wäre auch nicht im Sinne einer zweckmäßigen Zeiteinteilung bei der Prüfung.
- dass die Darstellung **logischen und erkennbaren Ordnungsprinzipien** folgt. Für längere Teilantworten bietet sich die „klassische“, aus dem Deutschunterricht bekannte Einteilung in eine kurze Einleitung (hier reichen meist 1–2 Sätze), einen in sinnvolle Absätze gegliederten Hauptteil und einen Schlusssatz an.
- dass die Ausführungen **eindeutig formuliert** sind und soweit sinnvoll auch mit anderen Teilen Ihrer Klausur verknüpft werden.
- dass Sie immer dann, wenn Sie **Abkürzungen** verwenden – sofern es sich nicht um Standardabkürzungen wie DNA, ATP, o. Ä. handelt – diese immer ausschreiben (z. B. PKU = Phenylketonurie). Ungebräuchliche Abkürzungen werden allgemein als Rechtschreibfehler angesehen und gewertet.

Zum Schluss sollten Sie – sofern es möglich ist – noch einmal 10 bis 20 Minuten einplanen, um Ihre Lösungen noch einmal zu lesen und eventuelle Fehler (Grammatik, Zeichensetzung, Rechtschreibung) zu berichtigen. Denken Sie daran, dass Ihnen für eine mangelhafte äußere Form bis zu drei Notenpunkte abgezogen werden können! Achten Sie auch darauf, dass Ihre Verweise auf Abbildungen korrekt sind. Eine **lesbare Schrift** und eine **übersichtliche Gestaltung** sind deshalb besonders wichtig. Zuletzt sollten Sie die Seiten vollständig durchnummerieren.

3 Hinweise zur Benutzung dieses Buches

Dieses Buch enthält drei **Übungsklausuren im Stil des Zentralabiturs 2015 in Nordrhein-Westfalen** und **alle Leistungskursaufgaben der Abitur-Jahrgänge ab 2008** mit Arbeitsaufträgen, Materialien und ausgearbeiteten Lösungen. Vor jedem Lösungsvorschlag finden Sie die in der Aufgabe thematisierten **Schwerpunkte** bzw. die für die Lösung geforderten **Vorkenntnisse.**
Nach diesen allgemeinen Hinweisen zur Lösung der Aufgabe folgen die **Lösungsvorschläge**. Jeder Lösungsvorschlag ist zusätzlich mit **methodischen Hinweisen** versehen. Diese Hinweise erläutern – sofern nötig – kurz die Herangehensweise an die Teilaufgabe und geben Ihnen konkrete Tipps, was bei der jeweiligen Aufgabe zu beachten ist. Alle Tipps und Hinweise erkennen Sie an den Rauten am Seitenrand.

Sollten nach Erscheinen dieses Bandes noch wichtige Änderungen in der Abitur-Prüfung 2015 vom Schulministerium Nordrhein-Westfalen bekannt gegeben werden, finden Sie aktuelle Informationen dazu im Internet unter:
www.stark-verlag.de/pruefung-aktuell

Abitur-Prüfung Biologie (NRW) – Leistungskurs
Übungsaufgabe 1: Neurophysiologie

Die Wirkung des örtlichen Betäubungsmittels Procain

1 Ordnen Sie die in Material A 2 dargestellten Membranpotenziale begründet den in Material A 1 bezifferten Abschnitten eines künstlich gereizten Neurons zu.

2 Erläutern Sie an Material B 1 und C die Vorgänge an einer Nervenfasermembran vor, während und nach einem Aktionspotenzial.

3 Erklären Sie unter Bezug auf das Material die lokal betäubende Wirkung von Procain. Erklären Sie auch, wie der Herzstillstand bei Überdosierung zustande kommt.

4 Stellen Sie dar, welche Eigenschaft(en) eine Substanz haben müsste, um eine Überdosierung von Procain behandeln zu können.

Material A: Modellhafte Darstellung verschiedener Membranpotenziale an einem Neuron, das künstlich überschwellig gereizt wird

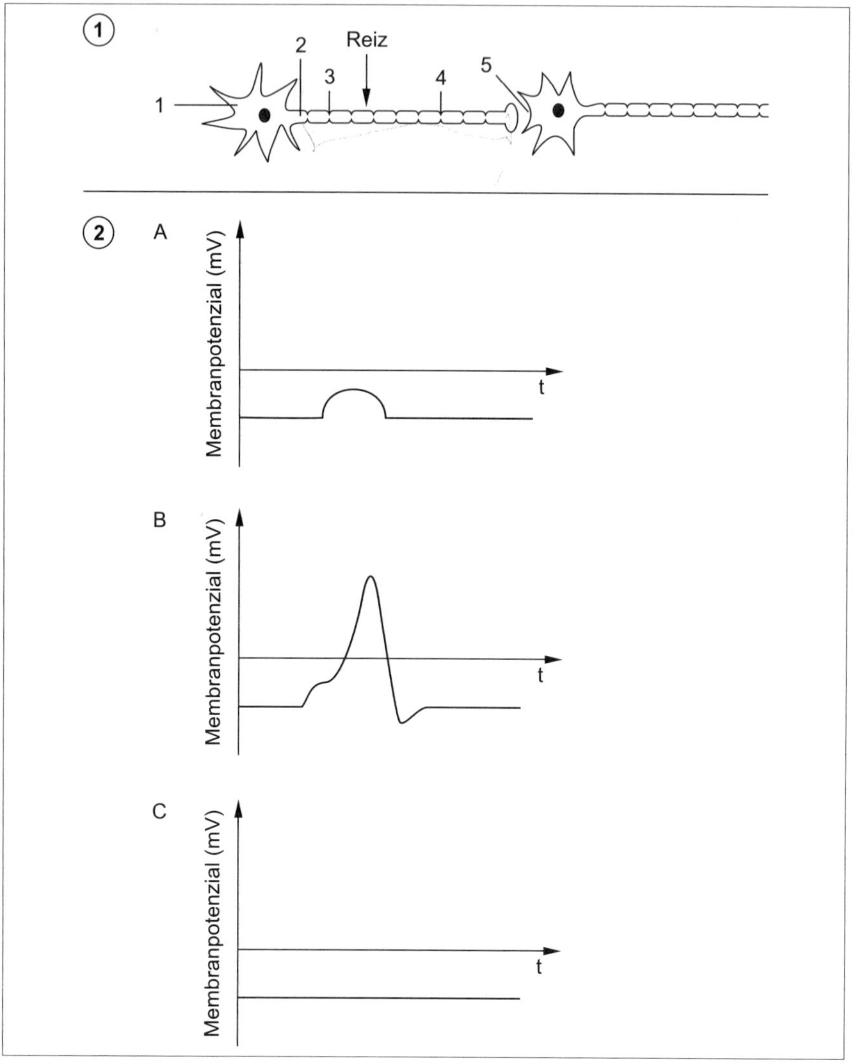

Material B: Potenzialänderungen an der Axonmembran

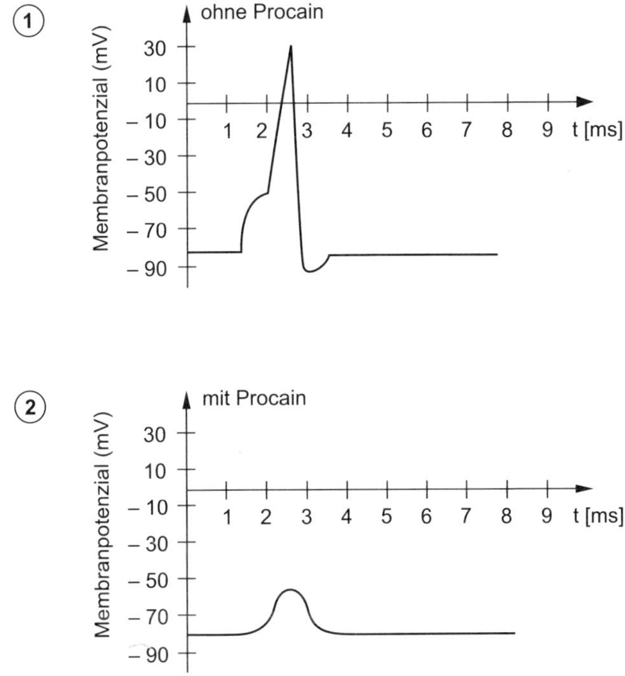

verändert nach: Aktories, Klaus, Förstermann, Ulrich, Hofmann, Franz, Starke, Klaus: Allgemeine und spezielle Pharmakologie und Toxikologie, begründet von Forth, W., Henschler, D., Rummel, W., Urban und Fischer Verlag 9. Auflage 2005, S. 257 © Elsevier GmbH, München

Material C: Ionenkonzentrationen außer- und innerhalb von Nervenzellen

	Natrium (Na^+)	**Kalium (K^+)**	**Chlorid (Cl^-)**	**organische Anionen**
Innenkonzentration (mmol /kg Wasser)	7	160	7	155
Außenkonzentration (mmol /kg Wasser)	144	4,5	114	0

Material D: Spannungsabhängiger Natriumionenkanal der Axonmembran

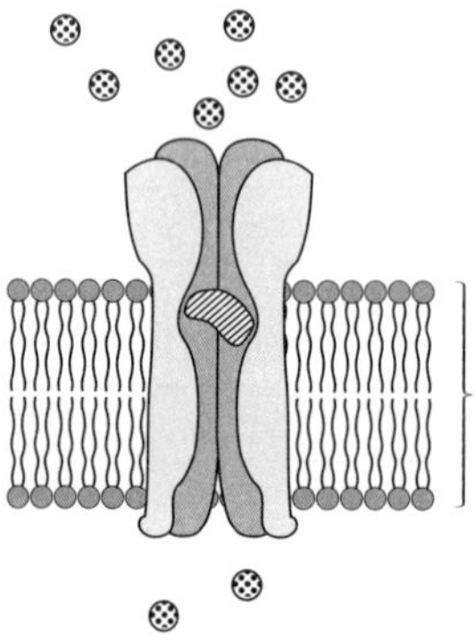

Teilschematische Darstellung der Anlagerungsstelle des Procain-Moleküls im spannungsabhängigen Natriumionenkanal der Axonmembran

verändert nach: Aktories, Klaus, Förstermann, Ulrich, Hofmann, Franz, Starke, Klaus: Allgemeine und spezielle Pharmakologie und Toxikologie, begründet von Forth, W., Henschler, D., Rummel, W., Urban und Fischer Verlag 9. Auflage 2005, S. 259 © Elsevier GmbH, München

Material E: Der Einsatz des örtlichen Betäubungsmittels *Procain*

Bei kleineren Eingriffen in der Medizin (z. B. bei einer Zahnbehandlung) verwendet man häufig örtliche Betäubungsmittel, mit denen man nur die Stelle, an der operiert wird, betäuben kann. Diese sogenannten **Lokalanästhetika** werden dazu mit einer Spritze in der Nähe der zu betäubenden Nerven injiziert. Dabei muss besonders darauf geachtet werden, dass keine Blutgefäße getroffen werden. Bei einer Überdosierung und gleichzeitiger Aufnahme in das Kreislaufsystem kann es u. a. zum Herzstillstand kommen.

Lösungsvorschlag

In der Aufgabe thematisierte Unterrichtsinhalte sind:
Neurobiologie: Ionenverteilung an der Nervenzellmembran, Ruhepotenzial, Aktionspotenzial, Erregungsleitung

1 *Sie können die Zuordnung in einer Aufzählung sowohl nach den bezifferten Stellen 1–5 als auch den Kurven A–C geordnet vornehmen, aber auch – wie im folgenden dargestellt – die Zuordnung in die Beschreibung des (beidseitigen!) Verlaufs der Erregung nach dem künstlichen Reiz integrieren. Auf jeden Fall sollten Sie detailliert begründen, warum das jeweilige Membranpotenzial an der betreffenden Stellen gemessen werden kann.*

Überschreitet ein Reiz eine bestimmte Schwelle, die zur Auslösung eines Aktionspotenzials ausreicht, nennt man ihn überschwellig. Durch die in Material A beschriebene künstliche Reizung im Bereich der Axonmembran kommt es zu einem Aktionspotenzial am Axon. Dieses kann bei dem dargestellten Wirbeltier-Neuron nur per saltatorischer Erregungsleitung über die Ranvier'schen Schnürringe weitergegeben werden, da nur dort spannungsabhängige Natriumionen(Na^+)-Kanäle vorliegen. An den anderen Stellen ist das Axon durch die Markscheide elektrisch isoliert. Das Aktionspotenzial (Kurve B) ist also an den Stellen 3 und 4 messbar, da sich die Erregung von der Reizstelle ausgehend sowohl faserabwärts als auch faseraufwärts fortpflanzt.
Das Neuronsoma enthält keine spannungsabhängigen Na^+-Kanäle (Stelle 1 und 2 in Material A 1). Kommt das Aktionspotenzial an Stelle 2 an, löst es nur eine schwache Depolarisation an der Membran aus, die durch Ionenwanderungen hervorgerufen wird. Dieser Zustand entspricht dem in Kurve A dargestellten Membranpotenzial.
Die beschriebenen Ionenwanderungsbewegungen setzen sich über die Somamembran des Neurons fort, schwächen sich dabei aber immer mehr ab *(sogenanntes Dekrement).* In größerer Entfernung vom Axon (Stelle 1 in Material A 1) sind sie nicht mehr nachweisbar, das in Kurve C dargestellte Ruhepotenzial liegt vor.
Erreicht das Aktionspotenzial das synaptische Endbläschen, wird es dort durch Transmitterausschüttung an die Folgezelle weitergegeben, im vorliegenden Fall eine Nervenzelle (Stelle 5 in Material A 1). Die Membran des Dendriten enthält im synaptischen Bereich keine spannungsabhängigen Na^+-Kanäle, sondern transmittergesteuerte Na^+-Rezeptoren. Je nach Zahl der durch Transmitterausschüttung geöffneten Kanäle kommt es zu einer unterschiedlich starken Spannungsänderung an der postsynaptischen Membran. Bei exzitatorisch wirkenden Transmittern führt dies zu einer schwachen Depolarisation, wie in Kurve A dargestellt.

2 *Beschreiben Sie zunächst, wie das Ruhepotenzial zustande kommt und aufrecht erhalten wird. Erläutern Sie dann, wie die Ionenverteilung sich beim Entstehen eines Aktionspotenzials verändert und welche Auswirkungen das auf das Membranpotenzial hat. Erklären Sie zuletzt, wie das Ruhepotenzial wieder hergestellt wird.*

Material C zeigt, dass sich die Innen- und Außenkonzentration von Ionen an der Nervenzellmembran stark unterscheiden. Dieses Ungleichgewicht kommt durch die unterschiedliche Permeabilität der Membran für die einzelnen Ionen zustande. Es wird durch Ionen-Pumpen (v. a. die Na^+/K^+-Carrier) aufrecht erhalten, die die diffundierten Ionen wieder entgegen dem Konzentrationsgefälle zurückpumpen.
Im Ruhezustand wie auch im erregten Zustand sind in der Membran sogenannte Kaliumionen(K^+)-Leckkanäle geöffnet. Im Ruhezustand können die Kaliumionen aber nicht beliebig durch diese Kanäle diffundieren, da sie durch die negativen Ladungen der organischen Anionen zurückgehalten werden, die praktisch nicht durch die Membran diffundieren können. Ähnliches gilt für die Chlorid- und Natriumionen *(Chloridionen haben relativ zu Natriumionen eine gute Membranpermeabilität)*. Anorganische Anionen und Natriumionen sammeln sich an der Membran, was zu einer Spannung quer zur Membran führt, wobei die Innenseite der Membran negativ geladen ist. Diese Spannung bezeichnet man als Ruhepotenzial.
Ein Aktionspotenzial wird immer dann ausgelöst, wenn das Membranpotenzial 20–25 % unter dem Ruhepotenzial liegt *(sogenannter Schwellenwert)*. Dies ist z. B. bei Einwirkung eines Reizes einer bestimmten Stärke der Fall. Dadurch werden einige Na^+-Kanäle geöffnet, Natriumionen diffundieren im Ladungs- und Konzentrationsgefälle in das Zellinnere. In der Folge kommt es zum erwähnten Spannungsabfall an der Membran, der zur lawinenartigen Öffnung aller Na^+-Kanäle führt. Nach kürzester Zeit kommt es dann zu einem Ladungsausgleich: Natriumionen und organische Anionen heben sich in ihrer Ladung auf. Die Natriumionen diffundieren aber weiter, da ja noch das Diffusionsgefälle besteht –dadurch kommt es zur Umpolung *(Depolarisation)* der Membran!
Mit dem Einströmen der Natriumionen nimmt das Ladungsgefälle ab. Ab einer Spannung unter ca. –50 mV werden dadurch weitere K^+-Kanäle geöffnet, es kommt zu einem verstärkten Ausstrom von K^+-Ionen *(man sagt auch: die Membran besitzt eine höhere Permeabilität für K^+-Ionen)*.
Alle Na^+-Kanäle schließen sich nach 1 ms und sind für eine weitere Millisekunde inaktiv, d. h. sie öffnen sich nicht, egal wie stark z. B. ein Reiz ist *(absolute Refraktärzeit)*. Durch den Verschluss der Na^+-Kanäle und den erhöhten K^+-Ionen-Ausstrom wird die Polarität an der Membran erneut umgedreht *(sogenannte Repolarisation)*. Die im Konzentrationsgefälle durch die sich nur allmählich verschließenden K^+-Kanäle weiter diffundierenden K^+-Ionen führen zu einer kurzzeitigen Hyperpolarisation der Membran. Der ATP-verbrauchende Na^+/K^+-Carrier pumpt schließlich alle gewanderten Natrium- und Kaliumionen zurück und stellt so die ursprüngliche Ionenverteilung und damit das Ruhepotenzial wieder her.

3 – *Für die Beantwortung des ersten Teils der Frage finden Sie die relevanten Informationen in Material B2 und D. Vermeiden Sie bei Ihrer Erklärung Wiederholungen, indem Sie auf Ihre Ausführungen in der vorangehenden Aufgabe verweisen.*
– *Material E gibt Auskunft über die Folgen einer Überdosierung unter bestimmten Voraussetzungen. Beschreiben Sie kurz, warum auf diese Weise ein Herzstillstand zustande kommen kann. Den Wirkmechanismus müssen Sie hier nicht noch einmal erklären, dies ist ja bereits im 1. Schritt der Teilaufgabe erfolgt.*

Procain setzt sich in den spannungsabhängigen Na^+-Kanal *(Material D)* und verhindert so die in Teilaufgabe 2 beschriebene Erregungsentstehung bzw. -leitung: Da keine Na^+-Ionen wandern können, erfolgt auch keine Depolarisation. Ein Aktionspotenzial kann folglich nicht ausgelöst werden, da die wenigen nicht verschlossenen Natriumionenkanäle nur zu einer unterschwelligen Erregung führen *(Material B2)*.
Erfolgt eine Überdosierung von Procain und gelangt die Substanz (z. B. durch falsches Setzen einer Spritze) in die Blutbahn, wird sie dadurch über den ganzen Körper verteilt. Procain kann also auch bei anderen Nervenzellen hemmend auf die Ausbildung von Aktionspotenzialen wirken. Handelt es sich dabei um Zellen, die für die Kontraktion der Herzmuskeln verantwortlich sind, führt dies zum erwähnten Herzstillstand.

4 *Es gibt mehrere Möglichkeiten, wie das „Gegengift" zu Procain wirken könnte. Generell muss die Funktionalität der Na^+-Kanäle wieder hergestellt und damit die Depolarisation ermöglicht werden. Dazu führen u. a. die unten dargestellten Ansätze. Auch andere plausible Erklärungen sind an dieser Stelle richtig!*

Um eine Erregungsleitung wieder zu ermöglichen, muss eine überschwellige Depolarisation *(Material B2)* gewährleistet sein. Da dies bei einer Procain-Überdosierung nicht mehr der Fall ist, muss eine neurophysiologisch aktive Substanz die Wirkung von Procain aufheben. Dies wird z. B. dadurch erreicht, dass die nicht von Procain verschlossenen Na^+-Kanäle bei Erregung länger geöffnet bleiben durch den Einfluss des „Gegengiftes". Dadurch kommt es zu einem längeren Kationeneinstrom und damit zu einer stärkeren Depolarisation an der Nervenmembran. Ist die Depolarisation überschwellig, tritt nach dem bei Teilaufgabe 2 beschriebenen Mechanismus ein Aktionspotenzial auf.

Auch neuroaktive Substanzen, die die Öffnung von Na^+-Kanälen fördern, haben die gleiche Wirkung: Diese Substanzen bewirken die Kanalöffnung auch schon bei sehr geringer Erregung. Dadurch werden wesentlich mehr Kanäle aktiviert als im Normalzustand und somit die entgegen gesetzte Wirkung von Procain aufgehoben.

Abitur-Prüfung Biologie (NRW) –Leistungskurs
Übungsaufgabe 2: Ökologie/Evolution

Der Landgang der jamaikanischen Felsenkrabben

1 Beschreiben Sie die drei Formen natürlicher Selektion und deren Auswirkungen auf eine Population.

2 Erklären Sie an Material C den Begriff „Toleranzbereich“ und beschriften Sie die Kurve von *S. rectum* mit den entsprechenden Fachbegriffen. Beurteilen Sie die drei vorliegenden Toleranzkurven unter Bezug auf Material D.

3 Vergleichen Sie die unterschiedlichen Fortpflanzungsstrategien von *S. rectum* und *S. jarvisi* unter evolutionsbiologischen und ökologischen Aspekten.

4 Erläutern Sie unter Bezug auf Material D, Material E und Material F, wie es aus evolutionstheoretischer Sicht zur Artaufspaltung unter den Felsenkrabben kommen konnte. Gehen Sie bei Ihren Ausführungen auch darauf ein, warum die meeresbewohnenden Tiere den Übergang zum Landleben erfolgreich bewältigen konnten.

Material A: Die Felsenkrabben der Insel Jamaika

Auf der karibischen Insel Jamaika gibt es eine Vielzahl endemischer Lebewesen wie z. B. neun verschiedene Arten von Felsenkrabben. Diese Felsenkrabben der Familie Sesarmidae sind monophyletischen Ursprungs und infolge einer adaptiven Radiation im Pliozän vor ca. 3,5–1,9 Mio. Jahren entstanden. Ihre Vorfahren waren überwiegend Meeres- oder Küstenbewohner, so wie die meisten ihrer rezenten, außerhalb von Jamaika lebenden Verwandten, z. B. *Sesarma rectum.*
Die jamaikanischen Sesarmiden hingegen leben überwiegend im Landesinneren, nur die Larvenentwicklung erfolgt noch im Wasser. Dabei ist es zu extremen Anpassungen gekommen: Die Schneckenkrabbe *(Sesarma jarvisi)* z. B. legt ihre Eier in die Gehäuse großer Landschnecken, die im Durchschnitt nur 5 ml Süßwasser enthalten!
Bei der Frage, wie die Felsenkrabben den terrestrischen Lebensraums erobert haben könnten, waren Beobachtungen der Brackwasser bewohnenden Art *Armases miersii* als ein Modell für eine Übergangsform von Bedeutung.

Sesarma jarvisi im Gehäuse einer Landschnecke

Material B: Vergleich mariner und terrestrischer Felsenkrabben

	Eizahl pro Brut	Eivolumen in µm³	Larven-entwicklung	Larven-stadien	Brutpflege
***S. rectum* (marin)**	25 000	17–48	20 Tage	3	nein
***S. jarvisi* (terrestrisch)**	23	527–2 878	4 Tage	2	ja

nach Daten aus: Diesel, Rudolf, Schubart, Christoph D.: Die außergewöhnliche Evolutionsgeschichte jamaikanischer Felsenkrabben. In: BiuZ, 30. Jahrgang 2000, Nr. 3, S. 136–147 © Wiley-VCH

Material C: Überlebensrate der Larven verschiedener Felsenkrabben in Abhängigkeit von der Salinität

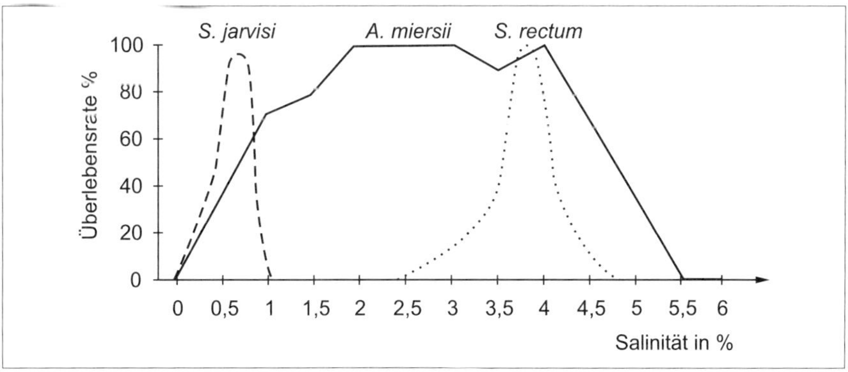

Salinitätstoleranz von A. miersii nach: Diesel, Rudolf, Schubart, Christoph D.: Die außergewöhnliche Evolutionsgeschichte jamaikanischer Felsenkrabben. In: BiuZ, 30. Jahrgang 2000, Nr. 3, S. 136–147 © Wiley-VCH

Material D: Salinität in einem Felstümpel an der Nordküste Jamaikas, Mai – Juli

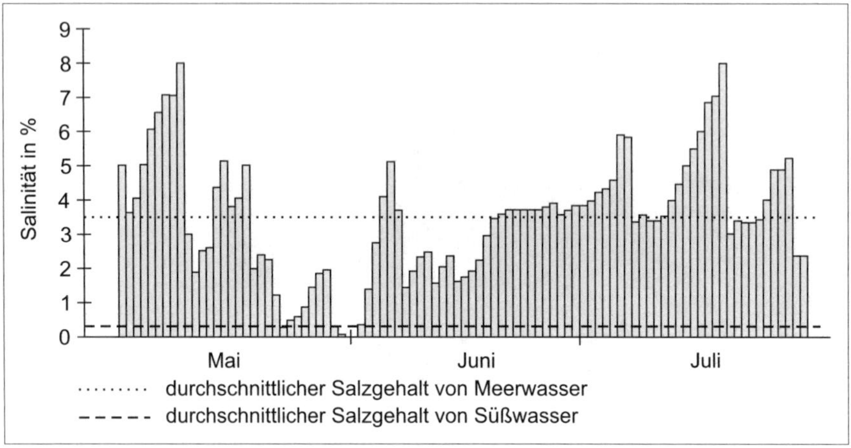

verändert nach: Diesel, Rudolf, Schubart, Christoph D.: Die außergewöhnliche Evolutionsgeschichte jamaikanischer Felsenkrabben. In: BiuZ, 30. Jahrgang 2000, Nr. 3, S. 136–147 © Wiley-VCH

Material E: Geologie und Klima der Insel Jamaika

Die karibische Insel Jamaika ist vor ca. 28 Mio. Jahren (Oligozän) erstmals aus dem Meer aufgetaucht (Material G). Noch heute hebt sich die Nordküste der Insel etwa 6–20 cm pro Jahr. Dabei entstehen ständig neue ausgedehnte Kalksteinterrassen. Heute ist das Land, bis auf wenige flache Landstriche in der südlichen Küstengegend, gebirgig. Die längste Bergkette bilden die Blue Mountains im Osten der Insel. Eine Reihe kleinerer Gebirge erstreckt sich nach Westen bis zur Küste. Sie umgeben eine weiträumige Hochebene (900 Meter hoch).

Die durchschnittliche Jahrestemperatur liegt an der Küste bei 26,7 °C, auf der Hochebene bei etwa 22,2 °C. Die jährliche Niederschlagsmenge ist regional sehr unterschiedlich. Über 5 080 mm Regen fallen jährlich in den Bergen im Nordosten, im Südosten sind es hingegen nur 813 mm.

Der Tidenhub (Unterschied zwischen Ebbe und Flut) an der Küste Jamaikas ist mit 20–25 cm eher gering. Dadurch entstehen vor allem an der Nordküste flache Mangrovensümpfe mit wenig Wasseraustausch mit dem Meer, isolierte Brackwassertümpel und auf etwas höheren Terrassen isolierte Felstümpel. Diese Lebensräume bieten den endemischen jamaikanischen Felsenkrabben trotz stark wechselnder Umweltbedingungen ein reichhaltiges Nahrungsangebot, wobei natürliche Feinde fehlen oder nur selten vorkommen.

Material F: Topografische Veränderungen Jamaikas und Veränderungen des Meeresspiegels

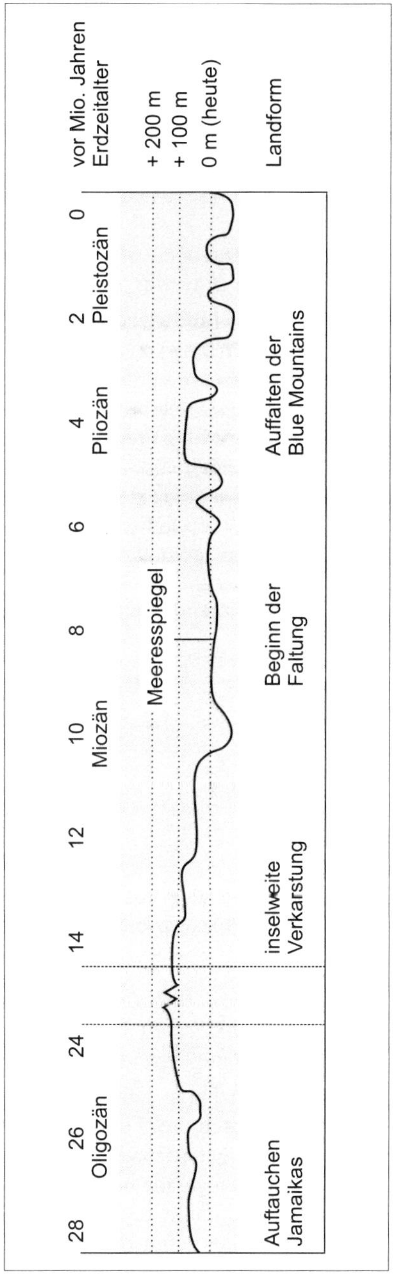

verändert nach: Diesel, Rudolf, Schubart, Christoph D.: Die außergewöhnliche Evolutionsgeschichtejamaikanischer Felsenkrabben. In: BiuZ, 30. Jahrgang 2000, Nr. 3, S. 136–147 © Wiley-VCH

Lösungsvorschlag

In der Aufgabe thematisierte Unterrichtsinhalte sind:
Selektionstypen, Toleranzbereich und -kurve, abiotische und biotische Umweltfaktoren, Konkurrenz, Konkurrenzausschluss, Konkurrenzvermeidung, ökologische Nische, r- und k-Strategen, adaptive Radiation, Isolationsmechanismen (z. B. geografisch, ökologisch), allopatrische Artbildung, Panmixie

1 *Bei diesem Aufgabenteil können ergänzende Diagramme die verschiedenen Selektionstypen noch veranschaulichen.*

- Unter der **stabilisierenden** Selektion versteht man die Selektion stärker abweichender Phänotypen einer Art. Diese besitzen eine geringere Fitness, der häufigste Phänotyp wird bevorzugt (Arterhaltung).
- Bei der gerichteten (**transformierenden**) Selektion wird einer der stärker abweichenden Phänotypen in einer Verteilungskurve bevorzugt, der ehemals häufigste Phänotyp also selektiert (Artumwandlung).
- Bei der **disruptiven** Selektion werden beide am stärksten abweichenden Phänotypen einer Verteilungskurve bevorzugt, der ehemals häufigste Phänotyp selektiert (Artaufspaltung).

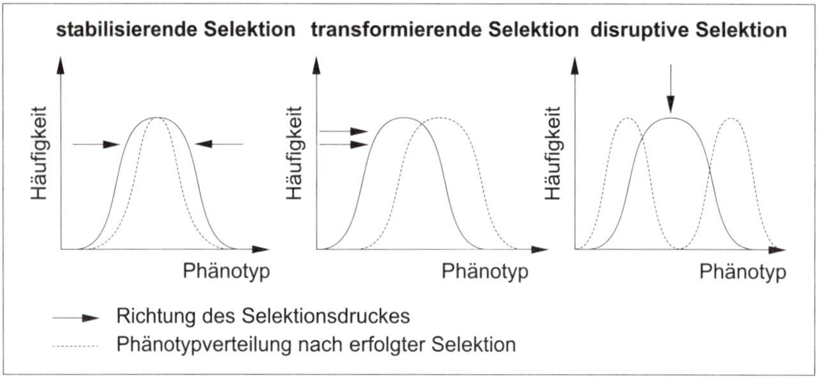

2 *Wer bei diesem Aufgabenteil mitdenkt, wird feststellen, dass er für die Beantwortung von Aufgabenteil 3 wichtig ist. Dort wird ja nach Anpassungserscheinungen gefragt. Und die Veränderung der Salinitätstoleranz ist eine solche.*

Eine Toleranzkurve gibt die Grenzen eines Lebewesens für einen Umweltfaktor an. Sie ist durch drei Festpunkte gekennzeichnet: Minimum und Maximum kennzeichnen die untere bzw. obere Grenze der Intensität des Umweltfaktors, an denen ein Lebewesen gerade noch überleben kann. Darunter bzw. darüber kommt es zum Tod. An Minimum und Maximum angrenzend folgen die Pessima. Bei diesen Faktorenstärken kann das Lebewesen zwar überleben, seine Vitälität ist jedoch vermindert, es produziert wenige oder keine Nachkommen. Der bevorzugte (und von beweglichen Arten aktiv aufgesuchte) Bereich hinsichtlich eines Umweltfaktors stellt das Präferendum dar. Im Optimum wirkt der Umweltfaktor am förderlichsten für Wachstum und Fortpflanzungsfähigkeit eines Lebewesens. Je nach Toleranzfähigkeit unterscheidet man euryöke (weiter Toleranzbereich) von stenöken (enger Toleranzbereich) Organismen.

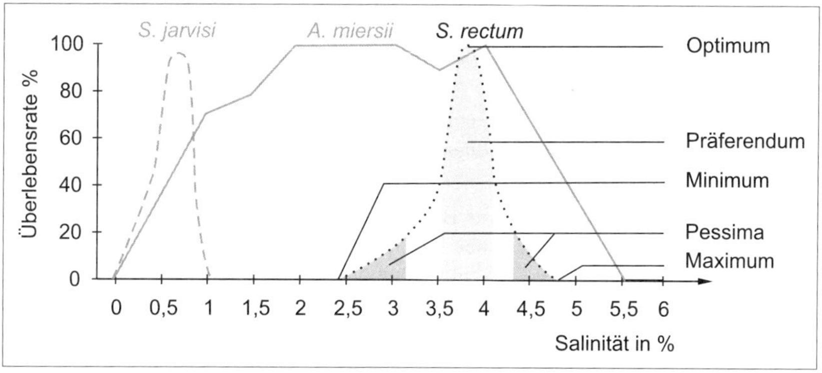

A. miersii besitzt hinsichtlich der Salinität einen weiten Toleranzbereich (ist also eurysalin). Dies ist aus ökologischer Sicht sinnvoll, da der Lebensraum von *A. miersii* durch extreme Schwankungen im Salzgehalt gekennzeichnet ist, wie Material D zeigt: Die Salinität beträgt in Abhängigkeit vom Niederschlag (und damit von der Verdünnung des Meereswassers) bzw. der Länge/Stärke der Sonneneinstrahlung (und damit der Verdunstung des Wassers in den Brackwassertümpeln) zwischen fast 0 % und über 8 %. Diese Werte entsprechen dem Salzgehalt von Süßwasser bzw. dem 1,5-fachen von Meerwasser.

Die anderen beiden Felsenkrabbenarten sind jeweils stenohalin, wobei *S. rectum* ein Optimum bei ca. 3,5 % Salzgehalt besitzt und *S. jarvisi* bei ca. 0,5 %. Beide Krabbenarten befinden sich in Lebensräumen, die durch einen konstanten Salzgehalt gekennzeichnet sind: Süßwasser besitzt eine Salinität von ca. 0,9 %, Meerwasser eine von 3,5 %. Ihr enger Toleranzbereich spiegelt ihre Anpassung an diese Lebensverhältnisse wider.

3 Bei *S. rectum* ist die typische Fortpflanzungsstrategie eines r-Strategen zu finden: Die Krabbe legt viele, kleine Eier und betreibt daher keine Brutpflege. Da das Meer ein dauerhaft stabiles Ökosystem darstellt, dauert die Larvalentwicklung deutlich länger als die der terrestrischen Krabben und umfasst sogar ein Larvenstadium mehr.

S. jarvisi hat das Problem, dass sie zwar das Festland als Lebensraum erobert hat, die Larvalentwicklung (vergleichbar den Amphibien) aber noch im Wasser abläuft. Die Krabbe hat sich dafür einen nur kurzzeitig zur Verfügung stehenden Raum ausgesucht. Die Anpassung daran äußert sich in einer auf ein Fünftel verkürzten Entwicklungsdauer der Larven. Es entfällt zwar ein Larvenstadium, andererseits sind die abgelegten Eier sehr groß, bringen also viel Baustoffe für die Entwicklung mit. Die Elternkrabben zeigen ein ausgeprägtes Brutpflegeverhalten, was angesichts der geringen Gelegezahl typisch für k-Strategen ist.

4 *Hier handelt es sich um eine sehr komplexe Aufgabe, da viele verschiedene Materialien beachtet werden müssen. Der erste Teil ist jedoch insofern einfach zu lösen, da im Material A angegeben ist, dass eine adaptive Radiation vorliegt bzw. eine allopatrische Artbildung. Jetzt gilt es also nur noch, die Materialien dementsprechend zuzuordnen. Für die Lösung des zweiten Fragenteils sollten Sie in den bisherigen Aufgabenteilen die grundsätzlichen Unterschiede zwischen Meer und Süßwasser herausgearbeitet haben, sodass es auch hier nur noch darum geht, das Material sinnvoll zuzuordnen.*

Für die Felsenkrabben stellte die Besiedlung des jamaikanischen Festlands die Besetzung einer freien ökologischen Nische dar. Wie in Material E beschrieben fehlten natürliche Feinde, das Nahrungsangebot war besonders in den Küstenregionen sehr gut, ebenso die Bedingungen für die Entwicklung der Larven in den Tümpeln. Dies erleichterte den Übergang vom aquatischen zum terrestrischen Lebensraum.
Durch die Niederschläge und die immer wieder kehrende Austrocknung der Tümpel kommt es zu einer drastischen Veränderung der Salinität (Material D). Die Felsenkrabbe *A. miersii* beweist jedoch, dass die Eroberung des Landes über die Brackwassertümpel erfolgte. Der Landgang setzte also eine große Salinitäts-Toleranz voraus. *(Die Schneckenkrabbe durchläuft ihre Entwicklung in praktisch salzfreiem Regenwasser!)*
Die im Pliozän beginnende Auffaltung der Gebirge und der v. a. am Ende des Pliozäns fallende und stark variierende Meeresspiegel (Material F) führte zur Bildung stark voneinander abgegrenzter Habitate und damit zur geografischen Isolation der Stammform der heutigen Sesarmiden z. B. durch das Hochgebirge oder die Kalksteinterrassen (Material E). Diese Habitate unterscheiden sich aber auch im Klima und in der Temperatur deutlich und stellen damit unterschiedliche Selektionsfaktoren dar (Material E). Zeitgleich mit der geografischen Isolation ist es durch die gehinderte Panmixie zur ökologischen Isolation gekommen. Insgesamt muss die Artaufspaltung bei den Sesarmiden als Beispiel für eine allopatrische Artbildung gesehen werden.
Offensichtlich waren zum Zeitpunkt der Besiedlung der Insel viele der unterschiedlichen ökologischen Nischen frei, da sonst die Sesarmiden in direkter Konkurrenz mit besser angepassten Landbewohnern aufgrund des Konkurrenzausschlussprinzips verdrängt worden wären. Die Insellage war also insofern günstig, da sie die Besiedlung durch andere Tiere (vor allem Säuger) erschwerte oder sogar unmöglich machte. Dies wird auch dadurch bewiesen, dass die Felsenkrabben in ihrer landlebenden Form auf Jamaika endemisch sind, also nirgends sonst auf der Erde vorkommen.

Abitur-Prüfung Biologie (NRW) – Leistungskurs
Übungsaufgabe 3: Genetik

Genetische Grundlagen der Hornhauttrübung

1 Geben Sie mithilfe des Stammbaums (Material B) den Erbgang zur Hornhautdystrophie an und begründen Sie Ihre Entscheidung. Bestimmen Sie für alle abgebildeten Personen die Genotypen.

2 Bestimmen Sie aus der in Material C angegebenen DNA-Sequenz die entsprechende Aminosäuresequenz. Ermitteln Sie den Mutationstyp, welcher der Hornhautdystrophie zugrunde liegt, und erklären Sie den Zusammenhang zwischen der Mutation und den in Material A beschriebenen Symptomen.

3 Beschreiben Sie den Ablauf der Polymerase-Kettenreaktion.

4 Analysieren und deuten Sie das Ergebnis der Elektrophorese (Material D). Entscheiden Sie begründet, welches der beiden Bandenmuster einem Kind zuzuordnen ist, das an Hornhautdystrophie erkranken wird.

Material A: Die „Gittrige Hornhautdystrophie“

Das Auge des Menschen wird aus hoch spezialisierten Geweben aufgebaut; eines dieser Gewebe bildet die Hornhaut, die das Licht bricht und im Normalfall durchsichtig wie Glas ist, sodass die Lichtstrahlen ungehindert in den Augapfel bis zur Netzhaut eindringen können. Verschiedene Ursachen können zu einer Trübung der Hornhaut führen, wodurch Lichtstrahlen absorbiert oder gestreut werden, sodass im Augeninneren kein scharfes Bild mehr entsteht. Es kann dann oft nur noch zwischen hell und dunkel unterschieden werden.
Auch die Erbkrankheit „Gittrige Hornhautdystrophie“ führt zur Hornhauttrübung. Betroffene Personen leiden an schmerzhaften, beidseitig immer wiederkehrenden Hornhautaufbrüchen, die die Sehfähigkeit stark beeinträchtigen. Bei Gewebeuntersuchungen der Hornhaut stellte man fest, dass bei Erkrankten ein Struktureiweiß des Hornhautgewebes verändert ist und sich fadenförmig in den Zellen der Hornhaut ablagert. Mit steigendem Lebensalter häufen sich diese fadenförmigen Proteine an und verursachen gitterartige Aufbrüche in der Hornhaut. Der Stammbaum einer Familie mit dieser „Hornhautdystrophie“ ist in Material B dargestellt.
Es gelang Genetikern, die molekularen Ursachen für diese „Hornhautdystrophie“ aufzuklären: Die Hornhautdystrophie wird ausgelöst durch eine Mutation in dem sog. ßIGH-Gen. Material C zeigt einen DNA-Ausschnitt dieses Gens für das Hornhautprotein eines Gesunden. Bei Personen, die an der Hornhautdystrophie erkrankt sind, findet man an der Position 417 des nicht codogenen DNA-Stranges das Cytosin-Nukleotid durch ein Thymin-Nukleotid ersetzt.

Der Nachweis von Hornhautdystrophie, z. B. im frühen Kindesalter, wenn die Hornhaut noch nicht auffällig gestört ist, gelingt heutzutage mithilfe der PCR des kritischen Genbereichs. Daran schließt sich eine Restriktion mit der Endonuklease Ava II an, die die PCR-Produkte an der Erkennungssequenz 5'–G/GACC–3' schneidet.
In Material D ist das Ergebnis einer Gelelektrophorese dargestellt, in dem eine Bahn auf ein gesundes Kind, die andere Bahn auf ein Kind hinweist, welches an Hornhautdystrophie erkranken wird.

Text aus: Zühlke, Christine und Hellenbroich Yorck: Molekulargenetische Wege bei der Diagnostik erblich bedingter Erkrankungen, BIOforum 11, 2000, Seite 744–747

Material B: Familienstammbaum einer Familie mit Gittriger Hornhautdystrophie

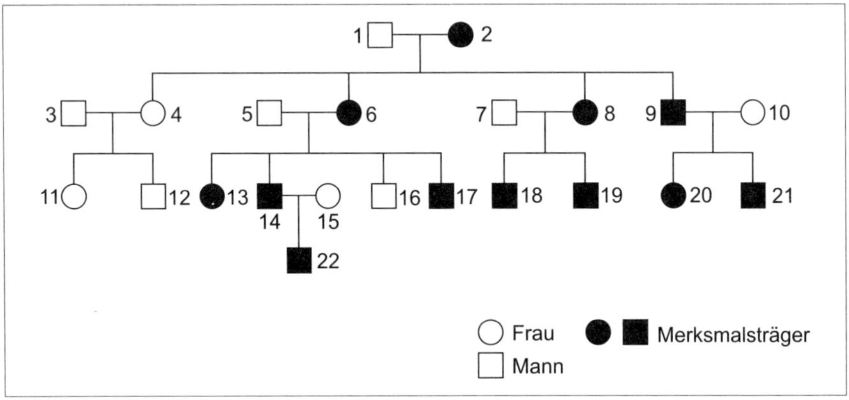

verändert nach: Zühlke Christine und Hellenbroich Yorck: Molekulargenetische Wege bei der Diagnostik erblich bedingter Erkrankungen, BIOforum 11, 2000, Seite 744–747

Material C: DNA-Ausschnitt der Nukleotidsequenz vom nicht-codogenen Strang

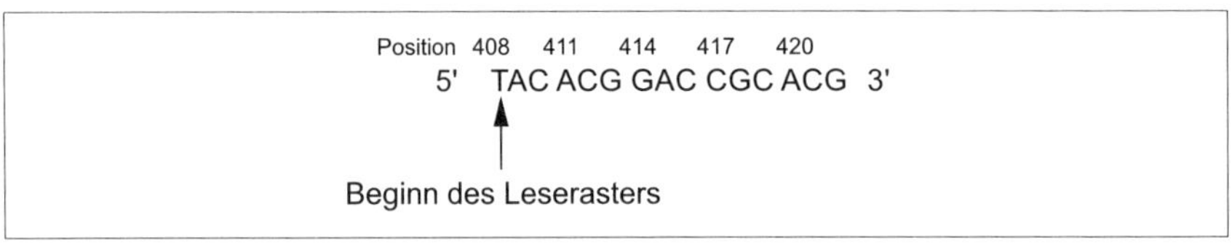

verändert nach: Zühlke Christine und Hellenbroich Yorck: Molekulargenetische Wege bei der Diagnostik erblich bedingter Erkrankungen, BIOforum 11, 2000, Seite 744–747

Material D: Ergebnis einer Gelelektrophorese

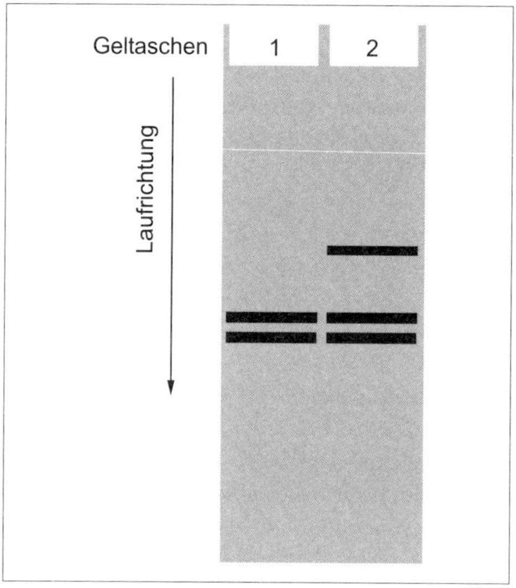

verändert nach: Zühlke Christine und Hellenbroich Yorck: Molekulargenetische Wege bei der Diagnostik erblich bedingter Erkrankungen, BIOforum 11, 2000, Seite 744–747

Material E: Codesonne

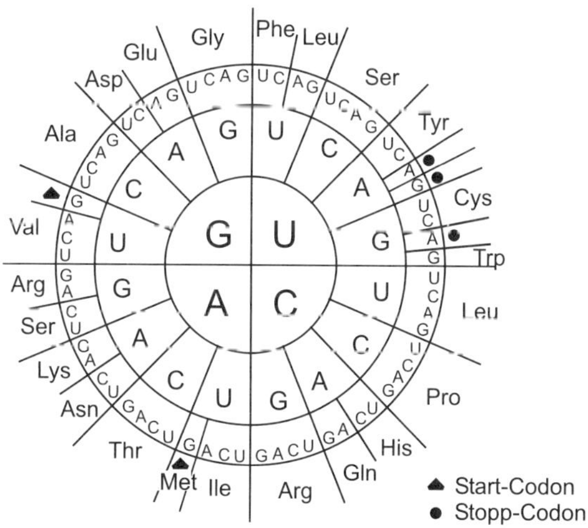

Ala	Alanin
Arg	Arginin
Asp	Asparagin
Asp	Asparaginsäure
Cys	Cystein
Gln	Glutamin
Glu	Glutaminsäure
Gly	Glycin
His	Histidin
Ile	Isoleucin
Leu	Leucin
Lys	Lysin
Met	Methionin
Phe	Phenylalanin
Pro	Prolin
Ser	Serin
Thr	Threonin
Trp	Tryptophan
Tyr	Tyrosin
Val	Valin

Lösungsvorschlag

In der Aufgabe thematisierte Unterrichtsinhalte sind:
Genetik: Stammbaumanalyse, Vererbungsmodi, Mutationstypen, Genetischer Code, Codon, Proteinbiosynthese, Transkription, Translation, Aminosäuresequenz, Tertiärstruktur der Proteine, DNA- und RNA-Aufbau, Komplementaritätsregel, PCR

1 *Bei der Analyse des Stammbaums helfen Ihnen einige einfache Überlegungen:*
- *Dominant vererbte Merkmale treten normalerweise in jeder Generation auf, wohingegen rezessive Merkmale eine oder mehrere Generationen überspringen können.*
- *Sind in einem Stammbaum gleich viele männliche und weibliche Merkmalsträger, handelt es sich wahrscheinlich um ein autosomal vererbtes Merkmal. Überwiegen dagegen Männer als Merkmalsträger, so wird das Merkmal höchstwahrscheinlich gonosomal vererbt. (Das Y-Chromosom können Sie im Normalfall vernachlässigen, da es so gut wie genleer ist.)*

Aufgrund dieser Überlegungen können Sie den Erbgang relativ einfach einordnen. Denken Sie aber daran, dass die o. g. Hilfestellungen noch keine ausreichende Erklärung darstellen und Sie außerdem die anderen Möglichkeiten begründet ausschließen sollten.

Bei der „Gittrigen Hornhautdystrophie“ handelt es sich um ein autosomal-dominant vererbtes Merkmal. Dies ist daraus zu schließen, dass die Erkrankung in jeder der angegebenen vier Generationen auftritt und dass sowohl Männer als auch Frauen als Merkmalsträger auftreten.
Jedes erkrankte Familienmitglied hatte ein Elternteil mit dieser Krankheit; wohingegen andererseits gesunde Eltern (Individuen Nr. 3 und 4) immer nicht erkrankte Kinder (Individuen Nr. 11 und 12) bekommen. Eine Rezessivität der Erkrankung kann insofern ausgeschlossen werden, da in den Familienstammbaum einheiratende Mitglieder phänotypisch gesund sind und somit im Falle einer rezessiven Vererbung alle Überträger für diese Krankheit sein müssten. Dies ist rein statistisch gesehen sehr unwahrscheinlich.
Da Männer und Frauen zu gleichen Teile von der Erkrankung betroffen sind und das defekte Allel sowohl von der Mutter als auch vom Vater an die gemeinsamen Kinder weitergegeben werden kann, liegt es nahe, dass die Hornhautdystrophie nicht X-chromosomal, sondern autosomal vererbt wird. Gegen eine gonosomale Vererbung spricht ebenfalls, dass in diesem Stammbaum die Söhne (21, 22) betroffener Väter (9, 14) und anlagefreier Mütter (10, 15) erkrankt sind. Wäre das Merkmal auf dem X-Chromosom lokalisiert, wären diese Söhne auf jeden Fall gesund.
Für das Gen, welches im mutierten Zustand die Hornhautdystrophie bedingt, kann der Buchstabe A für das dominante, defekte Allel verwendet werden, welches die Krankheit auslöst, und a für seine rezessive, funktionstüchtige Variante. Die genotypische Identifizierung der Allelzuordnungen ist einfach:

- Alle nicht von der Hornhauttrübung betroffenen Individuen (1, 3, 4, 5, 7, 10, 11, 12, 15 und 16) sind homozygot rezessiv (aa).
- Alle erkrankten Personen (2, 6, 8, 9, 13, 14, 17–22) sind Überträgerinnen bzw. Überträger der Krankheit mit der heterozygoten Allelkombination Aa.

Homozygote Merkmalsträger (AA) können deswegen in diesem Stammbaum nicht vorkommen, da in jeder Ehe mindestens einer der Partner nicht von dieser Krankheit betroffen ist.

2 *Vor der Umsetzung der vorliegenden Nukleotidsequenz in eine Sequenz von Aminosäuren (AS) müssen Sie zunächst der Material-Überschrift entnehmen, dass hier die DNA-Sequenz des nicht-codogenen Stranges vorliegt. Die Erstellung einer mRNA vom nicht-codogenen Strang aus ist denkbar einfach: Ersetzen Sie einfach T durch U. Den „Umweg" über den codogenen Strang können Sie sich sparen, da ja beide – nicht-codogener Strang der DNA und die mRNA – komplementär zum codogenen Strang der DNA sind. Also müssen sie zwangsläufig identisch sein (bis auf die Vertauschung von Thymin und Uracil).*
Die Angabe zur vorliegenden Mutation finden Sie im Text zu Material 1: An Position 417 ist C durch T ersetzt. Auch die Auswirkungen der Mutation sind hier bereits erklärt: Ablagerung des veränderten Proteins in den Zellen der Hornhaut.

Intaktes Gen:

Position des Nukleotids		*408–410*	*411–413*	*414–416*	*417–419*	*420–422*	
nicht-codogener Strang	5'	TAC	ACG	GAC	CGC	ACG	3'
mRNA	5'	UAC	ACG	GAC	CGC	ACG	3'
Aminosäure-Sequenz		Tyr –	Thr –	Asp –	Arg –	Thr –	

Bei der hier vorliegenden Mutation handelt es sich um eine **Punktmutation**, welche eine Form der Genmutationen darstellt. Eine einzelne Base innerhalb eines Basentripletts ist ausgetauscht worden. Im vorliegenden Fall wurde im nicht-codogenen Strang an der Position 417 die Base Cytosin gegen die Base Thymin ausgetauscht. Da die Mutation die erste Base des Basentripletts betrifft, wird anstelle der Aminosäure Arginin die Aminosäure Cystein in das βIGH-Protein eingebaut:

Mutiertes Gen:

Position des Nukleotids		*408–410*	*411–413*	*414–416*	*417–419*	*420–422*	
nicht-codogener Strang	5'	TAC	ACG	GAC	**T**GC	ACG	3'
mRNA	5'	UAC	ACG	GAC	**T**GC	ACG	3'
Aminosäure-Sequenz		Tyr –	Thr –	Asp –	**Cys** –	Thr –	

Betrachtet man die chemischen Eigenschaften der beiden vertauschten Aminosäuren genauer, so sind deutliche Unterschiede zu erkennen: Arginin besitzt eine polare und basische Restgruppe, Cystein einen ebenfalls polaren, aber neutralen Rest.

Zudem hat Cystein die Tendenz, bevorzugt Disulfidbrücken auszubilden. In der Tertiärstruktur des βIGH-Proteins bedeutet dies, dass andere Bindungen – vermutlich zusätzliche Disulfidbrücken – ausgebildet werden können. Dies führt zu einer Konformationsänderung des Proteins, einer Veränderung in seiner Raumstruktur. Der durch die Mutation bedingte Austausch einer einzigen Aminosäure hat – bei sonst unveränderter Primärstruktur – somit gravierende Auswirkung für den davon betroffenen Menschen. Die Änderung der Tertiärstruktur des Proteins bewirkt, dass sich *(wie in Material 1 beschrieben)* das veränderte Eiweiß in den Hornhautzellen des Auges ablagert und dadurch die Hornhauttrübung hervorruft.

3 *Bei dieser reinen Reproduktionsaufgabe ist es angebracht, vor der Darstellung des Vorgangs zunächst ein oder zwei kurze Einleitungssätze zu schreiben, in denen die Polymerase-Kettenreaktion kurz umrissen wird.*

Die Polymerase-Kettenreaktion (PCR) ist eine molekularbiologische Arbeitsmethode zur exakten Analyse von DNA. Mit diesem Verfahren können gezielt spezifische Abschnitte einer DNA in einem Reaktionsgefäß identisch vermehrt werden (*In-vitro*-Amplifikation).
Der erste Arbeitsgang der PCR besteht darin, dass die zu untersuchende **DNA** bei ca. 92 °C **denaturiert** und damit in ihre Einzelstränge zerlegt wird.
Im nächsten Schritt werden die Startstellen der Replikation auf dem zu kopierenden DNA-Abschnitt festgelegt. Dies ist der entscheidende Arbeitsschritt in der PCR, der nur dann gelingen kann, wenn die Nukleotidsequenz bekannt ist, welche an den Enden des zu kopierenden DNA-Abschnitts liegen. Zur Begrenzung des zu vervielfältigenden Abschnitts werden jeweils zwei spezifische gegenläufige PCR-Primer (für die zwei Enden des DNA-Abschnitts) verwendet. Damit die Primer reagieren können, wird die Temperatur auf 50–60 °C gesenkt. Wenn die beiden im Überschuss zugegebenen Moleküle sich nach der Komplementaritätsregel an die denaturierte DNA anlagern, kommt es zu einer **Hybridisierung** (DNA + Primer).
Als Nächstes kann hierauf die **Polymerisierung** stattfinden. Nach der Zugabe von DNA-Nukleotiden (A, T, C, G) und hitzebeständiger DNA-(Taq-)Polymerase können – mit den Primern als Ausgangspunkt – neue komplementäre Einzelstränge synthetisiert werden.
Die Abfolge von DNA-Denaturierung, Hybridisierung und Polymerisierung bezeichnet man als **PCR-Zyklus**. Dieser Kreislauf wird im Reaktionsgefäß mehrfach durchlaufen, wodurch bei jedem Durchlauf doppelt so viele neue, identische DNA-Moleküle erzeugt werden, deren Zahl exponentiell ansteigt (n Zyklen = 2^n DNA-Abschnitte). Nach 30–40 PCR-Zyklen ist dann – selbst bei einer geringen Ausgangsmenge einer DNA-Probe – ausreichend DNA synthetisiert worden, um damit weitere Untersuchungen durchführen zu können.

4 *Bei der hier geforderten Auswertung sollte zunächst eine Beschreibung des Ergebnisses der Elektrophorese erfolgen. Zur Analyse der Bandenmuster müssen Sie auch die Informationen mit heranziehen, die im zweiten Teil von Material A und in Material C aufgeführt sind. Ohne einen Rückgriff auf die dort angegebenen Nukleotid-Sequenzen ist eine Lösung der Teilaufgabe nicht möglich.*

Das vorliegende Ergebnis einer Gelelektrophorese weist zwei unterschiedliche Bandenmustern auf. Das Bandenmuster 1 zeigt zwei schmale, dicht bei einander liegende Banden. Muster 2 weist ebenfalls die gleichen Banden wie 1 auf, jedoch zusätzlich eine weitere Bande, die näher am Ausgangspunkt der Elektrophorese, der Geltasche, angesiedelt ist. Die unterschiedliche Lage der Banden kann auf die unterschiedliche Molekülmasse der elektrophoretisch getrennten DNA-Fragmente zurückgeführt werden, da größere Moleküle langsamer durch das Gel wandern als kleinere. Die identischen Banden in Probe 1 und 2 sind also mittellange DNA-Fragmente, bei der zusätzlichen Bande in 2 muss es sich um eindeutig längere DNA-Bruchstücke handeln, die deswegen deutlich langsamer innerhalb des Gels in Laufrichtung gewandert sind.
Im vorliegenden Fall wurden die PCR-Produkte, also die vervielfältigten DNA-Abschnitte, vor der gelelektrophoretischen Auftrennung mit einer spezifischen Endonuklease (Ava II) gespalten. Die Erkennungssequenz dieses Restriktionsenzyms liegt dabei in einem Bereich des DNA-Abschnitts, der im intakten Gen enthalten ist: 5' G/GACC 3' (Position 413–417). Genau in diesem Bereich hat bei Personen, die an Hornhautdystrophie erkrankt sind, eine Punktmutation stattgefunden (Thymin statt Cytosin an der Position 417), die zu einem Basenaustausch führt. Bei den DNA-Fragmenten dieser Personen kann die Endonuklease nicht ansetzen und sie demzufolge auch nicht spalten. Als Folge hieraus sind ihre PCR-Bruchstücke deutlich länger als diejenigen von nicht erkrankten Personen, deren DNA-Fragmente ja gespalten werden können.
Aufgrund dieser Überlegungen kann Bandenmuster 1 einem Kind zugeordnet werden, das nicht an Hornhautdystrophie erkranken wird (Genotyp aa). Die beiden Banden stellen die DNA-Bruchstücke dar, die von der Endonuklease Ava II in zwei Teile gespalten worden sind.
Ein Kind, das eine heterozygote Anlage für die Krankheit besitzt und damit an Gittriger Hornhautdystrophie erkranken wird, zeigt das Bandenmuster 2 (Genotyp Aa): Neben dem rezessiven Allel, das für die beiden unteren, kleineren Banden auf dem Gel verantwortlich ist, manifestiert sich in der Gelelektrophorese auch die dominante Allel-Variante des Gens βIGH. Sie wird durch die zusätzliche dritte Bande sichtbar.

Leistungskurs Biologie (NRW) – Abitur-Prüfung 2008
Aufgabe 1: Evolution/Genetik

Aufgabenstellung:

Thema: ***Homo sapiens*** **und Neandertaler**

I.1 Erläutern Sie die Bedeutung der DNA-Sequenzanalyse bei dem Erstellen von Stammbäumen. Werten Sie die in den Materialien A und B angeführten Informationen (Sequenzanalyse, Datierungen, räumliche Zuordnung) aus und entwickeln Sie im Hinblick auf die Verwandtschaftsbeziehungen der Neandertalerpopulationen Hypothesen zur Erklärung der dargestellten Befunde. (18 Punkte)

I.2 Beschreiben Sie die PCR-Methode und erläutern Sie vor dem Hintergrund möglicher Untersuchungsaussagen den Einsatz der verschiedenen Primer.
Fassen Sie das Ergebnis von Tabelle 2 (Material C) zusammen und erläutern Sie es. (22 Punkte)

I.3 Werten Sie die Daten der Materialien D und E aus und diskutieren Sie auch unter Berücksichtigung von Material C, ob die Daten eine schlüssige Aussage bezüglich einer Vermischung oder Nichtvermischung der Neandertaler- und *Homo sapiens*-Populationen erlauben. (12 Punkte)

I.4 Erläutern Sie die globale Ausbreitung von *Homo sapiens* unter Hinweis auf DNA-Untersuchungen und Fossilfunde (Material F).
Entwickeln Sie eine begründete Stammbaumhypothese zur Evolution von *Homo sapiens* und von Neandertalern unter Einbeziehung deren Ausbreitung, die von *Homo erectus* ausgeht, und erörtern Sie die Frage, ob *Homo sapiens* die Neandertaler in Europa verdrängt haben könnte. (12 Punkte)

Material A: Stand der Forschung

1856 wurden in der Feldhofer Grotte im Neandertal bei Düsseldorf große Teile des Skeletts eines Mannes gefunden. Die deutlichen Unterschiede vor allem in der Anatomie des Schädels führten zu der Erkenntnis, dass es sich um eine ausgestorbene Menschenform (den „Neandertaler") handeln müsse. Das Alter des Skeletts wurde mit einer Radiokarbondatierung auf 42 000 Jahre bestimmt. Seitdem wurden etwa 300 weitere Überreste von Neandertalern ausschließlich in Europa und Westasien gefunden. Die jüngsten Überreste von Neandertalern sind ca. 30 000 Jahre alt. Inzwischen geht man davon aus, dass es im Zuge der Eis- und Zwischeneiszeiten zu Veränderungen der Areale von verschiedenen Populationen gekommen ist.

Material B: Ein neuer Fund aus Spanien

2005 wurde in einer Höhle in El Sidrón in Spanien ein Neandertaler-Oberschenkelknochen ausgegraben. Die Wissenschaftler haben mtDNA (Mitochondrien-DNA) aus diesem Knochen untersucht und konnten eine Teilsequenz bestimmen. Tabelle 1 zeigt das Ergebnis im Vergleich zu bisher bekannten mtDNA-Sequenzen von anderen Fundorten (Abb. 1).

Tabelle 1: Anzahl der Basenunterschiede von Neandertaler-mtDNA-Teilsequenzen

	El Sidrón	Düsseldorf	Monti Lessini	Vindija	Mezmaiskaya
El Sidrón (43 000 Jahre alt)					
Düsseldorf (42 000 Jahre alt)	2				
Monti Lessini (50 000 Jahre alt)	7	7			
Vindija (39 000 Jahre alt)	1	1	6		
Mezmaiskaya (29 000 Jahre alt)	5	5	8	4	

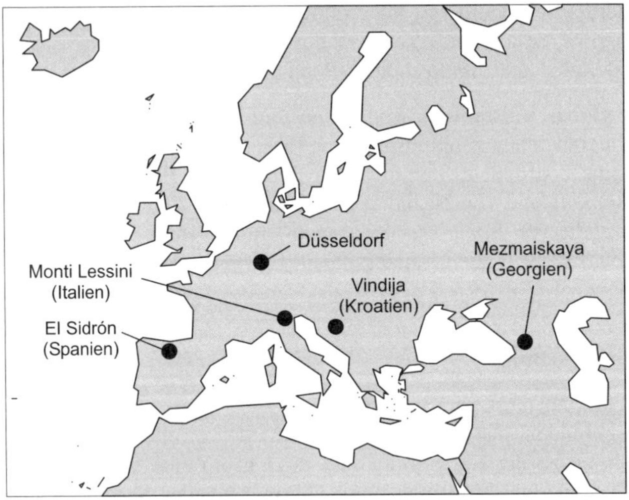

Abb. 1: Fundorte von Neandertaler-Fossilien, deren DNA untersucht wurde.

Material C: Verschiedene Primer als Test

Um genügend Genmaterial für eine Analyse der DNA aus Fossilien zu gewinnen, wird normalerweise die PCR-Methode *(polymerase chain reaction)* eingesetzt. Entscheidend ist dabei die Verwendung der richtigen Primer. Der Leipziger Biologe David Serre hat 2004 zwei verschiedene Typen von Primern eingesetzt: „Hominoiden-Primer", die auf homologe Mitochondrien-DNA-Stücke von Neandertalern, *Homo sapiens* und Menschenaffen passen und „Neandertaler-Primer", die nach bisherigen Erkenntnissen die Vervielfältigung von Stücken der Neandertaler-DNA ermöglichen.

Tabelle 2: DNA-Vervielfältigung mit Hominoiden-Primer und Neandertaler-Primer bei Neandertalern und frühen *Homo sapiens*-Funden. Die Angabe 2/3 bedeutet: 2 erfolgreiche Vervielfältigungen bei 3 Versuchsansätzen.

	Hominoiden-Primer	Neandertaler-Primer
Neandertaler-Funde		
Vindija 77 (Kroatien) 39 000 Jahre	3/3	2/3
Engis 2 (Belgien) (Alter bisher nicht feststellbar)	2/3	2/3
La Chapelle-aux-Saints (Frankreich) 45 000 Jahre	3/3	2/3
***Homo sapiens*-Funde**		
Mladec 25 C (Tschechien) 31 000 Jahre	3/3	0/3
Mladec 2 C (Tschechien) 31 000 Jahre	2/3	0/2
Cro Magnon (Frankreich) 30 000 Jahre	3/3	0/3
Abri Pataud (Frankreich) 18 600 Jahre	3/3	0/3
La Madeleine (Frankreich) 15 000 Jahre	2/3	0/3

Material D: Ergebnisse der mtDNA-Analyse des Düsseldorfer Neandertalers

Der deutsche Wissenschaftler M. Krings und seine Mitarbeiter haben Knochenmark aus dem Skelett des 1856 in der Nähe von Düsseldorf gefundenen Neandertalers untersucht und die Ergebnisse 1997 veröffentlicht. Es gelang ihnen, eine Sequenz zu rekonstruieren, die insgesamt 379 Basenpaare umfasste.
Diese Sequenz wurde mit 994 verschiedenen mtDNA-Sequenzen verglichen, die von heute lebenden Menschen stammten.
Auch heute lebende Menschen unterscheiden sich natürlich untereinander in ihren mtDNA-Sequenzen. Diesbezügliche Untersuchungen ergaben, dass sich die Europäer um 5 Basen, Asiaten um 6 Basen und Afrikaner um 8 Basen im statistischen Mittel innerhalb der jeweiligen Bevölkerungsgruppe voneinander unterscheiden.

Tabelle 3: Anzahl unterschiedlicher Basen der mtDNA heute lebender Menschen im Vergleich zu der des Düsseldorfer Neandertalers

	Anzahl unterschiedlicher Basen
Düsseldorfer Neandertaler – Europäer	28
Düsseldorfer Neandertaler – Ureinwohner Australiens	28
Düsseldorfer Neandertaler – Afrikaner	27
Düsseldorfer Neandertaler – Ureinwohner Nordamerikas	27
Düsseldorfer Neandertaler – Asiaten	28

Material E: Vergleich der mtDNA des Düsseldorfer Neandertalers und des Kaukasus-Neandertalers aus Mezmaiskaya

Die Analyse der Mitochondrien-DNA (mtDNA) eines etwa zwei Monate alten Neandertaler-Säuglings aus der Berghöhle bei Mezmaiskaya im Kaukasus (ca. 2 500 km von Düsseldorf entfernt) konnte im Jahr 2000 durchgeführt werden.
Radiokarbonuntersuchungen zeigten, dass der Fund etwa 29 000 Jahre alt war.

Tabelle 4: Anzahl unterschiedlicher Basen der mtDNA (Die Längen der untersuchten mtDNA-Sequenzausschnitte unterscheiden sich von denen in Material B.)

	Anzahl unterschiedlicher Basen
Neandertaler aus Mezmaiskaya – Düsseldorfer Neandertaler	12
Neandertaler aus Mezmaiskaya – heute lebende Afrikaner	23
Neandertaler aus Mezmaiskaya – heute lebende Asiaten	23
Neandertaler aus Mezmaiskaya – heute lebende Europäer	25

Material F: Die Ursprünge von *Homo sapiens*

Homo erectus lebte vor 1,8 Millionen Jahren bis etwa 400 000 Jahren vor heute in Afrika Europa und Asien.
Neandertaler-Fossilien fand man bisher nur in Europa und Westasien; die jüngsten Fossilien sind ca. 30 000 Jahre alt.
Die ältesten Fossilien von *Homo sapiens* stammen aus Afrika (Äthiopien, 195 000 Jahre); die ältesten *Homo sapiens*-Funde aus Asien (China) sind 67 000 Jahre alt und die ältesten *Homo sapiens*-Funde in Europa (36 000 Jahre alt) stammen aus Rumänien. Der amerikanische Biologe Allan Wilson veröffentlichte 1987 die Ergebnisse seiner Untersuchungen der Mitochondrien-DNA (mtDNA) von 147 heute lebenden Individuen aus Afrika, Asien, Australien, Neuguinea und Europa. Das Ergebnis waren 133 verschiedene Typen von mtDNA, die mit mathematischen Methoden in einem „Ähnlichkeits-Stammbaum" dargestellt werden konnten. Es stellte sich heraus, dass der Stammbaum in zwei Gruppen zerfiel: eine rein afrikanische und eine mit Vertretern aus allen untersuchten Kontinenten. Die afrikanische Gruppe zeigt relativ größere Unterschiede untereinander und ist älter. Das Alter des (weiblichen) gemeinsamen Vorfahren („Eva") schätzte Wilson auf ca. 200 000 Jahre.

Materialgrundlage:
Hammer, M.F. (1995). A recent common ancestry for human Y chromosomes. Nature 378: 376–378
Krings, M. et al. (1997). Neandertal DNA sequences and the origin of modern humans. Cell 90, 19–30
Lalueza-Fox, C. et al. (2006). Mitochondrial DNA of an Iberian Neandertal suggests a population affinity with other European Neandertals. Current Biology 16, R629–R630
Ovchinnikov, I.V. et al. (2000). Molecular analysis of Neanderthal DNA from the northern Caucasus. Nature 404: 490–493
Serre, D. et al. (2004). No evidence of Neandertal mtDNA contribution to early modern humans. PloS Biology, 2: 313–317

Lösungsvorschlag

In der Aufgabe thematisierte Unterrichtsinhalte sind:
Genetische Grundlagen von Lebensprozessen (molekulare Grundlagen der Vererbung, Angewandte Genetik – PCR) und evolutionsbiologische Grundlagen der Stammbaumanalyse (Artbildung, phylogenetische Stammbaumanalyse auf der Grundlage von DNA-Sequenzen, fossile und rezente Hinweise zur Evolution des Menschen)

I.1 *Zunächst sollten Sie darlegen, welche Rolle die Erbsubstanz DNA beim Erstellen von Stammbäumen spielt, insbesondere, warum mitochondriale DNA (mtDNA) hier von entscheidender Bedeutung ist. Bei der Erläuterung der „zeitlichen Dimension", d. h. der zeitlichen Einordnung einzelner mtDNA-Proben anhand der mutationsbedingten Unterschiede in den Basenpaaren, sollten Sie auch kurz auf deren Problematik eingehen. Lassen Sie sich von der Darstellung in Tabelle 1 nicht verwirren. Es wird immer der Fundort in der Spalte (Vertikale) mit einem anderen Fundort in der Kopfzeile (Horizontale) in Verbindung gebracht. (Daher ist auch die erste Reihe mit „El Sidrón" als Vermerk und die letzte Spalte mit der Bezeichnung „Mezmaiskaya" ganz ohne Eintrag.) Um eine abgesicherte Hypothese aufstellen zu können, müssen Sie die Befunde aus allen Materialien gesondert analysieren und anschließend die daraus abzuleitenden Erkenntnisse zusammenhängend deuten.*

Die DNA-Sequenzanalyse spielt bei der Erstellung von Stammbäumen eine entscheidende Rolle. Als Träger der Erbinformation kann die DNA eine ergiebige Informationsquelle sein, wenn Verwandtschaftsbeziehungen aufgezeigt werden sollen. Dabei spielen Abweichungen in der genetischen Information, bedingt durch Mutationen – spontane, ungerichtete Veränderungen des genetischen Materials, die vererbt werden können – eine entscheidende Rolle. Sie lassen Rückschlüsse auf den Grad einer möglichen Verwandtschaft zwischen einzelnen Individuen zu. Mitochondriale DNA (mtDNA) ist hier besonders ergiebig, da sie als Bestandteil der „Kraftwerke der Zelle", immer nur von weiblichen Wesen stammen, weil bei der Verschmelzung von Eizelle und Spermium so gut wie keine Mitochondrien in die Eizelle gelangen. Da alle Nachkommen die mtDNA somit fast ausschließlich von ihren mütterlichen Vorfahren erhalten, können Veränderungen in der Basensequenz somit beinahe ausschließlich auf Mutationen zurückgeführt werden. Dies ist damit zu erklären, dass bei der mtDNA eine genetische Rekombination – wie sonst bei der Durchmischung genetischen Materials üblich – so gut wie nicht stattfindet. Die mutationsbedingten Unterschiede bei mtDNA-Proben verschiedener Populationen werden von der Wissenschaft so gedeutet, dass die Divergenzen in der Sequenz der Basenpaare proportional zu dem Zeitpunkt sind, an dem sich die Populationen getrennt haben. Dabei ist die Grundannahme, dass die Mutationsrate immer gleich bleibend war, nicht unumstritten. Trotzdem dient die mtDNA-Analyse heute allgemein als Basis, auf der in der Anthropologie Verwandtschaftsbeziehungen gedeutet werden können. Die zu analysierenden Neandertaler-mtDNA-Teilsequenzen stammen von fünf Fundorten aus Europa und Georgien. Alle Fundorte bis auf einer (Mezmaiskaya) liegen relativ dicht beieinander. Die Fossilien sind alle unterschiedlichen Alters, liegen aber in einem vergleichsweise engen Zeitrahmen von 50 000–29 000 Jahren vor Christus. Mit einer Zeitspanne von bis zu 4 000 Jahren liegen die Funde von El Sidrón, Düsseldorf und Vindija zeitlich am engsten zusammen. Interessanterweise weist die mtDNA, welche an diesen drei Fundorten aufgefunden wurde, bei der Anzahl der Unterschiede in den Basenpaaren mit 2 (Düsseldorf zu El Sidrón) bzw. mit 1 (Vindija zu El Sidrón und zu Düsseldorf) einen sehr geringen Wert auf. Alle übrigen Vergleiche haben in den mtDNA-Teilsequenzen deutlich mehr mutationsbedingte Unterschiede, wobei die fossile DNA aus dem italienischen Monti Lessini im Vergleich zu allen übrigen Fundorten eine besonders große Abweichung aufweist. Gleiches gilt auch für die DNA des Fundortes Mezmaiskaya. Betrachtet man die Zeitspannen der Fossilfunde von Mezmaiskaya und Monti Lessini im Vergleich zu allen anderen Fundstätten, so ist festzustellen, dass auch hier der zeitliche Abstand jeweils am größten ist. Die meisten Unterschiede in den mtDNA-Teilsequenzen aller untersuchter Neandertaler (8) und den größtem zeitlichen Abstand (21 000 Jahre) weisen die Fossilien von Mezmaiskaya und Monti Lessini auf. Hieraus lassen sich folgende Überlegungen ableiten: Die ältesten Funde stammen aus dem italienischen Monti Lessini. Der geografisch am weitesten entfernt gelegene Fundort ist das georgische Mezmaiskaya. Bei diesen beiden Fossilfunden ist der Unterschied in den mtDNA-Teilsequenzen – bezogen auf alle anderen Neandertaler-Fossilien – sehr groß. Die Erklärung hierfür kann zum einen in der räumlichen Distanz und zum anderen im zeitlichen Abstand vermutet werden. Die untersuchten Überreste der Neandertaler aus Monti Lessini sind die ältesten der hier angegeben Fossilfunde. Es ist anzunehmen, dass dieser zeitliche Abstand zwischen ihnen und allen anderen Funden, d. h. ein größeres Alter, die deutlich höheren mutationsbedingten Unterschiede in der mtDNA erklären kann. Die ebenfalls häufigeren Abweichungen in der mtDNA der Knochenfunde aus Mezmaiskaya können mit der geografischen Entfernung des georgischen Ortes zu allen übrigen Fundorten erklärt werden. Zusätzlich muss bei diesem jüngsten aller angegebenen Funde ebenfalls der zeitliche Abstand als weitere Begründung angeführt werden. Die Befunde deuten damit darauf hin, dass am italienischen Fundort und am georgischen Fundort keine Durchmischung des Genpools mit den anderen Populationen der übrigen Neandertalerfundorte stattgefunden hat. Im Gegensatz zu Mezmaiskaya und Monti Lessini aber weisen die mtDNA-Teilsequenzen der Fossilien aus den anderen Fundorten nur eine geringe Varianz in den Basenpaarsequenzen der mtDNA auf. Dies kann als ein Indiz für eine nähere Verwandtschaft der Populationen aus Vindija, Düsseldorf und El Sidrón gedeutet werden. Zu erklären ist diese Hypothese mit der aus Material A bekannten Veränderung der Areale verschiedener Populationen im Zuge der Eis- bzw. Zwischeneiszeit. Möglicherweise haben einzelne Populationen von Neandertalern aufgrund der Veränderung des Klimas andere Territorien aufgesucht und dadurch an neuen Standorten Populationen gegründet. Denkbar ist in diesem

Zusammenhang auch die Möglichkeit, dass unterschiedliche Populationen aufeinander getroffen sind und sich vermischt haben. Ergebnis eines solchen Zusammentreffens könnte dann die Durchmischung des Genpools der Neandertaler-Populationen gewesen sein.

I.2 *Beim reproduktiven Anteil dieser Teilaufgabe ist es sinnvoll, vor der Darstellung des Vorgangs zunächst ein oder zwei kurze Einleitungssätze zu schreiben, in denen die Polymerase-Kettenreaktion kurz umrissen wird. Die Analyse der Tabelle 2 kann zusammenfassend erfolgen. Eine gesonderte Darlegung aller Einzelergebnisse ist hier nicht notwendig.*

Die Polymerase-Kettenreaktion (PCR) ist eine molekularbiologische Arbeitsmethode. Mit diesem seit 1983 gebräuchlichen Verfahren können gezielt spezifische Abschnitte einer DNA in einem Reaktionsgefäß identisch vermehrt werden (*in-vitro*-Amplifikation).
Der erste Arbeitsgang der PCR besteht darin, dass die zu untersuchende DNA bei 92 °C **denaturiert** und in ihre Einzelstränge zerlegt wird. Im nächsten Schritt werden die zu kopierenden DNA-Abschnitte identifiziert. Dies ist der entscheidende Arbeitsschritt in der PCR, der nur dann gelingen kann, wenn die Nukleotidsequenz bekannt ist, welche an den Enden des zu kopierenden DNA-Abschnitts liegen. Zur Identifizierung werden jeweils zwei spezifische gegenläufige PCR-Primer (für die zwei Enden des DNA-Abschnitts) verwendet. Damit die Primer reagieren können, wird die Temperatur auf 50–60 °C gesenkt. Wenn die beiden im Überschuss zugegebenen Oligonukleotide sich nach der Komplementaritätsregel an die denaturierte DNA anlagern, kommt es zu einer **Hybridisierung** (DNA + Primer). Als Nächstes kann die **Polymerisierung** stattfinden. Die im Versuchsansatz enthaltenen DNA-Nukleotide und die hitzebeständige DNA-(Taq-)Polymerase können – mit den Primern als Ausgangspunkt – neue komplementäre Einzelstränge synthetisieren. Die Abfolge von DNA-Denaturierung, Hybridisierung und Polymerisierung bezeichnet man als **PCR-Zyklus**. Dieser Kreislauf wird im Reaktionsgefäß mehrfach durchlaufen, sodass bei jedem Durchlauf doppelt so viele neue, identische DNA-Moleküle erzeugt werden, deren Zahl exponentiell ansteigt (n Zyklen = 2^n DNA-Abschnitte). Nach 30–40 PCR-Zyklen ist dann – selbst bei einer geringen Ausgangsmenge von etwa 2 µl einer DNA-Probe – ausreichend DNA synthetisiert worden, um damit weitere Untersuchungen durchführen zu können.

Ein Einsatz der beiden Primer für Hominiden- bzw. Neandertaler-DNA kann bei der Untersuchung fossiler DNA zur Aufklärung folgender Fragestellungen genutzt werden. Zum einen ist es durch den Einsatz des Neandertaler-Primers möglich festzustellen, ob im Genom des *Homo sapiens sapiens*, also des Jetztzeit-Menschen, überhaupt DNA-Teilsequenzen vorhanden sind, die auch der Neandertaler bereits besessen hat. Andererseits liefert die Verwendung des Hominoiden-Primers Aussagen darüber, ob – und wenn ja in welchem Grad – eine Verwandtschaft zwischen den Hominiden allgemein besteht. Hierbei sind die Aussagen, die aus Material C abgelesen werden können, beim Hominoiden-

Primer wie auch bei demjenigen des Neandertalers eindeutig. Sowohl das fossile DNA-Material der Neandertaler-Funde aus Kroatien, Belgien und Frankreich, als auch dasjenige von den *Homo sapiens*-Fundstätten in Tschechien und Frankreich konnte mithilfe des Hominoiden-Primers zur Vervielfältigung gebracht werden. Lediglich beim Neandertaler-Fundort Engis 2 und den *Homo sapiens*-Fundorten Mladec 2 sowie La Madeleine waren nur zwei der drei Vervielfältigungen erfolgreich. Ein gänzlich anderes Bild liefert der Einsatz des Neandertaler-Primers. Hier zeigten nur Versuchsansätze mit DNA-Material der drei untersuchten Neandertaler-Funde einen Vervielfältigungserfolg; jeweils zwei von drei PCR-Versuchen gelangen. Dagegen konnte kein Versuchsansatz mit fossiler *Homo sapiens*-DNA zur Vervielfältigung gebracht werden. Diese Befunde können wie folgt erläutert und gedeutet werden. Die Tatsache, dass es möglich ist, unter Verwendung eines Hominoiden-Primers sowohl DNA-Fragmente der untersuchten Neandertaler-Gruppen als auch der Populationen von *Homo sapiens* zu vervielfältigen, spricht für eine Verwandtschaft beider Hominiden. Sowohl die Neandertaler als auch der *Homo sapiens* müssen demnach gemeinsame Vorfahren gehabt haben. Die untersuchten Neandertaler-Populationen in Kroatien, Belgien und Frankreich entwickelten sich danach aber vermutlich getrennt weiter. Dies zeigen die weiteren Ergebnisse. Der Fehlschlag bei dem Vervielfältigungsversuch vom *Homo sapiens*-DNA mit Primern, die eine Vermehrung von Stücken der Neandertaler-DNA bewirken, kann nur so gedeutet werden, dass wahrscheinlich viele und umfangreiche Veränderungen im genetischen Material von *Homo sapiens* im Vergleich zu dem der Neandertaler aufgetreten sind. Sonst wäre eine – wenn auch nur teilweise erfolgreiche – Vervielfältigung möglich gewesen. Aus dieser Tatsache kann man rückschließen, dass die untersuchten Neandertalergruppen populationsgenetisch isoliert waren, weil sie sich von der Entwicklungslinie, die schließlich zum *Homo sapiens* führte, getrennt haben.

I.3 *Auch bei dieser Teilaufgabe ist keine detaillierte Beschreibung der Versuchsergebnisse erforderlich. Eine Zusammenfassung der einzelnen Versuchsergebnisse aus Material D und E unter übergeordneten Gesichtspunkten wird hier von Ihnen bei der Auswertung erwartet. Denken Sie bei der Bearbeitung daran, dass die geforderte „schlüssige Aussage" in punkto Vermischung oder Nichtvermischung der Populationen von Neandertaler und Homo sapiens nur bei einer Berücksichtigung aller drei Materialien (C, D und E) sicher möglich ist. Die abschließend geforderte Diskussion sollte differenziert und abwägend erfolgen und dabei auch Zweifel an voreiligen Schlüssen erkennen lassen.*

Die in Material D angegebenen Informationen und die Ergebnisse des Vergleichs mitochondrialer DNA des Neandertalers aus Düsseldorf mit der mtDNA heute lebender Menschen können wie folgt ausgewertet und zueinander in Bezug gesetzt werden. Die mtDNA heute lebender Menschen weist im statistischen Mittel keine großen Schwankungen bei der Anzahl der unterschiedlichen Basenpaarungen auf. Die Abweichungen liegen zwischen fünf und acht Basenpaaren. Ein einheitliches Bild ergibt sich auch beim DNA-Vergleich heute lebender Menschen mit der fossilen Düsseldorfer Neandertaler-DNA – bei allen getesteten Kombinationen war das Ergebnis gleich. Sowohl bei den Europäern, Afrikanern und Asiaten als auch bei den Ureinwohnern Australiens und Nordamerikas ist die Anzahl der unterschiedlichen Basenpaare mit 27 bzw. 28 einheitlich sehr hoch. Demnach haben alle getesteten rezenten, d. h. heute lebenden Menschen eine gleich große, sehr weite genetische „Entfernung" zum Neandertaler aus Düsseldorf.

Ein weiterer Vergleich, dessen Ergebnisse in Material E wiedergegeben sind, untersucht einerseits den genetischen Abstand zwischen der mtDNA des kaukasischen und des Düsseldorfer Neandertalers. Zum anderen wird auch die Abweichung bei den mtDNA-Basenpaaren vom Neandertaler aus Mezmaiskaya und heutigen Europäern, Asiaten und Afrikanern untersucht. Erstaunlicherweise ist die Zahl unterschiedlicher Basenpaare bei den beiden Neandertaler-Populationen mit durchschnittlich 12 relativ niedrig, obwohl die Fundstätten 2 500 km voneinander entfernt liegen und auch zeitlich mit 11 000 Jahren nicht gerade zeitnah sind. Fast (Afrikaner, Asiaten mit 23) bzw. mehr als doppelt so hoch (Europäer mit 25) sind die Basenpaarunterschiede bei einem Vergleich mit rezenten Menschen. Dies bedeutet, dass alle heute lebenden Menschen in genetischer Hinsicht gleich weit vom kaukasischen Neandertaler entfernt sind.

Bei dem Versuch zu klären, ob zwischen den Neandertaler- und *Homo sapiens*-Populationen eine Vermischung stattgefunden hat oder nicht, können aus den hier vorliegenden Materialien erste Rückschlüsse gezogen werden. Zwei wesentliche Erkenntnisse sprechen dabei dafür, dass keine Durchmischung der beiden Populationen stattgefunden hat. Dies ist auf der einen Seite die in den Versuchsergebnissen aus Material C belegte Tatsache, dass es mit einem Primer aus Neandertaler-DNA nicht möglich ist, fossile DNA-Funde des *Homo sapiens* aus der gleichen Zeitepoche (± maximal 16 000 Jahre) zu vermehren. Da dies mit fossiler DNA aus allen Neandertalerfundstätten möglich ist (Zeitspanne mit bis zu 6 000 Jahren Unterschied), kann es als ein starkes Indiz dafür angesehen werden, dass die Neandertaler-Populationen „unter sich" blieben und sich nicht generell mit Populationen des *Homo sapiens* vermischt haben. In die gleiche Richtung deuten andererseits auch die Befunde der Experimente, bei denen – neben einer vergleichenden Analyse (Neandertaler und *Homo sapiens*) – mtDNA der einzelnen Fundorte auch innerhalb der jeweiligen Gruppe (Neandertaler unter sich – *Homo sapiens* fossil und rezent unter sich) analysiert wurde. Auch hier zeigte sich deutlich, dass die Abweichungen in den Basenpaaren innerhalb der Gruppe eindeutig geringer waren als diejenigen im direkten Vergleich der Neandertaler-Populationen mit dem *Homo sapiens*. Trotz der eindeutigen Hinweise, welche diese Untersuchungen liefern, sollte man mit einer letztendlichen Entscheidung für die eine oder für die andere Alternative vorsichtig sein. Eine weitere Absicherung der sich abzeichnenden möglichen Richtung der Populationsentwicklung sollte unbedingt erfolgen. Hierbei wären

vor allem Untersuchungen dahingehend sinnvoll, die mit reinen *Homo sapiens*-Primern arbeiten, und diese auf die Fähigkeit einer möglichen Vervielfältigung fossiler Neandertaler-DNA hin überprüfen.
Ein weiterer Ansatz ist denkbar, bei dem nach den Basenunterschieden zwischen rezenten Menschen und *Homo sapiens*-Populationen der verschiedenen Fundorte gesucht wird. Ist hierbei mit *Homo-sapiens*-Primern eine Vervielfältigung der fossilen DNA nicht erfolgreich, so wäre dies ein Beleg dafür, dass es keine Durchmischung der Populationen des Neandertalers und des *Homo sapiens* gegeben hat. Die gleiche Schlussfolgerung ergäbe sich, falls entsprechende Untersuchungen als Ergebnis zeigen, dass die Basenunterschiede zwischen den rezenten Menschen und den *Homo sapiens*-Populationen nur sehr gering sind.

I.4 *Bei der Erstellung der Stammbaumhypothese kann es u. U. zu Unstimmigkeiten kommen zwischen dem, was Sie in Ihrem Unterricht gelernt haben und dem, was im Material F angegeben wird. Lassen Sie sich dadurch nicht verwirren. Sie können sowohl Ihre eigenen Schlüsse aus den Angaben in Material F ziehen als auch das wiedergeben, was Sie bei Ihrer Lehrerin bzw. ihrem Lehrer gelernt haben. Selbstverständlich können Sie auch beide Varianten darstellen. Bei ihrer abschließenden Erörterung zur möglichen Verdrängung des Homo neanderthalensis durch den Homo sapiens müssen Sie auch Ihre Erkenntnisse aus den vorherigen Teilaufgaben mit heranziehen.*

Die Art und Weise, wie sich der *Homo sapiens* über die Erde ausgebreitet hat, ist immer noch nicht eindeutig geklärt. Zwei Modelle konkurrieren bei der Erklärung der Entwicklung und der globalen Verbreitung des *Homo sapiens*. Neben dem „multiregionalen Modell", das von einer unabhängigen Entstehung des *Homo sapiens* aus mehreren Hominidenformen in Afrika, Asien und Europa und deren genetischer Vermischung untereinander ausgeht, existiert die heute favorisierte *„Out of Africa"*-Modellvorstellung. Letztere wird auch durch die in der Aufgabe vorgegebenen Materialien unterstützt. Nach diesen Überlegungen geht man davon aus, dass die Art *Homo sapiens* zuerst in Afrika entstanden ist. Die mtDNA-Untersuchungen von Allan Wilson an Hominiden-Fossilien führten zu dem Ergebnis, dass der gemeinsame *Homo sapiens*-Vorfahre, von ihm „Eva" genannt, ca. 200 000 Jahre vor Chr. in Afrika gelebt hat. Diese Untersuchungsergebnisse werden auch durch die in Afrika gemachten Fossilfunde gestützt, wonach die ältesten Fossilien des *Homo sapiens* aus Äthiopien stammen und ein Alter von 195 000 Jahren aufweisen. 67 000 Jahre alt sind die Knochenüberreste, die man von *Homo sapiens* im asiatischen Raum, genauer gesagt in China, gefunden hat. Dem gegenüber sind bis heute aus Europa keine Fossilfunde bekannt, die älter als 40 000 Jahre sind. Die ältesten Überreste der Art *Homo sapiens* stammen aus Rumänien und sind 36 000 Jahre alt.
Bei der Entwicklung einer Stammbaumhypothese zur Evolution von *Homo sapiens* und Neandertaler ist es zunächst wichtig darzulegen, wo die „Wurzeln"

dieses Stammbaumes liegen könnten. Aufgrund der Angaben in Materia F zu den weltweiten Hominidenfunden und deren Alter kann davon ausgegangen werden, dass sich der Neandertaler aus dem *Homo erectus* (genauer gesagt aus der *Homo ergaster/Homo erectus*-Gruppe über den *Homo heidelbergensis*) in Westasien und Europa entwickelt hat. Aus dieser Wurzel müssen auch die Vorfahren des Jetztzeitmenschen stammen, die sich – parallel zum Neandertaler – (über den *Homo heidelbergensis*) zum *Homo sapiens* entwickelt haben. Dass die Überlegung einer parallelen Entwicklung von *Homo sapiens* und *Homo neanderthalensis*, also die Annahme zweier getrennter Äste am Hominidenstammbaum, gerechtfertigt ist, zeigen die genetischen Untersuchungen. Diese haben nach den vorliegenden Befunden eindeutig ergeben, dass es keine Vermischung des Genpools von Neandertaler und den Vorfahren des Jetztzeitmenschen gegeben hat – was für eine getrennte Entwicklungsgeschichte spricht. Des Weiteren ist aus der Datierung der in Europa gemachten Fossilfunde erkennbar, dass sich der Neandertaler vor dem *Homo sapiens* dort aufgehalten hat. Dies bedeutet, dass unsere Vorfahren erst später – nach dem Neandertaler – nach Europa gewandert und dort sesshaft geworden sind. Darüber hinaus zeigen die Fossilfunde auch, dass sich *Homo neanderthalensis* in Europa nur bis vor 30 000 Jahren halten konnte. Nach diesem Zeitpunkt existieren bis heute keine jüngeren Fossilbelege für seine weitere Anwesenheit. Schließt man nach den vorliegenden Befunden eine Vermischung von *Homo sapiens* und Neandertaler aus, kann das Verschwinden des *Homo neanderthalensis* am ehesten dadurch erklärt werden, dass diese Form der Hominiden im Konkurrenzkampf um Wohnraum und Ressourcen dem *Homo sapiens* unterlegen war. Dies hat sehr wahrscheinlich zu einer Verdrängung des Neandertalers durch unsere Vorfahren geführt. Damit ist der *Homo neanderthalensis* einem Konkurrenzausschluss erlegen. Er konnte nicht dauerhaft eine ähnliche ökologische Nische besetzen wie der *Homo sapiens*, der die gleichen ökologischen Bedürfnisse wie der Neandertaler hatte. In letzter Konsequenz musste *Homo neanderthalensis* dem *Homo sapiens*, der konkurrenzstärkeren Art, weichen und ist ausgestorben.

Leistungskurs Biologie (NRW) – Abitur-Prüfung 2008
Aufgabe 2: Genetik

Aufgabenstellung:

Thema: Das MERRF-Syndrom

II.1 Begründen Sie, warum X-chromosomale Vererbung des MERRF-Krankheitsbildes, wie in Material C dargestellt, ausgeschlossen ist und eine autosomal rezessive Vererbung wenig wahrscheinlich ist. Erläutern Sie dies anhand geeigneter Falldarstellungen aus Abbildung 1. (16 Punkte)

II.2 Beurteilen Sie, inwieweit eine mitochondriale Vererbung durch das Material A bis D abgesichert erscheint, und erklären Sie das Zustandekommen des Krankheitsbildes. (12 Punkte)

II.3 Beschreiben Sie kurz die Vorgänge bei der Translation und gehen Sie dabei besonders auf die Rolle der tRNA ein. Erläutern Sie unter Bezug auf die in Material E dargestellten Erkenntnisse die molekulargenetische Ursache des MERRF-Krankheitsbildes. (24 Punkte)

II.4 Stellen Sie dar, welche Inhalte eine genetische Beratung der Schwestern und Brüder der *Mutter* des Patienten in Material B anlässlich geäußerter Kinderwünsche haben muss. (14 Punkte)

Material A: MERRF-Syndrom und Mitochondrien

Beim MERRF-Syndrom, einer recht seltenen Krankheit, wurde nach seiner Entdeckung eine erbliche Komponente zunächst widersprüchlich diskutiert. MERRF bedeutet: *Myoclonic epilepsy associated with ragged-red muscle fibers* (Muskelschüttelkrämpfe verbunden mit ausgefransten roten Muskelfasern).
Aufgrund der Symptome wurden die Mitochondrien in die Untersuchungen einbezogen. Mitochondrien vermehren sich durch eine vom Zellzyklus unabhängige Teilung, die der Zellteilung von Bakterien sehr ähnlich ist. Tatsächlich fand man Mitochondrien mit eingeschränkter Funktion („defekte Mitochondrien") in den Gewebszellen von MERRF-Kranken, daneben allerdings auch vollständig intakte Mitochondrien. Denn bei jeder Zellteilung erfolgt eine zufällige Verteilung der Mitochondrien, sodass in den Tochterzellen intakte und defekte Mitochondrien nebeneinander existieren (Heteroplasmie) oder alle Mitochondrien die gleiche Mutation in ihrer DNA tragen (Homoplasmie). Innerhalb eines Gewebes treten entsprechend gesunde Zellen neben krankhaft veränderten auf. Die Krankheit wird erst dann auffällig, wenn der Heteroplasmiegrad im entsprechenden Gewebe 50–80 % beträgt.

Material B: Patient mit MERRF-Syndrom

(gekürzte Schilderung aus einem Patientenforum)

„Sven ist heute 6 ½ Jahre alt und die Diagnosesuche ging los, da war er fast 2 Jahre alt und bis wir die Diagnose hatten, gingen ca. 1 ½ Jahre ins Land. Bei uns war es auch so, dass die Ärzte die Muskelbiopsie, also die Entnahme und Untersuchung von Muskelzellen aus dem Oberschenkelmuskel erstmal nicht machen wollten, aber letztendlich nicht drum herum kamen. …

Sven war leider noch ein Frühchen (Frühgeburt) aus der 27. Schwangerschaftswoche und da wurden viele Auffälligkeiten erstmal auf seine Frühgeburt geschoben. …

Trotzdem fiel auf, dass sich seine Muskulatur wie Wackelpudding anfühlte und auch sehr wenig Muskelgewebe überhaupt da war. Nach allen Seiten drehen konnte er sich erst mit fast 3 Jahren. Es hieß, er würde nie laufen lernen und nie sprechen lernen. Aber, die Ärzte irrten sich, Gott sei Dank. Er lernte sprechen, viel später, aber das ist egal. Und er lernte sogar das freie Laufen mit fast 5 Jahren. Allerdings hat er eine starke Belastungsintoleranz […] aufgrund des Energiemangels. Kurze Strecken geht er, und für draußen hat er seinen Rolli. Er hat auch immer wieder sehr schlappe Phasen, wo er fast den ganzen Tag nur liegt.“

Material C: Stammbaum einer betroffenen Familie

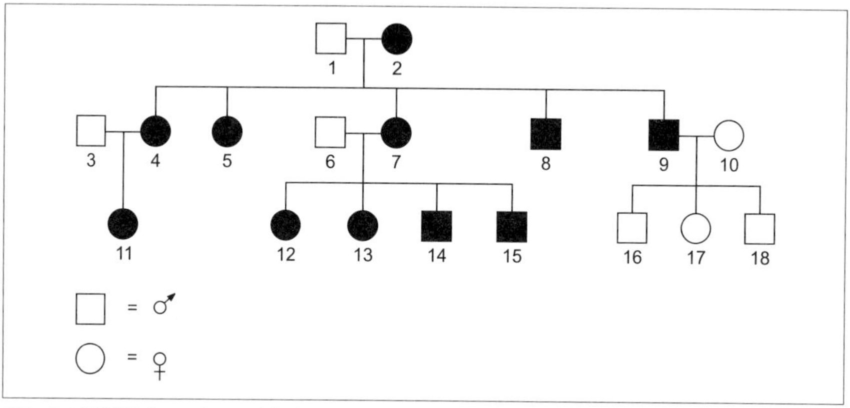

Abb. 1: MERRF-Stammbaum, Merkmalsträger sind schwarz dargestellt. Die Personen 3, 6 und 10 stammen aus Familien, in denen das Krankheitsbild nachweislich nie aufgetreten ist.

Material D: Mitochondrien in Eizellen, Spermien und verschiedenen Geweben

Jedes Spermium besitzt im Halsteil weniger als 50 Mitochondrien, jede Eizelle im Plasma Tausende. Bei der Befruchtung dringt nur der Kopf des Spermiums in die Eizelle ein. Den höchsten Mitochondriengehalt haben die Gewebe, in denen der Sauerstoffbedarf sehr hoch ist, dazu gehören die Skelettmuskulatur (vor allem Arme und Beine), das Gehirn und das Herz.

Mitochondrien besitzen eigene DNA, eigene Ribosomen, eigene Proteine und vermehren sich unabhängig vom Zellzyklus.

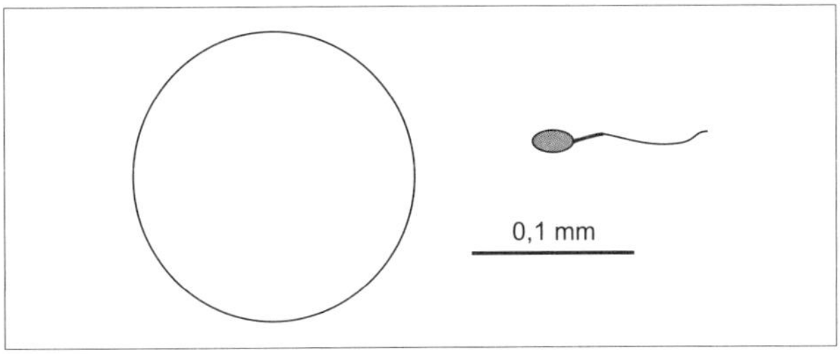

Abb. 2: Größenvergleich Eizelle/Spermium

Material E: Molekulare Ursachen des MERRF-Krankheitsbildes

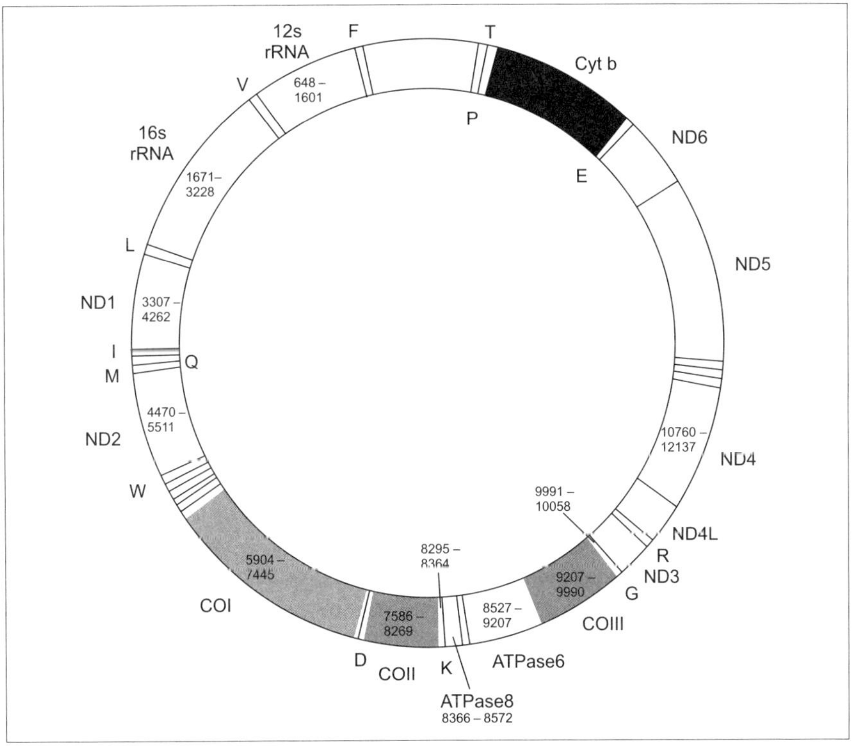

Abb. 3: Karte der mitochondrialen DNA des Menschen.

Dargestellt sind der ringförmige DNA-Strang eines Mitochondriums sowie beispielhaft für einige Bereiche die Position der Basen; so codiert, z. B. der Bereich von 648 bis 1601 für die kleine Untereinheit der Ribosomen (12s rRNA). Beschriftet sind außerdem Bereiche, die für bestimmte Proteine codieren, z. B. „ND“ für NADH-Dehydrogenase und „CO“ für Cytochrom c-Oxidase, beides Enzyme, die an der Energiebereitstellung beteiligt sind. Zusätzlich erkennt man, welche Bereiche in tRNA transkribiert werden, so steht z. B. „K“ für die $tRNA^{Lysin}$ und „G“ für die $tRNA^{Glycin}$.

Genom: *Homo sapiens*, Mitochondrium, Positionen 8295 – 8364

normal:

CACTGTAAAGCTAACTTAGCATTAACCTTTTAAGTTAAAGATTAAGAGAACCAACACCTCTTTACAGTGA

8300 8350

MERRF:

CACTGTAAAGCTAACTTAGCATTAACCTTTTAAGTTAAAGATTAAGAGAGCCAACACCTCTTTACAGTGA

8300 8350

Abb. 4: Ausschnitt aus der mitochondrialen DNA eines Gesunden und eines an MERRF Erkrankten

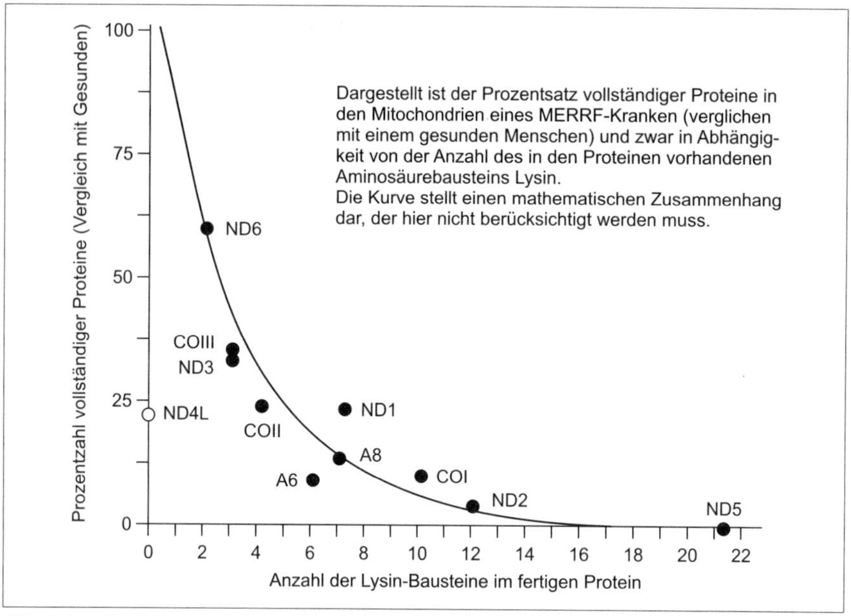

Abb. 5: Proteine in Mitochondrien eines MERRF-Kranken

nach: Enriquez, JA: mtDNA mutation in MERFF syndrome causes defective aminoacylation of tRNAlys and premature translation termination. Nat. Genet. 10, p. 47 – 55

Außer den in Abbildung 5 angeführten Proteinen findet man in den Mitochondrien Erkrankter ein sogenanntes MERRF-Protein. Es handelt sich dabei um unvollständige Reste des Proteins COI; auch fand man unvollständige Reste des Proteins ND2 in hoher Konzentration in MERRF-Mitochondrien.

weitere Materialgrundlage:
Chomyn, Anne: „The Myoclonic Epilepsy and Ragged-Red Fiber Mutation Provides New Insights into Human Mitochondrial Function and Genetics" in American Journal of Human Genetic 62: 745–751, 1998
Jacobs, Howard T.: "Disorders of mitochondrial protein synthesis" in Human Molecular Genetics, Vol. 12, Review Issue 2, R293–R301, 2003
Abb. 3 verändert nach: "Mitochondrial DNA Function locations", http://www.mitomap,com (17. Mai 2007)
Abb. 4 (mDNA-Sequenz) aus NCBI Sequence-Viewer http://ncbi.nlm.nih.gov/entrez/viewer
Bio Reg 2/93 S. 3–6 (ehemalige Heftchen der Lehrerfortbildung regional)

Lösungsvorschlag

In der Aufgabe thematisierte Unterrichtsinhalte sind:
Genetische Grundlagen von Lebensprozessen (Zytogenetik, Stammbaumanalyse und Erbgänge in der humangenetischen Beratung), molekulare Grundlagen der Vererbung (Replikation, Proteinbiosynthese, Regulation der Genaktivität)

II.1 *Obwohl in dieser Teilaufgabe drei mögliche Vererbungsmodi der betrachteten Krankheit bereits ausgeschlossen wurden und Sie aufgefordert werden, dies zu erläutern, müssen Sie jede Vererbungsmöglichkeit in Ihrer Bearbeitung ansprechen. Sie brauchen dies nicht in Form umfangreicher grafischer Darstellungen zu tun. Bei einem klar strukturierten Text kann darauf verzichtet werden. Während Ihrer Auswertung des Stammbaums helfen Ihnen die folgenden einfachen Überlegungen. Da es Autosomen und Gonosomen (Geschlechtschromosomen) gibt, kann ein Merkmal prinzipiell auf vier verschiedene Weisen vererbt werden: autosomal-rezessiv, autosomal-dominant, gonosomal-rezessiv oder gonosomal-dominant. Die gonosomal-dominante Vererbungsvariante ist aber von der autosomal-dominanten kaum zu unterscheiden und daher sehr unwahrscheinlich. Sie sollte aber dennoch genannt werden, wenn von Ihnen – wie hier – verlangt wird, andere Möglichkeiten auszuschließen. (Das Y-Chromosom können Sie im Normalfall vernachlässigen, da es so gut wie genleer ist.) Sind in einem Stammbaum gleichviel männliche wie weibliche Merkmalsträger, handelt es sich wahrscheinlich um ein autosomal vererbtes Merkmal. Überwiegen dagegen Männer als Merkmalsträger oder existieren ausschließlich männliche Merkmalsträger, so wird das Merkmal höchstwahrscheinlich gonosomal vererbt. Bei der Frage, ob ein Merkmal dominant oder rezessiv in seiner Vererbung ist, kann ein Blick auf die einzelnen „Generationen" des Stammbaums helfen. Dominant vererbte Merkmale treten normalerweise in jeder Generation auf, wohingegen rezessive Merkmale eine oder mehrere Generationen überspringen können. Ziehen Sie bei Ihrer Stammbaumanalyse unbedingt auch die Zusatzinformationen in der Legende zu Abbildung 1 (Material C) mit heran und vergessen Sie nicht, dass es auch noch die Möglichkeit der autosomal-dominanten Vererbung des Merkmals gibt.*

Der Stammbaum dieser vom MERRF-Syndrom betroffenen Familie kann – in Bezug auf die möglichen Vererbungsmodi – wie folgt ausgewertet werden. Ein gonosomal-rezessiver Erbgang ist deswegen ausgeschlossen, weil das Ehepaar 3 und 4 eine am MERRF-Syndrom erkrankte Tochter hat. Da der Vater nicht von dieser Krankheit betroffen ist, trägt sein X-Chromosom den Defekt nicht. Die Mutter ist betroffen und wäre in diesem Annahmefall homozygote Trägerin eines rezessiven Defektes. Das die Krankheit verursachende Allel auf dem X-Chromosom, das die Mutter zwangsläufig weiter vererbt, würde dann von der gesunden Anlage auf dem väterlichen X-Chromosom „ausgeglichen" werden. Da dies nicht der Fall ist, kommt diese Form der Vererbung der Erkrankung nicht in Frage. Ebenfalls ausgeschlossen ist die Möglichkeit einer gonosomal-dominanten Vererbung. In einem solchen Falle wäre das Mädchen 17 aus der Ehe 9/10 Trägerin des Merkmals, da sie von ihrem Vater das X-Chromosom mit der Anlage für das MERRF-Syndrom erben würden. Die Wahrscheinlichkeit einer autosomal-rezessiven Weitergabe der Krankheit kann mithilfe der Zusatzinformation zum vorgegebenen Stammbaum annähernd ausgeschlossen werde. Die Information besagt, dass die Vorfahren der Personen 3, 6 und 10, welche in die Familie hinein geheiratet haben, nie vom MERRF-Syndrom betroffen waren. Aber auch ohne diesen Hinweis ist ein derartiger Vererbungsmodus sehr unwahrscheinlich, weil dann alle eingeheirateten Personen Überträgerin bzw. Überträger dieser äußerst seltenen Erkrankung sein müssten. Prinzipiell kann aber eine autosomal-rezessive Vererbung – anhand dieses Stammbaumes – nicht ausgeschlossen werden. Auch eine autosomal-dominante Vererbung ist prinzipiell möglich, da die Personen 2, 4, 7 und 9 sowohl homo- als auch heterozygote Merkmalsträger sein könnten. Die Kinder aus den Verbindungen mit den homozygot merkmalsfreien Partnern 3, 6 und 10 können daher am MERRF-Syndrom erkrankt oder auch gesund sein, je nachdem, ob sie das dominante Allel vom betroffenen Elternteil aufweisen oder nicht.

II.2 *Der Arbeitsauftrag „beurteilen" bedeutet, dass Sie eine mögliche mitochondriale Vererbung des MERRF-Syndroms anhand Ihres Fachwissens und der vorhandenen Informationen im Aufgabenmaterial kritisch hinterfragen. Hierfür ist es notwendig, die umfangreichen Textmaterialien A und B, aber auch die Darstellung in Material D aufmerksam durchzuarbeiten. Ein farbiger Stift oder Textmarker ist hier sehr hilfreich. Selbst wenn Ihnen der Begriff „mitochondriale Vererbung" aus Ihrem Unterricht nicht bekannt sein sollte (keine Panik, er gehört auch nicht zu den obligatorischen Unterrichtsinhalten), können Sie auf der Grundlage der Materialien A–D ein Sachurteil formulieren und dieses begründen. Bei der Bearbeitung ist es sinnvoll, sich zunächst Eizelle und Spermium zuzuwenden, die Weitergabe der Mitochondrien bei diesem Vorgang zu analysieren und – ausgehend von den gewonnenen Erkenntnissen – das Zustandekommen des Krankheitsbildes zu erklären und zu beurteilen.*

Bei der Verschmelzung von Eizelle und Spermium treffen die größte Zelle des menschlichen Organismus und eine ihrer kleinsten Vertreter aufeinander. Die Eizelle liefert für die entstehende Zygote die komplette plasmatische Ausstattung – das Spermium lediglich den haploiden Chromosomensatz des Vaters. Bei der Befruchtung gelangt nur der „Kopf" des Spermiums, welcher die DNA enthält, in die Eizelle. Der „Halsteil" und die Geißel des Samenfadens, d. h. der komplette Antriebsapparat, inklusive der ca. 50 väterlichen Mitochondrien, gelangt nicht in die Eizelle. Daher stammen so gut wie alle Mitochondrien des Embryos aus der Eizelle – und damit von seiner Mutter. In Bezug auf die Vererbung der Mitochondrien kann man daher auch von einer maternalen (mütterlichen) Vererbung sprechen (Material D). Dies kann auch mit einem Blick auf den Stammbaum der von dem MERRF-Syndrom betroffenen Familien beobachtet werden. In den Ehen 1/2, 3/4 und 6/7, von denen Nachkommen aufge-

führt sind, ist immer die Mutter ein Merkmalsträger der Krankheit. In der Familie, in welcher der Vater vom MERRF-Syndrom betroffen ist, sind alle Kinder gesund (Material C).
Die Vermehrung der Mitochondrien verläuft anders als bei den meisten Zellorganellen. Sie hängt nicht von der Teilung der Zelle im Zellzyklus ab. Mitochondrien gehen immer nur durch Teilung dieser Zellorganellen auseinander hervor. Gewebe-Untersuchungen bei Patienten mit dem MERRF-Syndrom haben ergeben, dass bei ihnen Zellen existieren, deren Mitochondrien eine eingeschränkte Funktionsfähigkeit aufweisen. Diese Zellen haben einen einheitlichen Mitochondrien-Bestand; es liegt Homoplasmie vor. Daneben gibt es aber auch homoplasmatische Zellen, die nur funktionstüchtige Mitochondrien enthalten und solche Zellen, die eine Mischung beider Mitochondrien-Typen aufweisen. In ihnen liegt Heteroplasmie vor. Das Mischungsverhältnis folgt dabei keiner erkennbaren Regel. Als Erklärung des Befundes kann die Art und Weise herangezogen werden, in der die Weitergabe dieser Zellorganellen bei der Zellteilung erfolgt. Mitochondrien werden bei der Weitergabe an die Tochterzellen – passiv im Zytoplasma liegend – mitverteilt. So ist es vollkommen dem Zufall überlassen, welche mitochondriale Ausstattung die jeweilige Tochterzelle erhält. Das MERRF-Syndrom tritt als Krankheitsbild aber erst dann in Erscheinung, wenn in einem betroffenen Gewebe der Grad der Heteroplasmie über 50 % liegt (Material A).
Mitochondrien sind die Kraftwerke der Zelle. Aus diesem Grund kommen sie vor allem in solchen Geweben vermehrt vor, in denen ein hoher Bedarf an ATP vorherrscht, dem Skelett- und Herzmuskelgewebe, aber auch dem Gehirn. Diese Gewebe weisen deshalb auch einen hohen Bedarf an Sauerstoff auf, der für eine effektive Erzeugung von ATP während der mitochondrialen Endoxidation unerlässlich ist (Material D). Die Symptome wie Muskelschüttelkrämpfe und Veränderungen an und in der Muskulatur, welche beim MERRF-Syndrom auftreten (Material A und B), kommen damit gerade in solchen Geweben vor, in denen ein erhöhter ATP- und O_2-Bedarf vorliegt.
All diese Befunde im Zusammenhang betrachtet (Mitochondrien, Sauerstoffbedarf, ATP-intensives Muskelgewebe, Ausfallerscheinungen in der Muskulatur) lassen sehr stark vermuten, dass es sich beim MERRF-Syndrom um eine Erkrankung handelt, die auf einem Defekt in den Mitochondrien beruht. Die Tatsache, dass immer nur Mütter den Mitochondrien-Defekt an ihre Kinder weitergeben, erklärt den Sachverhalt, dass die Vererbung der Krankheit keinem der klassischen Vererbungsschemata folgt und eine maternale Vererbung vorliegt.

II.3 *Beginnen Sie Ihre Beschreibung der Translation mit einem einleitenden, den Prozess zusammenfassenden Satz. Obwohl in der Aufgabenstellung die Aufforderung „kurz" gegeben wird, sollten Sie sich nicht zu knapp äußern. Wenn Sie aber alle relevanten Elemente und Vorgänge bei der Translation ansprechen und darlegen, sind Sie auf der sicheren Seite. Dies bedeutet aber nicht, dass Sie den gesamten Vorgang in „epischer Breite" darlegen sollen. Im ungünstigsten Fall gibt Ihnen Ihre Lehrerin bzw. Ihr Lehrer dann für diese Teilauf-*

gabe nicht die gesamte Punktzahl, weil Sie sich (Stichwort: kurz) nicht an die Aufgabenstellung gehalten haben. Achten Sie bei der Analyse der Abbildungen 3–5 besonders auf die über die grafischen Elemente hinaus gehenden Textinformationen. Sie geben Ihnen wichtige Hinweise für die Bearbeitung der Aufgabenstellung.

Bei der Translation, dem zweiten Schritt der Proteinbiosynthese, handelt es sich um einen Prozess, der in drei Abschnitte eingeteilt werden kann, die Startphase (Initiation), die Verlängerung der Polypeptidkette (Elongation) und die Beendigung der Translation (Termination).

Zu Beginn der Translation fügen sich die kleinere und die größere Untereinheit zu einem funktionstüchtigen Ribosom zusammen. Nun lagert sich das mRNA-Molekül mit seinem Startcodon an der kleineren Untereinheit an. Nach der Anlagerung der mRNA liegt im Bereich des Ribosoms ein Abschnitt von zwei mRNA-Basentripletts. An diese beiden Tripletts lagern sich während der Elongation – nach dem Prinzip der komplementären Basenpaarung – zwei tRNA-Moleküle an, die an ihrem terminalen 3'-Ende jeweils eine spezifische Aminosäure tragen. Jede tRNA wird im Zytoplasma von einem spezifischen Enzym, der Aminoacyl-tRNA-Synthetase, mit der Aminosäure „beladen", welche zum Anticodon dieser tRNA passt. Am Ribosom werden nach dem Prinzip der Codon (mRNA)/Anticodon (tRNA)-Paarung die Tripletts der mRNA fortlaufend abgelesen und in die Aminosäuresequenz übersetzt. Dazu verbindet sich immer die Aminosäure der zuletzt abgelesenen tRNA – unter Ausbildung einer Peptidbindung – mit der Aminosäure des tRNA-Moleküls, welches sich danach an das Ribosom angelagert hat. Dieser Vorgang der Aminosäure-Kettenverlängerung wiederholt sich so lange, bis durch das Erscheinen eines Stopp-Codons die Termination des Translationsvorganges eingeleitet wird. Dies führt dazu, dass die Aminosäurekette, das neu entstandene Polypeptid, von der zuletzt im Ribosom befindlichen tRNA abgetrennt wird. Die mRNA löst sich vom Ribosom, das wieder in seine beiden Untereinheiten zerfällt. Damit ist die Übersetzung der Nukleotidsequenz der mRNA an den Ribosomen mithilfe der tRNA in die Aminosäuresequenz der Polypeptide erfolgt.

Die molekulargenetische Ursache für das Krankheitsbild des MERRF-Syndroms kann letztlich in einer Punktmutation in der mitochondrialen DNA gesehen werden. Wie aus Abbildung 4 ersichtlich, ist bei einem Menschen, der das MERRF-Krankheitsbild zeigt, an der Position 8 344 die Base Adenin gegen die Base Guanin ausgetauscht. Diese Punktmutation wirkt sich auf die Bildung einer tRNA aus, welche im Bereich zwischen den Positionen 8 295 und 8 364 der mitochondrialen DNA codiert ist und die Aminosäure Lysin transportiert (Abb. 3). Diese Feststellung wird durch die Untersuchung der Proteine bestätigt, die in den Mitochondrien am MERRF-Syndrom erkrankter Menschen gefunden werden. Der in Abbildung 5 wiedergegebene Prozentsatz vollständig synthetisierter Proteine nimmt in dem Maße ab, je häufiger in diesen Proteinen die Aminosäure Lysin verwendet wird. Dies ist ein deutlicher Hinweis darauf, dass die $tRNA^{Lysin}$ einen Defekt zeigt, denn nur dieses DNA-Produkt der Mitochondrien weist bei MERRF-Patienten eine Mutation auf. Der tRNA-Defekt kommt beim zweiten Teil der Proteinbiosynthese, der Translation, zum Tragen. Bei Menschen, die am MERRF-Syndrom erkrankt sind, ist die Raumstruktur der mutierten $tRNA^{Lysin}$ verändert. Durch den Einbau einer anderen Base ist wahrscheinlich die ursprüngliche Kleeblatt-Struktur der tRNA nicht mehr vorhanden. Dies kann sich zum einen auf die Beladung der tRNA mit Lysin auswirken, da – aufgrund der veränderten Raumstruktur – die veränderte tRNA u. U. nicht mehr in die Aminoacyl-tRNA-Synthetase passt; das Schlüssel-Schloss-Prinzip funktioniert dann in diesem Fall nicht mehr. Die Folge hiervon wäre, dass die Aminosäure Lysin nicht mehr in ausreichendem Maße bei der Translation zur Verfügung stünde. Eine andere Möglichkeit wäre, dass die in ihrer Raumstruktur veränderte $tRNA^{Lysin}$ sich nicht mehr an das Ribosom anlagern kann. In diesem Fall würde die Translation der mitochondrialen mRNA sehr oft an der Stelle „stecken bleiben", an der in das entstehende Polypeptid die Aminosäure Lysin eingebaut werden müsste. Sehr wahrscheinlich wird dann die Translation an einer solchen Stelle abgebrochen. Das Ergebnis dieses Vorgangs ist in diesem Fall ein unvollständig ausgebildetes Polypeptid. Der Hinweis in Abbildung 5 auf die in den Mitochondrien erkrankter Personen gefundenen MERRF-Proteine schließt den Kreis zu den Symptomen, die mit dem MERRF-Syndrom verbunden sind. Die angesprochenen Proteine, unvollständige Reste von COI und ND2, sind in ihrer funktionstüchtigen Form essenzielle Enzyme, die bei der Biologischen Oxidation, der Erzeugung von ATP innerhalb der Mitochondrien, Verwendung finden. Können in den Kraftwerken der Zellen von MERRF-Patienten keine oder nur noch unzureichende Mengen an Energie bereitgestellt werden, ist die Versorgung der Muskelgewebe nicht mehr in ausreichendem Maße sichergestellt.

II.4 *Da Sie in den vorangegangenen drei Teilaufgaben die grundlegenden Sachverhalte des MERRF-Syndroms erarbeitet haben, dürfte es Ihnen nicht schwer fallen, die Inhalte einer möglichen genetischen Beratung darzulegen. Gehen Sie bei Ihren Überlegungen systematisch vor und arbeiten Sie die angesprochenen Personengruppen nacheinander ab.*

Eine genetische Beratung der Geschwister einer Frau, die bereits ein Kind geboren hat, welches an dem MERRF-Syndrom leidet, kann für die männlichen Mitglieder der Familie sehr schnell erfolgen. Die Wahrscheinlichkeit, dass ihre Kinder an diesem Syndrom erkranken werden – vorausgesetzt ihre Partnerin leidet nicht daran – geht gegen null. Selbst wenn der zu beratende Mann an der Krankheit leidet, kann er diese nicht an seine Kinder weiter vererben, da er keine – möglicherweise defekten – Mitochondrien in die Zygote einbringt. Anders gestaltet sich die genetische Beratung der weiblichen Geschwister. Hier besteht – selbst wenn diese nicht an der Krankheit leiden – die Möglichkeit, dass sie als Überträgerinnen das MERRF-Syndrom an ihre Nachkommen weiter geben können. Dies liegt in der Tatsache begründet, dass die Verteilung der mit dem Gendefekt behafteten Mitochondrien nach dem Zufallsprinzip geschieht. Es ist zum einen nicht vorherzusagen, welchen Grad der Heteroplasmie die Urkeimzellen aufweisen und zum anderen ist ebenfalls nicht im Voraus bestimmbar, wie viele mutierte Mitochondrien im Laufe der meiotischen Reifeteilungen in die zukünftige Eizelle gelangen werden. Die einzige Möglichkeit, Gewissheit über den ungefähren mengenmäßigen Anteil der defekten Mitochondrien zu erhalten, besteht darin, dass man (wie in Material B angedeutet) eine Biopsie des Muskelgewebes vornimmt. Werden die Muskelzellen der zu beratenden Frau dann auf genetisch defekte Mitochondrien hin untersucht und ihr mengenmäßiger Anteil festgestellt, kann zunächst eine generelle Aussage darüber gemacht werden, ob sie ggf. Überträgerin des MERRF-Syndroms ist oder nicht. Ist der Anteil an mutierten Mitochondrien sehr hoch, so ist auch die Wahrscheinlichkeit sehr groß, dass in ihren Eizellen eine Heteroplasmie zuungunsten normal funktionierender Mitochondrien vorliegt. Da es aber – wie in Material A dargelegt – vom mengenmäßigen Anteil der defekten Mitochondrien abhängt, ob die Krankheit zum Ausbruch kommt, kann nicht mit Sicherheit vorhergesagt werden, inwieweit dieser Anteil bei möglichen Nachkommen unter der Grenze von 50 % mutierter Mitochondrien bleiben wird. Letztendliche Gewissheit, ob die Nachkommen am MERRF-Syndrom leiden werden oder nicht, kann eine genetische Beratung nach dem heutigen Stand der Wissenschaft nicht geben.

Leistungskurs Biologie (NRW) – Abitur-Prüfung 2008
Aufgabe 3: Ökologie

Aufgabenstellung:

Thema: Eine Lebensgemeinschaft von Ameisen und Ameisenpflanzen

III.1 Fassen Sie die in den Materialien A und B dargestellten Ergebnisse der durchgeführten Versuche zusammen. (18 Punkte)

III.2 Begründen Sie mithilfe der Materialien A und B, dass es sich bei der Lebensgemeinschaft von Ameisen und den verschiedenen Ameisenpflanzen um eine Symbiose entsprechend der in Material C angegebenen Definition handelt.
Diskutieren Sie diese Lebensgemeinschaft vor dem Hintergrund von Aufwand und Nutzen. (22 Punkte)

III.3 Fassen Sie die Aussagen der Abbildungen 3, 4 und 5 aus Material D zusammen und erläutern Sie mithilfe der Abbildung 6 und unter Einbezug aller Materialien, auf welche Weise die Produktion von Blattnektar über den Fraßdruck reguliert wird.
Erklären Sie die biologische Funktion dieses Regulationsmechanismus in Bezug auf Aufwand und Nutzen. (26 Punkte)

Material A:

In Südostasien, speziell in West-Malaysia und auf Borneo, ist die Baumgattung *Macaranga* beheimatet. Auf vielen dieser *Macaranga*-Bäumen leben Ameisenkolonien der Gattung *Crematogaster*. Es handelt sich bei den Bäumen um ein Beispiel von sogenannten „Ameisenpflanzen". Das Verhalten dieser Ameisen gegenüber Insekteneiern und Raupen wird in Tabelle 1 dargestellt. Außerdem kappen sie die Ranken von Schlingpflanzen, sobald diese ihren Wirtsbaum berühren.

Viele *Macaranga*-Bäume produzieren auf ihren Blättern sogenannten extrafloralen Nektar (Blattnektar), der nicht der Anlockung von bestäubenden Insekten dient, sondern eine Nahrungsquelle für Ameisen, Wespen und andere räuberische Insekten darstellt. Außerdem werden Futterkörperchen von diesen Bäumen produziert. Sie werden von diesen Bäumen von ihren Nebenblättern als spezielle Produkte gebildet.

Als fakultative Ameisenpflanzen bezeichnet man solche, die nur zum Nahrungserwerb besucht werden. Als obligate Ameisenpflanzen bezeichnet man Arten, die dauerhaft bewohnt werden.

Versuch 1

In einem Versuch untersuchte man das Verhalten von Ameisen auf einer obligaten Ameisenpflanze.

Tabelle 1: Untersuchungen zum Verhalten von Ameisen gegenüber Eiern von Insekten, Raupen und Futterkörperchen nach ihrer Entdeckung

Eier von Insekten	90 % wurden von den Ameisen von den Blättern entfernt, keine Nahrungsquelle
Raupen	80,5 % wurden von den Ameisen durch Bisse vertrieben, keine Nahrungsquelle
Futterkörperchen	wurden von den Ameisen gefressen

nach: M. Heil/B. Fiala/U. Maschwitz/K. E. Linsenmair: On benefits of indirect defence: short- and long-term studies of antiherbivore protection via mutualistic ants;
In: Oecologia (2001) 126: 395–403

Versuch 2

Eine Analyse der chemischen Zusammensetzung der Futterkörperchen unterschiedlicher fakultativer und obligater Ameisenpflanzen wurde durchgeführt. Ziel war es, die Bedingungen zu ermitteln, nach denen Ameisen obligate Pflanzen auswählen.

Tabelle 2: Chemische Zusammensetzung und Energiegehalt der Futterkörperchen verschiedener obligater und fakultativer Ameisenpflanzen

Pflanzenarten	Vergesellschaftung Pflanze/Ameise	Kohlenhydrate (m/g Frischgewicht)	Proteine (m/g Frischgewicht)	Lipide (m/g Frischgewicht)	Energiegehalt (kJ/g Frischgewicht)
Macaranga triloba	obligat	10,3	15,9	146,9	6,0
M. hulletti	obligat	19,7	17,8	156,4	6,6
M. hosei	obligat	22,4	21,8	91,5	4,2
M. tanarius	fakultativ	39,3	6,1	82,6	3,9
Parthenocissus tricuspidata	fakultativ	14,8	6,0	5,0	0,5

nach: M. Heil/B. Fiala/W. Kaiser/K. E. Linsenmair: Chemical contents of Macaranga food bodies: Adaptations to their role in ant attraction and nutrition; In: Functional ecology (1998) 12, 117–122

Material B:

Versuch 3

Es wurde eine Langzeitstudie bei Pflanzen der Art *Macaranga triloba* durchgeführt, bei der während eines Jahres das relative Blattwachstum bzw. der relative Blattverlust bedingt durch pflanzenfressende Insekten untersucht wurden. Untersucht wurden Pflanzen, die von Ameisen bewohnt waren und solche ohne Ameisen.

Die Ergebnisse dieser Studie werden in der folgenden Abbildung 1 dargestellt.

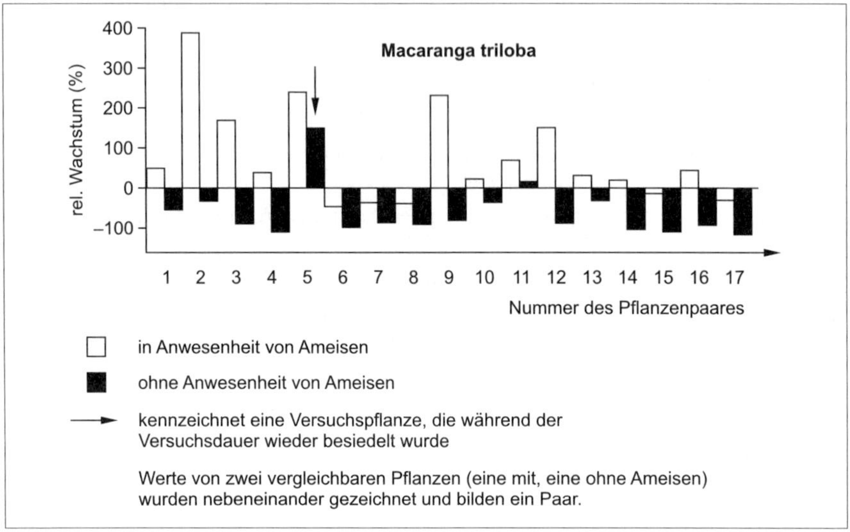

Abb. 1: Relatives Blattwachstum bzw. relativer Blattflächenverlust (Zuwachs bzw. Verzehr durch pflanzenfressende Insekten bezogen auf einen Durchschnittswert) von Pflanzen der Art *Macaranga triloba* innerhalb eines Jahres mit und ohne Ameisen.

B. Fiala/U. Maschwitz/Tho Yow Pong/A. J. Helbig: Studies of a South East Asian ant-plant association: protection of Macaranga trees by Crematorgaster borneensis; aus: Oecologia, (1998), 79: 463 – 470

Versuch 4

Bei einem weiteren Versuch wurde bei jeweils 30 Ameisenpflanzen die Ausbildung von zusätzlichen Futterkörperchen angeregt (+ Futterkörperchen) bzw. entfernt (– Futterkörperchen) oder die Pflanzen wurden nicht manipuliert (Kontrolle). Nach 30 Tagen wurden die Anzahl der Ameisen und die Altersstruktur der Ameisenpopulation (Eier, Larven, Puppen) bestimmt (Abb. 2).

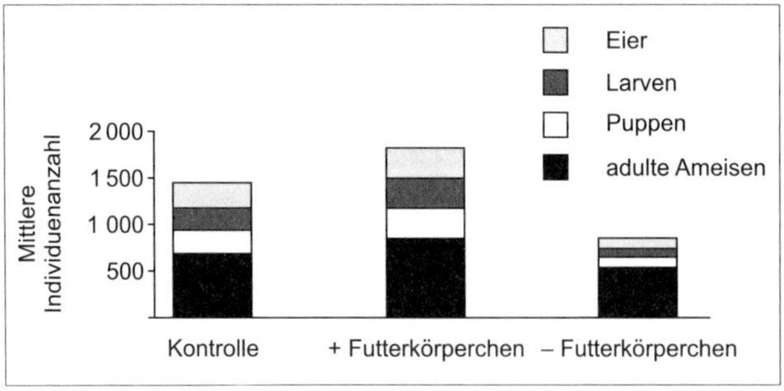

Abb. 2: Abhängigkeit einer Ameisenkolonie von dem Vorhandensein bzw. Fehlen der Futterkörperchen

nach: K. E. Linsenmair/M. Heil/W. M. Kaiser/B. Fiala/T. Koch/W. Boland: Adaptions to biotic and abiotic stress: Macaranga-ant plants optimize investment in biotic defence; In: Journal of Experimental Botany, V. 52, 363, 2057 – 2066 pl 2001

Material C:

In einem Schulbuch findet man folgende Definition für ein Beispiel einer interspezifischen Beziehung:
Eine Symbiose ist „eine Beziehung zwischen artverschiedenen Lebewesen, die für beide Partner vorteilhaft und durch enges räumliches Zusammenleben gekennzeichnet ist.“

Definition „Symbiose“ aus J. Jaenicke/A. Paul: Biologie Heute SII entdecken, Schroedel Verlag

Material D:

In einem Experiment wurden 30 von Ameisen besiedelte Ameisenpflanzen sechs Wochen lang alle vier Tage mit Jasmonsäure besprüht, durch Fraß oder gezielt mit Nadelstichen beschädigt. Jasmonsäure ist ein Stoff, der in Pflanzen produziert wird und verschiedene Reaktionen bewirkt. Jasmonsäure kann auch in Experimenten auf die Pflanzen gesprüht werden und wirkt dann ebenfalls.
Das Ergebnis des Experiments zeigen Abb. 3, 4 und 5.

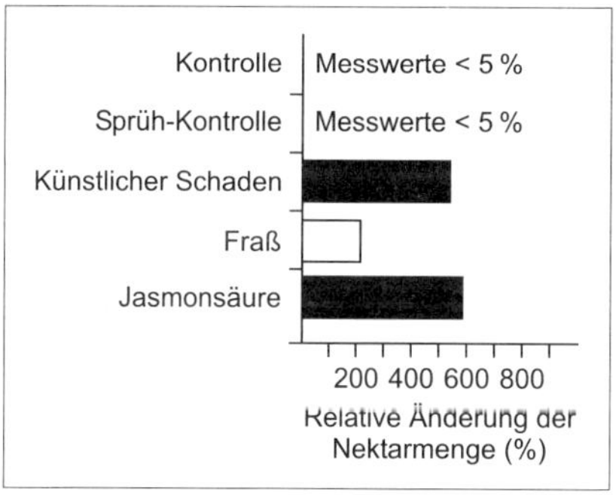

Abb. 3: Nektarproduktion von *Macaranga tanarius* unter verschiedenen Bedingungen (Nektar: ausgeschiedener, stark zuckerhaltiger Pflanzensaft)
Kontrolle: Pflanzen wurden nicht behandelt
Sprüh-Kontrolle: die Pflanzen wurden nur mit dem Lösungsmittel und nicht mit Jasmonsäure besprüht
Künstlicher Schaden: die Pflanzen wurden gezielt mit Nadelstichen beschädigt (Löcher)
Fraß: man lässt Insekten fressen
Jasmonsäure: wurde aufgesprüht

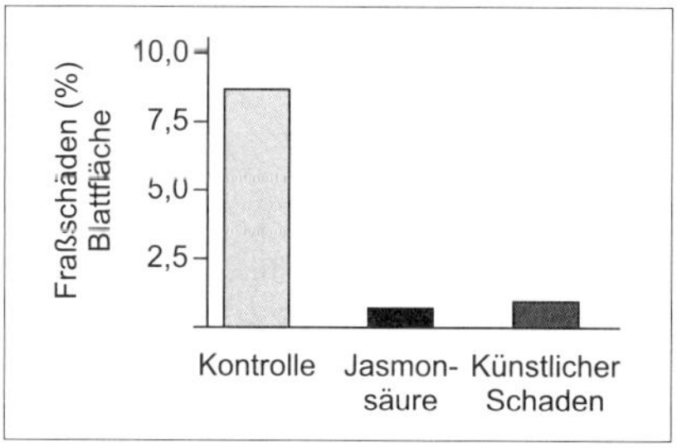

Abb. 4: Auswirkung von einer mechanischen Beschädigung und einer Behandlung mit Jasmonsäure auf Fraßschäden durch pflanzenfressende Insekten. Die von Ameisen besiedelten Pflanzen wurden erst mit Jasmonsäure behandelt bzw. künstlich beschädigt. Anschließend wurde das Ausmaß an Fraßschäden ermittelt. Kontrolle: Die untersuchten Pflanzen wurden nicht behandelt bzw. nicht beschädigt.

nach: M. Heil/T. Koch/A. Hilpert/B. Fiala/W. Boland/K. E. Linsenmair: Extrafloral nectar production of the ant-associated plants Macaranga tanarius, is an included, indirect, defensive response elicited by jasmonic acid. Proceedings of the National Academy of Sciences 98/2001 S. 1083 – 1088

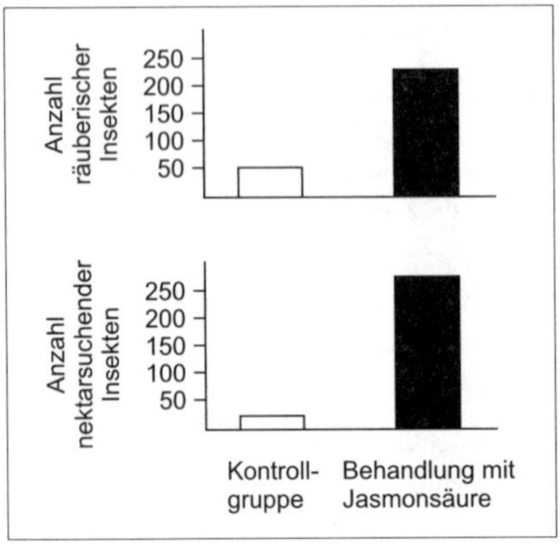

Abb. 5: Anzahl der auf mit Jasmonsäure behandelten und auf Kontrollpflanzen auftretenden räuberischen Insekten und nektarsuchenden Insekten (z. B. Ameisen)

nach: M. Heil/T. Koch/A. Hilpert/B. Fiala/W. Boland/K. E. Linsenmair: Extrafloral nectar production of the ant-associated plants Macaranga tanarius, is an included, indirect, defensive response elicited by jasmonic acid. Proceedings of the National Academy of Sciences 98/2001, S. 1083–1088

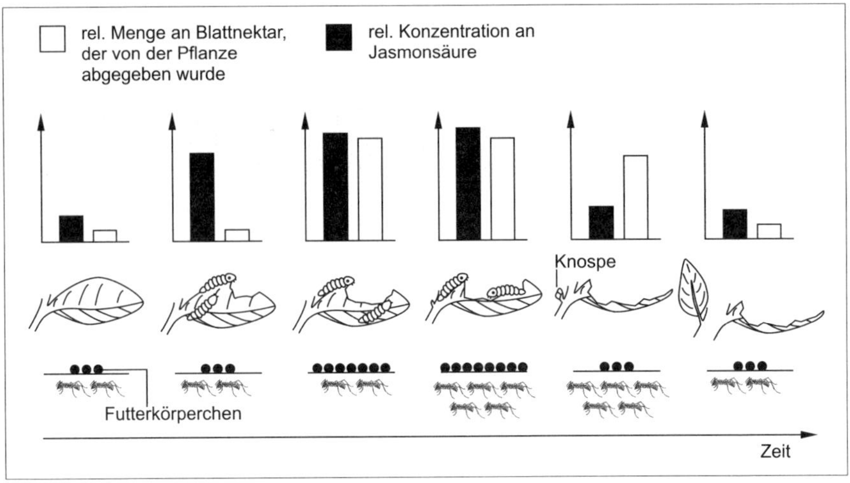

Abb. 6: Regulation der Blattnektar-Produktion von Ameisenpflanzen: Dargestellt sind die relative Konzentration an der von der Pflanze selbst im Gewebe gebildeten Jasmonsäure, die relative Menge des von der Pflanze gebildeten Nektars, die relative Anzahl der Raupen, die relative Anzahl der Ameisen, die relative Anzahl der Futterkörperchen sowie das Wachstum der Knospen in Symbolen.

M. Spieler/F. Skiba/Marko Franke: Ameisenpflanzen: Vor- und Nachteile des Zusammenlebens; In: Unterricht Biologie 306, Juli 2005, S. 51–55

weitere Materialgrundlage:

W. Boland: Wie Insekten auf Nektar fliegen; In: MaxPlanckForschung 3/2001, 18–19

Lösungsvorschlag

In der Aufgabe thematisierte Unterrichtsinhalte sind:
Ökologische Verflechtungen und nachhaltige Nutzung (Umweltfaktoren, ökologische Nische, Beziehungen zwischen Populationen und Verflechtungen in Lebensgemeinschaften, Biomassenproduktion, nachhaltige Bewirtschaftung und biologischer Pflanzenschutz)

III.1 *Lassen Sie sich bitte keinesfalls von der Materialfülle in A und B abschrecken. Sie brauchen hier nicht alles zu bearbeiten bzw. darzulegen. Wichtig für Sie bleibt aber, die Texte und Tabellen gründlich durchzuarbeiten, damit Sie sich so die Grundlage schaffen, auf der Sie die jeweiligen Anforderungen der Teilaufgaben 1 und 2 bewältigen können. In dieser Teilaufgabe wird von Ihnen verlangt, dass Sie sich einen Überblick verschaffen und diesen zusammenfassend darlegen. Dies bedeutet hier nicht, dass Sie jede Tabelle explizit beschreiben und den Inhalt jedes Textes referieren müssen. Wie so oft ist es hier wichtig, das Wesentliche bzw. generelle Tendenzen zusammenfassend herauszuarbeiten. Sollten Sie die Aussagen bereits hier zueinander in Beziehung setzen, bedenken Sie bitte, dass dies erst in der zweiten Teilaufgabe erwartet wird. Da Bewertungspunkte zwischen den Teilaufgaben nicht verschoben werden können, müssen Sie ihre Aussagen dann noch einmal wiederholen. Beginnen sollten Sie mit einem Überblick über die Komponenten dieser Lebensgemeinschaft in Verbindung mit den dabei existierenden Sonderbildungen der Pflanzen. Denken Sie bei Abbildung 1 in Material B daran, dass jede der Nummern für ein Paar von Macaranga-Pflanzen steht, die zusammen analysiert werden müssen. Bei der Bearbeitung der Abbildung 2 in Material B ist es hilfreich, wenn Sie parallel zur Abszisse (x-Achse) die Linien der 500-er Werte über die gesamte Breite der Darstellung verlängern und ggf. auch die dazwischen liegenden 250-er Schritte zusätzlich einzeichnen.*

In West-Malaysia und auf Borneo existiert eine spezielle Lebensgemeinschaft von Ameisen der Gattung *Crematogaster*, deren Kolonien auf Bäumen der Gattung *Macaranga* leben, weshalb die Bäume die Bezeichnung „Ameisenpflanzen" tragen. Dabei unterscheidet man zwei Typen dieser Pflanzen – fakultative und obligate Ameisenpflanzen. Als fakultativ bezeichnet man diejenigen Bäume, welche die Ameisen lediglich zur Suche nach Nahrung besuchen, wohingegen die obligaten Ameisenpflanzen den Tieren als beständige Behausung dienen. Die Besonderheit der Ameisenpflanzen besteht darin, dass sie zwei Sonderbildungen zeigen, die von den Ameisen als Futter genutzt werden. Dies sind zum einen der Blattnektar, ein extrafloraler Nektar, und zum anderen Futterkörper, Spezialprodukte, die auf den Nebenblättern von *Macaranga* gebildet werden. Der Blattnektar dient dabei nicht als Nahrungsquelle für bestäubende Insekten, sondern zieht neben Ameisen auch andere räuberisch lebende Insekten an.

Untersuchungen zum Verhalten von *Crematogaster* auf obligaten Ameisenbäumen erbrachten diese Ergebnisse: Sobald die Ameisen Raupen oder die Eier anderer Insekten auf ihrem Baum entdecken, werden „die Eindringlinge" (in 80–90 % der Fälle) vertrieben bzw. entfernt. Die Futterkörperchen verwendet *Crematogaster* als Nahrung. Eine chemische Untersuchung dieser Futterkörper – aufgeschlüsselt nach obligaten und fakultativen Ameisenpflanzen – erbrachte folgendes Bild: Bei den untersuchten obligaten *Macaranga*-Arten war deren Proteingehalt der Futterkörper mindestens mehr als doppelt so hoch wie derjenige bei den fakultativen, meist aber dreimal so hoch und mehr. Ein ähnliches – wenn auch nicht so eindeutiges – Bild zeigte sich bei der Ermittlung der mg Lipide pro Gramm Frischgewicht. Hier lagen zwei der drei untersuchten obligaten Ameisenpflanzen um die 150 mg/g Frischgewicht, die dritte bei gut 90. Die analysierte fakultative *Macaranga*-Ameisenpflanze wies etwas mehr als 80, die ebenfalls fakultative *Parthenocissus tricuspidata*-Art lediglich 5 mg Lipide pro g Frischgewicht auf. Die Untersuchungen des Gehalts an Kohlenhydraten und des Energiegehalts erbrachten die Ergebnisse, dass der Energiegehalt der nur für die Nahrungsaufnahme genutzten Ameisenpflanzen stets unterhalb desjenigen der dauerhaft bewohnten Arten liegt; auch für Kohlenhydrate trifft diese Aussage – bei einer deutlichen Ausnahme – meistens zu. Zusammenfassend lässt sich hier feststellen, dass die *Macaranga*-Arten, welche obligate Ameisenpflanzen darstellen, in Bezug auf Proteine und Lipide den dort wohnenden Insekten bessere Lebensbedingungen ermöglichen als die fakultativen Vertreter.
Die Bedeutung der Ameisen für die Art *Macaranga triloba* wurde in einer Langzeitstudie erforscht. Dabei untersuchte man ein Jahr lang immer 17 Paare vergleichbarer Pflanzen, von denen die eine mit Ameisen besetzt war und die andere keine Anwesenheit von Ameisen aufwies. Protokolliert wurde der Zuwachs bzw. der Verlust an Blattsubstanz, den Wachstum bzw. Insektenfraß verursachten. Nach einem Jahr konnte man folgende generelle Aussagen machen: Bei 12 von Ameisen bewohnten *Macaranga triloba* war ein relatives Blattwachstum zu beobachten, in fünf Fällen zwischen 150 und 400 % relativen Wachstums; ansonsten lag der Wert zwischen 20 und 90 %. Lediglich fünf der bewohnten Vertreter verloren an Blattsubstanz, wobei die zu verzeichnenden Verluste im Normalfall deutlich geringer ausfielen, als bei solchen Pflanzen, auf denen keine Ameisen lebten. Lediglich eine Pflanze ohne Ameisen zeigte ein geringes relatives Blattwachstum. Alle übrigen Exemplare verzeichneten Substanzverluste – z. T. bis zu 100 % des relativen Wachstums. Interessant ist der Einzelfall, bei dem im Laufe des Versuchs das *Macaranga triloba*-Exemplar wieder von Ameisen besiedelt wurde. Hier zeigte sich, dass die Pflanze am Ende des Versuches – bedingt durch die Wiederbesiedelung – ein relatives Wachstum von 140 % verzeichnen konnte. Die Ergebnisse der Langzeitstudie können damit derart zusammengefasst werden, dass *Macaranga*-Pflanzen, auf denen Ameisenkolonien leben, häufiger Blattwachstum verzeichnen als solche ohne diese Insekten.

In einer weiteren Untersuchungsreihe wurde die Abhängigkeit der jeweiligen Ameisenkolonien vom Vorkommen bzw. dem Nicht-Vorkommen der Futterkörperchen bei 90 Ameisenpflanzen untersucht. Bei jeweils 30 Pflanzen ist die Bildung weiterer zusätzlicher Futterkörperchen angeregt worden, an weiteren 30 wurden diese entfernt und eine Kontrollgruppe von 30 Pflanzen blieb unverändert. Untersucht wurde, wie viele Entwicklungsstadien der Insekten nach 30 Tagen Untersuchungszeit auf den jeweiligen Ameisenpflanzen anzutreffen waren. Alle vier Entwicklungsstadien der Ameisen, Eier, Larven, Puppen und die adulten Tiere, profitieren von einem vermehrten Angebot an Futterkörperchen – wenn auch nicht entsprechend gleich stark. Lag die mittlere Individuenzahl in der Kontrollgruppe unter 1 500, so lag der entsprechende Wert hier bei 1 800. Im Vergleich zur Kontrollgruppe sind deutlich mehr Ameisen vorhanden, aber auch die Anzahl der Larven ist deutlich gestiegen. Die Anzahl der Eier und Puppenstadien vermehrte sich nur geringfügig. Ein Entfernen der Futterkörperchen wirkt sich – im Vergleich zu Kontrollgruppe – in einer drastischen Verminderung aller frühen Vermehrungsstadien aus. Auch die Anzahl der adulten Ameisen geht zurück, wenn auch nicht so stark wie bei Eiern, Larven und Puppen. Die mittlere Individuenzahl liegt hier nur noch bei knapp 900. Damit belegen die ermittelten Versuchsergebnisse eindeutig, welche Bedeutung die Futterkörperchen der Ameisenpflanzen für die Insektenkolonien haben.

III.2 *Achten Sie bei der Bearbeitung der Aufgabenstellung darauf, dass hier von Ihnen keine Entscheidung ob, sondern eine Begründung, warum es sich bei dieser Lebensgemeinschaft um eine Symbiose handelt, verlangt wird. Es ist sinnvoll, zunächst mit der Definition zu beginnen, die einzelnen Komponenten einer Symbiose anzusprechen und diese dann nacheinander abzuarbeiten.*
Bei der abschließenden Diskussion des Kosten-Nutzen-Aspekts sollten Sie am Ende Ihrer Darstellung mit einfließen lassen, dass eine fundierte Entscheidung bei der gegebenen Materiallage nicht möglich ist.

Für symbiotische Lebensgemeinschaften ist es charakteristisch, dass es sich bei den Partnern a) um Lebewesen handelt, die nicht derselben Art angehören und das Zusammenleben sowohl b) für beide vorteilhaft ist als auch c) räumlich eng beieinander geschieht. In diesem Sinne handelt es sich bei der Koloniebildung von *Crematogaster* auf den Ameisenpflanzen der Gattung *Macaranga* eindeutig um eine Symbiose. Dies kann anhand der folgenden Überlegungen verifiziert werden.

a Da es sich hier um eine Pflanze und eine tierische Lebensform handelt, welche zusammenleben, kann dieser Punkt der Definition als erfüllt gelten.

b Auch das Zusammenleben gestaltet sich sowohl für die Ameisen als auch für die Ameisenbäume vorteilhaft. Mit den *Macaranga*-Arten erhalten die Insekten einen geschützten Lebensraum mit „Wohnmöglichkeit" in und an den Bäumen angeboten. Unmittelbar in ihrem Lebensraum wird den Tieren Nahrung in Form der Futterkörperchen präsentiert, wobei die Nahrung nicht nur energiereich, sondern vor allem reich an Proteinen und Lipiden ist (Tabelle 2). Dies ist die Grundvoraussetzung dafür, dass *Crematogaster* auf den Ameisenpflanzen Kolonien errichten und diese auch ausbauen kann. Die zu beobachtende Vermehrung vor allem der adulten Tiere und Larven, d. h. der sich einstellende Fortpflanzungserfolg bei günstiger Futterlage, ist hierfür ein Indiz (Abb. 2). Für die Ameisenpflanzen ist das Zusammenleben mit den Insekten ebenfalls Erfolg versprechend. Der entscheidende Aspekt ist hierbei, dass die Ameisen ihren „Nahrung spendenden Wohnraum" von Schädlingen der Ameisenpflanzen befreien. Sowohl direkte Fressfeinde – wie z. B. Raupen – werden vertrieben als auch zukünftige Herbivoren vor dem Schlüpfen mit den Eiern entfernt (Tabelle 1). Darüber hinaus verhindern die Ameisen auch, dass Ranken sich um den Baum winden können. Die Ausläufer der Schlingpflanzen werden von den Insekten unmittelbar gekappt, sobald sie ihren Wohnbaum berühren (Material A). Dies bedeutet für die Pflanzen, dass sich ihr Wachstum – verglichen mit Exemplaren ohne Ameisen als Symbionten – entscheidend steigern kann. Das relative Blattwachstum ist unter Symbiosebedingungen deutlich besser als es ohne ein Zusammenleben mit den Ameisen wäre (Abb. 1).

c Da die Ameisen ihre Kolonien direkt auf und in den Bäumen der Gattung *Macaranga* anlegen und damit unmittelbar auf der Pflanze ihren Lebensraum haben, kann auch das letzte Kriterium, das für eine symbiotische Beziehung spricht, als erfüllt gelten.

Grundsätzlich müssen alle Leistungen, die jeder der beiden Partner innerhalb der Partnerschaft erbringt, aufgerechnet werden gegen den Aufwand, den ihn diese Leistungen selber kosten. Betrachtet man nun das Zusammenleben von Ameisen und Ameisenbaum unter diesem Kosten-Nutzen-Aspekt, so lässt sich Folgendes feststellen: Es ist zu vermuten, dass die Produktion der Futterkörperchen, mit denen die Ameisen auf den Pflanzen gehalten werden, die *Macaranga*-Arten einiges an Energie und Material kostet. Dies geschieht auf Kosten der Vermehrung der Blattsubstanz und des Ausbaus reproduktiver Leistungen. Darüber hinaus ist ggf. auch die Stabilität der Pflanze beeinträchtigt, wenn die Ameisen in ihrem Inneren Kolonien anlegen und dafür Hohlräume geschaffen werden müssen. Aber auch die Ameisen „zahlen in diese Partnerschaft ein". Das „Beschützen" ihrer Wirtspflanze vor Fressfeinden erfordert einen gewissen Energiebetrag, welcher der Kolonie für andere, arterhaltende Leistungen nicht mehr zu Verfügung steht. Auch die Maßnahmen, die von den Insekten getroffen werden, um Schlingpflanzen von ihrem Lebensraum fernzuhalten, fordern auf Seiten von *Crematogaster* einen Energieeinsatz, der für andere Aktivitäten zugunsten der Kolonie verloren ist.

Anhand der vorgegebenen Materialien ist es aber nicht möglich zu entscheiden, ob einer der beiden Symbiosepartner in Bezug auf den Kosten-Nutzen-Aspekt mehr in die Partnerschaft einbringt als der andere.

III.3 *Halten Sie sich bei Ihrer Bearbeitung am Besten an die in der Aufgabenstellung vorgegebene Reihenfolge: Zusammenfassung der Aussagen, anschließend Erläuterung des Regelmechanismus, abschließend Kosten-Nutzen-Abwägung dieses Regulationsvorgangs. Auch hier kann bei der Bearbeitung von Abbildung 4 ein zusätzliches Einfügen von horizontalen Hilfslinien das Ermitteln konkreter Zahlenwerte erleichtern. Die Darstellung in Abbildung 6 kann auf den ersten Blick etwas verwirrend erscheinen, denn sie enthält sehr viele Informationen. Daher muss es Ihre erste Aufgabe sein, sich einen Überblick zu verschaffen und dann in einem zweiten Schritt, die einzelnen Informationen der Symbole und Aussagen der Diagramme zueinander in Beziehung zu setzen. Für eine Beschreibung, die konkrete Aussagen über die Veränderung in den Balkendiagrammen erlaubt, ist es notwendig, selber Zahlenwerte zu definieren. Hierbei ist es sinnvoll, die Höhe der Balken von Nektar-Produktion und Jasmonsäure-Konzentration in der ersten Darstellung jeweils mit 1 zu definieren. Alle weiteren Veränderungen der Balkenhöhe können Sie dann auf diesen „Ausgangswert" beziehen. Achten Sie bei der Bearbeitung darauf, dass eine Entwicklung in zeitlicher Reihenfolge dargestellt ist. Wenn Sie systematisch und schrittweise vorgehen, dürfte die von Ihnen geforderte Bearbeitung Sie nicht vor unüberwindbare Hürden stellen.*

Die Experimente in Material D, bei denen 30 Ameisenpflanzen durch gezielte Eingriffe beeinträchtigt wurden, können wie folgt zusammengefasst werden. Alle Versuchsergebnisse lassen klar erkennen, dass die *Macaranga tanarius*-Pflanzen auf Manipulationen, die für die Ameisenpflanzen mit einer Bedrohung ihrer Existenz gleich gesetzt werden, mit einer deutlich erhöhten Ausschüttung von Nektar reagieren (Abb. 3). Wie zu erwarten war, konnten bei den unbehandelten Pflanzen und denjenigen Pflanzen, die nur mit dem Lösungsmittel, in dem die Jasmonsäure gelöst wird, besprüht wurden (Kontrollgruppen), keine Veränderungen in der Produktion des zuckerhaltigen Pflanzensaftes festgestellt werden. Ein künstlich herbeigeführter Schaden (Löcher in den Pflanzen) und ein Besprühen der Ameisenpflanzen mit Jasmonsäure führt fast zu einer Versechsfachung der produzierten Nektarmenge. Ein tatsächlich durch Insekten verursachter Fraß hingegen bewirkt lediglich eine relative Änderung der Nektarmenge um 200 Prozent.
In einer weiteren Untersuchung wurden die Ameisenpflanzen im einem Fall mit Jasmonsäure besprüht bzw. im anderen künstlich beschädigt (Abb. 4). Die anschließende Ermittlung der danach eingetretenen Fraßschäden erbrachte in beiden Fällen, dass der prozentuale Fraßschaden an der Blattfläche unter einem Prozent (Säurebehandlung) bzw. bei einem Prozent (Beschädigung) lag. Im Vergleich hierzu verzeichneten die Ameisenpflanzen der Kontrollgruppe einen beträchtlichen Fraßschaden von fast 9 %.
Abbildung 5 zeigt die Ergebnisse einer weiteren Versuchsreihe, in deren Verlauf das Vorkommen Nektar suchender Vertreter – so z. B. Ameisen – und räuberisch lebender Insekten auf Ameisenpflanzen unter bestimmten Bedingungen untersucht wurde. Eine Gruppe der Pflanzen war mit Jasmonsäure behandelt

worden, eine Kontrollgruppe nicht. Es zeigte sich, dass bei denjenigen Versuchspflanzen, die eine Behandlung mit Jasmonsäure erhalten hatten, sich sowohl die Anzahl der räuberischen (220 Tiere) als auch die der Nektar suchenden Insekten (300 Tiere) gegenüber der jeweiligen Kontrollgruppe (50 bzw. 25 Tiere) deutlich erhöht hatte.
Nachdem in den zuvor analysierten Experimenten u. a. die Bedingungen analysiert wurden, unter denen Nektar produziert wird, verdeutlicht die Untersuchung in Abbildung 6, wie die Regulation der Blattnektar-Produktion von Ameisenpflanzen funktioniert und welche Wechselwirkungen dabei auftreten. Unter normalen Bedingungen wird in der Ameisenpflanze nur wenig Jasmonsäure produziert. Sobald die Pflanze von Herbivoren, in diesem Fall Raupen, befallen wird, geschieht Folgendes: Als Erstes steigt der Jasmonsäure-Gehalt im Gewebe – im Bezug auf den Ausgangszustand – auf das 3,5-fache an; die Menge des produzierten Blattnektars vermehrt sich nur geringfügig. Dies ändert sich aber, wenn die Konzentration an Jasmonsäure auf das mehr als 4-fache ansteigt. Nun erfolgt eine sprunghafte Steigerung der Blattnektar-Produktion auf das mehr als 9-fache des Ausgangswertes, verbunden mit einer Vermehrung der Futterkörperchen auf das 2,3-fache. Die Folge dieses vermehrten Angebots an Futter ist, dass mehr Ameisen die Pflanze besuchen - ihre Anzahl vermehrt sich auf das 2,5-fache. Die Menge an Jasmonsäure steigert sich unter diesen Stressbedingungen für die Pflanze nochmals auf das dann 4,25-fache des Wertes vor der Attacke durch die Fressfeinde. Die Menge an Blattnektar bleibt annähernd gleich, obwohl sich die Menge der Futterkörperchen nochmals auf das dann 2,6-fache des Normalfalls erhöht. In diesem Stadium beginnt die Ameisenpflanze, neue Blattknospen anzulegen. Zu diesem Zeitpunkt kann nun zweierlei geschehen, was aus der Darstellung nicht eindeutig hervorgeht. Zum einen können die Ameisen die eingedrungenen Raupen von ihrer Wirtspflanze vertreiben – was ihrem natürlichen Verhalten entspricht (siehe Material A). Zum anderen ist es aber auch denkbar, dass die Raupen zunächst weiter Blattmaterial auffressen und erst dann von den Ameisen vertrieben werden. In beiden Fällen muss die Pflanze das verloren gegangene Assimilationsgewebe wieder neu aufbauen, was aus den neu angelegten Knospen heraus geschieht. Besteht für die Ameisenpflanzen keine Gefahr mehr, weiter von Herbivoren geschädigt zu werden, fällt der Wert der im Gewebe vorhandenen Jasmonsäure fast bis auf den Ausgangswert hin ab. Auch die Menge des gebildeten Blattnektars sinkt auf den 7,5-fachen Wert und die Anzahl der Futterkörperchen wird auf die Menge vor der Fraßattacke zurückgeführt – obwohl zunächst noch 2,5-mal so viele Ameisen wie im Normalfall die Pflanze besiedeln. Auch ihre Zahl geht im Folgenden wieder auf den Normalwert zurück, sobald das zusätzliche Futterangebot in Form des Blattnektars nicht mehr gebildet wird. Damit ist der Ausgangszustand wieder erreicht und die Ameisenpflanze kann damit fortfahren, neues Blattmaterial aufzubauen.
Die biologische Funktion dieses ausgeklügelten Regulationsmechanismus liegt auf der Hand. Sie besteht darin den Aufwand zu minimieren, der von den Ameisenpflanzen betrieben werden muss, um im Bedarfsfall Herbivoren von

ihren Blättern vertreiben zu lassen. Dadurch, dass die Pflanzen immer nur dann Substanzen – seien es Jasmonsäure, Blattnektar oder Futterkörperchen – produzieren, wenn diese benötigt werden, ist die Energiebilanz in einem solchen Fall äußerst günstig. Eine unnötige Mehrproduktion und damit die Vergeudung wertvoller (Energie-)Reserven unterbleibt. Andererseits ist im Bedarfsfall die schnelle und mengenmäßig umfangreiche Produktion der oben angesprochenen Substanzen dann wiederum effektiv, um schnell viele Ameisen anzulocken, welche sodann die Fressfeinde vertreiben und damit das Über- und Weiterleben der Ameisenpflanzen sichern.

Leistungskurs Biologie (NRW) – Abitur-Prüfung 2009
Aufgabe 1: Evolution/Genetik

Aufgabenstellung:

Thema: Artbildung vor unserer Haustüre?

I.1 Fassen Sie die Ergebnisse der Untersuchungen in Material B zusammen und erklären Sie die spezifischen Angepasstheiten der in stehenden Gewässern lebenden Feuersalamanderlarven im Kottenforst (Material A und B). (24 Punkte)

I.2 Beschreiben Sie die wesentlichen Aussagen der Abbildung 3 (Material C) und werten Sie die Ergebnisse aus. (16 Punkte)

I.3 Analysieren Sie, welche Informationen über die beiden Feuersalamander-Typen im Kottenforst (Material B und C) eher auf die Anfangsphase eines Artbildungsprozesses hinweisen als auf eine individuelle Reaktion auf Umweltbedingungen. (14 Punkte)

I.4 Entwickeln Sie unter Berücksichtigung des Materials D Hypothesen über die Mechanismen des Artbildungsprozesses bei den Feuersalamandern im Kottenforst. Erläutern Sie die Bedeutung der aktuellen Forschungsvorhaben für die weitere Klärung des Mechanismus, der dem möglichen Artbildungsprozess zugrunde liegt (Material D). (12 Punkte)

Material A: Feuersalamander-Populationen im Kottenforst bei Bonn und in der Eifel

In Mitteleuropa ist der Feuersalamander ein klassischer Bewohner der bewaldeten Mittelgebirge. Die Paarung findet an Land statt. Nach der Befruchtung entwickeln sich die Eier innerhalb des weiblichen Körpers bis zum Larvenstadium. Die Larven werden dann typischerweise in sauerstoffreichen, permanent wasserführenden Bächen abgesetzt. Bis zum Abschluss der Larvenphase sind die Feuersalamander somit auf Wasser existenziell angewiesen. Erwachsene Feuersalamander leben an Land. Ihr Aktionsradius kann sich in geeigneten Wäldern durchaus über einen halben bis zu mehr als zwei Quadratkilometer erstrecken.
In manchen Gebieten Deutschlands besiedelt der Feuersalamander aber auch Habitate, in denen nur selten permanent wasserführende Bäche vorkommen. Er setzt seine Larven dort in stehenden Gewässern ab, wie z. B. in wassergefüllten Wagenspuren oder in Pfützen, die nur zeitweise Wasser enthalten (temporäre stehende Gewässer).
Die biotischen und abiotischen Faktoren zwischen Gebirgsbächen und temporären stehenden Gewässern unterscheiden sich beträchtlich. Vor allem die Gefahr der Austrocknung während langer Trockenperioden und der permanent drohende Futtermangel in den temporären Gewässern stellen eine tödliche Gefahr für die Larven dar.

Im Kottenforst bei Bonn existieren beide Feuersalamander-Typen innerhalb eines geschlossenen Waldgebietes auf engem Raum ohne trennende Barrieren nebeneinander. Forscher gehen von der Hypothese aus, dass es sich bei dem Vorkommen der beiden Populationen im Kottenforst um einen Artbildungsprozess handeln könnte.

Material B: Freilanduntersuchungen und Laborversuche zur Larvenentwicklung von Feuersalamandern

Tabelle 1: Durchschnittliches Gewicht der Feuersalamanderlarven in mg beim Absetzen durch die Weibchen in das Wasser und bei der Metamorphose. Die Larven stammen aus stehenden Gewässern oder aus Bächen (Freilanduntersuchungen).

Herkunft der Larven	Durchschnittliches Gewicht beim Absetzten in das Wasser (in mg)	Durchschnittliches Gewicht bei der Metamorphose (in mg)
stehende Gewässer	184	772
Bäche	164	1 062

verändert nach: Weitere, Markus; Tautz, Diethard; Neumann, Dietrich; Steinfartz, Sebastian (2004). Adaptive divergence vs. Environmental plasticity: tracing local genetic adaptation of metamorphosis traits in salamanders. Molecular Ecology 13, S. 1668 und 1671

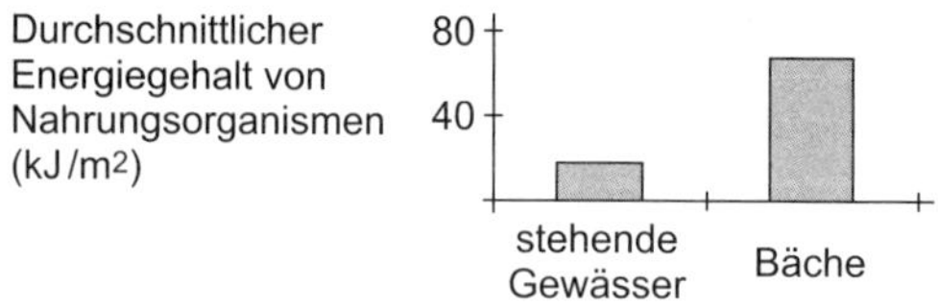

Abb. 1: Durchschnittliche Energiegehalte von Nahrungsorganismen der Feuersalamander in stehenden Gewässern und in Bächen. Angegeben sind die Energiegehalte (kJ) der Nahrungsorganismen bezogen auf die Wassersäule unter 1 m^2 Gewässeroberfläche.
nach: Weitere, Markus; Tautz, Diethard; Neumann, Dietrich; Steinfartz, Sebastian (2004). Adaptive divergence vs. Environmental plasticity: tracing local genetic adaptation of metamorphosis traits in salamanders. Molecular Ecology 13, S. 1670

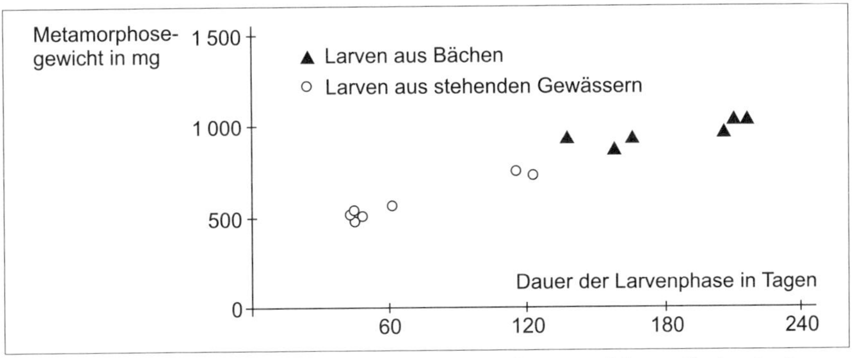

Abb. 2: Laborversuch zur Dauer der Larvenphase und zum Larvengewicht von Beginn der Larvenphase bis zur Umwandlung zum erwachsenen Tier (Metamorphose). Larven wurden, kurz nachdem sie von den Weibchen abgesetzt worden waren, aus stehenden Gewässern und aus Bächen entnommen und jeweils einzeln und unter konstanten Versuchsbedingungen im Labor gehalten. Angegeben sind Einzelwerte für jeweils eine Larve.
nach: Weitere, Markus; Tautz, Diethard; Neumann, Dietrich; Steinfartz, Sebastian (2004). Adaptive divergence vs. Environmental plasticity: tracing local genetic adaptation of metamorphosis traits in salamanders. Molecular Ecology 13, S. 1672

Material C: Molekulargenetische Daten zur Untersuchung der genetischen Ähnlichkeit von Feuersalamanderlarven

Über 1 000 Larven von Feuersalamandern aus dem Kottenforst und aus Wäldern der benachbarten Eifel wurden molekulargenetisch untersucht. In den Wäldern der benachbarten Eifel, wo die Landschaft von steilen Hängen und vielen Bächen geprägt ist, stehende Gewässer aber nur selten vorkommen, findet man ausschließlich Feuersalamander, deren Larven in Fließgewässern heranwachsen. Kottenforst und Eifel sind seit mindestens 200 Jahren durch landwirtschaftlich genutzte Flächen voneinander getrennt.

Die Ergebnisse aus Untersuchungen der mitochondrialen DNA zeigten, dass die heute lebenden Feuersalamander alle auf eine einzige Population zurückgehen, die nach der letzten Eiszeit, also vor etwa 6 000 bis 8 000 Jahren, das Gebiet wiederbesiedelt hat.

Um die aktuellen verwandtschaftlichen Beziehungen zu erfassen, wurden Methoden des genetischen Fingerabdrucks eingesetzt. Die Ergebnisse dieser Untersuchungen lassen sich relativ überschaubar, z. B. in sogenannten Ähnlichkeitsbäumen, grafisch darstellen (Abbildung 3). Jeder Punkt repräsentiert die genetischen Fingerabdrücke der Larven eines bestimmten Fundorts. Die Anordnung und die Verbindungslinien der Punkte spiegeln die Unterschiede zwischen den untersuchten DNA-Abschnitten wider: Je länger die Äste zwischen den Gabelungen, desto größer sind die Unterschiede. Alle Fundorte mit gleicher Markierung beheimaten Larven mit jeweils ähnlichen genetischen Fingerabdrücken, sodass man sie zu einem sogenannten genetischen Cluster zusammenfasst.

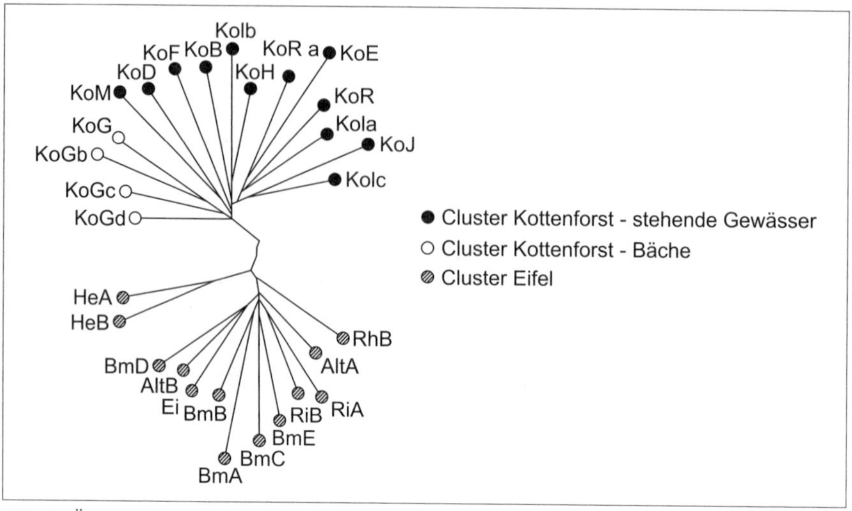

Abb. 3: Ähnlichkeitsbaum auf der Grundlage des genetischen Fingerabdruckes für die untersuchten Salamanderlarven von den unterschiedlichen Fundorten im Kottenforst und in der Eifel. Jede Buchstabenkombination bezeichnet einen Fundort, von dem jeweils zwischen 10 und 53 Larven in die Untersuchung einbezogen wurden.
nach: Steinfartz, Sebastian; Weitere, Markus; Tautz, Diethard (2007). Tracing the first step to speciation – ecological and genetic differentiation of a salamander population in a small forest. Molecular Ecology 16, S. 4555

Material D: Aktuelle Forschungsvorhaben an den Feuersalamander-Populationen des Kottenforstes

Die Feuersalamander-Populationen im Kottenforst bei Bonn wurden in abgeschlossenen Untersuchungen ökologisch und genetisch detailliert charakterisiert (siehe Material A bis C). Schwerpunkt der aktuellen Forschung auf diesem Gebiet ist nun die Klärung der zugrunde liegenden Mechanismen der vorgefundenen Differenzierung.

- Als ein möglicher Mechanismus wird die sogenannte „assortative Paarung" diskutiert. Damit ist gemeint, dass sich Partner mit der gleichen „Vorliebe" für das Laichgewässer bei der Paarung bevorzugen. Mit gezielten Partnerwahlexperimenten soll untersucht werden, ob eine solche „assortative Paarung" tatsächlich vorliegt.
- Da sich die beiden Feuersalamander-Typen im äußeren Erscheinungsbild nicht deutlich unterscheiden lassen, sucht man nach Geruchsstoffkomponenten, die eine gegenseitige Erkennung der ökologisch-genetisch differenzierten Feuersalamander ermöglichen könnten.
- Die Analyse des Ausbreitungs- und Wanderverhaltens der Feuersalamander im Kottenforst mittels implantierter Sender soll im Rahmen von Fang-/Wiederfang-Studien Auskunft über die Mobilität der adulten Salamander in diesem Gebiet geben.

weitere Materialgrundlage:

Goldstein, D.B.; Pollock, D.D. (1997). Launching Microsatellites: A Review of Mutation Processes and Methods of Phylogenetic Inference.
The Journal of Heredity 88 (5), 335–342

Haltenorth, Th. (1978). Säugetiere sowie Lurche und Kriechtiere.
BLV Verlagsgesellschaft, München, 108 f.

Schulte, U.; Kuesters, D.; Steinfartz, Sebastian (2007). A PIT tag based analysis of annual movement patterns of adult fire salamanders (Salamandra salamandra) in a Middle European habitat.
Amphibia-Reptilia 28, 531–536

Steinfartz, Sebastian, Persönliche Mitteilung (20. 06. 2008)

Steinfartz, Sebastian; Tautz, Diethard (2002). Vor unserer Haustüre entstehen neue Arten – Der Feuersalamander als ein natürliches Untersuchungsmodell der sympatrischen Artbildung. Praxis der Naturwissenschaften – Biologie in der Schule 7/51, 3–8

Steinfartz, Sebastian; Weitere, Markus; Tautz, Diethard (2007). Tracing the first step to speciation – ecological and genetic differentiation of a salamander population in a small forest.
Molecular Ecology 16, 4550–4561

Weitere, Markus; Tautz, Diethard; Neumann, Dietrich; Steinfartz, Sebastian (2004). Adaptive divergence vs. environmental plasticity: tracing local genetic adaptation of metamorphosis traits in salamanders.
Molecular Ecology 13, 1665–1677

http://www.uni-bielefeld.de/biologie/vhf/SF/ (05. 04. 2008)

http://www.scinexx.de/wissen-aktuell-7348-2007-11-06.html (05. 04. 2008)

http://www.uni-bielefeld.de/biologie/vhf/SF/Research_projects.html (31. 05. 2008)

Lösungsvorschlag

In der Aufgabe thematisierte Unterrichtsinhalte sind:
Genetischer Fingerabdruck, Beziehungen zwischen Organismengruppen und abiotischen Habitatfaktoren, Grundlagen evolutiver Veränderung, Genotypische Variabilität von Populationen, Fortpflanzungsstrategien, Analyse von Stammbaumbeziehungen, Synthetische Evolutionstheorie

I.1 *In dieser Teilaufgabe kommt es darauf an, dass Sie sich zunächst gründlich mit dem Text (Material A) auseinandersetzen, spezifische Textsignale erkennen und diese in Ihre Überlegungen zu Material B mit einbeziehen. Hier ist Textanalyse, nicht aber ausführliche Textwiedergabe gefragt! Bei Abb. 2 ist das Einziehen von Hilfslinien zum besseren Ermitteln einzelner Zahlenwerte ratsam.*

Im Kottenforst in Bonn existieren zwei Populationen von Feuersalamandern, die beide für ihre Larvenentwicklung auf Wasser angewiesen sind. Der eine Typ setzt seine Larven in permanent wasserführende Bäche ab, der andere in temporär stehende Gewässer wie Pfützen oder mit Wasser gefüllte Reifenspuren. Freilanduntersuchungen sowie Laborversuche zur Entwicklung der Larven dieser beiden Feuersalamander-Typen erbrachten das folgende Bild. Tabelle 1 verdeutlicht, dass sich sowohl die Werte für das Absetz-Gewicht als auch diejenigen für das Metamorphose-Gewicht bei den beiden Entwicklungstypen unterschieden. Obwohl die Larven, welche in stehenden Gewässern abgesetzt wurden, mit durchschnittlich 184 mg ein um ca. 11 % höheres Absetz-Gewicht als die in Bächen abgesetzten Larven (164 mg) aufwiesen, war ihr durchschnittliches Metamorphose-Gewicht mit 772 mg um mehr als 27 % geringer, als dasjenige der Larven aus Bächen (1 062 mg). Ein Erklärungsansatz für diesen Tatbestand liefert Abbildung 1. Hier ist der durchschnittliche Energiegehalt von Nahrungsorganismen des Feuersalamanders in stehenden Gewässern und Bächen angegeben. Die Zahlenwerte verdeutlichen, dass in stehenden Gewässern die spezifischen Nahrungsorganismen mit nicht ganz 20 kJ/m^2 deutlich weniger energiereich sind als in Bächen. Ihr Energiegehalt liegt mit fast 70 kJ/m^2 um 350 % höher. In Labor-Versuchen, in denen das Metamorphose-Gewicht in Abhängigkeit von der Dauer der Larvenphase untersucht wurde (Abb. 2), fanden die Forscher heraus, dass Larven, die aus stehenden Gewässern entnommen wurden, sich von solchen, die aus Bächen stammten, in beiden Parametern deutlich unterschieden. Beim Gewicht zum Zeitpunkt der Metamorphose lagen alle Werte der Tiere aus stehenden Gewässern unter denen der Exemplare, die aus Bächen stammten – und dies mit Werten um 500 bis maximal 750 mg z. T. sehr deutlich. Mit Werten von 800 bis knapp über 1 000 mg hatten die gerade ausgewachsenen Tiere, die aus dem Bach stammten, ein deutlich höheres Gewicht. Bei der Dauer der Larvenphase zeigte sich, dass die Zeitspanne, in der die Metamorphose erfolgte, bei den Tieren aus stehenden Gewässern zwischen 45 und etwas mehr als 120 Tagen lag. Larven aus Bächen dagegen schlossen ihre Entwicklung erst in einer Zeitspanne zwischen

135 und ca. 220 Tagen ab. Alle Experimente wurden unter exakt den gleichen Versuchsbedingungen durchgeführt. Betrachtet man nun die Zahlenwerte innerhalb der beiden Gruppen von Versuchstieren aus Abbildung 2 im Überblick, so ist die z. T. recht große Streuung sowohl in punkto Gewicht als auch in Bezug auf den Metamorphosezeitpunkt auffallend.
Die nicht in Bächen lebenden Feuersalamanderlarven zeigten spezifische Anpassungen im Hinblick auf ihren Lebensraum. Wie Abbildung 1 verdeutlich, kommen in temporär stehenden Gewässern nur Nahrungsorganismen vor, die keinen besonders hohen Energiegehalt aufweisen. Dieser Nahrungsknappheit begegneten die Tiere auf zweierlei Weise. Zum einen war das Gewicht, das die abgesetzten Larven aufwiesen, höher als das von Feuersalamanderlarven in Bächen. Zum anderen hatten sie eine deutlich kürzere Larvenzeit – was allerdings auch mit einem verminderten Gewicht zum Zeitpunkt der Metamorphose einherging. Die verkürzte Entwicklungszeit der Larven hat darüber hinaus den evolutionsbiologischen Vorteil, dass damit der Aufenthalt in den u. U. schnell austrocknenden Gewässern deutlich verkürzt wird. So können die Larven nach der Metamorphose schneller das Wasser verlassen – eine weitere Anpassung an ihre Umgebung, die ständig droht auszutrocknen.

I.2 *Lassen Sie sich durch die für Sie vielleicht ungewohnte Darstellung nicht verwirren! Lesen Sie sich zunächst aufmerksam den Begleittext in Material C durch. Anschließend versuchen Sie, die jeweiligen „je … desto“-Beziehungen in der Abbildung 3 zu identifizieren und danach Verwandtschaften zuzuordnen. Bei der abschließenden Auswertung müssen Sie beides – Text und Grafik – miteinander verbinden.*

Die Methode des Genetischen Fingerabdrucks, welche hier zum Aufzeigen von Verwandtschaftsverhältnissen zwischen einzelnen Feuersalamander-Populationen angewandt wurde, führte zu eindeutigen Aussagen. Genetisch betrachtet ist die Population der Feuersalamander aus der Eifel (13er-Cluster) eindeutig von derjenigen aus dem Kottenforst (16er-Cluster) getrennt. Im Kottenforst gibt es wiederum zwei unterschiedliche Cluster; diese differieren untereinander aber nicht so stark, was die eng beieinander liegenden Verzweigungen in Abbildung 3 verdeutlichen. Es handelt sich dabei um vier Gruppen aus Bächen und 12 weiteren aus stehenden Gewässern, die jeweils eng miteinander verwandt sind.
Sowohl die Eifel- als auch die Kottenforst-Populationen gehen auf eine einzige Population zurück, welche vor 6 000 bis 8 000 Jahren nach Ende der letzten Eiszeit eine freie ökologische Großnische besiedelt hat. Seit gut 200 Jahren ist dieser Lebensraum aber nicht mehr einheitlich gestaltet. Landwirtschaftlich genutzte Flächen trennen seitdem die Eifel vom Gebiet des Kottenforstes. In diesen Habitaten ist es den Feuersalamandern nicht möglich zu leben. Aufgrund ihrer Ausdehnung können die vom Menschen landwirtschaftlich genutzten Flächen auch kaum umwandert werden. Zu Beginn des 19. Jahrhunderts wurden demnach die Tiere in zwei Teilpopulationen, die der Eifel und die des Kotten-

forstes, getrennt. Durch diese allopatrische Trennung führte die geografische Isolation zu den beiden Populationen, die sich heute genetisch deutlich voneinander unterscheiden.
Betrachtet man die 16 Gruppen des Kottenforst-Clusters genauer, so kann für die Tiere, die ihre Larven in Bächen absetzen und solche, die dies in stehenden Gewässern tun, Folgendes festgehalten werden: Beide Populationsgruppen leben im selben Habitat, dem Kottenforst. Trotzdem scheint eine Paarung untereinander – obwohl räumlich und von ihrem Wanderverhalten her theoretisch möglich – seit längerer Zeit nicht mehr zu erfolgen. Die genetischen Unterschiede zwischen den untersuchten Individuen deuten klar darauf hin, dass ein Austausch von Allelen nicht mehr stattfindet. Beide Gruppen sind demnach sympatrisch voneinander getrennt.

I.3 *Achten Sie bei Ihrer Antwort darauf, dass in der Aufgabestellung eine klare Richtung für die Interpretation der Versuchsergebnisse aus Material B und C vorgegeben ist!*

Die beiden Feuersalamander-Typen, die im Kottenforst nebeneinander existieren, könnten auf dem Weg sein, sich endgültig in zwei unterschiedliche, eigenständige Arten zu entwickeln. Für die Auffassung, dass hier die Entwicklung zweier Arten „in statu nascendi" zu beobachten ist und es sich bei den im Kottenforst auftretenden Gruppen nicht nur um individuelle Reaktionstypen auf Umweltbedingungen handelt, sprechen mehrere Gründe: Geht man von der genetischen Seite aus, so verdeutlichen die Untersuchungen des Genetischen Fingerabdrucks, dass beide Feuersalamander-Typen innerhalb ihrer eigenen Gruppe homogene Cluster bilden, die an ihrer Basis deutlich voneinander abgegrenzt sind. Dies lässt darauf schließen, dass im Kottenforst, wenn überhaupt, nur noch sehr begrenzt Genfluss stattfindet. Eine reproduktive Isolation zwischen Individuen mit unterschiedlichem Verhalten, wie sie hier vermutet werden kann, ist der klare Hinweis auf den Beginn eines Artbildungsprozesses. Hinzu kommen die Befunde, welche in Laborexperimenten gewonnen werden konnten, denn sie widersprechen der These einer umweltbedingten Anpassung. Unter exakt gleichen Versuchsbedingungen, die den Faktor „Umwelt" ausschalten, verhalten sich die jeweiligen Feuersalamanderlarven so, wie sie es auch in der Natur tun. Exemplare aus Bächen haben eine längere, solche aus stehenden Gewässern eine deutlich kürzere Larvenzeit bis die Metamorphose eintritt. Dies beweist, dass das unterschiedliche Verhalten bei den beiden Feuersalamander-Typen genetischen Ursprungs sein muss.

I.4 *Bei der Bearbeitung der letzten Teilaufgabe müssen Sie auf alle von Ihnen gewonnene Erkenntnisse der vorherigen Aufgabenteile zurückgreifen. Diese sollten Sie anschließend sinnvoll mit den Darlegungen aus Material D kombinieren.*

Um Hypothesen über die Mechanismen des Artbildungsprozesses bei den Feuersalamandern im Kottenforst aufstellen zu können, ist es zunächst notwendig, sich die – z. T. bereits erwähnten – Grundbedingungen für die Aufspaltung einer Tierpopulation in zwei neue Arten vor Augen zu führen. Zu einer neuen Art kann es nur kommen, wenn sich einzelne Tiere der Feuersalamander-Population im weitesten Sinne phänotypisch, d. h. vom Aussehen und/oder Verhalten her von den anderen unterscheiden. Grundlage hierfür sind Mutationen – spontane, ungerichtete und vererbbare Veränderungen des genetischen Materials. Die genetisch bedingte Verhaltensänderung bestand in diesem Fall darin, dass einzelne Weibchen nicht mehr ausschließlich bzw. gar keine Bäche mehr zum Absetzen ihrer Larven nutzten. Wichtig war dabei, dass die Erfolgsaussichten für das Überleben der Feuersalamanderlarven gut waren, wenn die Weibchen stehende statt fließende Gewässer auswählten. Da die physiologischen und entwicklungsbiologischen Veränderungen innerhalb der Mutanten sehr umfangreich waren, müssen mehrere bis viele Mutationsereignisse stattgefunden und sich in einzelnen Tieren konzentriert haben. Diese Mutationen bzw. Mutanten mussten demnach einen Vorteil gehabt haben, da sie sich sonst nicht in Teilen der Feuersalamander-Population durchgesetzt hätten. Ein Selektionsvorteil könnte gewesen sein, dass nur die Mutationsträger in der Lage waren, die im Kottenforst vorhandenen stehenden Gewässer zu nutzen, nicht aber die übrigen Feuersalamanderweibchen. Indem sie eine – für die Fortpflanzung bislang ungenutzte – ökologische Nische besiedelten, konnten sich die mutierten Tiere dem intraspezifischen Konkurrenzdruck bezüglich des Laichgewässers entziehen. In der Eifel und ihren dortigen Landschaftsformen kommen stehende Gewässer weitaus seltener vor als im Kottenforst. Natürlich könnten entsprechende Mutationen auch in der Eifel stattgefunden, sich aber aufgrund des Mangels an stehenden Gewässern nicht durchsetzen haben. Da nicht genau bekannt ist, seit wann die Lurche das veränderte Verhalten im Kottenforst zeigen – dies kann aufgrund der bereits fortgeschrittenen genetischen Absonderung (siehe Material C) schon sehr lange der Fall sein – ist auch eine andere Erklärung für das Vorhandensein von Tieren mit abweichendem Verhalten im Kottenforst möglich: die Einwanderungs-Hypothese. Feuersalamander besitzen einen großen Aktionsradius, der bis zu zwei km^2 betragen kann. Daher ist es theoretisch auch möglich, dass Tiere mit den entsprechenden Fähigkeiten von außerhalb in den Kottenforst einwanderten. Dort fanden sie geeignete, fortpflanzungsbiologisch unbesetzte Nischen vor und konnten sich so neben der dort bereits existieren Feuersalamander-Population ansiedeln.

Um zu klären, auf welchen evolutionsbiologischen Grundlagen die im Kottenforst vorgefundenen Differenzierungen beruhen, werden momentan verschiedene Überlegungen verfolgt. Ausgangspunkt für diese Untersuchungsansätze ist die Tatsache, dass die Feuersalamander im Kottenforst in einem geschlossenen Siedlungsgebiet leben. Da gegenwärtig keine geografischen Mechanismen erkennbar sind, durch welche die Feuersalamander-Typen im Waldgebiet voneinander getrennt sind, muss es sich bei ihrer Aufspaltung um eine sympatrische Artbildung handeln. Dieser Form, die ohne geografische Trennung auskommt, müssen andere separierende Mechanismen zugrunde liegen, so vor allem die assortative Paarung. Dieser Mechanismus, der auf der Partnerwahl von Individuen beruht, die jeweils die gleiche „Vorliebe" für das spezielle Laichgewässer aufweisen, wird gerade experimentell für die Feuersalamander überprüft. Potenzielle Sexualpartner, die die gleiche Neigung für das Laichgewässer haben, müssen sich im Vorfeld der Paarung aber auch erkennen können. Dabei scheiden optische Erkennungsmerkmale weitgehend aus, da sich die Lurche phänotypisch kaum unterscheiden. Olfaktorische Signale zu untersuchen ist deshalb konsequent zumal im Tierreich eine Partnererkennung über Geruchsstoffkomponenten sehr häufig ist. Eine weitere Möglichkeit zur gegenseitigen Erkennung, die ebenfalls überprüft werden sollte, ist eine Veränderung des Balzverhaltens, wobei spezifische veränderte Schlüsselreize eine Rolle spielen. Auch eine Analyse des Ausbreitungs- und Wanderverhaltens der Feuersalamander im Kottenforst kann bei der Aufklärung des hier vorliegenden Artbildungsprozesses hilfreich sein. Mithilfe von implantierten Sendern kann herausgefunden werden, ob beispielsweise die Tiere, welche spezifische Laichgewässer bevorzugen, auch mit Vorliebe dort oder in deren Nähe aufhalten. Dies wäre ein deutliches Indiz dafür, dass sich die Population in zwei getrennte Feuersalamander-Typen aufspaltet, denn wenn die Tiere nur noch mit „ihresgleichen" in Kontakt kommen, wird die Wahrscheinlichkeit der Paarung mit einem Lurch des anderen Typs verringert.

Leistungskurs Biologie (NRW) – Abitur-Prüfung 2009
Aufgabe 2: Genetik

Aufgabenstellung:

Thema: Adipositas (Fettleibigkeit)

II.1 Beschreiben Sie das Ziel und den Ablauf der Polymerase-Kettenreaktion, und beziehen Sie dabei die Abbildung 1 in Material A ein. (12 Punkte)

II.2 Ermitteln Sie die Art der aufgetretenen Mutationen auf dem codogenen Strang der DNA für die drei Fallbeispiele, indem Sie von der mRNA auf die DNA zurückschließen. Leiten Sie die Aminosäuresequenz der gebildeten Proteine ab (Material B, E). Entwickeln Sie pro Fallbeispiel eine Hypothese, wie sich die Mutation auf die Struktur und die Funktion der gebildeten Proteine auswirken wird. (21 Punkte)

II.3 Stellen Sie die Regulation der Nahrungsaufnahme (Material C) unter Berücksichtigung der unterschiedlichen Körperregionen in einer Skizze dar. Erklären Sie für jeden der drei Patienten (Material B), ob eine regelmäßige Injektion von Leptin oder MSH als Therapie bei Fettleibigkeit geeignet ist. (21 Punkte)

II.4 Erörtern Sie am Fall der Familie Smith, welche Probleme bzw. welche Handlungsmöglichkeiten sich aus dem positiven Gentest ergeben könnten (Material D) (12 Punkte)

Material A: Polymerase-Kettenreaktion

Adipositas (Fettleibigkeit) hat weltweit zugenommen und entwickelt sich vor allem in den Industrienationen zu einem zentralen Gesundheitsproblem. Studien an eineiigen Zwillingen haben gezeigt, dass Fettleibigkeit teilweise erblich bedingt ist.

Weltweit arbeiten Forschergruppen an der Untersuchung des Einflusses von Mutationen auf die Ausbildung der Fettleibigkeit. Geläufige Methoden zur Durchführung der notwendigen Mutationsscreenings (diesbezügliche Untersuchungen vieler Testpersonen) sind dabei eine Kombination der Polymerase-Kettenreaktion (PCR/Polymerase Chain Reaction) und unterschiedlicher Methoden zur Untersuchung bzw. Sequenzierung der jeweiligen DNA-Abschnitte.

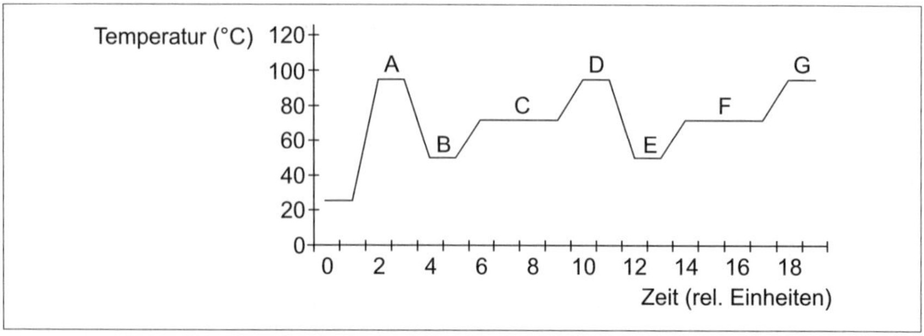

Abb. 1: Phasen der Polymerase-Kettenreaktion

Material B: Genmutationen im Leptin-Gen, POMC-Gen und MC4-Rezeptor-Gen

Im Folgenden sind Einzelfälle aus der Vielzahl der unterschiedlichen Variationen von genetisch mitbedingter Fettleibigkeit dargestellt. (Genauere Erklärung der Gene und ihrer Funktion siehe auch Material C)

Fall 1: Mutation im Leptin-Gen
Die folgende seltene Mutation im Leptin-Gen trat bei zwei übergewichtigen Kindern einer pakistanischen Familie auf. Dargestellt ist ein relevanter Ausschnitt der Basensequenz des mRNA-Stranges des Leptin-Gens. Die erste Base ist auch die erste Base eines Tripletts.
mRNA des Normalallels: 5' ... UGG GGG GUG U.. 3'
mRNA des mutierten Allels: 5' ... UGG GGG UGU ... 3'

Fall 2: Mutation im POMC-Gen
Das Exon 3 des POMC-Gens ist unter anderem verantwortlich für die Bildung von MSH. Bei einer übergewichtigen 16 Jahre alten Patientin wurde folgende Mutation in diesem Abschnitt des POMC-Gens nachgewiesen. Dargestellt ist ein relevanter Ausschnitt der Basensequenz des mRNA-Stranges. Die erste Base ist auch die erste Base eines Tripletts.
mRNA des Normalallels: 5' ... GAC CUG GAG CAC 3'
mRNA des mutierten Allels: 5' ... GAC CUG UAG CAC 3'

Fall 3: Mutation im MC4-Rezeptor-Gen
Die folgende Mutation wurde im MC4-Rezeptor-Gen bei einem übergewichtigen 23 Jahre alten Mann nachgewiesen. Dargestellt ist ein relevanter Ausschnitt der Basensequenz des mRNA-Stranges. Die erste Base ist auch die erste Base des Tripletts.
mRNA des Normalallels: 5' ... AAG CGG GUU ... 3'
mRNA des mutierten Allels: 5' ... AAG CGG AUU ... 3'

Material C: Regulation der Nahrungsaufnahme (vereinfachte Darstellung)

Die Nahrungsaufnahme wird von einer vorgeschalteten und einer nachgeschalteten Region des Hypothalamus, einem Bereich des Zwischenhirns, reguliert. Man nimmt heute an, dass die Regulation vereinfacht wie folgt abläuft:

Im Körperfettgewebe des Menschen ist das Leptin-Gen aktiv. Dieses codiert das Protein Leptin. Leptin fungiert langfristig regulierend bei der Nahrungsaufnahme. Je mehr Fett in den Fettzellen enthalten ist, d. h., je höher der Energievorrat ist, desto häufiger wird das Leptin-Gen transkribiert. Dementsprechend wird dann mehr Leptin in das Blut abgegeben. Über das Blut gelangt das Leptin vom Fettgewebe zur vorgeschalteten Region des Hypothalamus und bindet dort an ein spezifisches Rezeptorprotein der Nervenzellmembran, den Leptin-Rezeptor.

Dadurch wird in diesen Nervenzellen das sogenannte POMC-Gen verstärkt transkribiert; dieses bildet eine Vorstufe, das Protein POMC. Aus diesem Vorläuferprotein entsteht in den Nervenzellen unter anderem MSH, ein Überträgerstoff, der von diesen Nervenzellen zur Erregungsweiterleitung abgegeben wird. Das MSH bindet an spezifische MC4-Rezeptorproteine in der Zellmembran von Nervenzellen in der nachgeschalteten Region des Hypothalamus. Diese Nervenzellen leiten Impulse weiter, die letztlich eine Hemmung des Appetits und damit eine Reduktion der Nahrungsaufnahme auslösen.

Ein Ansatz zur Therapie der Fettleibigkeit ist die regelmäßige Injektion von Leptin oder MSH.

Material D: Molekulargenetische Diagnostik der Fettleibigkeit

Die Eltern Smith nehmen eine genetische Familienberatung in Anspruch, da sie die Sorge haben, dass ihr einziges Kind (2 Jahre alt) fettleibig werden könnte. Frau Smith entstammt einer Familie, in der immer wieder Fälle von Fettleibigkeit aufgetreten waren. Sie lassen deshalb die DNA ihres Kindes auf eine genetische Veranlagung für Adipositas untersuchen. Der Gentest fällt positiv aus; es besteht die Gefahr der Ausbildung einer genetisch mitbedingten Fettleibigkeit.
Da die Erforschung der Zusammenhänge zu dieser Erkrankung noch in den Kinderschuhen steckt, wird der Familie keine klare Aussage zum Risiko und zum Ausmaß der Ausprägung der Krankheit gegeben.

Hinsichtlich der Konsequenzen möchte Herr Smith, dass sofort der Lebenswandel des Kindes geändert wird und medizinische Maßnahmen angegangen werden. Frau Smith verweist darauf, dass trotz Fettleibigkeit Mitglieder der Familie ein glückliches Leben führen.

Material E: Codesonne und Tabelle zum genetischen Code

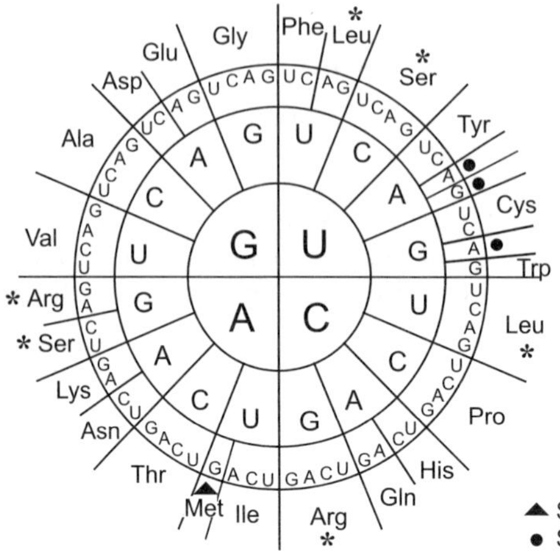

Ala	Alanin	Arg	Arginin
Asn	Asparagin	Asp	Asparaginsäure
Cys	Cystein	Gln	Glutamin
Glu	Glutaminsäure	Gly	Glycin
His	Histidin	Ile	Isoleucin
Leu	Leucin	Lys	Lysin
Met	Methionin	Phe	Phenylalanin
Pro	Prolin	Ser	Serin
Thr	Threonin	Trp	Tryptophan
Tyr	Tyrosin	Val	Valin

▲ Start-Codon
● Stopp-Codon
* zweimal auftretende Aminosäure

Erste Base	Zweite Base				Dritte Base
5'	**U**	**C**	**A**	**G**	**3'**
U	Phe	Ser	Tyr	Cys	**U**
	Phe	Ser	Tyr	Cys	**C**
	Leu	Ser	Stopp	Stopp	**A**
	Leu	Ser	Stopp	Trp	**G**
C	Leu	Pro	His	Arg	**U**
	Leu	Pro	His	Arg	**C**
	Leu	Pro	Gln	Arg	**A**
	Leu	Pro	Gln	Arg	**G**
A	Ile	Thr	Asn	Ser	**U**
	Ile	Thr	Asn	Ser	**C**
	Ile	Thr	Lys	Arg	**A**
	Met (Start)	Thr	Lys	Arg	**G**
G	Val	Ala	Asp	Gly	**U**
	Val	Ala	Asp	Gly	**C**
	Val	Ala	Glu	Gly	**A**
	Val	Ala	Glu	Gly	**G**

weitere Materialgrundlage:

Feldmann, D. (2005). Untersuchung zu Mutationen in Kandidatengenen für die Adipositas in einem Kollektiv von Patienten mit extremem Übergewicht.
Inaugural-Dissertation, Julius-Maximilian-Universität Würzburg, 46 ff.

Gibson, W. et al. (2004). Congenital Leptin Deficiency Due to Homozygosity for the 133G Mutation: Report of Another Case and Evaluation of Response to Four Years of Leptin Therapy.
The Journal of Clinical Endocrinology & Metabolism 89, No. 10, 4821–4826

Hebebrand, J. et al. (2006). Gene, die wahren Dickmacher.
Biologie in unserer Zeit 36 (4), 208–210

Hebebrand, J. (2005). Genetische Faktoren der Adipositas im Kindes- und Jugendalter.
Praxis der Naturwissenschaften Biologie 54 (8), 8–11

Hebebrand, J. et al. (2005). Genetik und Gen-Umwelt-Interaktionen.
In: Wabitsch, M. et al. Adipositas bei Kindern und Jugendlichen,
Springer-Verlag, Berlin, 27–36

Nottebom, K. (2003). Mutationsanalyse des Pro-Opiomelanocortin-Gens bei extrem adipösen Kindern und Jugendlichen.
Inaugural-Dissertation, Philipps-Universität Marburg, 7 ff.

Lösungsvorschlag

In der Aufgabe thematisierte Unterrichtsinhalte sind:
Replikation, Proteinbiosynthese, Mutation, Regulation der Genaktivität, PCR

II.1 *Hier ist zunächst eine rein reproduktive Wiedergabe des Ablaufs der Polymerase-Kettenreaktion anhand der Abbildung 1 in Material A erforderlich. Dabei sollten Sie in der Beschreibung die einzelnen Buchstaben Ihren Aussagen zuordnen. Beginnen Sie Ihre Darstellung mit einem kurzen Überblick über den Gesamtprozess!*

Die PCR ist eine molekularbiologische Arbeitsmethode zur exakten Analyse von DNA. Mit diesem Verfahren können gezielt spezifische DNA-Abschnitte in einem Reaktionsgefäß identisch vermehrt werden. Diesen Vorgang bezeichnet man auch als in-vitro-Amplifikation („gezielte Vermehrung von DNA-Sequenzen im Glase"). Damit lassen sich selbst kleinste Mengen an DNA in kurzer Zeit für weitere Analysezwecke vermehren. In Abbildung 1 ist der typische Verlauf dieser in-vitro-Amplifikation dargestellt. Auf der Ordinate (y-Achse) ist die Temperatur in °C aufgetragen, auf der Abszisse (x-Achse) die Zeit in relativen Einheiten. Zunächst werden die zu vervielfältigenden DNA-Stücke auf annähernd 100 °C erhitzt. Daraus resultiert eine Denaturierung der DNA in Einzelstränge (A). Dann können sich nach Absenkung der Temperatur auf ca. 50 °C (B) spezifische PCR-Primer nach der Komplementaritätsregel an die Einzelstränge anlagern. Im dritten Schritt (C) erfolgt bei ca. 75 °C – ausgehend von den Primern – die Anlagerung von freien, komplementären Nukleotiden an die Einzelstränge, welche dadurch zu DNA-Doppelsträngen ergänzt werden. Nun liegt doppelt so viel genetisches Material wie zu Beginn der PCR vor. Von nun an wiederholt sich der Prozess, beginnend mit einer erneuten Temperaturanhebung auf annähernd 100 °C (D = A), ein zweites Mal, wobei am Ende die vierfache Menge an DNA vorliegt. Die Abschnitte E bis G deuten in der Abbildung an, dass die PCR noch weitere Male durchlaufen bis schließlich genügend genetisches Material für eine Sequenzierung vorhanden ist.

II.2 *Bei der Bearbeitung dieser Teilaufgabe kommt es nur auf die molekulargenetischen Grundlagen der jeweiligen Mutationen an. Stellen Sie diese schrittweise und gegliedert dar. Denken Sie bei Ihrer Arbeit mit der Codesonne daran, dass diese von innen (5') nach außen (3') gelesen wird.*

Sowohl beim Leptin-Gen als auch beim POMC- und beim MC4-Rezeptor-Gen handelt es sich bei der jeweiligen molekulargenetischen Veränderung um eine Genmutation. Im Folgenden werden die drei Fälle einzeln analysiert und die Mutationsereignisse in ihren Auswirkungen abgeschätzt.

Leptin-Gen:
Ein Vergleich der mRNA-Stränge des Normal-Allels und des mutierten Allels zeigt deutlich, dass die Genmutation in Form einer Raster(schub)-Mutation vorliegt.
Im dritten angegebenen Triplett ist das Guanin-Molekül in der ersten Position nicht mehr vorhanden. Das bedeutet für den codogenen DNA-Strang, dass dort durch Deletion ein Cytosin-Molekül verloren gegangen ist. Beim mutierten Allel wird durch den Nukleotidverlust die ursprünglich erste Base des nachfolgenden Tripletts (Uracil) zur letzten Base des vorhergehenden Tripletts und vervollständigt die dortige Dreiergruppe wieder. Aus dem Triplett GUG wird das neue Triplett UGU. Da ab dort, wo die Deletion stattgefunden hat das gesamte Leseraster innerhalb der DNA verschoben wird, hat die Mutation folglich Auswirkungen auf die Abfolge der Aminosäuren im daraus gebildeten Protein. Aus der Reihenfolge –Trp–Gly–Val– des Normal-Allels wurde die neue Reihenfolge –Trp–Gly–Cyc– im mutierten Allel. Alle nachfolgenden Aminosäuren im gebildeten Eiweißkörper stimmen nicht mehr mit denen überein, die anhand der mRNA des nicht mutierten Normal-Allels translatiert werden. Im günstigsten Fall wird durch die Mutation ein Protein gebildet, das in seiner Funktionsfähigkeit lediglich eingeschränkt ist. Normalerweise ist aber eine Funktionsveränderung, wenn nicht ein kompletter Funktionsverlust des Proteins zu erwarten. Das liegt daran, dass bestimmte Ionen- und Wasserstoffbrückenbindungen oder Disulfidbrücken im veränderten Protein nicht mehr ausgebildet werden können, wodurch sich die sterische Konfiguration des Eiweißkörpers verändert.

POMC-Gen:
Auch hier ermöglicht ein Vergleich der mRNA des Normal-Allels mit der mRNA des mutierten Allels eine eindeutige Aussage über die Art der Genmutation: Es handelt sich um eine Punktmutation (Substitution).
In den dargestellten Ausschnitten der mRNA unterscheidet sich im dritten Triplett die erste Base: Anstelle des Guanins befindet sich im mutierten Allel die Base Uracil. Daraus lässt sich schließen, dass im codogenen Strang der DNA die Base Cytosin durch die Base Adenin substituiert wurde. Diese Mutation hat gravierende Auswirkungen auf die Aminosäuresequenz des Proteins, für das die entsprechende mRNA codiert. Im Fall des Normal-Allels lautet die Reihenfolge der Aminosäuren für den angegebenen Abschnitt –Asp–Leu–Glu–His–. Bei der mRNA, die vom mutierten Allel transkribiert wurde, wird die Translation der Aminosäurekette mit Leucin als letzter Aminosäure abgebrochen, da das nächstfolgende mRNA-Triplett UAG als Stopp-Codon fungiert. Damit ist die Primärstruktur der Aminosäurekette kürzer als die des nicht mutierten POMC-Gens. Aus dem Material ist zwar nicht ersichtlich, wie lang die Polypeptidkette im Normalfall ist, trotzdem kann aber vermutet werden, dass die Verkürzung des Proteins aufgrund des mutierten Allels mit hoher Wahrscheinlichkeit eine Nonsense-Mutation darstellt. Dies hat mit großer Wahrscheinlichkeit einen kompletten Funktionsverlust des Proteins zur

Folge – im günstigsten Fall könnte aus der Mutation auch eine Funktionsveränderung resultieren.

MC4-Rezeptor-Gen:
Der Vergleich der beiden mRNA-Ausschnitte ermöglicht bei diesem Beispiel ebenfalls die Feststellung, dass es sich bei der Mutation im MC4-Rezeptor-Gen um eine Genmutation handelt. Hier liegt – wie auch im Fall zuvor – eine Punktmutation (Substitution) vor. Diese unterscheidet sich aber von derjenigen im Falle des POMC-Gens.
Ein Vergleich der mRNA-Ausschnitte verdeutlicht, dass die Substitution im dritten dargestellten Triplett erfolgte. Anstelle des Guanins steht in der mRMA des mutierten Allels an erster Position des Tripletts die Base Adenin. Dies lässt den Rückschluss zu, dass im codogenen DNA-Strang eine Substitution der Base Cytosin durch die Base Thymin erfolgte. Für die Aminosäuresequenz in den jeweils gebildeten Proteinen bedeutet dies, dass die Reihenfolge im Normalfall –Lys–Arg–Val– und im Fall des mutierten Allels –Lsy–Arg–Ile– lautet. Die Punktmutation führt also in diesem Fall zum Einbau einer anderen Aminosäure in das translatierte Polypeptid. Auch diese Mutation kann sich – obwohl nur eine einzige Aminosäure verändert wurde – schwerwiegend auf die Funktionsweise des Proteins auswirken. Ist diese Aminosäure beispielsweise integraler Bestandteil des Aktiven Zentrums eines Enzyms, so wird dieser Biokatalysator nicht mehr oder nicht mehr richtig arbeiten können. Aber auch dann, wenn die Aminosäure nicht an einer derart exponierten Stelle im Protein angesiedelt ist, kann sie Veränderungen im Eiweißkörper bewirken, indem einzelne Wechselwirkungen und Verbindungen zwischen bestimmten Aminosäuren nicht mehr erfolgen (s. o. Leptin-Gen). Dies ist wahrscheinlich, da es sich bei Arginin um eine – von ihren Seitenketten her – größere Aminosäure mit basischen Eigenschaften handelt, Valin hingegen nur unpolare Seitenketten besitzt und zudem nicht den gleichen Raumumfang einnimmt wie Arginin. Grundsätzlich ist es auch möglich, dass überhaupt keine Veränderung im Protein durch die Mutation hervorgerufen wird. In diesem Fall hätte die Substitution zu einer neutralen Mutation geführt.

II.3 *Das Erstellen einer Skizze bedeutet für Sie, dass alle wesentlichen Elemente, die im Text des Materials C genannt werden, in Ihrer Darstellung enthalten sein müssen. Mit Pfeilen können Sie die jeweilige Wirkrichtung der einzelnen Komponenten verdeutlichen. Zusammengehörende Elemente – wie z. B. die Vorgänge im Zwischenhirn – sollten Sie in einen Kasten zeichnen. Im zweiten Aufgabenteil sollten Sie bei jedem der drei Fälle zunächst den jeweils zugrunde liegenden „Ausfall" aufgrund der Mutation kurz in seinen Auswirkungen auf den Stoffwechsel der Person ansprechen. Hieraus können Sie dann anschließend Ihre Schlussfolgerungen im Hinblick auf die therapeutische Eignung regelmäßiger Injektionen begründet ableiten.*

Die Regulation der Nahrungsaufnahme unter Berücksichtigung der unterschiedlichen Körperregionen, wie sie in Material C dargestellt ist, kann mit der folgenden Skizze verdeutlicht werden:

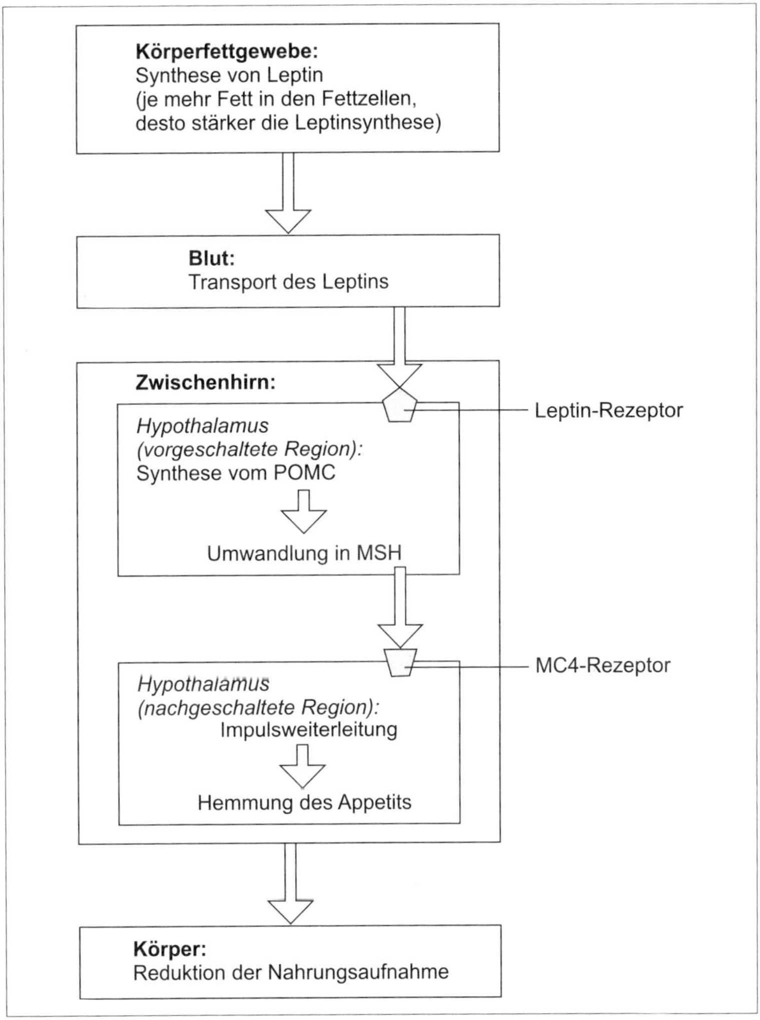

Ein Therapieansatz bei Adipositas besteht darin, dass dem Patienten in regelmäßigen Abständen das Protein Leptin oder der neuronale Überträgerstoff MSH injiziert wird. Ziel dieser Injektionen ist es, dass bei den übergewichtigen Menschen eine Hemmung des Appetits und damit eine Reduktion der Nahrungsaufnahme erzielt wird. Ob diese Therapie auch bei den in der letzten Teilaufgabe angesprochenen Patienten sinnvoll ist, wird im Folgenden dargelegt:

Bei den beiden übergewichtigen Kindern (Fall 1) liegt eine Mutation im Leptin-Gen vor. Hierdurch kann das entsprechende Protein sehr wahrscheinlich nicht in einem funktionstüchtigen Zustand gebildet werden. Damit kann es seine Aufgabe am entsprechenden Rezeptor im Zwischenhirn – die Ausschüttung von MSH zu veranlassen – nicht erfüllen. Aus diesem Grund ist für beide Kinder eine Therapie mittels Leptin-, aber auch MSH-Injektion durchaus angebracht.
Die übergewichtige, 16-jährige Patientin im zweiten Fall hat einen genetischen Defekt im POMC-Gen, der mit hoher Wahrscheinlichkeit zu einem kompletten Funktionsverlust des POMC-Proteins führt. Da aus diesem Vorläufer-Protein in den Nervenzellen der Überträgerstoff MSH entsteht, kann MSH bei ihr nicht oder nur in veränderter Form gebildet werden. Eine Bindung dieses Stoffes an den MC4-Rezeptor ist damit sehr unwahrscheinlich – eine Hemmung des Appetits bleibt aus. In diesem Fall wäre eine Therapie mit Leptin sinnlos, da dieses Protein lediglich zu einer vermehrten Produktion des defekten POMC-Proteins und in dessen Folge zum ebenfalls funktionsuntüchtigen MSH führen würde. Eine direkte Injektion von MSH hingegen ist sinnvoll, da es über seine Bindung an den MC4-Rezeptor zu einer Reduktion der Nahrungsaufnahme im Körper führt.
Die Mutation im MC4-Rezeptor-Gen, wie sie im Fall drei des übergewichtigen 23 Jahre alten Mannes nachgewiesen wurde, führt bei ihm möglicherweise zu einem MC4-Rezeptor, an den das MSH nicht mehr binden kann. In diesem Fall kann weder eine Injektion von Leptin noch ein Verabreichen von MSH als Therapie genutzt werden, da der Rezeptor, an dem MSH andockt, defekt ist. Mit keinem der beiden Stoffe kann damit im Hypothalamus eine Impulsweiterleitung initiiert werden, die zu einer Hemmung des Appetits führt.

II.4 *Bei der Bearbeitung dieser Teilaufgabe, die zum Anforderungsbereich III gehört, helfen Ihnen die übrigen Materialien dieser Aufgabe nicht. Hier kommt es auf Ihr Alltagswissen und den sog. „gesunden Menschenverstand" an. Gehen Sie bei Ihren Überlegungen planmäßig vor, dramatisieren Sie die möglichen Probleme nicht und vergegenwärtigen Sie sich, welche realisierbaren Handlungsmöglichkeiten bei dem zweijährigen Kind angebracht sein können.*

Der positive Gentest bringt den Eltern zunächst Gewissheit in Bezug auf die Veranlagung zur Fettleibigkeit bei ihrem zweijährigen Kind. Aus dieser Erkenntnis heraus können die Eltern prinzipiell mehrere Wege in der Erziehung ihres Kindes einschlagen. Zunächst einmal könnten Sie alles so belassen, wie es in der Erziehung und Esserziehung bisher gewesen ist. Dies könnte dazu führen, dass bei ihrem Kind vielleicht irgendwann einmal die Veranlagung zur Fettleibigkeit zu einem erhöhten Körpergewicht führt. Frau Smith weist ja auch – mit Blick auf ihre Familienangehörigen – darauf hin, „dass trotz Fettleibigkeit Mitglieder der Familie ein glückliches Leben führen". Auf der anderen Seite möchte der Vater aber, dass im Lebenswandel seines Kindes Änderungen vorgenommen werden sollen und dies auch in Verbindung mit medizinischen

Maßnahmen zu geschehen hat. Beide Positionen stellen, wenn man sie absolut sieht, die beiden möglichen Extrempositionen dar. Wie so oft ist es daher vielleicht ratsam, den „goldenen Mittelweg“ zu beschreiten. Dies würde zunächst bedeuten, dass dem Kind, welches ja – laut Material D – noch nicht an Fettleibigkeit leidet, ein bewusster Umgang mit Nahrungsmitteln und bewusstes Essen beigebracht wird. Als unterstützende Maßnahmen sind hier Bewegung und in späteren Jahren sportliche Betätigungen angebracht. Sollte sich dennoch die Veranlagung zur Fettleibigkeit im Erscheinungsbild durchsetzen, wäre es u. U. angebracht, über eine therapeutische Intervention mit medikamentöser Unterstützung nachzudenken. Dies gilt vor allem dann, wenn beim Kind psychische Probleme seines Gewichtes wegen auftreten (Mobbing durch andere Kinder). Leidet das Kind darunter, ist – mit Blick auf die genetische Disposition – von den Eltern Aufbauarbeit zu leisten. Sie müssen zum einen darauf hinweisen, dass eine Krankheit vorliegt, und zum anderen dem Kind klar machen, dass es erfolgversprechende Maßnahmen dagegen gibt. Ggf. müsste dann eine konsequente Diät in Verbindung mit Bewegungstherapie und medikamentöser Unterstützung ins Auge gefasst werden. Als problematisch erweist sich in diesem Zusammenhang aber die Möglichkeit, dass das Kind – trotz vermeintlicher Diät – als Rechtfertigung einer erneuten Gewichtszunahme nicht sein falsches Essverhalten sondern seine genetische Disposition anführt. Hier ist es dann wichtig, dass die Eltern konsequent reagieren – dann aber auch kleinere Gewichtsabnahmen positiv herausstellen.
Ein anderer Aspekt ist die Frage nach der weiteren Familienplanung bei der in Material D angesprochenen Familie. Da – wie im Material erwähnt – „die Erforschung der Zusammenhänge zu dieser Erkrankung noch in den Kinderschuhen steckt“ können der Familie keine klaren Vorhersagen gemacht werden, ob, und wenn ja, wie sich eine genetisch mitbedingte Fettleibigkeit bei einem weiteren Kind geno- und phänotypisch manifestieren wird.

Leistungskurs Biologie (NRW) – Abitur-Prüfung 2009
Aufgabe 3: Ökologie

Aufgabenstellung:

Thema: Wie wirken sich Mastjahre und Parasiten auf Nagetierpopulationen aus?

III.1 Beschreiben Sie zusammenfassend die Veränderungen von Eichelmenge, Streifenhörnchen-Population und Zeckennymphendichte und erklären Sie die möglichen Ursachen der Schwankungen (Material A). (20 Punkte)

III.2 Nennen Sie die 1. und 2. LOTKA-VOLTERRA-Regel und diskutieren Sie, ob diese ein geeignetes Erklärungsmodell für die Beziehungen zwischen Eichelmenge, Streifenhörnchen und Zeckennymphen sind (Material A). (18 Punkte)

III.3 Vergleichen Sie die Veränderungen der Populationsdichte von Streifenhörnchen (Material A, Abbildung 1) und Mäusen (Material B, Abbildung 2) im zeitlichen Verlauf und in Abhängigkeit von der Eichelmenge. Gehen Sie dabei auf Unterschiede und Gemeinsamkeiten ein. (10 Punkte)

III.4 Werten Sie Abbildung 3 (Material C) aus. Ermitteln Sie auf der Grundlage von Material C und Material D, welche Rolle die Parasitierung der Mäuse und das schwankende Nahrungsangebot bei der Populationsentwicklung spielen. (18 Punkte)

Material A: Streifenhörnchen-Populationen und Zecken

In den Laubwäldern Nordamerikas leben Streifenhörnchen *(Tamias striatus)*. Sie ernähren sich vor allem von Samen, insbesondere von Eicheln.

Wenn die Eichen sehr viele Eicheln haben, spricht man von „Mastjahren". In solchen Mastjahren ist die Überlebensrate von kleinen Nagetieren im Winter allgemein höher.

Streifenhörnchen sind die bevorzugten Wirte von parasitischen, blutsaugenden Zecken *(Ixodes scapularis)*. Die Zecken saugen in ihrem Leben dreimal Blut: erst als Larve, dann nach der Häutung als Nymphe und nach einer weiteren Häutung schließlich als erwachsenes Tier, das ein größeres Säugetier als Wirt sucht. Die Entwicklung dauert mehr als ein Jahr. Anschließend erfolgen Paarung und Eiablage.

Im amerikanischen Bundesstaat New York wurden in einem Langzeitprojekt über 8 Jahre in einem Laubwald die Eichelmenge, die Zahl der Streifenhörnchen und die Zahl der Zeckennymphen untersucht. Abbildung 1 zeigt das Ergebnis.

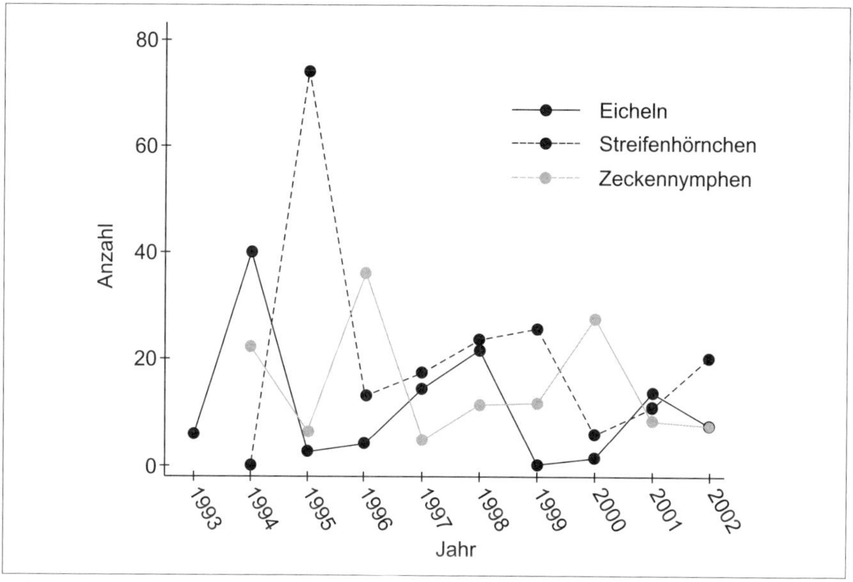

Abb. 1: Zeitlicher Verlauf der Eichelmenge (Eicheln auf einem Quadratmeter), der Populationsdichte der Streifenhörnchen (Anzahl Individuen pro 2,25 Hektar-Fläche) und Zeckennymphen (Anzahl Individuen pro 100 m²) im Bundesstaat New York, USA

Material B: Mäusepopulationen und Eicheln

Im amerikanischen Bundesstaat Virginia wurde ebenfalls die Populationsdichte von Nagetieren, nämlich von Weißfußmäusen *(Peromyscus leucopus)* und den ihnen ähnlichen Rehmäusen *(Peromyscus maniculatus)* bestimmt und die Anzahl von Eicheln festgestellt.

Beide Mausarten haben in Mastjahren sogar im Winter Junge und ihre Überlebensrate ist dann allgemein erhöht.

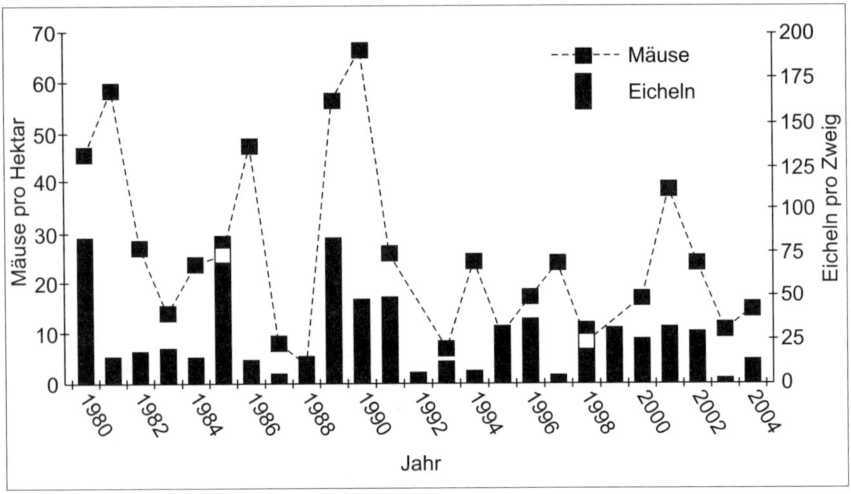

Abb. 2: Eichelmenge und Dichte der Mäusepopulation (Weißfuß- und Rehmäuse) in Virginia; die Zahl der Eicheln pro Zweig ist ein Index für die insgesamt als Nahrung zur Verfügung stehende Eichelmenge.
verändert nach: Pedersen, Amy B. and Greives, Timothy J. (2008). The interaction of parasites and resources causes crashes in a wild mouse population.
Journal of Animal Ecology Vol. 77, Issue 2, S. 370–377

Material C: Mäusepopulationen und Parasiten

Um die jahreszeitlichen Schwankungen der Mäusepopulation genauer zu untersuchen, wurden in Virginia experimentelle Untersuchungen auf getrennten Versuchsflächen von je 0,5 Hektar Größe über einen relativ kurzen Zeitraum von zwei Jahren durchgeführt. Die Dichte der Mauspopulationen wurde durch Fänge mit Lebendfallen bestimmt. Gefangene Tiere wurden mit Ohrsteckern markiert. Insbesondere ging es dabei um die Frage, welche Rolle die wichtigsten Parasiten der Mäuse und die Nahrungsversorgung spielen.

Mäuse haben Außenparasiten (z. B. Flöhe und Zecken), aber auch Innenparasiten, z. B. Fadenwürmer, die die Mäuse ebenfalls schädigen. Je höher die Populationsdichte von Mäusen ist, desto leichter infizieren sich die Tiere mit den Parasiten.

Gegen Parasiten wirkt das Medikament Ivermectin sehr effektiv. Eine einzige Dosis entfernt alle Würmer und hält die Mäuse mindestens vier Wochen lang wurmfrei. Das Medikament wurde allen auf bestimmten Versuchsflächen gefangenen Mäusen gegeben.
Auf einigen Versuchsflächen wurde zugefüttert.

Insgesamt gab es vier verschiedene Typen von Versuchsflächen:

Typ 1: Zufütterung (jeweils August bis Februar), Zugabe von Ivermectin an gefangene Mäuse

Typ 2: Zufütterung (jeweils August bis Februar), aber keine Zugabe von Ivermectin

Typ 3: keine Zufütterung, aber Zugabe von Ivermectin

Typ 4: keine Zufütterung und keine Zugabe von Ivermectin

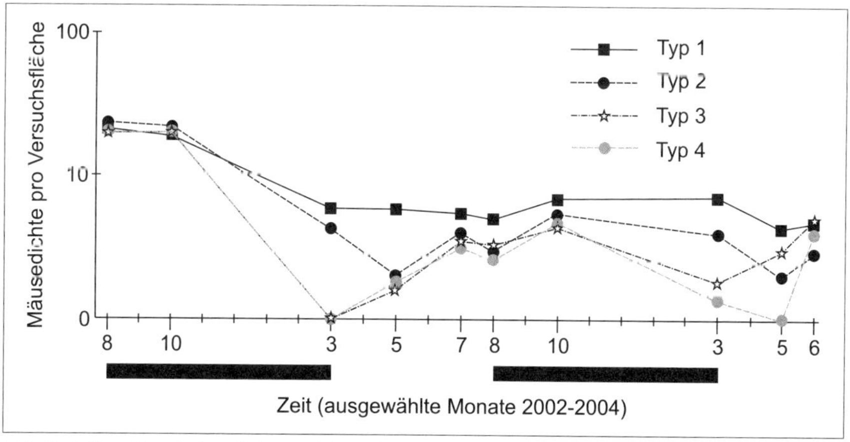

Abb. 3: Mäuse-Populationsdichte auf den vier Typen von Versuchsflächen in Virginia. Schwarze Balken: Zeitraum, in dem zugefüttert wurde. Auf der x-Achse sind ausgewählte Monate (von August 2002 bis Juni 2004) in Zahlen angegeben (z. B. 8: August; 10: Oktober); die Skalierung der y-Achse ist logarithmisch, d. h., die Abstände zwischen den Skalenmarkierungen entsprechen einer Verzehnfachung der Werte
verändert nach: Pedersen, Amy B. and Greives, Timothy J. (2008). The interaction of parasites and resources causes crashes in a wild mouse population.
Journal of Animal Ecology Vol. 77, Issue 2, S. 370–377

Material D: Stresshormon bei Mäusen

Bei den Fallenfängen wurde der Anteil der reproduktionsfähigen Tiere (definiert als Männchen mit ausgereiften Hoden und Weibchen mit voll entwickelten Vaginen bzw. trächtige Weibchen) bestimmt. Ihr Anteil war auf Flächen des Typs 1 bis 3 (s. Material C) deutlich erhöht.

Außerdem wurde die Menge des Stresshormons Corticosteron im Kot der gefangenen Tiere bestimmt. Je mehr von dem Hormon vorhanden ist, desto größer ist der Stress, dem die Tiere ausgesetzt sind. Unter Stress leidet ihr Immunsystem und die Reproduktionsrate sinkt.

Bei den Versuchsflächen des Typs 1 und 3 (siehe Material C) war die Menge des Stresshormons deutlich niedriger als bei den Versuchsflächen des Typs 2 und 4.

weitere Materialgrundlage:

Ostfeld RS, Canham CD, Oggenfuss K, Winchcombe RJ, Keesing F (2006) Climate, Deer, Rodents, and Acorns as Determinants of Variation in Lyme-Disease Risk. PLoS Biol 4(6): e145

Pedersen, Amy B. and Greives, Timothy J. (2008). The interaction of parasites and resources causes crashes in a wild mouse population. Journal of Animal Ecology Vol. 77, Issue 2, S. 370–377

Lösungsvorschlag

In der Aufgabe thematisierte Unterrichtsinhalte sind:
Ökologische Verflechtungen und Wechselbeziehungen, Populationsdynamik, LOTKA-VOLTERRA-*Regeln, Konkurrenz, Koexistenz*

III.1 *Bevor Sie die von Ihnen erkannten Sachverhalte darlegen, ist es sinnvoll, zunächst das Diagramm in seinen Grundzügen zu beschreiben. Auf diese Weise werden Sie zum einen mit dem Diagramm besser vertraut und zum anderen ist es dadurch unwahrscheinlicher, dass Sie einzelne Aspekte übersehen. Es empfiehlt sich, im Diagramm Hilfslinien einzuziehen, um mit korrekten Zahlenwerten argumentieren zu können. Des Weiteren ist es u. U. hilfreich, wenn Sie – der besseren Übersichtlichkeit wegen – den Kurvenverlauf bei den Streifenhörnchen bzw. bei den Zeckennymphen mit einem Farbstift nachzeichnen. Um die Ursachen der Populationsschwankungen konkreter zu benennen, können Sie ggf. auch auf andere Materialien dieser Aufgabe – hier speziell Material C – zurückgreifen und in einem Analogieschluss die Erkenntnisse zum Parasitenbefall von Mäusepopulationen (Nagetiere) auf die Streifenhörnchen (Nagetiere) anwenden.*

Die Abbildung 1 stellt in einem Kurvendiagramm die Eichelmenge, die Populationsdichte von Streifenhörnchen und die Anzahl an Zeckennymphen in einem bestimmten Zeitraum im amerikanischen Bundesstaat New York dar. Auf der Ordinate (y-Achse) ist die Anzahl von Null bis 80 angegeben, auf der Abszisse (x-Achse) sind die Jahre von 1993 bis 2002 aufgetragen. Die Menge an Eicheln schwankte im angegebenen Zeitraum deutlich. Es sind drei ausgeprägte Maxima zu erkennen. Mastjahre waren 1994 mit 40 Eicheln pro m^2, 1998 mit über 20 und 2001 mit ca. 13 Eicheln pro m^2. Auch beim Streifenhörnchen *Tamias striatus* ist in der Jahresabfolge eine erhebliche Schwankung innerhalb der Populationsdichte zu beobachten. Hierbei sind zwei Maxima gegeben: 1995 mit annähernd 75 Tieren und 1999 mit ca. 26 Individuen pro 2,25 Hektar. Ein ähnliches Bild liefert auch die Individuenzahl der Zeckennymphen, bei denen 1996 mit ca. 36 und 2000 mit nicht ganz 30 Individuen pro 100 m^2 ebenfalls zwei Maxima zu erkennen sind.

Alle drei dargestellten Kurven weisen damit deutliche Schwankungen mit enormen Bandbreiten auf. Sie lagen bei den Früchten der Eiche zwischen Null und 40 Eicheln/m^2, bei *Tamias striatus* zwischen Null und fast 75 Individuen auf der Untersuchungsfläche und die Anzahl der Zeckennymphen schwankt zwischen 1994 und 2002 zwischen fünf und fast 37 Tieren/100 m^2. Diese Schwankungen haben ihre direkte Ursache in den Beziehungen der drei betrachteten Lebewesen untereinander. Eicheln stellen die Nahrungsgrundlage für *Tamias striatus* dar. Da in Mastjahren eine besonders große Menge dieser Nussfrucht anfällt, überleben deutlich mehr Streifenhörnchen den Winter. Damit ergibt sich für ihre Individuenzahl ein – mit Blick auf das Nahrungsangebot – zeitversetzter Anstieg der Populationsdichte: Auf die Mastjahre 1994 und 1998 folgten 1995 und 1999 Maxima bei den Streifenhörnchen. Zecken parasitieren als Nymphen vor allem auf Streifenhörnchen. Aufgrund dieser Wirt-Parasit-Beziehung ist zu erklären, warum die Individuenzahl der Zeckennymphen 1996 und 2000 zeitversetzt zum Anstieg der Populationsdichte von *Tamias striatus* in den Jahren 1995 und 1999 ebenfalls zunahm. Mit Blick auf Material D können die Parasiten aber auch noch eine andere Wirkung auf die Individuenzahl der Streifenhörnchen-Population ausüben – sie können ihre Wirte u. U. massiv schädigen und damit ihre Überlebenschancen stark einschränken. Deshalb können die Zeckennymphen mit dafür verantwortlich gemacht werden, dass die Populationsdichte von *Tamias striatus* nach einem Maximum meist drastisch absank.

III.2 *Bei der Darlegung der LOTKA-VOLTERRA-Regeln ist eine reproduktive Wiedergabe von gelerntem Wissen gefragt. Die Beantwortung der Frage, ob diese Regeln ein geeignetes Erklärungsmodell für den vorliegenden Fall liefern, erfordert eine konkrete Stellungnahme ihrerseits.*

Die LOTKA-VOLTERRA-Regeln beschreiben Gesetzmäßigkeiten, die sich bei der Populationsdynamik von Räuber-Beute-Beziehungen ergeben. Als mathematisches Modell gehen die Regeln von der Beschreibung der Beziehung zweier Arten aus. Die erste Regel wird auch „Gesetz des periodischen Zyklus" genannt. Sie besagt, dass sich immer dann, wenn sich eine Art (Räuber) von einer anderen Art (Beute) ernährt, für die Maxima beider Populationen phasisch gegeneinander verschobene Häufigkeitskurven ergeben. Das Maximum des Räubers folgt auf das seiner Beute. Für die Minima gilt Entsprechendes. Die Regel zwei („Gesetz von der Erhaltung der Mittelwerte") beschreibt die Tatsache, dass die Häufigkeit sowohl des Räubers als auch die seiner Beute jeweils um einen konstanten Mittelwert schwankt.

Betrachtet man die in der Abbildung 1 dargestellten Kurvenverläufe, so kann der Eindruck entstehen, dass die LOTKA-VOLTERRA-Regeln auf den hier vorliegenden Fall – speziell auf die Beziehung zwischen Streifenhörnchen und Zeckennymphen – Anwendung finden. Die Anzahl der Zeckenlarven (Parasiten) nahm 1996 zeitversetzt zu, während gleichzeitig die Populationsdichte der Streifenhörnchen (Wirte) nach einem Maximum im Jahre 1995 abnahm. Da die wechselseitigen Beeinflussungen – etwa nach dem Muster Beuteanzahl reguliert Räuberanzahl und umgekehrt – anscheinend vorliegen, könnten die Voraussetzungen für die LOTKA-VOLTERRA-Regeln hier als gegeben angesehen werden. Tatsächlich finden die LOTKA-VOLTERRA-Regeln auf Parasit-Wirt-Verhältnisse aber keine Anwendung. Dies liegt u. a. daran, dass bei einer Räuber-Beute-Beziehung die jeweiligen Schwankungen in den Populationsdichten wechselseitig bedingt sind. Bei der Wirt-Parasit-Beziehung wirkt normalerweise nur die Wirtspopulation regulierend, nicht aber die Individuenzahl der Parasiten, obgleich in diesem Fall die Zeckennymphen dazu beitragen, die Population der Streifenhörnchen zu dezimieren (siehe Lösung III.1).

Auf die Beziehung zwischen *Tamias striatus* und ihrer hauptsächlichen Nahrungsgrundlage, den Eicheln, können die LOTKA-VOLTERRA-Regeln auf keinen Fall angewendet werden, da eine wechselseitige Beeinflussung beider Populationen niemals so weit ging, dass die Populationsgröße der Streifenhörnchen die Anzahl der von den Eichen gebildeten Nussfrüchte beeinflusst.

III.3 *Der in der Aufgabenstellung verlangte Vergleich erfordert von Ihnen, dass Sie sich auch mit dem zweiten Diagramm intensiv auseinandersetzen und die beiden geforderten Parameter (zeitliche und mengenmäßige Abhängigkeiten) bei Ihrer Analyse im Auge behalten müssen. Auf eine konkrete Beschreibung des zweiten Diagramms können Sie in diesem Fall verzichten, da hier der Vergleich im Mittelpunkt steht. Wenn die Daten nicht eindeutig zu interpretieren sind (hier z. B. bei Populationsrückgang trotz ausreichendem Nahrungsangebot) sollten Sie auf Ihnen aus dem Unterricht bekannte Erklärungsmöglichkeiten zurückgreifen; das bringt Ihnen dann auch Zusatzpunkte!*

Bei einem Vergleich der Abbildungen 1 und 2 können folgende generelle Aussagen gemacht werden: Sowohl auf dem untersuchten Areal im Bundesstaat New York als auch in Virginia war eine deutliche Schwankung der Menge an Nussfrüchten zu beobachten, die von den Eichen gebildet wurden. In New York schwankte die Anzahl der Eicheln pro m^2 zwischen Null und 40, in Virginia zwischen zwei und 80 Eicheln pro Zweig. Eine ähnliche Schwankung ist auch in Bezug auf die Nager zu erkennen. Die Streifenhörnchen-Populationen schwankten zwischen Null und fast 75 Individuen und auch die Individuendichte in den Mäusepopulationen schwankte deutlich zwischen acht und 67 Tieren pro Hektar. Neben Gemeinsamkeiten gibt es aber auch auffällige Unterschiede: Im Gegensatz zu New York traten in Virginia mehrmals hintereinander Mastjahre auf, so 1989 bis 1991, 1995 und 1996 sowie 1998 bis 2002. Allerdings blieben 1995/96 sowie in den letzten vier aufeinander folgenden Jahren die Erträge z. T. deutlich hinter denen der Jahre 1989 bis 1991 zurück. Die häufigen Mastjahre hatten in Virginia dann auch Auswirkungen auf die Populationen der Mäuse, die entsprechend in zwei aufeinander folgenden Jahren (1991 und 1992) einen hohen Wert an Individuen erreichen konnten. Zu hinterfragen – da mit dem vorhandenen Material nicht zu klären – bleibt der Umstand, warum sich sowohl 1990 als auch 2001 trotz eines deutlich hohen Angebotes an Eicheln zeitlich versetzt die Populationsdichte der untersuchten Mäusearten deutlich verringerte. Dies könnte ein Indiz dafür sein, dass es in dem untersuchten Areal in Virginia (zumindest für 1990 und 2001) vielleicht keine eindeutige Abhängigkeit zwischen der Menge der als Futter zur Verfügung stehenden Eicheln einerseits und der Größe der Mäusepopulationen andererseits gab. Hier können demnach auch andere, die Populationsdichte regulierende Faktoren, wie z. B. Dichtestress oder Krankheiten, als Erklärungsmöglichkeit genannt werden.

III.4 *Lassen Sie sich von dem zunächst etwas unübersichtlich erscheinenden Diagramm nicht verwirren! Beginnen Sie auch bei dieser Teilaufgabe Ihre Bearbeitung, indem Sie zunächst das Diagramm in seinen Grundzügen beschreiben. Vor allem ist es ratsam, die Kurvenverläufe der Typen 2, 3 und 4 jeweils mit einem andersfarbigen Stift nachzuzeichnen. Gehen Sie systematisch vor, und arbeiten Sie eine Kurve nach der anderen ab – es sei denn, zusammenfassende Darstellungen bieten sich an. Achten Sie bei Ihrer Beschreibung darauf, dass die Populationsdichte logarithmisch aufgetragen ist. Der Abstand vom Wert 10 bis zum Wert 100 ist dabei genauso lang wie derjenige vom Wert 1 bis zum Wert 10! Im zweiten Teil Ihrer Darstellung sollten Sie die Quintessenz aus den Versuchsergebnissen mit den Informationen in Material D verbinden.*

In der Abbildung 3 sind die Ergebnisse von vier Versuchsreihen mit unterschiedlichen Mäusepopulationen im US-Bundesstaat Virginia als Kurvendiagramme dargestellt. Die Mäusedichte pro Versuchsfläche (jeweils 0,5 Hektar) ist in logarithmischer Form auf der Ordinate (y-Achse) dargestellt; auf der Abszisse (x-Achse) sind die Versuchsmonate vom August 2002 bis zum Juni 2004 angetragen. Die vier Typen der Versuchsfläche unterschieden sich sowohl durch die Zugabe bzw. Nicht-Zugabe des Parasitenmittels Ivermectin als auch in Bezug auf eine (zweimal von August bis Februar) erfolgte bzw. nicht erfolgte Zufütterung im jeweiligen Areal.
Zunächst kann festgehalten werden, dass die Population Typ 1, bei der sowohl zugefüttert als auch das Medikament gegen Fadenwürmer verabreicht wurde, über die gesamte Zeitspanne eine höhere Mäusedichte aufwies als die anderen. Ihr Bestand blieb ab März 2003 annähernd konstant. Interessanterweise veränderte sich die Populationsdichte bei Typ 1 trotz optimaler Bedingungen (Zufütterung und Medikamentengabe) von August bis Oktober 2002, den ersten Monaten des Versuchs, so gut wie gar nicht. Die stärksten Schwankungen in der Populationsdichte waren beim Typ 4 mit Minima im März 2003 und Mai 2004 (jeweils ein Tier) zu beobachten. Dem gegenüber waren die Schwankungen bei Typ 3 nicht ganz so extrem, aber deutlich ausgeprägter als bei Typ 2. Mit Ausnahme der Population Typ 1 wiesen die übrigen drei Versuchsgruppen zum Teil deutliche Einbrüche in der Mäusedichte innerhalb des fast zweijährigen Versuchszeitraums auf. Bei einer dieser drei Versuchsgruppen, dem Typ 2, fielen diese Einbrüche bei der Individuenzahl aber deutlich geringer aus als bei Typ 3 und 4.

Bei der Beantwortung der Frage, welchen Einfluss der Parasitenbefall und das schwankende Nahrungsangebot auf die Populationsentwicklung der Mäuse haben, können aus Abbildung 3 und Material D die folgenden Erkenntnisse gezogen werden: Eine Erhöhung des Nahrungsangebotes war entscheidend für eine Vermehrung der Mäusepopulation. Dies belegen die Kurvenverläufe bei Typ 1 und Typ 2. Die Populationsdichte beider Gruppen lag beim Typ 1 immer, beim Typ 2 fast immer (Ausnahme: August 2003) über derjenigen der Typen 3 und 4. Weniger entscheidend schien der Befall mit Endoparasiten (Fadenwürmern) zu sein. Dies belegt die Mäusedichte beim Typ 2, die nur bei einem Messwert (August 2003) unterhalb derjenigen des geimpften Typ 3 lag. Dass der Befall mit Fadenwürmern dennoch eine Rolle bei der Mäusedichte spielte, ist daraus zu ersehen, dass die Population Typ 4, deren Mitglieder keine Medikamente verabreicht bekamen, fast immer deutlich weniger Individuen aufwies als die medikamentös behandelte Population Typ 3. Untersuchungen über Reproduktionsfähigkeit und Vorhandensein des Stresshormons Corticosteron bestätigten die aus der Abbildung 3 gewonnenen Analyseergebnisse. Das Fehlen bzw. verminderte Auftreten von Endoparasiten bei den mit Corticosteron behandelten Individuen der Populationen 1 und 3 minderte für die Tiere deutlich den Stress verglichen mit den nicht medikamentös behandelten Typen 2 und 4. Die Individuen der Population Typ 2 konnten aber den Stress besser „ertragen", da ihnen durch die Zufütterung die Nahrungssuche erleichtert wurde. Stress beeinträchtigte sowohl das Immunsystem der betroffenen Individuen als auch deren Fortpflanzungsfähigkeit. So waren in den Populationen Typ 1 und 3 auch deutlich mehr reproduktionsfähige Tiere zu finden als in der Population Typ 4, bei der weder zugefüttert noch Ivermectin verabreicht wurde. Dies kann durch die ermittelten Daten zum Typ 4 in Abb. 3 verifiziert werden.

Leistungskurs Biologie (NRW) – Abitur-Prüfung 2010
Aufgabe 1: Evolution/Genetik

Aufgabenstellung: Punkte

Thema: Evolutionsbiologische Prozesse zur Brutbiologie der Blaumeise

I.1 Fassen Sie die wesentlichen Aussagen von Abbildung 1 und Tabelle 1 zusammen und deuten Sie das Wahlverhalten der Blaumeisenweibchen (Material A). 13

I.2 Erklären Sie das Grundprinzip der Methode der DNA-Gelelektrophorese, das dem Gel in Abbildung 2 (Material B) zugrunde liegt, und deuten Sie die unterschiedliche Anzahl der Banden pro Probe im Gel in Abbildung 2 (Material B). Ermitteln Sie anhand von Abbildung 2 (Material B) die Verwandtschaftsverhältnisse für Jungvogel J 1 und Jungvogel J 2. 22

I.3 Werten Sie Abbildung 3 (Material C) in Bezug auf den Heterozygotiegrad der Halbgeschwister aus und erklären Sie das Ergebnis. Erläutern Sie die Vorteile für den langfristigen Fortpflanzungserfolg des Weibchens, die sich aus der zusätzlichen Paarung mit Männchen ergeben, welche keine direkten Nachbarn des Brutpaares sind. 15

I.4 Beschreiben Sie die Aussagen der Abbildung 4 (Material D). Erläutern Sie anschließend das Verhalten der Männchen und begründen Sie die Konsequenzen des beobachteten Verhaltens der Weibchen für den langfristigen Fortpflanzungserfolg der Weibchen. 16

Material A: Zur Fortpflanzung der Blaumeisen

Blaumeisen sind Höhlenbrüter, die während der Brutperiode hauptsächlich kleine Insekten (z. B. Blatt- und Schildläuse), Spinnen, im Herbst auch Obst, Beeren und Sämereien, ab Spätwinter auch Knospen fressen.

Der Gesang der Vogelmännchen ist vor allem in der ersten Jahreshälfte zu hören. Die Männchen singen eine typische Strophe mit mehreren Einleitungselementen und einem anschließenden tiefen Triller, wobei die Strophenlängen bei den Männchen unterschiedlich sind. Mittels Gesang grenzen die Meisen ihr Revier gegen andere Nachbarn ab. Je größer und schwerer ein Männchen ist, desto länger ist seine Gesangsstrophe. Blaumeisenweibchen wählen nur einen Partner, der ein Territorium mit Nistmöglichkeit verteidigt.

Da Blaumeisen häufig auch künstliche Nistkästen als Bruthöhle annehmen, kann ihre Brutbiologie gut erforscht werden, denn die Meisen sind in den Nistkästen für die Wissenschaftler leichter zugänglich. Bei wissenschaftlichen Untersuchungen wird jeder Vogel beringt, um ihn wiederzuerkennen, und es wird jedem Vogel eine Blutprobe zur Erstellung eines genetischen Fingerabdrucks entnommen.

Lange Zeit war man der Auffassung, dass Blaumeisen in Monogamie (Einehe) leben und keinen Nachwuchs außerhalb des Paarbundes haben. Heute wird diese Form der sexuellen Paarbindung als genetische Monogamie bezeichnet. Seitdem den Wissenschaftlern der genetische Fingerabdruck als Routinemethode zur Verfügung steht, stellen sie fest, dass jedoch gerade bei monogamen Singvögeln außerpaarliche Kopulationen (das „Fremdgehen") eher die Regel als die Ausnahme sind und so „extra-pair" Jungtiere im Nest sein können. Sie sind das Produkt der außerpaarlichen Kopulation des Vogelweibchens. Man bezeichnet diese Form der Monogamie als soziale Monogamie.

Ein Großteil der Meisen brütet nur einmal, da sie den Winter nach Aufzucht der Brut nicht überleben. Nur körperlich starke, wohlgenährte Meisen überleben den Winter und brüten im folgenden Jahr erneut.

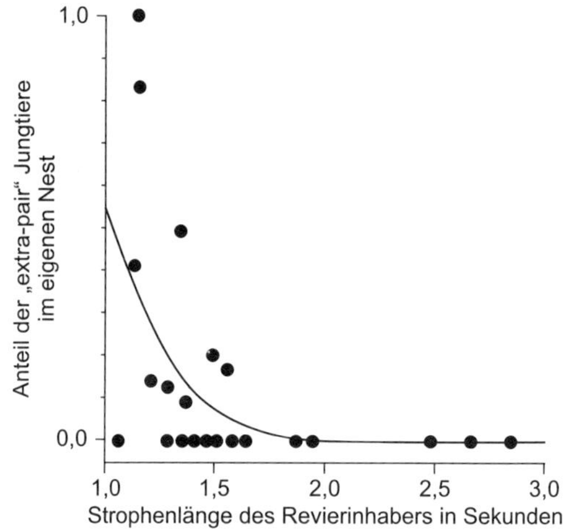

Abb. 1: Anteil der „extra-pair" Jungtiere im Nest des Revierinhabers (Stiefvater) in Abhängigkeit von der Strophenlänge des Revierinhabers. Ordinate (y-Achse): 1 entspricht 100 %. Jeder Punkt steht für ein Nest.
verändert nach Kempenaers, Bart (1997), S. 488

Tabelle 1: Anzahl der Männchen, die bis zur nächsten Brutsaison überleben

Jahr	überlebende, nicht betrogene Männchen	überlebende, betrogene Männchen
1990	**13** (von 21)	**0** (von 11)
1991	**12** (von 21)	**5** (von 19)
1992	**12** (von 19)	**2** (von 16)

Material B: „Extra-pair“ Nachkommen

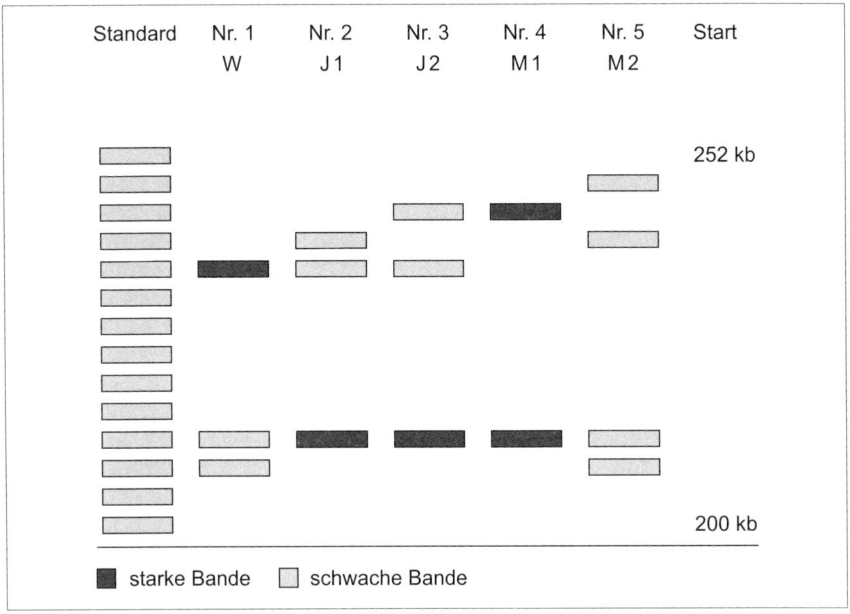

Abb. 2: Ergebnis der Gelelektrophorese nach PCR von zwei DNA-Abschnitten (bestehend aus kurzen sich wiederholenden Basensequenzen) aus dem nichtcodierenden Bereich der DNA.

Legende:
Nr. 1 – Weibchen (W)
Nr. 2 – Jungvogel 1 im Nest von Nr. 1 (J 1)
Nr. 3 – Jungvogel 2 im Nest von Nr. 1 (J 2)
Nr. 4 – Männchen von Nr. 1 (M 1)
Nr. 5 – Männchen aus der Nachbarschaft (M 2)

Material C: Heterozygotiegrade von Jungvögeln verschiedener Väter

Von einer im Durchschnitt zehn- bis elfköpfigen Blaumeisenbrut erleben meist nur ein oder zwei Jungvögel den nächsten Frühling – in erster Linie jene, deren Eltern einander genetisch weniger ähneln und deren genetisches Material einen hohen Heterozygotiegrad aufweist. Der Heterozygotiegrad ist ein Maß für die Menge des Vorkommens von unterschiedlichen Allelen in einem Individuum.

In einer Untersuchung stellte sich heraus, dass etwa die Hälfte der außerpaarlichen Jungvögel von Vätern stammte, die nicht in der direkten Nachbarschaft der Mutter brüteten. Weibchen wählten normalerweise für außerpaarliche Kopulationen jene Männchen, die älter und größer waren als ihr sozialer Partner. Diese Auswahlkriterien ließen sich jedoch nur in Bezug auf den direkten Nachbarn und nicht bei entfernt lebenden außerpaarlichen Vätern nachweisen.

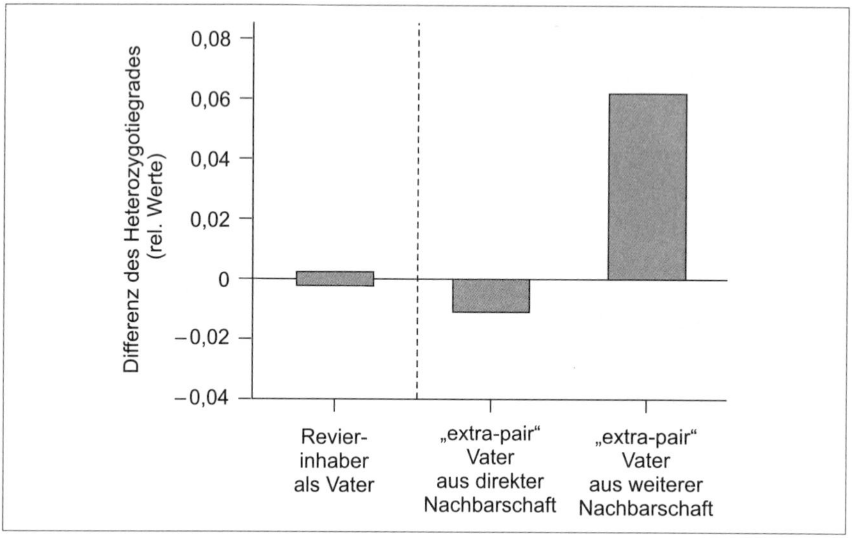

Abb. 3: Unterschiede des Heterozygotiegrades zwischen Jungvögeln des Brutpaares (Weibchen mit Revierinhaber) und „extra-pair" Jungvögeln. Der Heterozygotiegrad der Jungvögel des Brutpaares entspricht dem Wert Null.
verändert nach Lifjeld, Jan T., Johnson, Arhild, Delhey, Kaspar, Foerster, Katharina, Kempenaers, Bart. Nature 425 (16.10.2003), S. 715

Material D: Leuchtende Männchen

Vor wenigen Jahren erst wurde festgestellt, dass die Blaumeise eigentlich „UV-Meise" heißen sollte. Ihr für das menschliche Auge blau erscheinendes Gefieder reflektiert im UV-Bereich maximal und ist daher für UV-sehtüchtige Meisen wahrnehmbar. Man nahm an, dass die in diesem Farbbereich beobachtete Variation zwischen einzelnen Männchen von den Blaumeisenweibchen bei der Wahl eines Partners als Qualitätsmerkmal gewertet wird. In Verbindung mit den genetischen Daten zeigte sich, dass das Gefieder von Blaumeisenmännchen, deren Gene eine größere Heterozygotie aufweisen, stärker im UV-Wellenlängenbereich reflektiert als das ihrer genetisch weniger vielfältigen Artgenossen.

Limbourg und Mitarbeiter führten im Jahr 2004 ein Experiment zum Brutaufwand von Blaumeisenpaaren durch. Sie trugen, direkt nachdem die Jungtiere geschlüpft waren, einen UV-Blocker auf das Gefieder der Revierinhaber auf, so dass die UV-Strahlen nur noch minimal reflektiert wurden. Bei den Männchen der Kontrollgruppe wurde bei sonstiger Gleichbehandlung kein UV-Blocker aufgetragen. Anschließend wurde das Fütterungsverhalten der Paare untersucht.

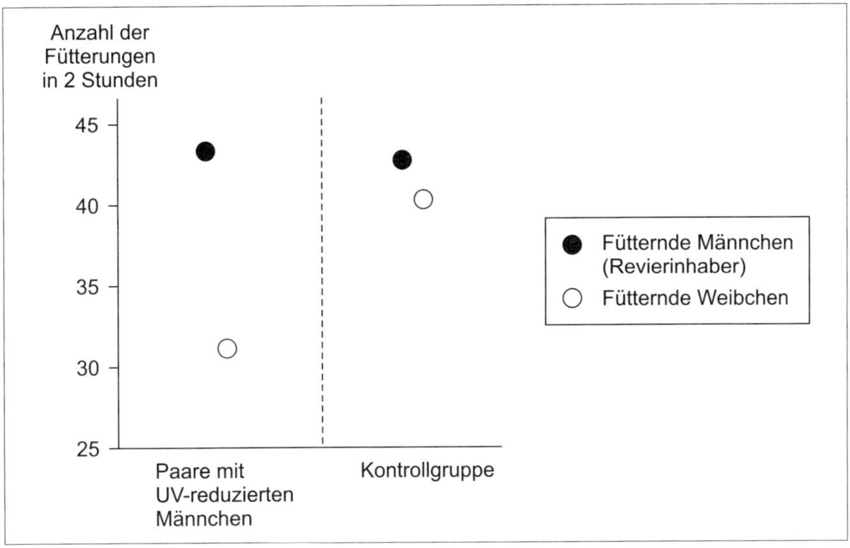

Abb. 4: Brutaufwand von Paaren mit UV-reduzierten Männchen und von Kontrollgruppe
verändert nach Lessels, Kate, Andersson, Staffan, Mateman, Christa, Limbourg, Tobias (22.9.2004) S. 1 906

weitere Materialgrundlage:

Bezzel, E. (1993). Kompendium der Vögel Mitteleuropas, Aula Verlag, Wiesbaden

Lifjeld, Jan T., Johnson, Arhild, Delhey, Kaspar, Foerster, Katharina, Kempenaers, Bart (2003). Females increase offspring heterozygosity and fitness through extra-pair matings. Nature 425, 714–717

Griffith, S. C. et al. (2003). Correlations between ultraviolet coloration, overwinter survival and offspring sex ratio in the blue tit. Evolutionary Biology 16, 1 045–1 054

Kempenaers, Bart (1997). Extrapair paternity in the blue tit (Parus caeruleus): female choice, male characteristics, and offspring quality. Behavioral Ecology 8, 481–492

Lessels, Kate, Andersson, Staffan, Mateman, Christa, Limbourg, Tobias (2004). Female blue tits adjust parental effort to manipulated male UV attractiveness. Proc. R. Soc. Lond. B Biol. Sci. 271, 1 903–1 908

http://www.orn.mpg.de/aktuelles/presse/blaumeisen.pdf (11. 02. 2009)

Lösungsvorschlag

In der Aufgabe thematisierte Unterrichtsinhalte sind:
Genotypische Variabilität, Population, Fitness, Fortpflanzungsstrategien, Partnerwahl, Paarungssysteme, DNA-Gelelektrophorese, Heterozygotenvorteil, „extra-pair"-Nachkommen, PCR

I.1 *Für die Bearbeitung der ersten Teilaufgabe ist es wichtig, dass Sie den Text des Materials A gründlich durcharbeiten (Textanalyse!). Lassen Sie sich von den Begriffen „genetische" bzw. „soziale Monogamie" nicht verwirren – auch wenn sie Ihnen vom Unterricht her nicht bekannt sein sollten. Ihre Bedeutung erschließt sich aus dem Text, dessen Aussagen Sie anschließend zu den Informationen aus Abbildung 1 und Tabelle 1 in Beziehung setzen müssen. Kritik an der Darstellung bzw. dem Inhalt der Darstellung (unklare Datenlage) kann Zusatzpunkte geben.*

Seit einigen Jahren ist den Wissenschaftlern bekannt, dass weibliche Blaumeisen, die eigentlich in einer monogamen Beziehung leben, doch häufiger „fremdgehen" und ihren Partner betrügen. Untersuchungen zu diesem Sachverhalt werden in Abbildung 1 verdeutlicht. Hier ist der Anteil der „extra-pair"-Jungtiere im Nest des Revierinhabers, also ihres Ziehvaters, in Abhängigkeit von seinem Gesang (Strophenlänge) dargestellt. Anhand des **Kurvenverlaufs** ist klar zu erkennen, dass, je länger die Strophe des Revierbesitzers ausfiel, desto geringer der Anteil an „extra-pair"-Jungen anderer Männchen war. Betrachtet man dagegen die ebenfalls angegebenen **Einzelergebnisse**, so ist die Lage nicht mehr so eindeutig. Bei einer relativ kurzen Strophenlänge bis 1,6 Sekunden gab es demnach zwar neun Nester, in denen Jungtiere anderer Väter vorkamen (zwischen 10 und 100 % der Jungen), aber auch acht Nester, in denen dies nicht der Fall war. Diese Diskrepanz kann mit dem vorliegenden Material nicht aufgelöst werden.
Die Grundaussage der Tabelle 1, in der die Anzahl der Männchen angegeben ist, welche die Zeit bis zur nächsten Brutsaison überleben, lautet wie folgt: Die Überlebenswahrscheinlichkeit derjenigen Blaumeisen-Männchen, die in genetischer Monogamie leben, ist deutlich höher (über 60 %) als die Überlebenschance, die „betrogene" Stiefväter haben (maximal 26 %).

Diese Ergebnisse lassen sich durch das Verhalten der weiblichen Blaumeisen bei der Partnerwahl erklären. Im Text zu Material A wird dargelegt, dass die Länge der Gesangsstrophe mit Größe und Gewicht der Männchen korreliert. Weibchen wählen bevorzugt große und schwere Revierbesitzer mit ausdauerndem Gesang als Partner aus, was eine klare Fitness-Maximierung für ihre Nachkommen zur Folge hat. Zum einen können kräftigere männliche Exemplare die Weibchen bei der Jungenaufzucht und Brutpflege besser unterstützen. Größere, ausdauerndere Sänger sind zum anderen fitter und haben deswegen bessere Chancen gegenüber ihren schmächtigeren Artgenossen, den Winter zu überleben. Geben sie diese Eigenschaften über ihre Gene an die Nachkommen weiter, steigern sie damit die Überlebenschancen der Jungen deutlich.

I.2 *Beachten Sie bei der Bearbeitung des ersten Teils, dass hier nicht nur die Gelelektrophorese in den Grundzügen dargestellt werden muss. Auch die entscheidenden Schritte, durch die das DNA-Ausgangsmaterial für dieses Verfahren gewonnen wird, müssen erklärt werden.*

Bevor die zwei zu testenden DNA-Abschnitte der Jungvögel 1 und 2, des Weibchens und der möglichen Blaumeisen-Väter untersucht werden können, müssen sie zunächst isoliert und dann vervielfältigt werden. Dies geschieht mithilfe genetischer „Scheren", den Restriktionsenzymen. Sie schneiden die DNA an bekannten Nukleotid-Abschnitten, den Erkennungssequenzen, vor und hinter den spezifischen Stellen. Die so erhaltenen Fragmente unterschiedlicher Länge müssen dann mithilfe der Polymerase-Kettenreaktion (PCR) angereichert werden, damit genügend Genmaterial für die Gelelektrophorese vorhanden ist.

Die Gelelektrophorese ist ein technisches Verfahren, mit dem Stoffgemische in einem elektrischen Feld aufgetrennt werden können. Grundvoraussetzung für die Anwendung dieses Verfahrens ist, dass die zu trennenden Stoffe elektrisch geladene Körper sind – wie z. B. Proteine und Nukleinsäuren. Auf eine dünne Gelplatte werden dabei die zu trennenden Probengemische in vorgefertigte längliche Taschen gegeben. Bei DNA-Gemischen – wie in diesem Beispiel – wird der Minuspol an den Taschen angelegt, der Pluspol am anderen Ende der Elektrophoreseplatte. Je nach ihrer Größe und den Ladungen, die sie tragen, weisen die einzelnen Moleküle im angelegten elektrischen Gleichspannungsfeld eine unterschiedliche Wanderungsgeschwindigkeit auf. Je kleiner ein Molekül ist, desto schneller wandert es im elektrischen Feld. Bei unterschiedlichen Probengemischen werden z. B. gleich große DNA-Bruchstücke in gleichen Zeitabschnitten gleich weit im Gel wandern. Meist laufen Kontroll-DNA-Stücke bekannter Länge als „Standard" mit. So können mehrere, nebeneinander aufgetragene Gemische getrennt und anschließend miteinander verglichen werden. Banden, die im Gel verschiedener Ansätze nebeneinanderliegen, enthalten gleichgroße DNA-Abschnitte.

Als Ergebnis des Trennverfahrens ist eine unterschiedliche Anzahl von Banden pro Probe zu erkennen. Dies lässt sich folgendermaßen erklären und deuten: Grundlage jeder Probe sind zunächst zwei bekannte DNA-Abschnitte, die zwischen 250 und 200 kb groß sind. Diese werden mit den Chromosomen von den Eltern auf die Kinder vererbt. Die Gene der Kinder stammen zur einen Hälfte von der Mutter und zur anderen Hälfte – auf den homologen Chromosomen – vom Vater. Das bedeutet, dass bei der Gelelektrophorese insgesamt vier ausgesuchte DNA-Fragmente untersucht werden. Nur ein einziges Individuum (M 2) weist auf dem Gel insgesamt vier Banden auf. Das heißt zum einen, dass das Tier vier unterschiedliche DNA-Fragmente für die beiden untersuchten Abschnitte besitzt. Zum anderen ist damit belegt, dass M 2 sowohl vom Vater als auch von der Mutter unterschiedliche DNA-Abschnitte vererbt wurden. Es ist für beide Abschnitte heterozygot. Alle anderen untersuchten Tiere weisen im Gel mindestens eine starke (verdickte) Bande auf, die auf ein doppeltes Vorhandensein des Genmaterials schließen lässt. Aus dieser Überlegung heraus lassen sich folgende Aussagen treffen: Gleiche Genabschnitte liegen auf homologen Chromosomen an der gleichen Stelle. J 1 und J 2 – aber auch W – zeigen jeweils drei Banden, davon jeweils eine starke. Als Deutung ist hier nur möglich, dass für den einen untersuchten DNA-Abschnitt die Informationen auf den homologen Chromosomen identisch sind (starke Bande) und für den anderen nicht (zwei unterschiedliche Banden). Völlige Übereinstimmung bei den geerbten DNA-Abschnitten liegt bei Individuum M 1 vor. Dieses Männchen hat sowohl von seinem Vater als auch von seiner Mutter identische genetische Informationen mitbekommen und zeigt im Gel daher nur zwei (starke) Banden. Vor dem Hintergrund dieser Erkenntnisse können nun die Verwandtschaftsverhältnisse für die Jungvögel J 1 und J 2 wie folgt erklärt werden: Beim Jungvogel J 1 muss es sich um ein „extra-pair"-Junges handeln. Es weist im Bereich von ca. 240 kb eine Bande auf, welche weder seine Mutter noch das mit ihm im Nest lebende Männchen aufweist. Bei einem Männchen in der Nachbarschaft (M 2) ist diese Bande allerdings vorhanden, wodurch angenommen werden kann, dass dieses Tier der genetische Vater von J 1 ist. J 2 dagegen ist ein Nachkomme von W und M 1. Das ist daran zu erkennen, dass der Jungvogel jeweils eine Bande hat, welche eindeutig bei W, und eine zweite, welche eindeutig bei M 1 (und jeweils **nur** dort), zu finden ist. Zwar besitzt J 2 noch eine dritte Bande, diese ist aber sowohl bei den Eltern als auch bei dem potenziellen Vater M 2 zu finden. Sie kann daher hier zur Klärung der Verwandtschaftsverhältnisse nicht herangezogen werden.

I.3 *Lassen Sie sich durch die Darstellung in Abbildung 3 nicht verwirren. Wenn der Heterozygotiegrad der Jungvögel des Brutpaares dem Wert 0 entspricht, dann bedeutet eine Abweichung in den positiven Bereich einen höheren und in den negativen Bereich einen geringeren Heterozygotiegrad. Halten Sie sich bei der Bearbeitung der Teilaufgabe an die vorgegebene Reihenfolge auswerten/erklären/erläutern. So gelangen Sie zu einem sinnvollen und nachvollziehbaren Aufbau ihrer Argumentation. Auch hier gilt: Sinnvolle Mutmaßungen, die vom Untersuchungsmaterial gestützt werden, sollten Sie unbedingt anbringen.*

Abbildung 3 zeigt, dass der Heterozygotiegrad zwischen den Halbgeschwistern (Jungvögel des sozialen Brutpaares und „extra-pair"-Tiere) zum Teil deutlich unterschiedlich ist. Handelt es sich bei den „extra-pair"-Jungen um Nachkommen mit einem Vater aus der direkten Nachbarschaft des Reviers, so ist das Vorkommen von unterschiedlichen Allelen bei diesen Jungvögeln um ca. 0,01 Grad geringer, als bei Nachkommen des Weibchens mit dem Revierinhaber. Stammt der Vater aber aus der weiteren Nachbarschaft des Brutreviers, so kann eine Zunahme der Heterozygotie um ca. 0,06 Grad gegenüber den „regulären" Nachkommen beobachtet werden. Zu erklären ist dieser Sachverhalt mit folgenden Überlegungen: Tiere, die in direkter Nachbarschaft leben, sind offensichtlich näher miteinander verwandt als solche Individuen, die aus der weiteren Nachbarschaft stammen. Zu vermuten ist, dass die Blaumeisen – sofern sie den Winter überleben – sehr standorttreu sind und in unmittelbarer Nähe ihres Jugendnestes ein eigenes Revier suchen. Die Wahrscheinlichkeit hierfür ist sehr hoch, da nach den Angaben im Text von Material C nur wenige Jungvögel den folgenden Winter überleben. Sie können dann die verstorbenen Altvögel ersetzen und deren freie Reviere im alten Areal besetzen. Damit wäre zu erklären, warum ein „Fremdgehen" der Weibchen mit Männchen aus der Nachbarschaft zu weniger divergierenden Allel-Kombinationen im heterozygoten Zustand führt. Ein möglicher „extra-pair"-Vater könnte ein naher Verwandter (u. U. Geschwister) des Weibchens sein. Die Untersuchungen zeigen, dass die Nachkommen eines sozialen Blaumeisenpaares einen höheren Heterozygotiegrad aufweisen, da Weibchen anscheinend Revierinhaber bevorzugen, die mit ihnen nicht so eng verwandt sind. Um die Möglichkeit auszuschließen, dass mit dem Vater von „extra-pair"-Nachkommen ein engeres Verwandtschaftsverhältnis besteht, sind für den weiblichen Vogel Begattungen durch Männchen aus der weiteren Nachbarschaft vorteilhaft. Als Ergebnis eines solchen „Fremdgehens" weisen die „extra-pair"-Nachkommen einen deutlich höheren Heterozygotiegrad in den einzelnen Allelen auf, als dies bei ihren „regulären" Halbgeschwistern der Fall ist. Die Paarung mit nicht benachbarten fremden Männchen erweist sich als Fortpflanzungsstrategie, die den Weibchen in Bezug auf ihr genetisches Material langfristig deutliche Vorteile verschafft. Denn die „extra-pair"-Nachkommen besitzen dadurch eine insgesamt höhere Allelvielfalt und somit auch eine gesteigerte Fitness. Außerdem kann ein hoher Heterozygotiegrad auch davor schützen, dass rezessive, genetische Defekte auftreten. Bei nahe verwandten Tieren, wie es bei „extra-pair"-Vätern aus der unmittelbaren Nachbarschaft sehr wahrscheinlich der Fall ist, können genetische Defekte bei den Nachkommen homozygot vorliegen, wodurch der Fortpflanzungserfolg und die Fitness der Nachkommen deutlich herabgesetzt werden. Wie im Material A erwähnt, bevorzugen Weibchen große, schwere Männchen. Ob dieses Auswahlkriterium auch als Fitness steigernd greift, kann mit dem vorliegenden Untersuchungsmaterial C nicht beantwortet, aber sehr wohl angenommen werden.

1.4 *Bei der Ermittlung der Anzahl der jeweiligen Fütterungen ist es hilfreich, wenn Sie in die Abbildung 4 Hilfslinien einziehen. Dies erleichtert es Ihnen, die zwischen den vorgegebenen Zahlen liegenden Werte zu ermitteln.*

Das Gefieder männlicher Blaumeisen reflektiert UV-Licht. Dies scheint für die Weibchen dieser Vogelart von besonderer Bedeutung zu sein. Werden Männchen nämlich in ihrem Reflexionsvermögen für UV-Licht eingeschränkt, indem man einen UV-Blocker auf ihr Gefieder aufträgt, so hat dies entscheidende Auswirkungen auf das Fütterverhalten ihrer Partnerinnen. Sowohl die manipulierten Männchen als auch diejenigen der Kontrollgruppe zeigten annähernd das gleiche Fütterverhalten. In beiden Gruppen wurden die Jungtiere von den Männchen ca. 43-mal (Versuchsgruppe) bzw. 42-mal (Kontrollgruppe) innerhalb von 120 Minuten gefüttert. Die Weibchen der Kontrollgruppe beteiligten sich mit ca. 40 Futtereinträgen in zwei Stunden fast genauso häufig an den Fütterungen wie die Revierinhaber. In der Versuchsgruppe fütterten die Weibchen, deren Partner UV-reduziert waren, ihren Nachwuchs innerhalb von zwei Stunden nur ca. 31-mal. Sie reduzierten damit ihre Aktivitäten um 22,5 %, d. h. um fast ¼. Dies ist ein klares Indiz dafür, dass die gesunkene Fütterungsfrequenz der Weibchen mit der verringerten UV-Reflexion des Männchengefieders in direktem Zusammenhang steht. Interessanterweise veränderten die Männchen der Versuchsgruppe ihr Fütterverhalten nicht, um den Ausfall der Futtereinträge des Weibchens ggf. auszugleichen. Das Verhalten der Blaumeisen-Weibchen steht in einem direkten Zusammenhang mit ihrem langfristigen Fortpflanzungserfolg und der Weitergabe ihres Erbgutes. Aufgrund wissenschaftlicher Untersuchungen (Material D) ist bekannt, dass Männchen, deren Gefieder das UV-Licht stark reflektiert, gleichzeitig einen größeren Heterozygotiegrad des Erbgutes aufweisen. Artgenossen mit geringerer genetischer Vielfalt „strahlen" nicht so intensiv. Die ermittelten Zahlenwerte legen in diesem Zusammenhang nahe, dass das Weibchen über seine optische Wahrnehmung den Einsatz für die Nachkommen im Gelege steuert. Eine hohe UV-Licht-Reflexion signalisiert dem Weibchen, dass es sich um einen (möglichen) Partner handelt, der den gemeinsamen Nachkommen – über den hohen Heterozygotiegrad seines Erbgutes – ein beträchtliches Maß an Fitness mitgeben kann. Weniger „strahlende" Männchen signalisieren hingegen, dass sie einen niedrigen Heterozygotiegrad besitzen. Eine Folge hieraus könnte sein, dass gemeinsame Nachkommen mit solchen Männchen den folgenden Winter nicht überleben. Weibchen in der Versuchsgruppe mit den UV-reduzierten Männchen minimierten als Konsequenz ihren Fütterungseinsatz, um ihre eigenen Ressourcen zu schonen. Sie erhöhten dadurch ihre Chancen, den nächsten Winter zu überleben, um im folgenden Jahr wieder brüten zu können, evtl. sogar mit einem Revierinhaber, dessen Fitness höher ist als die ihres aktuellen Partners.

Leistungskurs Biologie (NRW) – Abitur-Prüfung 2010
Aufgabe 2: Genetik

Aufgabenstellung: Punkte

Thema: Alte Väter – wie alt ist zu alt?

II.1 Werten Sie die Diagramme „Altersprofile der Väter von Neugeborenen", „Anzahl der Fälle von Achondroplasie bei Neugeborenen" und „Anzahl der Mitosen in Abhängigkeit vom Alter des Mannes" (Material A, Abbildungen 1–3) einzeln aus. Erklären Sie den Zusammenhang zwischen der Häufigkeit des Auftretens von Achondroplasie bei Neugeborenen und dem Alter des Vaters, indem Sie auch die cytologischen Ursachen für die Zunahme der Zahlen der Neugeborenen mit Achondroplasie (vgl. Abbildung 2 und 3) berücksichtigen. 18

II.2 Vergleichen Sie die Sequenzausschnitte der FGFR3-Gene von Achondroplasie-Patienten und Gesunden (Material B, Tabelle 1) und benennen und erläutern Sie den Mutationstyp (Material D). Leiten Sie die Folgen für Zusammensetzung, Bau und Funktion des Proteins ab. 14

II.3 Analysieren Sie begründet den Erbgang für Achondroplasie (Material B, Abbildung 5) und geben Sie die Genotypen für alle Personen an. Bestimmen Sie die Wahrscheinlichkeit, mit der die Eltern Nr. 8 und Nr. 9 ein phänotypisch gesundes Kind erwarten können, und prüfen Sie, inwieweit Ihr Ergebnis durch die Daten von Murdoch (Material B, Tabelle 2) gestützt wird. 18

II.4 Erläutern Sie unter Beachtung der unterschiedlichen Betrachtungsebenen die Aussagen von Sperling und Crow zum Risiko für Neumutationen durch den väterlichen Alterseffekt (Material C). Beurteilen Sie anschließend die Aussagen der beiden Wissenschaftler unter Einbezug von Material A und ziehen Sie Schlussfolgerungen hinsichtlich der genetischen Familienberatung. 16

Material A: Alte Väter – Risiko für Kinder?

Bei Achondroplasie-Patienten verknöchern die Wachstumszonen viel zu früh: Das Längenwachstum der langen Röhrenknochen wird vorzeitig beendet, sodass Arme und Beine zu kurz bleiben. Die Häufigkeit von Achondroplasie bei Neugeborenen beträgt durchschnittlich etwa 1 : 10 000.
90 % aller dokumentierten Fälle von Achondroplasie sind das Ergebnis von Neumutationen.

Für Deutschland gibt das Statistische Bundesamt Wiesbaden die Daten für Altersprofile der Väter von Neugeborenen für die Jahre 1990 und 2001 wie folgt an:

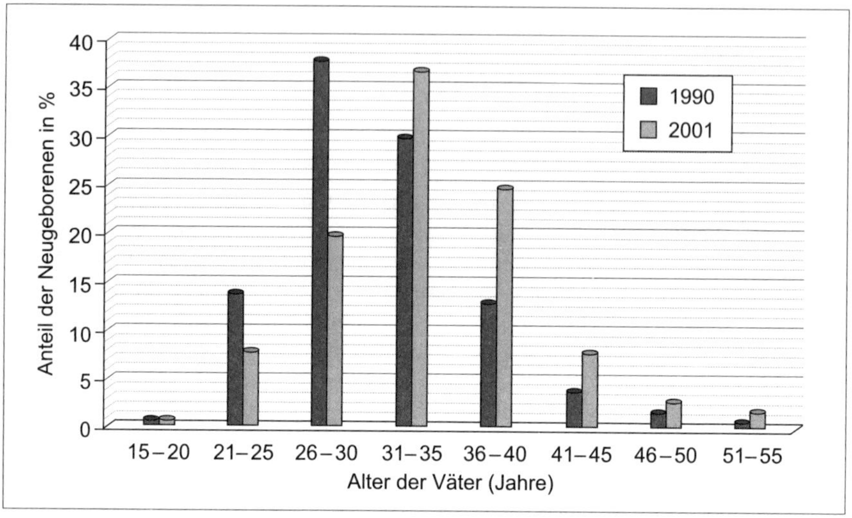

Abb. 1: Altersprofile der Väter von Neugeborenen in Deutschland für die Jahre 1990 (905 675 Geburten) und 2001 (734 475 Geburten)
verändert nach: Engel, Wolfgang; Sancken, U.; Laccone, Franco (2004) J. Reproduktionsmed. Endokr. 1 (4), 263, Krause & Pachernegg

Murdoch hat anhand des Geburtenregisters der USA bei 3 396 000 Neugeborenen den Anteil der Neugeborenen mit genetisch bedingtem Kleinwuchs (Achondroplasie) im Zusammenhang mit dem Alter der Eltern bestimmt. Er fand heraus, dass das Alter der Mutter keinen Einfluss in diesem Zusammenhang hat. Seine Befunde wurden in folgendem Diagramm aufgetragen:

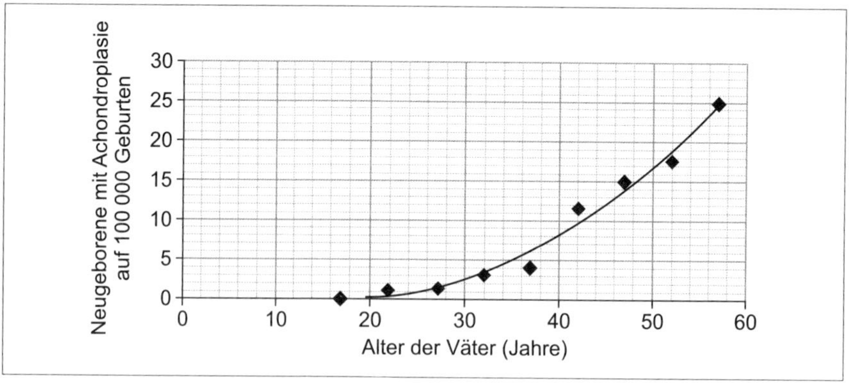

Abb. 2: Anzahl der Fälle von Achondroplasie (genetisch bedingter Kleinwuchs) bei Neugeborenen auf 100 000 Geburten

Während die Vorläuferzellen jeder Eizelle in ihrer Entwicklung ausgehend von der diploiden Urkeimzelle nur 22 Mitosen bis zum Beginn der Eireifung und damit bis zum Beginn der Meiose durchlaufen haben, liegt diese Zahl für die Vorläuferzellen der Spermien weitaus höher: Die Vorläuferzellen der Spermien in den männlichen Keimdrüsen haben bis zur Pubertät 30 Mitosen hinter sich, danach teilen sie sich alle 16 Tage einmal – bis ins hohe Alter, 23-mal im Jahr. Die Zahl der Mitosen von der Urkeimzelle bis zum Beginn der Meiose wurde berechnet.

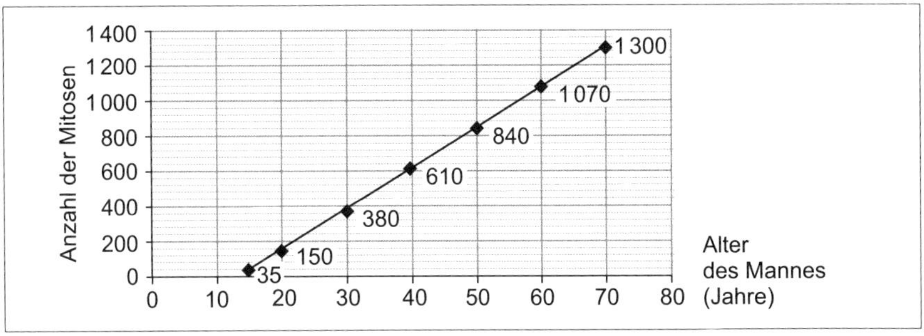

Abb. 3: Anzahl der Mitosen, die ausgehend von der Urkeimzelle bis zur Bildung einer männlichen Keimzelle (Spermium) durchlaufen werden

Material B: Achondroplasie – erblich bedingter Kleinwuchs

Um die Ursachen für die Erbkrankheit Achondroplasie (ACH) zu erforschen, wurde der Bauplan für den **R**ezeptor des Wachstumsfaktors **F**ibroblast **G**rowth **F**actor **3** untersucht. Eine Zufuhr dieses Wachstumsfaktors hilft den Patienten nicht. Bei fast normaler Sitzgröße erreichen Erwachsene nur eine Körpergröße von 120–148 cm. Darüber hinaus ist oft auch die Entwicklung weiterer Organe gestört. Das Gen für diesen Rezeptor (FGFR3) umfasst 2 421 Basenpaare, für die Nukleotide 1 114–1 152 wurden für ACH-Patienten und Gesunde die folgenden Teilsequenzen ermittelt:

Tabelle 1: Ausschnitt aus der Sequenz des FGFR3-Gens (Nucleotide 1 114–1 152) im codogenen Strang

Häufigkeit bei ACH-Patienten	Teilsequenz des codogenen Strangs der DNA (Position 1 114–1 152):
98 %	...CAC ATA CGA CCG TAG GAG TCG ATG TCC CAC CCG AAG AAG...
zusammen 2 %	...CAC ATA CGA CCG TAG GAG TCG ATG GCC CAC CCG AAG AAG...
	...CAC ATA CGA ACG TAG GAG TCG ATG CCC CAC CCG AAG AGG...
	Teilsequenz des codogenen Strangs bei normalwüchsigen Personen:
nicht mutiertes Allel bei Gesunden	...CAC ATA CGA CCG TAG GAG TCG ATG CCC CAC CCG AAG AAG... 1120 1130 1140 1150

FGFR3-Sequenz nach: www.sanger.ac.uk/perl/genetics/CGP/cosmic_sequence?ln=FGFR3;format=numbered, 15. 3. 2009

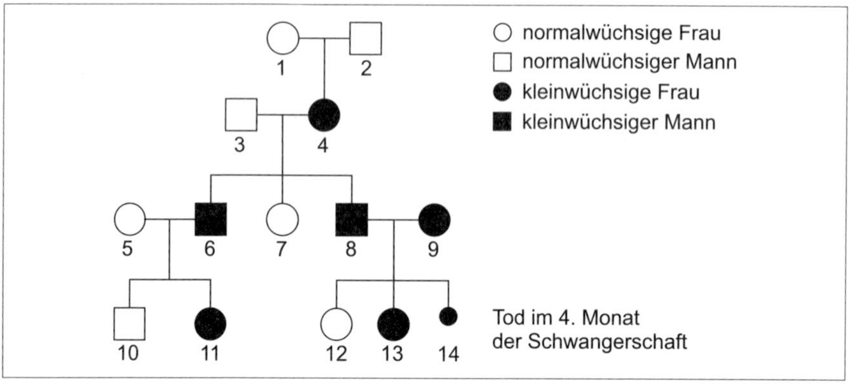

Abb. 5: Stammbaum einer Familie mit Achondroplasie: **Keiner** der Vorfahren der Personen 1 und 2 war kleinwüchsig.

Murdoch hat in den USA 14 Ehepaare aufgesucht, bei denen beide Ehepartner kleinwüchsig auf Grund von Achondroplasie waren. Er ermittelte folgende Daten:

Tabelle 2: Nachkommen von Eltern, die beide die Erbkrankheit ACH aufweisen

		Kinder mit Achondroplasie		**Kinder ohne Achondroplasie**
Zahl der Elternpaare:	Kinderzahl insgesamt:	davon leben:	Tod im Kindesalter:	mit normaler Körpergröße:
14	**23**	**9**	**7**	**7**

Material C: Experten zum väterlichen Alterseffekt

Wissenschaftler bringen das zunehmende Risiko für Erbgutveränderungen mit dem höheren Alter werdender Väter in Zusammenhang, unabhängig davon, ob es sich um dominante oder rezessive Allele handelt.
Die weitaus meisten erforschten Erbkrankheiten werden durch rezessive Allele vererbt, nur wenige durch dominante Allele.
Kinder von über 40jährigen Vätern sterben doppelt so häufig im Säuglingsalter wie Kinder von 25jährigen.

Dazu …

… der Humangenetiker **Karl Sperling** von der Charité Berlin in einem Interview zu Erbkrankheiten alter Väter sinngemäß:

Wenn das Risiko auch für solche Krankheiten fünf bis acht Mal höher ist, sind sie insgesamt doch so selten. Wenn das Risiko für uns alle etwa zwei Prozent beträgt und wenn es bei einem fünfzigjährigen Mann auf 2,1 Prozent steigen sollte, dann spielt das natürlich im Einzelfall keine Rolle. Wenn jemand fragt, welche Konsequenzen für seine Kinder das hat, dann kann man ihn beruhigen. (Inforadio RBB, März 2009)

… der Populationsgenetiker **James Crow**, Professor an der Universität Wisconsin:

„Ich schlussfolgere, dass für eine Reihe von Krankheiten die Mutationsrate mit dem väterlichen Alter ansteigt, und zwar viel stärker als nur linear. Das lässt vermuten, dass die größte Gefahr durch Mutationen in der menschlichen Population von fruchtbaren, alten Männern ausgeht.“ (August 1997)

Material D: Codesonne und Tabelle zum genetischen Code

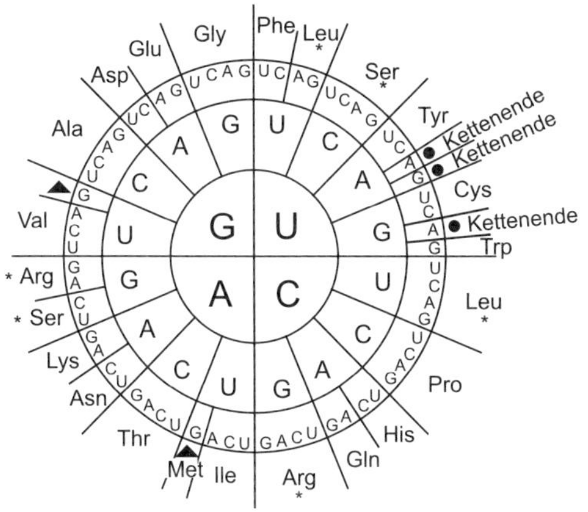

Ala	Alanin
Arg	Arginin
Asn	Asparagin
Asp	Asparaginsäure
Cys	Cystein
Gln	Glutamin
Glu	Glutaminsäure
Gly	Glycin
His	Histidin
Ile	Isoleucin
Leu	Leucin
Lys	Lysin
Met	Methionin
Phe	Phenylalanin
Pro	Prolin
Ser	Serin
Thr	Threonin
Trp	Tryptophan
Tyr	Tyrosin
Val	Valin

* zweimal auftretende Aminosäure ● Stopp-Codon ▲ Start-Codon

Erste Base	Zweite Base				Dritte Base
5'	**U**	**C**	**A**	**G**	**3'**
U	Phe	Ser	Tyr	Cys	**U**
	Phe	Ser	Tyr	Cys	**C**
	Leu	Ser	Stopp	Stopp	**A**
	Leu	Ser	Stopp	Trp	**G**
C	Leu	Pro	His	Arg	**U**
	Leu	Pro	His	Arg	**C**
	Leu	Pro	Gln	Arg	**A**
	Leu	Pro	Gln	Arg	**G**
A	Ile	Thr	Asn	Ser	**U**
	Ile	Thr	Asn	Ser	**C**
	Ile	Thr	Lys	Arg	**A**
	Met (Start)	Thr	Lys	Arg	**G**
G	Val	Ala	Asp	Gly	**U**
	Val	Ala	Asp	Gly	**C**
	Val	Ala	Glu	Gly	**A**
	Val	Ala	Glu	Gly	**G**

weitere Materialgrundlage:

Bray, I.; Gunnell, D., Smith, G. D. (2006). Advanced paternal age: how old is too old? J. Epidemiol. Community Health. 10: 851–853

Crow, J. F. (1997). The high spontaneous mutation rate: Is it a health risk? Proc. Natl. Acad. Sci. 94: 8 380–8 386

Ehrenfels, Y. (2000). Mutationen in FGFR3. Mutationen in den „fibroblast growth factor"(FGF)-Rezeptorgenen FGFR 1, 2 und 3 bei primären Craniosynostosen. Diss. Gießen: 81 f.

Engel, Wolfgang; Sancken, U.; Laccone, Franco (2004). Das väterliche Alter aus humangenetischer Sicht. J. Reproduktionsmed. Endokrinol. 1 (4), 263–267, Krause & Pachernegg

Murdoch, J. L.; Walker, B.; A. Hall, J. G.; Abbey, H.; Smith K. K.; McKusick, V. A. (1970). Achondroplasia - a genetic and statistical survey. Ann. Hum. Genet. 33: 227 f.

Risch, N.; Reicht, E.; W. Wishnickt, M. M.; McCarthy, J. G. (1987). Spontaneous Mutation and Parental Age in Humans. Am. J. Hum. Genet. 41: 218–248

Stelzer, C. (2000). Das humane FGFR3-Gen. Molekulargenetische Untersuchungen von Komponenten des Knochen- und Knorpelgewebes. Diss. Mainz: 112 f.

Vortkamp, A. (2003). Molekulare Kontrolle der Skelettdifferenzierung. Max-Planck-Institut für molekulare Genetik. Tätigkeitsbericht 2003: 1–6

Lösungsvorschlag

In der Aufgabe thematisierte Unterrichtsinhalte sind:
Mutation, Proteinbiosynthese, Stammbaumanalyse, humangenetische Beratung, Variabilität von Populationen, erblicher Kleinwuchs, Proteinaufbau

II.1 *Die Vorgehensweise bei Ihrer Bearbeitung ist durch die Aufgabenstellung bereits vorstrukturiert. Werten Sie jedes der drei Diagramme zunächst* ***gründlich*** *aus. Beachten Sie dabei, dass sich die Abbildung 1* ***nicht*** *mit der Krankheit beschäftigt. Um den Sachverhalt der Auswirkung von frühen und späten Mutationen zu verdeutlichen, können Sie auch zu einer einfachen Strichzeichnung greifen.*

In Abbildung 1 des Materials A ist in einem Diagramm der Anteil der Neugeborenen in den Jahren 1990 und 2001 in Zuordnung zum Alter ihrer Väter dargestellt. Bei diesem Altersprofil ist Folgendes auffällig: Im Jahr 1990 waren die meisten Väter von Neugeborenen in der Altersgruppe zwischen 26 und 30 Jahren (37,5 %) zu finden, im Jahr 2001 war dies für die Altersgruppe der 31 bis 35-Jährigen der Fall (36,5 %). Waren 1990 noch 51,5 % aller Väter nicht älter als 30 Jahre, so waren es im Jahre 2001 nur noch 27,5 %. Dieses Ergebnis deutet auf eine klare Verschiebung der Altersstruktur zu älteren Vätern hin, was mit einem Blick auf die Angaben für Männer, die bis zum 55. Lebensjahr Vater wurden, noch bestätigt wird. Innerhalb von 11 Jahren (1990–2001) hat sich die Zahl der Väter, die das 40. Lebensjahr überschritten haben, von 6,5 % auf 11,5 % beinahe verdoppelt.

Die Analyse des Diagramms „Anzahl der Fälle von Achondroplasie bei Neugeborenen" in den USA, bei dem die Anzahl der Neugeborenen mit dieser Krankheit in Abhängigkeit vom Alter ihrer Väter dargestellt wird, ergibt folgendes Bild. Der genetisch bedingte Kleinwuchs bei Neugeborenen tritt desto häufiger auf, je älter der Vater ist. Betrachtet man die Altersgruppe der bis zu 20 Jahre alten Väter, so tritt die Erkrankung bei den Neugeborenen so gut wie nie auf. Für einen Mann, der mit 30 Jahren Vater wird, liegt die Wahrscheinlichkeit, ein Kind zu zeugen, das an Achondroplasie leidet, bei 0,0025 % (2,5 Erkrankte auf 100 000 Geburten). Bereits 10 Jahre später ist diese Wahrscheinlichkeit mit 0,008 % schon ca. dreimal so hoch und im Vergleich zu einem 30-Jährigen liegt das Risiko bei einem 50 Jahre alten Vater bei 0,017 %, d. h., es ist über sechsmal so groß.

Ein weiteres Diagramm (Abbildung 3) zeigt die Anzahl der Mitosen bis zur Spermienbildung in Abhängigkeit vom Alter des Mannes. Hierbei fällt als Erstes der lineare Anstieg des Graphen ins Auge. Dies bedeutet, dass die Anzahl der Mitosen, welche die späteren Spermienzellen durchlaufen haben, mit zunehmendem Alter deutlich ansteigt. Sind es bis zum Eintritt in die Pubertät gerade einmal 30 Mitosen, haben sich die Zellteilungen in einem Alter von 50 Jahren auf 840 und im Alter von 70 Jahren bereits auf 1 300 erhöht.

Die Tatsache, dass die späteren männlichen Keimzellen mit zunehmendem Alter des Mannes immer mehr Mitosen absolviert haben, erklärt, warum das Risiko für ältere Väter deutlich erhöht ist, ein Kind zu zeugen, das an erblichem Kleinwuchs leidet. Bei jeder Zellteilung müssen alle DNA-Doppelstränge entwunden und semikonservativ redupliziert werden. Bei diesem komplizierten Prozess können Fehler im Kopiervorgang auftreten, die zu Mutationen führen. Berücksichtigt man dabei die Tatsache, dass „90 % aller dokumentierten Fälle von Achondroplasie … das Ergebnis von Neumutationen" sind, so wird verständlich, warum das Risiko, Vater eines Kindes mit Achondroplasie zu werden, mit zunehmendem Alter drastisch ansteigt. Die Spermien älterer Männer haben bereits deutlich mehr Mitosen absolviert als diejenigen von Jüngeren. Damit steigt die Wahrscheinlichkeit, dass sich mit zunehmendem Alter neue Mutationsereignisse während der Zellteilungen eingestellt haben. Entscheidend ist aber auch der Zeitpunkt, an dem ein solches neues Mutationsereignis stattfindet. Man unterscheidet dabei frühe von späten Mutationen. Je früher die Mutation eine zukünftige Spermiumzelle betrifft, desto mehr der aus ihr hervorgehenden Zellen tragen die Mutation, in diesem Fall eine Anlage für Achondroplasie. Das Risiko, ein Kind mit Achondroplasie zu zeugen, steigt demnach stärker als nur linear mit dem Alter des Mannes an. Umgekehrt verhält es sich mit späten Mutationsereignissen, die sich prozentual dann nicht so häufig in der Gesamtspermienmenge wiederfinden. Die nebenstehende Skizze soll diesen Sachverhalt von Mutationen in Spermium-Vorläuferzellen verdeutlichen.

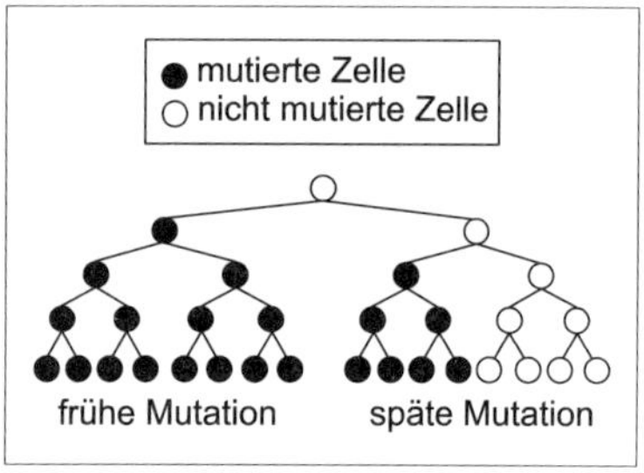

II.2 *Bei dieser Teilaufgabe können Sie methodisch vorgehen. Zunächst sollten Sie die infolge der Mutation eingetretenen Veränderungen in der DNA darlegen. Wenngleich in Tabelle 1 (Material B) keine diesbezüglichen Angaben gemacht werden, können Sie davon ausgehen, dass sich bei der angegebenen Teilsequenz der codogenen DNA-Stränge links das 3'- und rechts das 5'-Ende befindet. Obwohl dies in der Aufgabenstellung nicht verlangt ist, sollten Sie zunächst die mRNA-Sequenz der mutierten und der nicht mutierten Tripletts ermitteln, damit Sie über den Triplettcode die entsprechenden Aminosäuren zuordnen können. Achten Sie anschließend darauf, dass Sie die richtige Leserichtung (5' → 3') bei der Ermittlung von mRNA und Aminosäure (Codesonne von innen nach außen) anwenden. Bei der Frage nach den Folgen für die Funktion des Proteins sollten Sie sich Ihre Kenntnisse über die Entstehung, den Aufbau und die Umwandlung bei funktionalen Eiweißkörpern ins Gedächtnis rufen.*

Bei der Untersuchung der Ursachen für die Erbkrankheit Achondroplasie (ACH) wurde das Gen FGFR3 analysiert, welches für den Rezeptor eines spezifischen Wuchsfaktors codiert. Nach der Ermittlung der Nukleotidsequenz stellte sich heraus, dass bei diesem aus insgesamt 2421 Basenpaaren bestehenden Gen zwischen den Nukleotiden 1 123 und 1 138 bei ACH-Patienten jeweils nur eine einzige organische Base – aber nicht immer dieselbe – unterschiedlich ist. Demnach liegen in diesen Fällen Punktmutationen vor. In der Tabelle 1 (Material B) sind Teilsequenzen aus dem codogenen DNA-Strang von erkrankten Personen und die entsprechende Nukleotid-Reihenfolge im nicht-mutierten Allel bei Gesunden wiedergegeben. Nach diesen Angaben findet sich bei 98 % aller ACH-Patienten an der Stelle 1 138 nicht die Base Cytosin, sondern die Base Thymin. Interessanterweise gibt es aber auch von der Achondroplasie betroffene Personen, bei denen an der gleichen Nukleotid-Position anstelle der Base Cytosin die Base Guanin in der DNA vorliegt. Eine dritte Variante existiert bei ACH-Patienten, bei denen die Base an der Stelle 1 123 nicht Cytosin, sondern Adenin ist. Die beiden zuletzt erwähnten Punktmutationen findet man aber nur bei insgesamt 2 % aller an Achondroplasie-Erkrankten.

Durch den Einbau einer anderen organischen Base in den codogenen Strang der DNA kann es zu gravierenden Auswirkungen auf Zusammensetzung, Bau und Funktion des codierten Proteins kommen. Bei 98 % der von Achondroplasie betroffenen Patienten bewirkt der Einbau von Thymin im Triplett an der Position 1 138–1 140 über die mRNA-Sequenz „AGG“, dass die Aminosäure Arginin anstelle von Glycin (mRNA-Sequenz „GGG“) in das Protein eingebaut wird. Im zweiten Fall der Punktmutation im selben Triplett gelangt durch den Austausch von Guanin gegen Cytosin (mRNA-Sequenz „GGG“ ⇒ „CGG“) ebenfalls die Aminosäure Arginin an dieser Stelle in das Rezeptorprotein. Beim dritten vorkommenden Mutationsereignis codiert das Basentriplett an Position 1 123–1 125 (Cytosin ⇒ Adenin) über die mRNA-Sequenz „UGC“ für die Aminosäure Cystein statt Glycin (mRNA-Sequenz „GGC“).

Das insgesamt 807 Aminosäuren umfassende Protein stellt in seiner Tertiärstruktur den FGFR3-Rezeptor für einen Wachstumsfaktor dar. Obwohl durch alle drei möglichen Punktmutationen lediglich eine von 807 Aminosäuren verändert wird, sind die Auswirkungen so gravierend, dass der zugehörige Ligand (Wachstumsfaktor) nicht mehr am Bindungszentrum andocken kann. Zu erklären ist dies dadurch, dass durch die jeweilige Punktmutation im Laufe der Proteinbiosynthese über Transkription und Translation ein in seiner Primärstruktur verändertes Protein hergestellt wird. Durch Auffaltungen und spezifische Bindungen zwischen einzelnen Aminosäuren entsteht aus der Primär- die Sekundär- und daraus die Tertiärstruktur des Rezeptorproteins. Die veränderten Aminosäuren können beispielsweise an Schlüsselpositionen stehen, die für die sterische Konfiguration des Proteinmoleküls verantwortlich sind. Verhindern sie so z. B., dass Bindungen zwischen Aminosäuren ausgebildet oder Wechselwirkungen eingegangen werden, sind durch die veränderte Aminosäure-Zusammensetzung der Bau des Eiweißkörpers und seine ursprüngliche Struktur nicht mehr gegeben: Der Rezeptor wird funktionsuntüchtig.

II.3 *In der Aufgabenstellung werden Sie bereits auf die Individuen 8 und 9 hingewiesen. Von ihrer Elternschaft ausgehend können Sie die meisten Vererbungsmöglichkeiten bereits ausschließen. Lesen Sie auch genau die Informationen in der Legende zu Abbildung 5 und erinnern Sie sich an die ersten Informationen aus Material A. Im Übrigen können Sie bei allen Stammbäumen, die Ihnen vorgelegt werden, immer davon ausgehen, dass es sich bei den Individuen um leibliche Nachkommen handelt. Zu Verdeutlichung des Vererbungsgeschehens kann eine mit den Anlagen versehene Zeichnung des Stammbaums hilfreich sein.*

Die Erkrankung Achondroplasie, der erblich bedingte Kleinwuchs, wird autosomal dominant vererbt. Dies kann anhand des Stammbaums (Material B, Abbildung 2) folgendermaßen abgeleitet werden: Die beiden kleinwüchsigen Personen 8 und 9 haben gemeinsam eine Tochter (12), die keinen Wachstumsdefekt aufweist. Von Mutter und Vater hat sie je ein funktionstüchtiges Allel vererbt bekommen. Da beide Elternteile aber erkrankt sind, müssen sie für dieses heterozygot sein und sowohl ein defektes (dominantes) Allel für Achondroplasie als auch ein nicht defektes (rezessives) besitzen. Ein X-chromosomal rezessiver Erbgang kann insofern ausgeschlossen werden, da ansonsten Individuum 12 erkrankt sein müsste. Sie hätte vom Vater ein X-Chromosom mit dem Defekt vererbt bekommen, ebenso wie von der Mutter, welche – selbst von der Krankheit betroffen – auf beiden X-Chromosomen die Anlage für Achondroplasie tragen müsste. Auch ein X-chromosomal dominanter Erbgang kann hier nicht vorliegen, da die Personen 3 und 4 ansonsten keine normalwüchsige Tochter (7) haben könnten.

Eine Weitergabe des erblich bedingten Kleinwuchses auf dem Y-Chromosom kann sofort ausgeschlossen werden, da in diesem Fall nur männliche Familienmitglieder von der Krankheit betroffen wären. Unter Verwendung von „A" für das dominante, mutierte Allel, welches für Kleinwuchs codiert, und „a" für das rezessive Allel ohne entsprechende Mutation, ergeben sich damit für die Individuen des vorgegebenen Stammbaums die nebenstehend aufgeführten Genotypen.

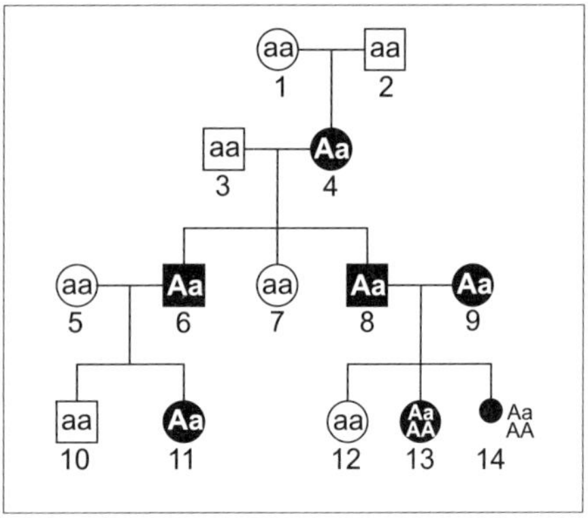

Genotypisch eindeutig sind alle gesunden Individuen. Da sie das Gen in keinem defekten Allelzustand besitzen, ist ihr Genotyp „aa". Ebenfalls eindeutig ist die genetische Ausstattung der Erkrankten 4, 6, 8, 9 und 11 in Bezug auf den genetisch bedingten Kleinwuchs. Dem Individuum 13 kann der Genotyp nicht eindeutig zugeordnet werden, da prinzipiell sowohl der heterozygote (Aa) als auch der homozygote Zustand (AA) das gleiche Krankheitsbild hervorrufen.

Gleiches gilt für das nicht geborene Mädchen 14. Mit Blick auf die Untersuchungen von Murdoch (Material B, Tabelle 2) kann aber vermutet werden, dass ein homozygotes Vorliegen beider Allele im mutierten Zustand für das sie tragende Individuum wahrscheinlich letal, d. h. tödlich, wirkt. Somit hatte Individuum 14 höchstwahrscheinlich den Genotyp „AA" und Individuum 13 „Aa".

Eigentlich ist eine Konstellation mit Individuum 4 als kranke Tochter der Personen 1 und 2 nicht zu erklären. Da aber aus Material A bekannt ist, dass „90 % aller dokumentierten Fälle von Achondroplasie … das Ergebnis von Neumutationen" sind, kann man davon ausgehen, dass in den Keimzellen des normalwüchsigen Vaters (2) eine Mutation stattgefunden hat, die eine Achondroplasie-Erkrankung bei seiner Tochter (4) zur Folge hatte. Das mütterliche Erbgut spielt – nach Untersuchungen von Murdoch (Material A) – bei der Entstehung der Krankheit keine Rolle.

Die Frage nach der Wahrscheinlichkeit, mit der die Eltern Nr. 8 und Nr. 9 ein phänotypisch gesundes Kind erwarten können, ist wie folgt zu beantworten: Nach der zweiten MENDEL'schen Regel spaltet die Nachkommenschaft mischerbiger Eltern (Aa) beim monohybriden, dominant-rezessiven Erbgang im Verhältnis 1 (AA) : 2 (Aa) : 1 (aa) auf. Damit liegt die Wahrscheinlichkeit für das Elternpaar, ein phänotypisch gesundes Kind (aa) zu erwarten, bei 25 %. In den Untersuchungen von Murdoch, deren Ergebnisse in Material B, Tabelle 2 dargestellt sind, lag der Prozentsatz gesunder Nachkommen von Paaren, bei denen beide Partner kleinwüchsig waren, bei 30,4 %. 7 von 23 Kindern waren normalgroß. Betrachtet man das Vorkommen der beiden anderen Genotypen („AA" und „Aa") in der Untersuchung von Murdoch, so ist Folgendes festzustellen: Auch bei den bereits früh verstorbenen Kindern lag dasselbe Verhältnis vor, wie bei den gesunden Nachkommen (30,4 % – 7 von 23 Kindern). Dies ist nach den Vererbungsregeln (25 %) annähernd zu erwarten. Kinder mit dem Genotyp „Aa", die an der Achondroplasie leiden, kamen in Murdochs Studie zu 39,1 % vor. Dieser Prozentsatz liegt deutlich niedriger als es – nach MENDEL – mit 50 % statistisch zu erwarten wäre. Da die statistische Größe mit lediglich 14 untersuchten Ehepaaren jedoch nicht sehr hoch ist, kann annähernd davon ausgegangen werden, dass die Untersuchungen von Murdoch die theoretisch-statistischen Überlegungen bezüglich des Stammbaums stützen.

II.4 *Analysieren Sie die – durchaus provokanten – Expertenmeinungen vor dem Hintergrund von Material A, Material C und ihrem eigenen Wissen über genetisch bedingte Erkrankungen. Stellen Sie dafür zunächst die jeweiligen Meinungen, die aus* ***unterschiedlichen*** *Forschungsrichtungen stammen, dar und suchen Sie Belege für den entsprechenden Standpunkt. Abschließend kann eine eigenständige Wertung der beiden Standpunkte zusätzlich Punkte einbringen.*

Der zu beobachtende „väterliche Alterseffekt" wird von den beiden Wissenschaftlern, Karl Sperling und James Crow (Material C), verschiedenartig beurteilt. Bekannte Tatsachen sind z. B., dass Kinder von Vätern, die 40 Jahre alt sind, statistisch gesehen doppelt so häufig im Säuglingsalter versterben als diejenigen von 25-jährigen Männern. Auch für Achondroplasie ist ein deutlich höheres Risiko bei Kindern älterer Väter zu beobachten. Aus derartigen Erkenntnissen ziehen die beiden Wissenschaftler jedoch unterschiedliche Rückschlüsse, indem sie vor dem Hintergrund ihrer jeweiligen Forschungsgebiete argumentieren.

Karl Sperling ist Humangenetiker in Berlin. Für ihn steht in seiner täglichen Beratungsarbeit das jeweilige Individuum im Vordergrund. Er argumentiert mit statistischen Werten und sieht primär die Eltern und ihre möglichen Nachkommen, d. h., er bezieht sich bei seinen Aussagen auf maximal zwei Generationen (Eltern/Kinder). Sperling stellt heraus, dass ein vielfach höheres Risiko für die Vererbung von Erkrankungen durch ältere Väter selten ist. Er betrachtet eine Steigerung von 2 % (allgemeines Risiko) auf 2,1 % (Risiko bei einem 50-Jährigen) als nicht gravierend, sodass man ältere Väter beruhigen kann. Dies kann auch durch die Angaben aus Abbildung 2 im Material A bestätigt werden, da bei einem 50 Jahre alten Vater das Risiko, ein Kind mit erblichem Kleinwuchs zu zeugen, nur bei 0,017 % liegt. Beachtet man des Weiteren, dass die meisten bekannten Erbkrankheiten nicht dominant, sondern rezessiv vererbt werden, also für den Ausbruch der Erkrankung beide Allele den gleichen Defekt homozygot aufweisen müssen, verringert sich das individuelle Risiko deutlich. Trotz dieser Tatsache kann es aber ratsam sein, eine genetische Beratungsstelle aufzusuchen, wenn Männer in höherem Alter Vater werden möchten. Dies gilt vor allem dann, wenn in der Familie bereits Erbkrankheiten aufgetreten sind.

Demgegenüber argumentiert James Crow von der populationsgenetischen Seite her. Er hat nicht das Einzelindividuum, sondern viele Generationen mit zahlreichen Individuen im Blick. Vor diesem Hintergrund ist es für Crow bedenklich, dass im Laufe der Zeit immer ältere Väter immer mehr genetische Defekte in die menschliche Population eintragen werden. Für seine Überlegungen spricht, dass nach wissenschaftlichen Einschätzungen ein ansteigendes Risiko für Veränderungen im Erbgut mit zunehmendem Alter der Väter einhergeht. Dies gilt unabhängig davon, ob die Erkrankung dominant oder rezessiv vererbt wird. Je häufiger sich spätere Samenzellen über ihre Vorläuferzellen geteilt haben, desto höher steigt das Risiko – und zwar stärker als linear – für mutationsbedingte genetische Defekte im Laufe der einzelnen Teilungszyklen an. Von Generation zu Generation können sich so Defekte von immer älter werdenden Vätern im Genom der menschlichen Population immer stärker akkumulieren. Auch, wenn die meisten genetischen Erkrankungen rezessiver Natur sind, kann dadurch, dass immer mehr Menschen entsprechende Defekte in heterozygoter Form in sich tragen, die Anzahl erkrankter Individuen ansteigen.

Mit Blick auf die Entwicklung der menschlichen Population über viele zukünftige Generationen hinweg ist Crows Argumentation, fruchtbare, alte Männer stellten eine Gefahr für die menschliche Population dar, verständlich. Im individuellen Fall sollten solche Überlegungen aber für ein potenzielles Elternpaar mit einem älteren Mann keine Rolle spielen. Das Risiko, Kinder mit Erbkranheiten zur Welt zu bringen, darf hierbei nicht überbewertet werden.

Leistungskurs Biologie (NRW) – Abitur-Prüfung 2010
Aufgabe 3: Vorschlag 1 (aquatisches Ökosystem)

Aufgabenstellung: Punkte

Thema: Johannisbach und Obersee – Gewässergüte und Sanierungskonzept

III.1 Beschreiben Sie die Methode der Gewässergütebestimmung mit Hilfe des Saprobienindexes einschließlich der Berechnung und erklären Sie die Aussagekraft des Saprobienindexes über den ökologischen Zustand eines Fließgewässers (Material C). Ermitteln Sie anhand von Material C über den Saprobienindex die Gewässergüte des Johannisbaches am Messpunkt A (siehe Material A, Abbildung 1). Vergleichen Sie den Zustand des Johannisbaches am Messpunkt B mit dem Zustand nach der Passage durch den Obersee am Messpunkt A (Material B und C) und bewerten Sie den Zustand am Messpunkt B. Beurteilen Sie die im Jahr 2003 am Abfluss des Sees festgestellten Änderungen (Material B). 22

III.2 Erklären Sie anhand von Material A und D die Ursachen für den ökologischen Zustand des Obersees in Bielefeld vor Beginn der Sanierung im Jahre 2007. Bewerten Sie den ökologischen Zustand zu diesem Zeitpunkt. 12

III.3 Beschreiben Sie die jahreszeitlich bedingten Veränderungen der Temperatur und des Sauerstoffgehalts eines tiefen oligotrophen Sees und erläutern Sie, wie sich im Vergleich hierzu die chemischen Vorgänge und die Wasserqualität des Obersees in Bielefeld im Jahreslauf entwickeln. 20

III.4 Beurteilen Sie das in Material D dargestellte Sanierungskonzept im Hinblick auf die Veränderung des ökologischen Zustands des Obersees wie auch des Johannisbachs. 12

Material A: Der Obersee in Bielefeld – Basisdaten

Der Obersee liegt am nordöstlichen Stadtrand Bielefelds. Es handelt sich um einen 1982 durch ein 1,8 m hohes Wehr in der Johannisbachaue aufgestauten See, der einerseits dem Hochwasserschutz und andererseits der Freizeitnutzung dient. Schon wenige Jahre nach der Fertigstellung wurde deutlich, dass die vielen Menschen, die am See spazieren gingen, sich mehr wünschten, als nur den Blick aufs Wasser und eine schöne Grünanlage. Es entstanden zwei Kinderspielplätze und ein Bolzplatz westlich des Sees. Im Jahr 1989 wurde der „Seekrug" errichtet. Hier entwickelte sich eine Gastronomie mit Biergarten, Grillmöglichkeit und Sandstrandatmosphäre.
Zahlreiche Wasservögel, überwiegend Enten, die regelmäßig von Spaziergängern gefüttert werden, bevölkern den See.

Einzugsgebiet	Größe ca. 100 km^2
Flächennutzung im Einzugsgebiet	nördliches Einzugsgebiet: überwiegend landwirtschaftliche Nutzung südliches Einzugsgebiet: überwiegend Siedlungsfläche
Zuflüsse	Johannisbach, Jölle; in die Jölle und den Johannisbach münden oberhalb des Obersees: – zahlreiche Mischwasserüberläufe (bei heftigen Niederschlägen fließen Regenwasser und Abwasser gemeinsam zu) – die Abläufe von insgesamt vier Kläranlagen
Wasserfläche	Größe ca. 20 ha
Länge	ca. 950 m
größte Breite	ca. 300 m
maximale Tiefe	ca. 2,50 m
Volumen	ca. 400 000 m^3
durchschnittliche Abflussmenge	ca. 1,5 m^3/s
mittlerer Jahresdurchfluss	47,3 Millionen m^3

Basisdaten nach: http://www.bielefeld.de/de/un/obersee/entw

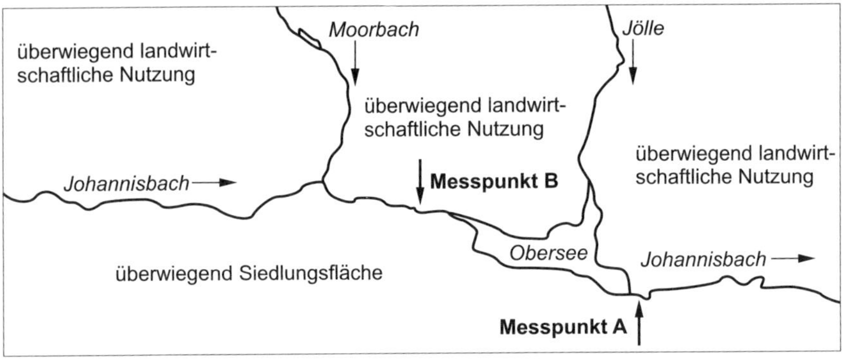

Abb. 1: Lageplan; die Pfeile an den Bächen geben die Fließrichtung an.
nach: https://www.bielefeld01.de/geo1/http/frames/index.php?&gui_id=stadtplan_jeder (05. 02. 2009)

Material B: Auszug aus dem Gewässergütebericht der Stadt Bielfeld zum Johannisbach

Die Quellbereiche des Johannisbaches liegen am Nordhang des Teutoburger Waldes. Danach fließt das Gewässer durch Siedlungsgebiete, wobei die Bevölkerungsdichte im Gewässerverlauf zunimmt. Nachdem der Johannisbach den Obersee durchquert hat, mündet das Gewässer im Nordosten der Stadt in die Aa. [...]

Die Gewässergüteuntersuchungen der vergangenen Jahre zeigten im Johannisbachoberlauf mäßige Belastungsverhältnisse (Gewässergüteklasse II). Demzufolge findet man hier Arten mit besonderen Ansprüchen. [...]

Interessant ist die Veränderung des Johannisbaches durch die Oberseepassage (siehe Material C, Untersuchung vom 02. 10. 2000).

Bei einer weiteren Untersuchung im Herbst 2003 wurden am Messpunkt A als weitere Art die Gewöhnliche Kugelmuschel *Sphaerium corneum* massenhaft vorgefunden (Häufigkeitsstufe 7). *Sphaerium corneum* ernährt sich von Nahrungspartikeln in Form von Plankton und Detritus, die sie aus dem Wasser filtert. *Sphaerium corneum* wird der Gütefaktor 2,3 zugeordnet.

Außerdem wurde im Jahre 2003 der Strudelwurm *Dugesia tigrina* an diesem Entnahmepunkt in größeren Mengen (Häufigkeitsstufe 5/Gütefaktor 2,2) neu vorgefunden, obwohl er am Messpunkt B (oberhalb des Obersees) nicht vorkam. *Dugesia tigrina* ist bekannt dafür, dass er sehr tolerant gegenüber organischen Verschmutzungen und Temperaturschwankungen ist.

Im Jahr 2003 ist der BSB_5-Wert am Messpunkt A unterhalb des Obersees im Vergleich zum Messpunkt B oberhalb des Obersees deutlich erhöht.

nach: Stadt Bielefeld, Umweltamt (2008), 17–19

Material C: Datenblatt zur Gewässeruntersuchung des Johannisbaches sowie Tabelle zur Auswertung

Auszug aus dem Gewässergütemessprogramm der Stadt Bielefeld (gekürzt)

Gewässer: Johannisbach Datum: 02. 10. 2000

Probestelle: **Messpunkt A:** am Abfluss des Johannisbaches aus dem Obersee in Schildesche, unterhalb des ca. 1,8 m hohen Stauwehrs (siehe Lageplan Material A)

Wetter: sonnig Lufttemperatur: 18,4 °C

chemische Untersuchung

Temperatur	14,5 °C
BSB_5	6,0 mg/ℓ
Ammonium (N)	0,03 mg/ℓ
Nitrit (N)	0,05 mg/ℓ
Nitrat (N)	1,3 mg/ℓ
Phosphat (P)	0,11 mg/ℓ
Sauerstoff	7,8 mg/ℓ

biologische Untersuchung

Art	**h**	**s**	**h·s**
Eintagsfliegenlarve	3	2,0	6,0
Bachflohkrebs	4	2,0	8,0
Köcherfliegenlarve	3	2,0	6,0
Schlammröhrenwurm	2	3,8	7,6
Wasserassel	3	2,8	8,4
Großer Schneckenegel	3	2,4	7,2
Schlammfliegenlarve	2	2,4	4,8
Rollegel	4	3	12,0
Abwasserpilz	2	3,6	7,2

h: Häufigkeit
s: Gütefaktor

Saprobienindex $S = \frac{\sum(h \cdot s)}{\sum(h)} = 2{,}58$

Gewässer: Johannisbach Datum: 02. 10. 2000

Probestelle: **Messpunkt B:** Johannisbach oberhalb des Obersees in Schildesche

Wetter: sonnig Lufttemperatur: 18,3 °C

chemische Untersuchung

Temperatur	14,4 °C
BSB_5	2,0 mg/ℓ
Ammonium (N)	0,1 mg/ℓ
Nitrit (N)	0,05 mg/ℓ
Nitrat (N)	2,1 mg/ℓ
Phosphat (P)	0,13 mg/ℓ
Sauerstoff	6,5 mg/ℓ

biologische Untersuchung

Es wurden an diesem Messpunkt keine Werte erhoben.

nach: Stadt Bielefeld, Umweltamt (2001), gekürzt

Tabelle 1: Zuordnung des Saprobienindexes und der chemischen Untersuchung zu Gewässergüteklassen

Güteklasse	Grad der organischen Belastung	Saprobienindex	Sauerstoff (mg/ℓ)*	Ammonium (mg/ℓ)
I	unbelastet bis gering belastet	bis 1,49	> 8	Spuren
I–II	gering belastet	1,5–1,79	< 8,0	< 0,1
II	mäßig belastet	1,8–2,29	< 6,0	< 0,3
II–III	kritisch belastet	2,3–2,69	< 4,0	< 1,0
III	stark verschmutzt	2,7–3,19	< 2,0	< 1,5
III–IV	sehr stark verschmutzt	3,2–3,49	< 2,0	mehrere mg/ℓ
IV	übermäßig verschmutzt	3,5 und mehr	< 2,0	mehrere mg/ℓ

Güteklasse	Nitrit (mg/ℓ)	Nitrat (mg/ℓ)	Phosphat (mg/ℓ)	BSB_5 (mg/ℓ)
I	0,02	< 1,0	< 0,03	< 1,0
I–II	< 0,1			< 2,0
II	< 0,2	< 5,0	< 0,5	< 5,0
II–III	< 0,5			< 7,5
III	< 4,0	> 5,0	< 5,0	< 11,0
III–IV	< 6,0			< 15,0
IV	< 8,0		> 5,0	> 15,0

* Bei der Löslichkeit von Sauerstoff in Wasser ist die starke Abhängigkeit von der Wassertemperatur zu beachten. Die maximale Löslichkeit beträgt bei 0 °C Wassertemperatur 14,2 mg Sauerstoff pro Liter, bei 15 °C 9,8 mg O_2/ℓ, bei 30 °C nur 7,5 mg O_2/ℓ.

verändert nach: Biologie-Zentrum Bustedt (1989), S. 15–17

Material D: Auszug aus dem Sanierungskonzept der Stadt Bielefeld für den Obersee (Stand 2005; Umsetzungen ab 2007)

Der Obersee ist mit etwa 20 Hektar das größte gestaute Gewässer Bielefelds. Mit dem Johannisbach und der Jölle fließen jedes Jahr etwa 4 000 m³ Schlamm in den See. Bereits 1985 wurden erstmals 15 000 m³ Sedimente mit einem Schwimmbagger entnommen und an den nördlichen Uferhängen aufgespült. Heute, im Jahre 2005, liegen schätzungsweise 120 000 m³ Schlamm im See. Die Sedimente stammen aus der Regenwasserkanalisation und aus Abschwemmungen von landwirtschaftlichen Flächen. Die Schadstoffbelastungen sind gegenüber unbelasteten Böden deutlich erhöht, aber nach derzeitigem Kenntnisstand nicht so gravierend, dass die Sedimente auf einer Deponie abgelagert werden müssten.

Das Problem der Sedimentablagerung soll mit einer Entschlammung und Führung der beiden Bäche im Bypass gelöst werden. Durch den Bypass werden der Johannisbach und die Jölle um den Obersee herumgeleitet. Die mitgeführten Sedimente setzen sich nicht im See ab, sondern werden durch die Fließgeschwindigkeit flussabwärts transportiert. Durch die Bypass-Lösung werden die beiden Bäche außerdem wieder durchgängig und für Fische und andere Wassertiere passierbar.

Zur Regulierung der Wassermenge des Sees gibt es aber weiterhin die Möglichkeit, dem Obersee Wasser zuzuführen.

Zur Entschlammung des Obersees gehört auch die schadlose Beseitigung des anfallenden Schlamms. Seine Bergung mittels Saugbagger aus dem aufgestauten Obersee und der Transport des Schlamm-Wasser-Gemisches über Leitungen zu nahe gelegenen sogenannten Spülpoldern (Aufspülflächen) werden aus ökologischen und finanziellen Gründen als beste Lösung angesehen. Der entwässerte Schlamm wird anschließend mit maximal 200 000 Kubikmeter unbelastetem Boden landschaftsgerecht abgedeckt.

nach: http://www.bielefeld.de/de/un/obersee/sanierung

weitere Materialgrundlage:

Biologie-Zentrum Bustedt (1989). Gewässergütebestimmung – leicht gemacht; Bustedter Materialien Nr. 9/89, Hiddenhausen, 15–17

Stadt Bielefeld, Umweltamt (2001). Gewässergütemessprogramm der Stadt Bielefeld 2000/01

Stadt Bielefeld, Umweltamt (2008). Gewässergütebericht 2008 (CD), 17–19

http://www.bielefeld.de/de/un/obersee/entw (5. 2. 2009)

http://www.bielefeld.de/de/un/obersee/sanierung (5. 2. 2009)

https://www.bielefeld01.de/geo1/http/frames/index.php?&gui_id=stadtplan_jeder (05. 02. 2009)

Lösungsvorschlag

In der Aufgabe thematisierte Unterrichtsinhalte sind:
Zonierung eines Gewässers, Eutrophierung, Saprobienindex, Oligotrophie, Bestandsaufnahme eines Gewässers, Gewässergüte, aquatische Systeme, stehendes Gewässer, fließendes Gewässer, Gewässersanierung

III.1 *Die Arbeitsaufträge zur ersten Teilaufgabe sind zum einen sehr umfangreich, zum anderen müssen Sie fast alle Materialien bei Ihrer Bearbeitung heranziehen. Arbeiten Sie nacheinander alle gestellten Aufgaben ab. Sollten Sie im Unterricht die mathematische Formel zum Saprobienindex nicht kennengelernt haben, so hat das für Sie keinen Nachteil, da sie im Material C angegeben ist.*

Die Beurteilung eines Gewässers in seinem qualitativen Zustand ist ein wichtiges Kriterium, um die Gewässergüte bestimmen zu können. Bei der biologischen Untersuchung der Wasserqualität wird dafür der Saprobienindex herangezogen. Er gibt Auskunft über das Ausmaß der Abbauvorgänge in einem fließenden Gewässer (Saprobität). Der ermittelte Wert gibt ein Maß für die Sauerstoffzehrung in einem Gewässer an und ist somit ein Gradmesser für dessen langfristige organische (saprobielle) Belastung. Für die standardisierte Bestandsaufnahme bedient man sich sogenannter Zeiger- oder Leitorganismen, die für spezifische Umweltparameter eine unterschiedliche Empfindlichkeit aufweisen. Bei der Klassifizierung der jeweiligen Gewässergüte steht 1,0 für sauberes und fast unbelastetes Wasser und der Wert 4,0 für übermäßig verschmutztes, sehr stark belastetes Wasser. Die Übergänge sind fließend. Berechnet wird der Saprobienindex nach einer mathematischen Formel, die sich aus drei Komponenten zusammensetzt: dem Häufigkeitsfaktor eines Organismus (h), der zwischen 1 (einzelner Organismus) und 7 (Massenvorkommen) liegt und dem Gütefaktor (s). Er wird auch Saprobiewert genannt und kann zwischen 1 (geringe Saprobität) und 4 (sehr hohe Saprobität) liegen. Auf folgende Art wird der Saprobienindex (S) ermittelt: Der Wert für die Häufigkeit eines Organismus wird mit dem Wert des Gütefaktors multipliziert. Diese Berechnung führt man für alle Organismen im untersuchten Areal durch. Anschließend werden die ermittelten Produktwerte summiert. Der so gewonnene Zahlenwert wird anschließend durch die Summe aller Häufigkeitswerte der untersuchten Organismen dividiert. Daraus ergibt sich der Wert für den dimensionslosen Saprobienindex.

Für den Johannisbach betrug der Wert des Saprobienindexes am Messpunkt A im Jahr 2000 2,58. Dies entspricht einer Gewässergüteklasse von II bis III, d. h., das Gewässer war in diesem Abschnitt kritisch belastet. Der Messpunkt A lag an der Stelle, an welcher der Johannisbach den Obersee verlässt, und der Aa zufließt. Der Messpunkt B lag vor der Einmündung des Fließgewässers in den Obersee. Werden die dort ermittelten Werte der chemischen Untersuchung mit denjenigen des ersten Messpunktes verglichen, so können folgende Aussagen gemacht werden: Die meisten Parameter veränderten sich nach dem Durchfluss des Johannisbaches durch den Obersee nicht nennenswert. Lediglich der BSB_5-Wert weist darauf hin, dass der Johannisbach nach seiner Passage durch den Obersee deutlich stärker mit organischen Bestandteilen belastet war als vorher. Am Messpunkt A war dieser Wert, der den Abbau freien, gelösten Sauerstoffs durch Mikroorganismen unter definierten Bedingungen beschreibt, deutlich höher als vor dem Einfluss in den Obersee. Der Wert 6,0 mg/ℓ zeigt an, dass dort mehr Sauerstoff für die Zersetzung organischer Bestandteile benötigt wurde als am Messpunkt A mit nur 2,0 mg/ℓ. Daraus lässt sich schließen, dass der Fluss vor seiner Einmündung in den Obersee noch nicht kritisch belastet war. Die übrigen im Jahr 2000 am Punkt B erhoben Messwerte unterstützen diese Annahme. Ammonium und Nitrit, kritische Abbauprodukte des Stickstoffkreislaufs, kamen mit 0,1 bzw. 0,05 mg/ℓ nicht in bedenklichen Konzentrationen vor. Auch von Nitrat und Phosphat ging keine eutrophierende Wirkung aus. Der Phosphatwert war mit 0,13 mg/ℓ nicht besonders hoch und auch für das Endprodukt der Nitrifikation, das Nitrat, lag er bei lediglich 2,1 mg/ℓ. Ein Blick auf den Sauerstoffgehalt lässt erkennen, dass das Wasser am Messpunkt B mit einem Wert von 6,5 mg/ℓ lediglich gering belastet war. Hierauf deutet auch der BSB_5-Wert von 2,0 mg/ℓ hin. Vor dem Einfluss in den Obersee war der Johannisbach damit lediglich gering organisch belastet. Dies rechtfertigt, dass das Fließgewässer in den vergangenen Jahren in die Gewässergüteklasse I–II eingeordnet wurde.

Betrachtet man nun die 2003 am Abfluss des Sees festgestellten Veränderungen (Material B), so ergibt sich ein zwiespältiges Bild. Zunächst weist der immer noch „deutlich erhöht(e)“ BSB_5-Wert darauf hin, dass der See und der daraus abfließende Johannisbach weiterhin belastet waren. Das massenhafte Vorkommen der Kugelmuschel *Sphaerium corneum*, welche Plankton und Detritus unterhalb des Obersees aus dem Wasser filtert, ist des Weiteren ein klarer Hinweis auf eine „Algenblüte“ im Obersee. Auch dieses starke Algenwachstum ist damit ein untrügliches Zeichen dafür, dass immer noch eine hohe organische Belastung des Gewässers vorlag. Auf der anderen Seite kam neben der stark verbreiteten Kugelmuschel erstmals auch ein Strudelwurm, *Dugesia tigrina*, vor. Beide Arten sind Zeigerorganismen für Verschmutzungen in einem Gewässer, belegen mit ihren Gütefaktoren von 2,3 bzw. 2,2 jedoch gleichzeitig, dass die Belastung des Gewässers eher gemäßigt war und nicht als kritisch angesehen werden musste.

III.2 *Obwohl nur Material A und D als Arbeitsgrundlagen angegeben sind, benötigen Sie für eine angemessene Bearbeitung der Aufgabenstellung ebenfalls die Informationen aus Material B.*

Wie aus Material B zu erschließen ist, hatte der Obersee in Bielefeld bis 2005 ein Eutrophierungsproblem. Die Ursache hierfür ergibt sich zum einen aus seinem Einzugsgebiet und zum anderen aus den umliegenden Gebieten. Sowohl im Norden als auch im Osten grenzen überwiegend landwirtschaftlich genutzte Flächen direkt an das Gewässer. Mit dem Regenwasser kann so organischer

(Jauche, Gülle) bzw. anorganischer (Nitrate, Phosphate) Dünger ausgeschwemmt und in den See eingetragen werden. Dies führt bei einer intensiven landwirtschaftlichen Nutzung der Flächen zu einer starken organischen Belastung des Gewässers. Zum Einzugsgebiet des Obersees gehören insgesamt drei Flüsse, welche direkt oder indirekt in den See münden und mit ihrem Wasser weitere Belastungen für das Gewässer mit sich führen. Alle drei Flüsse fließen durch landwirtschaftlich genutzte Gebiete und können so zusätzlichen Dünger einbringen. Über den Johannisbach, den Moorbach und die Jölle gelangen darüber hinaus die Abläufe von insgesamt vier Kläranlagen in den Obersee, wodurch weitere organische Bestandteile in den See gelangen. Bei heftigen Niederschlägen ergießt sich mit dem Regen zusätzlich Abwasser in den See, da die drei Zuflüsse zahlreiche Mischwasserabläufe besitzen. Wie aus Material A hervorgeht, wird die am Obersee beheimatete Entenpopulation von Erholung suchenden Seebesuchern ausgiebig gefüttert. Futterreste sinken auf den Grund des Sees und auch die gefütterten Tiere sorgen durch ihre Ausscheidungen für einen weiteren Eintrag organischer Verbindungen. Gelangt immer mehr organisches Material in den See, führt dies zu einer stetigen Erwärmung des Gewässers. Die Destruenten am Grund des Sees leisten – nach der RGT-Regel – bei höheren Temperaturen eine schnellere Zersetzungsarbeit. Dies führt sowohl zu einer verstärkten Sauerstoff-Zehrung als auch zu einem weiteren Absinken des O_2-Gehaltes, da sich Sauerstoff in wärmerem Wasser schlechter löst als in kaltem.

Bei einer Bewertung des ökologischen Zustandes vor dem Zeitpunkt der Sanierung müssen die folgenden Punkte berücksichtigt werden: Trotz der Tatsache, dass man allgemein – wie in III.1 dargelegt – von einem nur mäßig belasteten Gewässer sprechen kann, sind doch einige ökologische Tatsachen bedenklich. Sie führen zu einer eher kritischen Einschätzung des Gewässerzustandes. Zu nennen ist hier die extensive Nutzung des Gewässers zur Freizeitgestaltung, die sich über Aktivitäten wie Grillen, „Strandbadnutzung" und Gastronomie bis hin zu unnötiger Tierfütterung erstreckt. Belastet wird das Ökosystem Obersee des Weiteren durch die vielfältige Zuleitung von Nährstoffen. Hinzu kommen schließlich die (vor allem im Material D angesprochenen) hohen Einträge an Schadstoffen in das Gewässer, die sich zusammen mit enormen Mengen an Sedimentmaterial am Gewässergrund ablagern. Dies wirkt sich besonders gravierend aus, da der Obersee mit maximal 2,50 Metern nicht besonders tief ist. Bei einer Ausdehnung von ca. 20 ha (große Oberfläche) kann sich das Gewässer zudem stark erwärmen, wodurch der O_2-Gehalt noch weiter verringert wird.

III.3 *Der erste Teil der Aufgabe erfordert von Ihnen eine reproduktive Darlegung der sich in einem See abwechselnden Stagnation und Zirkulation. Danach sollten Sie bei Ihren Erläuterungen zu den Verhältnissen im Bielefelder Obersee nicht vergessen, dass dieser nur 2,50 Meter tief ist. Auch ein Blick in die Tabelle 1 von Material C kann Ihnen bei der Einschätzung der Bedeutung der Gewässertemperatur weiterhelfen.*

Die jahreszeitlich bedingten Veränderungen der Temperatur und des Sauerstoffgehalts eines tiefen oligotrophen, d. h. nährstoffarmen, Sees folgen einem genauen Schema, bei dem sich Stagnation und Zirkulation der Wassermassen abwechseln: Im Frühjahr und im Herbst wird das Wasser im See – angetrieben durch starke Winde – kräftig durchgemischt. Dass eine starke Zirkulation (Vollzirkulation) vorherrscht, ist daran zu erkennen, dass der Sauerstoffgehalt in allen Bereichen des Sees gleich hoch ist. Der See „holt Luft". Die Temperatur fällt zum Gewässergrund hin ab, an dem sich das schwerere 4 °C warme Wasser sammelt (Dichteanomalie). Im Sommer und Winter wird das Seewasser hingegen kaum durchmischt. Dieser Zustand wird mit dem Fachbegriff Stagnation bezeichnet. Während der Sommerstagnation finden nur in den oberen Wasserschichten, dem Epilimnion, Teilzirkulationen statt. In den mittleren (Metalimnion) und tiefen (Hypolimnion) Seeschichten stagniert das Wasser. Im Metalimnion ist sowohl in Bezug auf die Temperatur als auch auf den Sauerstoffgehalt des Wassers ein Sprung zu beobachten. In dieser Sprungschicht fällt die Temperatur innerhalb weniger Meter um 15 °C ab. Ebenso verringert sich der Sauerstoffgehalt, der im Sommer am niedrigsten ist, innerhalb des Metalimnions deutlich. Diese Tendenz setzt sich zum Boden des Sees hin fort. Im Winter, wenn eine Eisschicht den See bedeckt, ist auch keine Zirkulation möglich. Die Wassertemperatur steigt hier mit zunehmender Wassertiefe an, der Sauerstoffgehalt nimmt zum Boden hin drastisch ab, erreicht aber nicht die niedrigen Werte des Sommers. Da auch hier das Wasser am Boden 4 °C warm ist, können Tiere in Bodennähe den Winter überleben.

Im Vergleich hierzu entwickeln sich die chemischen Vorgänge und die Wasserqualität des Obersees in Bielefeld im Laufe der Jahreszeiten deutlich anders. Bereits von seiner Anlage her liegen beim Obersee in zwei Punkten andere Verhältnisse vor: Im Gegensatz zu einem oligotrophen See ist der Obersee reich an Nährstoffen und darüber hinaus mit maximal 2,50 Metern Tiefe für einen See äußerst flach. Im Frühjahr wird auf die Felder, die um das Gewässer herum liegen, Dünger in Form von Pflanzennährstoffen und Mineralsalzen aufgebracht. Durch Auswaschung bei Regengüssen gelangen diese Substanzen in den Obersee und führen zu einer deutlichen Belastung des Gewässers. Als Resultat hieraus wird die bereits natürlich vorhandene Tendenz zur Eutrophierung zusätzlich noch dadurch verstärkt, da auch über die Zuflüsse Dünger und organisches Material eingetragen werden. Im Sommer kann sich eine Sommerstagnation mit ihrer ausgeprägten Schichtung des Gewässers aus mehreren Gründen nicht ausbilden: Zum einen ist das Gewässer viel zu flach und zum anderen kommen über seine Zuflüsse ständig neue Wassermassen in den Obersee, die für eine Sommer**zirkulation** sorgen. Das zufließende Wasser sorgt für eine komplette Durchmischung und einen partiellen Austausch der Wassermasse, wodurch O_2-haltiges, warmes Wasser bis zum Grund des Obersees gelangt. Dadurch wird bei nitrifizierenden Bakterien am Seegrund die Bildung von NO_3^- (Nitrat) durch Oxidation intensiviert. Das durch die Nitrifikation entstandene Nitrat wird dann – ebenso wie das im Wasser gelöste Kohlenstoffdioxid – im ganzen

See verteilt. Damit existieren auch am Grund des Obersees beste Voraussetzungen für Fotosynthese betreibende Organismen, vor allem für das Plankton. Hieraus resultiert, dass es überall im See zu einer guten O_2-Versorgung und zu keinen anaeroben Stoffwechselprozessen kommt bzw. nur in sehr geringem Maße. Da keine anaeroben Vorgänge ablaufen, werden auch deren Stoffwechsel-Abbauprodukte wie H_2S (Schwefelwasserstoff), NH_4^+ (Ammoniumionen) und NH_3 (Ammoniak) nicht gebildet. Trotzdem kann es auch im Sommer zur Bildung von anaeroben Stoffwechsel-Endprodukten kommen. Hierfür muss aber eine erhöhte Biomasseproduktion verbunden mit einem starkem O_2-Verbrauch durch aerobe Abbauprozesse vorliegen. Gleichzeitig muss (wie Tabelle 1 im Material C verdeutlicht) die Temperatur des Wassers so hoch sein, dass nur sehr wenig im Seewasser gelöster Sauerstoff vorkommt. Eine derartige Entwicklung hat für das Überleben der meisten Organismen im See verheerende Auswirkungen. Im Herbst und Winter gibt es im Normalfall keine landwirtschaftlichen Aktivitäten auf den Feldern, von dieser Quelle her erfolgt also kein weiterer Eintrag organischer Stoffe und Nährsalze in den Obersee. Die Zuflüsse leiten mit ihrem Wasser allerdings in beiden Jahreszeiten weiter die Mischwasserüber- und Kläranlagenabläufe in den See. Gegen Ende des Jahres verringert sich die Wassertemperatur. Dies hat zur Folge, dass sich Sauerstoff im kälteren Wasser des Sees besser lösen kann. Die Menge an gelöstem Sauerstoff erhöht sich zusätzlich dadurch, dass nach der RGT-Regel mit abnehmender Temperatur auch die Sauerstoff zehrenden Prozesse im See nicht mehr so intensiv ablaufen können. Eine Stagnation wird aber – wie im Sommer auch – nicht eintreten, da der Wasserkörper durch seine Zuflüsse ständig umgewälzt wird.

III.4 *Bei der Bearbeitung ist Textanalyse und ein genaues Durcharbeiten von Material D, am besten mit Textmarker, gefragt. Wenn Sie unterschiedliche Farben benutzen, können Sie z. B. die Veränderungen an den Flüssen bzw. am Obersee unterschiedlich markieren. Eine andere übersichtliche Strukturierung des Textes wäre eine farblich verschiedene Markierung der Veränderungen, die sich – Ihrer Meinung nach – positiv bzw. negativ auswirken. Als Abschluss bietet sich eine persönliche Einschätzung zu den angedachten Maßnahmen an.*

Material D liefert einen Überblick über das Sanierungskonzept der Stadt Bielefeld für den Obersee. Die hier im Jahr 2005 angedachten und ab 2007 umgesetzten Maßnahmen wirken sich insgesamt zwiespältig auf den ökologischen Zustand des Obersees aus. Sie können alles in allem aber weder als durchweg positiv noch als überwiegend negativ angesehen werden. Eine positive Veränderung des ökologischen Zustands des Obersees stellt in jedem Fall die Reduzierung des vielfältigen Nährstoffeintrags in das Gewässer dar. Zu nennen sind hier sowohl das organische Material als auch organische bzw. anorganische Dünger, die über Johannisbach, Moorbach und Jölle in den See gelangen. Gleiches gilt für die mitgeführten Sedimente der Flüsse und in ihrem Gefolge eingelagerte Schadstoffe, die nach einer Bypass-Lösung nicht mehr in den Obersee gelangen. Auch das Ausbaggern des Gewässers wirkt sich positiv aus. Eine

Entschlammung entfernt die nährstoffreichen Sedimente und es kommt zu einer geringeren Produktion schädlicher Abbauprodukte durch Anaerobier, da ihnen dadurch die Lebensgrundlage entzogen wird. Eher kritisch ist am Sanierungskonzept der Stadt anzumerken, dass eine freizeitliche Nutzung des Gewässers nicht eingeschränkt wird und ökologische Belastungen – z. B. durch das übermäßige Füttern der Wasservögel – nicht unterbunden werden. Hier zeigt sich erneut das Problem, dass dem berechtigten Wunsch der Stadtbewohner nach Bereichen mit Erholungs- und Freizeitqualität durchaus sinnvolle ökologische Schutzmaßnahmen für ein Gewässer entgegenstehen können. Auch eine Einschränkung der landwirtschaftlich genutzten Flächen im direkten Umfeld des Sees wurde von der Stadt nicht in Betracht gezogen. Mit einer solchen Maßnahme könnten weitere, unerwünschte und das Ökosystem belastende Einträge vermieden werden. Unverständlicherweise wird eine andere – durchaus Erfolg versprechende – Entscheidung nicht in Betracht gezogen, nämlich das tiefere Ausbaggern des Gewässers. Einer übermäßigen Erwärmung des Sees in den Sommermonaten könnte dadurch deutlich entgegengewirkt werden, was wiederum den Sauerstoffmangel im Gewässer beheben würde. Eine weitere landschaftsbauliche Maßnahme der Stadt Bielefeld ist dagegen zu befürworten. Durch die Bypass-Lösung für den Johannisbach und die Jölle können mehrere positive Effekte erzielt werden: Zum einen kann – wie oben bereits erwähnt – die Ablagerung von Fluss-Sedimenten im Obersee verhindert werden, da diese bei einer Umleitung in ein neues Flussbett am See vorbeigeleitet werden. Zum anderen werden beide Bäche „wieder durchgängig und für Fische und andere Wassertiere passierbar“.
Abschließend stellt sich die Frage, welche Maßnahmen (auch unter dem Vorzeichen leerer Stadtkassen) tatsächlich umgesetzt wurden. Es bleibt zu hoffen, dass bei einer Sanierung des Obersees und seiner Zuflüsse nicht – wie so oft – ökonomische Zwänge den Vorrang vor ökologischen Notwendigkeiten bekamen.

Leistungskurs Biologie (NRW) – Abitur-Prüfung 2010
Aufgabe 3: Vorschlag 2 (terrestrisches Ökosystem)

Aufgabenstellung: Punkte

Thema: Flechten als Bioindikatoren der Luftqualität

III.1 Beschreiben Sie anhand von Material A den Aufbau einer Blattflechte und erklären Sie die Funktion ihrer verschiedenen Schichten für die beiden Organismenarten. Stellen Sie die Vor- und Nachteile des Zusammenlebens von Pilz und Alge dar und erörtern Sie, ob es sich bei der Lebensgemeinschaft von Pilz und Alge um eine Symbiose oder Parasitismus entsprechend der Definitionen in Material B handelt. Begründen Sie, wieso sich Flechten gut als Bioindikatoren für die Luftqualität eignen (Material A). 18

III.2 Fassen Sie die Ergebnisse der Untersuchung in Düsseldorf (Material C, Tabelle 1 und 2) zusammen. Leiten Sie aus dem Material einen Zusammenhang zwischen der Verkehrsdichte und der Nährsalzversorgung von Flechten ab. Begründen Sie unter Auswahl geeigneter Rasterquadrate die räumliche Verteilung der Artenzahl. 20

III.3 Skizzieren Sie den natürlichen Stickstoffkreislauf. Stellen Sie die verkehrsbedingten Stickstoffeinträge (Material E) durch eine Ergänzung in der Skizze dar. 10

III.4 Fassen Sie die Untersuchungsergebnisse der Messpunkte zusammen (Material D) und ermitteln Sie für *Parmelia sulcata* den Zusammenhang zwischen Häufigkeit, Verkehrsbelastung und Stickstoffgehalt (Material C, Tabelle 2 und Material E). 8

III.5 Erläutern Sie, warum sich die Flechte *Phaeophyscia orbicularis* besonders als Indikator für hohe Ammoniakbelastungen eignet (Material C, Tabelle 2 und Material E). 10

Material A: Flechten

Flechten wachsen auf Erde, Steinen und Baumrinde. Ein Pilz lebt mit mindestens einer Algenart in so engem Kontakt zusammen, dass sie äußerlich als ein Lebewesen erscheinen. Oft besitzen Flechten mit keinem der sie aufbauenden Partner eine Ähnlichkeit. Sie sind zu zahlreichen Leistungen fähig, z. B. der Synthese bestimmter Inhaltsstoffe, die weder von dem Pilz noch der Alge allein erbracht werden können.

Innerhalb der Flechte erhält der Pilz, der selber keine Photosynthese betreiben kann, die zu seiner Existenz notwendigen Kohlenhydrate von der Alge. Die Alge ist in der Umhüllung durch das Pilzgeflecht vor raschem Wasserverlust, vor intensiver Sonneneinstrahlung und vor algenfressenden Tieren geschützt. Das Pilzgeflecht der Markschicht verläuft überwiegend parallel zur Oberfläche und besitzt ausgiebige Lufträume. Flechten können Standorte besiedeln, die weder Pilz noch Alge erfolgreich einnehmen könnten. Die Algenarten kommen auch frei lebend (außerhalb der Flechte) vor, während die Pilzarten nur gemeinsam mit der jeweiligen Algenart gedeihen können.
Ein und dieselbe Algenart kann in verschiedenen Flechtenarten zu finden sein.
Flechten nehmen Wasser und Nährsalze über die gesamte Oberfläche meist direkt aus der Luft auf. Flechten werden als Bioindikatoren für die Luftqualität verwendet. Bioindikatoren sind Organismen, die auf eine Veränderung in der Schadstoffbelastung mit einer deutlichen und eindeutigen Veränderung ihrer Lebensfunktionen antworten und dadurch eine bestimmte Umweltqualität anzeigen.

verändert nach: Kirschbaum, Ulrich, Wirth, Volkmar (1997), S.8/9

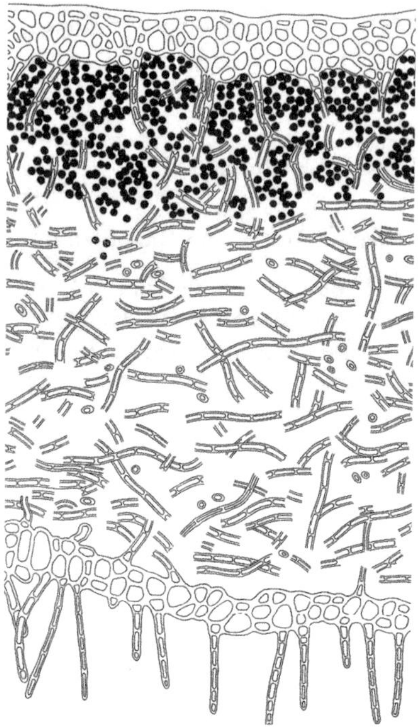

Abb. 1: Mikroskopischer Querschnitt durch eine Blattflechte (von oben nach unten):
- obere Rinde aus festem Pilzgeflecht,
- Algenschicht (schwarz),
- Markschicht aus lockerem Pilzgeflecht, untere Rinde mit Rhizinen (Haftorgane).

nach: Kirschbaum, Ulrich, Wirth, Volkmar (1997). S. 28

Material B: Interspezifische Beziehungen

In einem Schulbuch findet man folgende Definitionen für Beispiele interspezifischer Beziehungen:
Unter Parasitismus versteht man die Beziehung zwischen zwei Arten zum Nutzen der einen und zu Lasten der anderen.
Eine Symbiose ist „eine Beziehung zwischen artverschiedenen Lebewesen, die für beide Partner vorteilhaft und durch enges räumliches Zusammenleben gekennzeichnet ist."

Definition „Symbiose" nach: Jaenicke, J. & Paul, A. (2004). S. 484

Material C: Flechtenkartierung in Düsseldorf

Im Jahr 2003 wurde das Vorkommen von Flechten auf Bäumen im Stadtgebiet von Düsseldorf mittels eines standardisierten Verfahrens systematisch erfasst. Diese Untersuchung ermöglichte Rückschlüsse auf die Luftqualität. Die folgenden Graphiken zeigen zwei 9 bzw. 10 km lange, nebeneinander liegende Ausschnitte des Stadtgebiets. Sie verlaufen vom nördlichen Stadtrand durch die Innenstadt zum gegenüberliegenden südlichen Stadtrand. Die einzelnen Rasterquadrate haben jeweils eine Seitenlänge von 1 km. Der Straßenverkehr ist im Stadtzentrum am intensivsten und nimmt zum Stadtrand hin ab.

Tabelle 1: Luftbelastung in Düsseldorf und Anzahl bzw. N-Zahl (Stickstoffzahl nach Ellenberg) der im gleichen Raum kartierten Flechtenarten

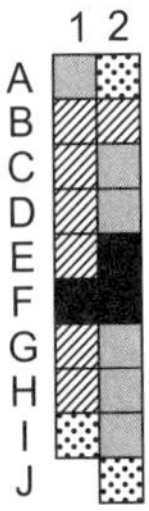	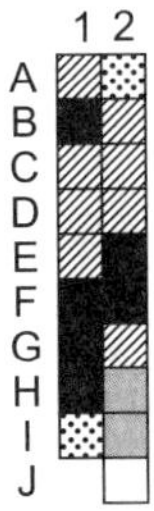	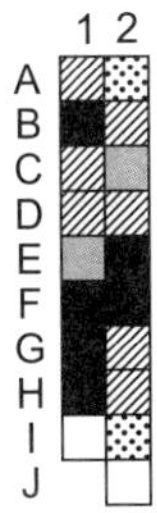
C1: Luftbelastung durch gasförmige Substanzen sowie mit Nähr- und Schadstoffen beladenen Stäuben	**C2:** Anzahl der Flechtenarten pro Baum und Rasterquadrat; Mittelwerte	**C3:** N-Zahl der Flechten; Mittelwerte (Erläuterung siehe unten)
hoch bis sehr hoch hoch noch hoch mäßig gering bis mäßig	3,4–5,9 6,0–8,5 8,6–11 11,1–13,6 13,7–16,3	> 5,7–6,3 > 5,4–5,7 > 5,1–5,4 > 4,7–5,1 > 4,3–4,7

zusammengestellt nach: Stapper, Norbert & Kricke, Randolph (2004). S. 187–208

Stickstoffzahl nach Ellenberg (Erläuterung verändert):
N-Zahl der Flechte: Nährsalzversorgung der Baumrinde
1 = Baumrinde sehr mineralarm
2 = Baumrinde mineralarm
3 = Baumrinde mäßig mineralreich, keine Eutrophierung
4 = Baumrinde mäßig mineralreich, sehr geringe Eutrophierung
5 = Baumrinde mineralreich, mäßig mit nährsalzreichem Staub behaftet
6 = Baumrinde mineralreich, mit nährsalzreichem Staub behaftet
7 = nährsalzreiche Baumrinden, häufige Staubanhaftung
8, 9 = kommen auf Baumrinde nicht vor

Tabelle 2: Vorkommen von Flechtenarten in Düsseldorf an Straßen mit verschiedener Verkehrsbelastung

Flechtenart	N-Zahl	Mittlere Häufigkeit des Vorkommens in Rasterquadraten	
		an gering befahrenen Wirtschaftswegen und Nebenstraßen	an zwei- bis mehrspurigen Hauptstraßen bzw. Autobahnen
Hypogymnia physodes	2	0,75	0,48
Melanelia subaurifera	4	1,89	0,85
Parmelia sulcata	4	3,27	1,39
Phaeophyscia nigricans	7	0,20	1,69
Phaeophyscia orbicularis	7	3,95	6,29
Physcia tenella	6	14,04	11,17

N-Zahl: Stickstoffzahl der einzelnen Flechtenart nach ELLENBERG, siehe Tabelle 1
gekürzt nach: Stapper, Norbert & Kricke, Randolph (2004). S. 187–208

Material D: Verkehrsbelastung, Flechtendiversität und dazugehörige Stickstoffzahl sowie Stickstoffgehalt der Flechte Parmelia sulcata an verschiedenen Messpunkten in Düsseldorf

Tabelle 3: Verkehrsbelastung, Flechtendiversität und dazugehörige Stickstoffzahl sowie Stickstoffgehalt der Flechte *Parmelia sulcata* an verschiedenen Messpunkten in Düsseldorf

Messpunkt in Düsseldorf	Verkehrsbelastung	Flechtendiversitäts wert (FDW*)	mittlere Stickstoffzahl (N-Zahl) aller Flechten am Messpunkt	Stickstoffgehalt der Flechte *Parmelia sulcata* am jeweiligen Messpunkt in Prozent des Trockengewichts
Stadion	gelegentlich, kurzzeitig hoch	44,3	4,6	2,47
Messegelände	gelegentlich, kurzzeitig hoch	45,7	4,7	2,62
Mörsenbroich	permanent hoch	25,4	5,4	4,10
Corneliusstraße/ Fürstenwall	permanent hoch	17,1	6,0	4,08
Lessingplatz	mäßig/Parken	33,8	4,8	2,85
Benrath	gering	38,2	4,9	2,24

neu zusammengestellt nach: Stapper, Norbert, Franzen-Reuter, Isabelle & Frahm, Jan-Peter, (2005) S. 84–89, Erich Schmidt Verlag

*** FDW = Flechtendiversitätswert**
Der FDW ist ein Maß für die durchschnittliche Artenzahl am Standort: Zur Bildung dieses Wertes wird die Artenanzahl an der Nord-, Ost-, Süd- und Westseite der jeweiligen Bäume ermittelt und summiert. Dadurch werden manche Arten mehrfach erfasst und der Diversitätswert ist unter Umständen höher als die eigentliche Artenzahl.
Werte < 20: geringe Diversität
Werte zwischen 20 und 40: geringe bis mäßige Diversität
Werte > 40: mäßige bis hohe Diversität

Material E: Verkehrsbedingter Eintrag von Stickstoffverbindungen und die Aufnahme von Stickstoffverbindungen durch Flechten

Stickoxide (NO_x) und Ammoniak (NH_3) werden durch den Betrieb von Benzinmotoren freigesetzt. Die bevorzugte Stickstoffquelle von Flechten sind Ammoniumionen (NH_4^+), aus der Reaktion zwischen Wasser und Ammoniak). Ammoniak reagiert in der Luft sehr schnell mit Stickoxiden (NO_x) oder Schwefeldioxid (SO_2) zu festem Ammoniumnitrat (NH_4NO_3) bzw. Ammoniumsulfat ($(NH_4)_2SO_4$). Diese beiden Verbindungen sind Düngesalze, wie sie auch in Gartencentern erhältlich sind. Diese Salze bilden einen Teil des Staubs in der Luft.

verändert nach: Frahm, Jan-Peter (2006). 164–167; Frahm, Jan-Peter (2008), S. 94–101

weitere Materialgrundlage:

Frahm, Jan-Peter (2006). Der Einfluss von Ammoniak auf Stickstoff liebende Flechten in verkehrsbelasteten Gebieten. Immissionsschutz (4), 164–167

Frahm, Jan-Peter (2008). Nitrophile Moose und Flechten nehmen zu – Überdüngung und Versalzung durch Katalysatoren? Biologie in unserer Zeit 38: 94–101

Jaenicke, Joachim & Paul, Andreas (2004). Biologie Heute entdecken SII, Schroedel Verlag, S. 484

Kirschbaum, Ulrich, Wirth, Volkmar (1997). Flechten erkennen – Luftgüte bestimmen. 2. Aufl., Ulmer, Stuttgart. S. 8 9 (gekürzt und verändert)

Masuch, G. (1993). Biologie der Flechten. Quelle & Meyer, Heidelberg

Stapper, Norbert & Kricke, Randolph (2004). Epiphytische Moose und Flechten als Bioindikatoren von städtischer Überwärmung, Standorteutrophierung und verkehrsbedingten Immissionen. Limprichtia 24: 187–208 (Transekte aus Kartenmaterial)

Stapper, Norbert, Franzen-Reuter, Isabelle & Frahm, Jan-Peter (2005). Stickstoffgehalte in der Blattflechte Parmelia sulcata als Indikator atmosphärischer Stickstoffeinträge in einer Großstadt am Beispiel Düsseldorf. Immissionsschutz (3), 84–89 (Tabelle neu zusammengestellt) Erich Schmidt Verlag

Lösungsvorschlag

In der Aufgabe thematisierte Unterrichtsinhalte sind:
Symbiose, Parasitismus, Flechte, Bioindikator, Vegetationsaufnahmen, Standortfaktoren, Zeigerwerte, Beziehungen zwischen Organismengruppen, Habitatfaktoren, Konkurrenz, Koexistenz, biogeochemischer Stickstoffkreislauf, Düngesalze

III.1 *Bei diesem Aufgabenteil steht die Textanalyse im Vordergrund. Mit unterschiedlichen Farben können Sie die Informationen zu Pilz und Alge jeweils für sich kenntlich machen. Dies hilft Ihnen bei der geforderten Beschreibung und der Abgrenzung der Lebensgemeinschaft Flechte zwischen Symbiose und Parasitismus.*

Flechten stellen ein Zusammenleben eines Pilzes mit mindestens einer Algenart dar. Pilz und Alge bilden dabei eine morphologische und physiologische Einheit. Bei der Betrachtung ihres Aufbaus ist festzustellen, dass eine Blattflechte sich aus mehreren Schichten zusammensetzt. Auf eine obere Rinde aus festem Pilzgeflecht, die dem Schutz dient, folgt eine Schicht, in der die Algen angesiedelt sind. An diesen fotosynthetisch aktiven Bereich schließt sich eine umfangreiche Markschicht aus lockerem Pilzgeflecht an, in der zahlreiche Lufträume existieren. Ihre Aufgabe ist es, den Gasaustausch (CO_2/O_2) zu gewährleisten. Eine weitere Rindenschicht mit Rhizinen als Haftorgane schließt die Blattflechte nach unten hin ab. Das Zusammenleben von Alge und Pilz bietet beiden Partnern einige Vorteile: So erhält der Pilz, der selber nicht zur Fotosynthese befähigt ist, Kohlenhydrate von den Algen. Diese wiederum sind durch ihre Lage im Pilzgeflecht vor Austrocknung, zu intensiver Sonneneinstrahlung und Fraß geschützt. Für eine Flechte gilt, dass das Ganze mehr ist als nur die Summe der Teile, denn eine Flechte kann Stoffe synthetisieren, die jeder der beiden Partner alleine nicht produzieren kann. Zusammen können sie auch Lebensräume erobern, die ihnen als einzelne Arten verschlossen bleiben. Mit Blick auf die ernährungsphysiologische Seite der Zweierbeziehung muss allerdings kritisch angemerkt werden, dass die Algen einen Teil der von ihnen produzierten Kohlenhydrate an den Pilz abgeben müssen. Dieser Nachteil wiegt aber die eben beschriebenen Vorteile keinesfalls auf und so kann von der Beziehung Alge – Pilz als einer echten Symbiose gesprochen werden. Aus diesem symbiotischen Verband zweier Lebewesen kann jeder der Partner für sich Vorteile ziehen. Bei der Frage, warum sich Flechten gut als Bioindikatoren für die Luftqualität eignen, kann die Lebensweise dieses Organismus für die Begründung herangezogen werden. Flechten nehmen sowohl Wasser als auch die von ihnen benötigten Nährsalze über ihre gesamte Oberfläche direkt aus der Umgebungsluft auf. Dadurch ist es ihnen möglich, auf Veränderungen in ihrer Umgebung, z. B. auf eine Veränderung in der Schadstoffbelastung, direkt zu reagieren. Sie zeigen dies „mit einer deutlichen und eindeutigen Veränderung ihrer Lebensfunktionen“.

III.2 *Sie sollten zunächst im Material C die Tabelle 1 genau betrachten und die Grundaussagen verbalisieren. Gleiches gilt für Tabelle 2. Die Teilaufgabe besteht aus drei Unterpunkten, die Sie jeweils einzeln abarbeiten müssen. Hierbei sollten Sie, wenn es sich anbietet, auch Beispiele für Ihre Aussagen anführen.*

Die Untersuchungen im Stadtgebiet von Düsseldorf können wie folgt zusammengefasst werden: Die Messergebnisse aus Material C lassen klar erkennen, dass die Luftbelastung durch gasförmige Substanzen und Stäube vom Stadtrand zur Stadtmitte hin deutlich zunimmt. Aber auch am Stadtrand ist die Luft nie gering, sondern immer mindestens mäßig belastet – im Abschnitt 1 A sogar „noch hoch“. Je näher die Messpunkte in beiden untersuchten Abschnitten an der Stadtmitte liegen, desto geringer wird die Anzahl der dort anzutreffenden Flechtenarten pro Baum und km^2. In einem Fall (Abschnitte 1 G – H bzw. 1 B) findet sich auch in Stadtrand-Nähe eine geringe Flechtendiversität. Bezogen auf die N-Zahl, d. h. das Vorhandensein von Stickstoff für die Flechten, können eindeutige Parallelen zur Anzahl der Flechtenarten festgestellt werden. Auch hier ist der Zeigerwert für den Stickstoff in der Stadtmitte am höchsten; der gleiche Wert ist aber auch in den Abschnitten 1 G – H bzw. 1 B zu finden. Betrachtet man einzelne Flechtenarten gesondert, so kommen – von den in Tabelle 2 angegebenen Arten – zwei häufiger dort vor, wo die Verkehrsdichte an mehrspurigen Hauptstraßen und Autobahnen hoch ist. Diese sind *Phaeophyscia nigricans* und *Phaeophyscia orbicularis*. Die übrigen vier angegebenen Arten bevorzugen geringbefahrene Wirtschaftswege und Nebenstraßen als Lebensraum. An verkehrsreichen Straßen sind sie eher selten anzutreffen.

Zwischen der Verkehrsdichte und der Nährsalzversorgung von Flechten kann am vorliegenden Beispiel folgender Zusammenhang abgeleitet werden: In der Stadtmitte von Düsseldorf herrscht ein sehr hohes Verkehrsaufkommen, das zu entsprechenden Emissionen in die Luft führt. Die emittierten Stickoxide werden in Nährsalze umgewandelt, welche sich dann auf den Rinden der Bäume ablagern können. Für die beiden oben genannten *Phaeophyscia*-Arten ist damit in der City von Düsseldorf eine gute Verfügbarkeit von „Düngesalzen“ gewährleistet, eine Bedingung, die sie für ein ideales Gedeihen (bei N = 7) an ihren Lebensraum stellen.

Die räumliche Verteilung der Artenzahl der Flechten in Düsseldorf kann wie folgt begründet werden: Wie aus Tabelle 1/C2 zu ersehen ist, liegt im Stadtzentrum (1 F, 1 G, 2 F, 2 E) die geringste Artenvielfalt an Flechten vor. Zu den Stadträndern hin nimmt die Frequenz der Flechtenarten mit einem fallendem Mittelwert für die N-Zahl stetig zu (Ausnahme s. o.). Als Erklärung kann das jeweilige Verkehrsaufkommen im Kernbereich und am Stadtrand herangezogen werden. Eine hohe Verkehrsdichte führt zu einer Eutrophierung, einem Überangebot an „Düngesalzen“, welche für die meisten Arten der Flechten eine erschwerende Lebensbedingung darstellt. Betrachtet man die Abschnitte 1I sowie 2 A, 2 H, 2 I und 2 J in Tabelle 1/C2, so stellt man fest, dass in den Stadtrandbereichen eine hohe Artenzahl an Flechten verzeichnet ist. Gleichzeitig herrscht dort eine geringe Verkehrsdichte und die Gefahr einer Eutrophierung ist hier geringer als in der City. Insgesamt sind damit die Lebensbedingungen für die meisten Flechtenarten – aber nicht für alle – in den Randbezirken günstiger.

III.3 *Die von Ihnen verlangte Skizze sollte alle wesentlichen Elemente des Stickstoffkreislaufs enthalten. Bedenken Sie für den zweiten Teil dieser Aufgabe, dass Ammoniumnitrat und Ammoniumsulfat feste Substanzen sind, die direkt bei der Stickstoffassimilation durch die Pflanzen verwendet werden können.*

Die folgende Skizze stellt den natürlichen Stickstoffkreislauf in den Grundzügen dar:

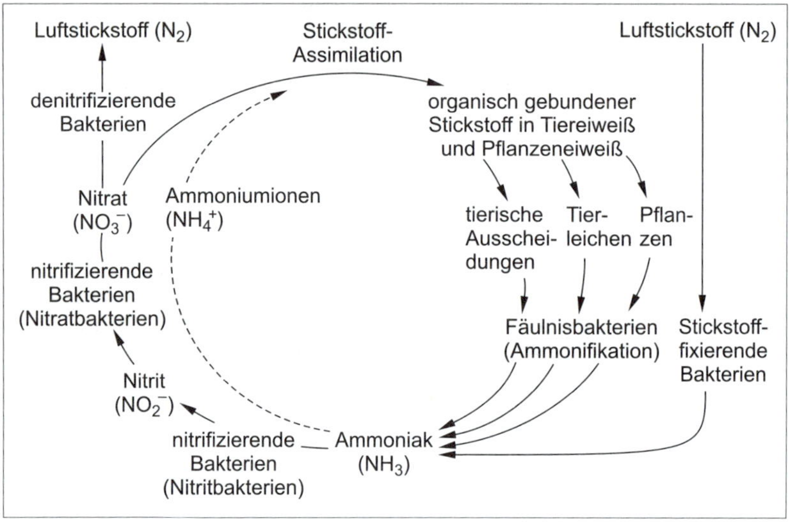

Die verkehrsbedingten Stickstoffeinträge können durch folgende Ergänzung der obigen Skizze verdeutlicht werden:

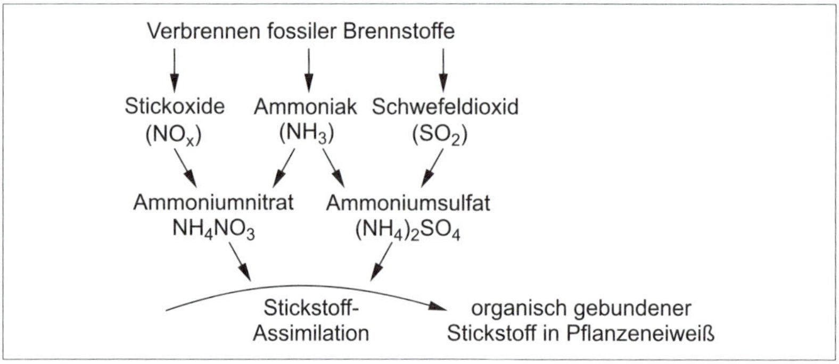

III.4 *Hier müssen Sie die Informationen mehrerer Tabellen bzw. Materialien kombinieren, um die richtigen Rückschlüsse ziehen zu können. Denken Sie bei Ihrer Bearbeitung daran, dass sie die Informationen* ***aller*** *in der Aufgabenstellung genannten Materialgrundlagen verwenden müssen.*

Bei einer Zusammenfassung der in Düsseldorf an verschiedenen Messpunkten für *Parmelia sulcata* ermittelten Werte können die folgenden Aussagen aus Tabelle 3 abgeleitet werden: Liegen die Messpunkte in stark frequentierten Bereichen wie Mörsenbroich (Autobahnabfahrt) oder Corneliusstraße/Fürstenwall (Durchgangsstraße), so nimmt die Flechtendiversität gegenüber Messpunkten in weniger befahrenen Gegenden, wie dem Lessingplatz (Parkplatz) oder Benrath (Parklandschaft), deutlich ab. Werden die Werte in Gegenden ermittelt, die nur gelegentliche oder kurzzeitig hohe Verkehrsbelastungen aufweisen, wie im Stadionbereich oder auf dem Messegelände, ist dort interessanterweise eine sehr hohe Flechtenartenzahl zu verzeichnen. Nimmt die Verkehrsbelastung an den Messpunkten zu, erhöht sich damit auch die mittlere Stickstoffzahl aller Flechten an diesem Ort. Die gleiche Tendenz ist zu beobachten, wenn der Stickstoffgehalt von *Parmelia sulcata* prozentual zum Trockengewicht ermittelt wird. Je verkehrsreicher die Gegend um den Messpunkt herum ist, desto höher ist der jeweilige Anteil von N_2 am Trockengewicht der Probe. Werden die drei gerade angesprochenen Parameter (Flechtenhäufigkeit, Verkehrsverhältnisse und Stickstoffgehalt) nun für *Parmelia sulcata* in einen Zusammenhang gebracht, kann für diese Flechte Folgendes festgehalten werden: An häufig befahrenen Straßen und Autobahnen als Stickstoffquelle kann sie offensichtlich mehr Ammoniumionen aufnehmen. Wie Tabelle 2 verdeutlicht, bedeutet dies aber nicht, dass die Flechtenart durch ihre vermehrte Aufnahme von Ammoniumionen an verkehrsbelasteten Messpunkten dort auch mengenmäßig häufiger vertreten ist. Hier sind andere Flechtenvertreter, wie *Phaeophyscia orbicularis* und *Physcia tenella*, z. T. deutlich erfolgreicher bei der Besiedelung dieses Lebensraumes.

III.5 *In der letzten Teilaufgabe sollten Sie die Materialien in Bezug auf Phaeophyscia orbicularis nochmals genau analysieren und sich die Frage stellen, auf welcher Grundlage gerade ihr Vorkommen an belasteten Standorten beruhen kann.*

Betrachtet man die Daten, welche in Düsseldorf zu verschiedenen Flechtenarten an unterschiedlichen Standorten ermittelt wurden, so kann hier vor allem die Art *Phaeophyscia orbicularis* als Bioindikator dienen. Dies ist mit folgenden Fakten zu belegen: Die Blattflechte *Phaeophyscia orbicularis* weist mit dem Wert 7 eine sehr hohe Stickstoffzahl auf, was bedeutet, dass sie vor allem dort gut existieren kann, wo nährsalzreiche Baumrinden vorkommen, an denen häufig Straßenstaub anhaftet. Damit kann die Flechte gerade dort am besten existieren, wo eine Belastung der Umwelt mit Ammoniak besonders hoch ist. Legt man die berechtigte Annahme zugrunde, dass es sich beim Stickstoff um einen Faktor handelt, der das Wachstum der Flechte limitiert (Minimumfaktor), so ist folgende Annahme wahrscheinlich: Je höher die Konzentration von Ammoniumionen in der Umgebung ist, desto größer ist die Wahrscheinlichkeit für ein Vorkommen und üppiges Wachstum von *Phaeophyscia orbicularis*. Daraus kann eine weitere Vermutung abgeleitet werden: *Phaeophyscia orbicularis* wird an diesen Standorten sehr wahrscheinlich über einen Konkurrenzvorteil gegenüber anderen, nicht so anpassungsfähigen Flechtenarten verfügen.

Leistungskurs Biologie (NRW) – Abitur-Prüfung 2011
Aufgabe 1: Evolution

Aufgabenstellung: Punkte

Thema: Tabakpflanzen wehren sich gegen Raupenfraß

I.1 Beschreiben Sie die in Material A dargestellten Ergebnisse der Versuche zur Ausbildung von Morgenblüten sowie die wesentlichen Eigenschaften von Nacht- und Morgenblüten und interpretieren Sie diese vor dem Hintergrund der unterschiedlichen Bestäuber (Materialien A und B). 17

I.2 Erläutern Sie das in Material C dargestellte Experiment und deuten Sie die Ergebnisse unter Berücksichtigung der an Tabakpflanzen vorkommenden Bestäuber und unter Berücksichtigung der in Abbildung 3 dargestellten Versuchsergebnisse. Nennen Sie Auswirkungen der geänderten Blühinduktion auf die Fitness der untersuchten Tabakpflanzen gegenüber Tabakpflanzen, die überwiegend Nachtblüten produzieren (Materialien B und C). 18

I.3 Fassen Sie die Versuchsergebnisse des in Material D beschriebenen Experiments zur Regulation der Blütenproduktion mit normalen und gentechnisch veränderten Tabakpflanzen zusammen. Entwickeln Sie eine Hypothese zur Regulation der Produktion von Morgenblüten über den Fraßdruck. 15

I.4 Erklären Sie, welche Evolutionsmechanismen zur Entwicklung der unterschiedlichen Blütenformen (nachtblühend/tagblühend) bei Tabakpflanzen geführt haben könnten (Materialien A bis D). Diskutieren Sie dabei, ob die Tabakpflanze auf lange Sicht nur noch Morgenblüten produzieren wird, indem Sie die verschiedenen Bestäuber der Tabakpflanze mit in Ihre Überlegungen einbeziehen. 16

Material A: Produktion von Morgenblüten bei Tabakpflanzen

Zahlreiche Pflanzenarten locken mit den Farben und Formen ihrer Blüten sowie mit Nektar und Duftstoffen Schmetterlinge zur Bestäubung und Fortpflanzung an. Weibliche Schmetterlinge können jedoch eine große Gefahr für die Pflanze darstellen: Einmal angezogen durch den Duft der Blüten, legen sie ihre Eier ab, aus denen schließlich gefräßige junge Raupen schlüpfen.

Wissenschaftler beobachteten im Verlauf von Freilanduntersuchungen im sogenannten „Großen Becken" in Utah (USA) ein massives Auftreten von Raupen des Tomatenschwärmers *(Manduca quinquemaculata)*. Fast jede Tabakpflanze der dort heimischen Art *Nicotiana attenuata* war am Versuchsort von diesen Schädlingen befallen.

Die Gruppe von Wissenschaftlern widmete sich den befallenen Tabakpflanzen genauer und bemerkte, dass diese – im Gegensatz zu nicht befallenen Pflanzen – viele Blütenknospen aufwiesen, die sich erst nach Sonnenaufgang öffneten („Morgenblüten"). Ursprünglich ist die oben genannte Tabakart aber nachtblühend und öffnet die Knospen nach Sonnenuntergang.

Um herauszufinden, ob ein Zusammenhang zwischen Raupenbefall und der Bildung von Morgenblüten besteht, führten Wissenschaftler des Max-Planck-Instituts Jena 2010 weitere Untersuchungen durch. Sie verwendeten dazu Tabakpflanzen der oben genannten Art sowie Raupen des Tabakschwärmers *(Manduca sexta)*; dieser ist mit dem in den Freilandbeobachtungen aufgetretenen Tomatenschwärmer verwandt. Er ähnelt ihm in den entscheidenden Eigenschaften und kann deshalb für die Versuche anstelle des Tomatenschwärmers verwendet werden.

Nachfolgende Abbildungen zeigen das Ergebnis der Untersuchungen:

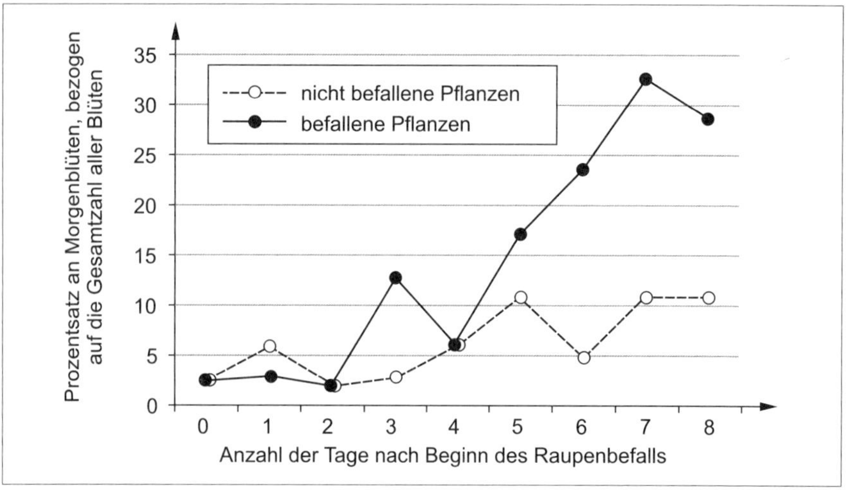

Abb. 1: Produktion von morgens öffnenden Blüten bei von Raupen befallenen und nicht befallenen Tabakpflanzen (bezogen auf die Gesamtzahl aller Blüten).
verändert nach: Kessler, Danny, Diezel, Celia, Baldwin, Ian T. (2010)

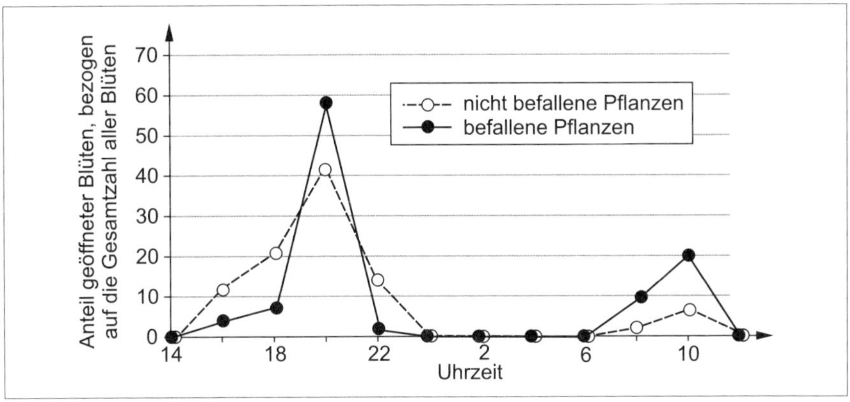

Abb. 2: Anteil geöffneter Blüten zu verschiedenen Tageszeiten bei von Raupen befallenen und nicht befallenen Pflanzen (bezogen auf die Gesamtzahl aller Blüten).
verändert nach: Kessler, Danny, Diezel, Celia, Baldwin, Ian T. (2010)

Weitere Untersuchungen an morgens und nachts geöffneten Blüten
Weiterhin stellten die Wissenschaftler in Versuchen fest, dass die Öffnung der Blütenblätter der morgens öffnenden Blüten um zwei Drittel gegenüber den nachts öffnenden Blüten reduziert ist und dass der Zuckergehalt in den morgens öffnenden Blüten deutlich geringer ist als in den sich nachts öffnenden Blüten. Beide Blütenformen geben nur am Abend und in der Nacht den Duftstoff Benzylaceton ab.

Material B: Bestäuber der Tabakpflanze

Tomatenschwärmer *(Manduca quinquemaculata)* und **Tabakschwärmer** *(Manduca sexta)* sind Schmetterlinge aus der Familie der Schwärmer *(Sphingidae)*. Beide Arten kommen in weiten Teilen Nord- und Südamerikas vor.

Die nachtaktiven Falter saugen Nektar von Blüten und können wie alle Schwärmer auf der Stelle fliegen. Die Raupen beider Arten ernähren sich von Nachtschattengewächsen, insbesondere von Tabakpflanzen. Sie vertragen das darin enthaltene Nikotin und können es im Körper anreichern, was sie für Fressfeinde ungenießbar macht. Die Tabakpflanzen dienen den Raupen als Lebensgrundlage, die ausgewachsenen Schwärmer ernähren sich außerdem von deren Nektar.

Tabak- und Tomatenschwärmer werden durch die Duftabgabe der Tabakblüten über sehr weite Strecken angelockt. Beide Schwärmerarten können grundsätzlich weite Strecken zurücklegen.

Neben den Schwärmern beobachteten die Wissenschaftler an den stark von Raupen befallenen Tabakpflanzen zunehmend auch **Kolibris** (Familie der *Trochilidae*) als Bestäuber. Kolibris sind sehr kleine Vögel, die sich vorwiegend von Blütennektar ernähren. In den Blüten sammeln sich zudem Insekten, die ebenfalls von den Kolibris gefressen werden. Kolibris sind tagaktiv. Sie verlassen die unmittelbare Umgebung ihrer Nester in der Regel nicht.

Material C: Bestäuber an befallenen und nicht befallenen Tabakpflanzen

Um zu untersuchen, welche der Bestäuber – Schwärmer oder Kolibris – die verschiedenen Blüten der Tabakpflanze aufsuchen und welche Auswirkungen dies hat, führten die Wissenschaftler weitere Freilandexperimente durch.
Dafür wurden zunächst aus den Blütenknospen der untersuchten Tabakpflanzen die Staubfäden entfernt. Dann wurde eine nicht von Raupen befallene und eine von Raupen befallene Pflanze mit einem netzumspannten Drahtkäfig von 20.00–06.00 Uhr zugedeckt, um nachtaktive Bestäuber auszuschließen. Ein zweites solches Paar befallener und nicht befallener Pflanzen blieb über Nacht unverdeckt und war so nachtaktiven Bestäubern zugänglich.

Noch vor der Morgendämmerung wurden die Käfige getauscht, sodass die nachts unverdeckten Pflanzen nun tagsüber verdeckt waren (von 06.00–20.00 Uhr) und die des Nachts verdeckten Pflanzen am Tage für Bestäuber zugänglich wurden.

Raupen des Tabakschwärmers wurden entfernt, bevor die Tabakpflanzen möglichen Bestäubern ausgesetzt wurden.

Am Abend wurden die Käfige auf alle Versuchspflanzen gesetzt und verblieben zugedeckt bis zur Bildung von Samenkapseln an den Blüten.

Die folgende Abbildung 3 zeigt die Ergebnisse der Untersuchung. In Abbildung 4 sind die Ergebnisse eines Kontrollversuchs dargestellt.

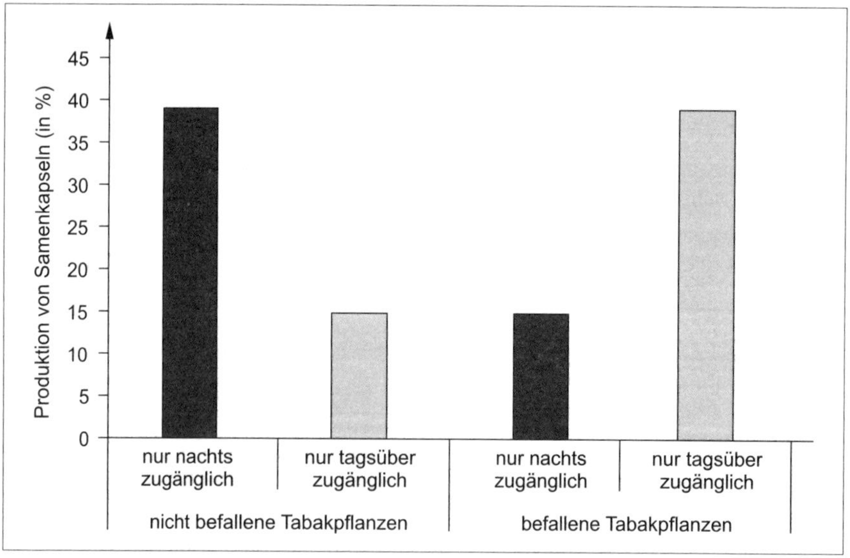

Abb. 3: Samenkapselproduktion bei befallenen und bei nicht befallenen Tabakpflanzen, die zu unterschiedlichen Tag- bzw. Nachtzeiten für Bestäuber unzugänglich waren. Angegeben ist für jeden Versuchsansatz, aus wie viel Prozent der vorhandenen Blüten sich Samenkapseln entwickelten.
verändert nach: Kessler, Danny, Diezel, Celia, Baldwin, Ian T. (2010)

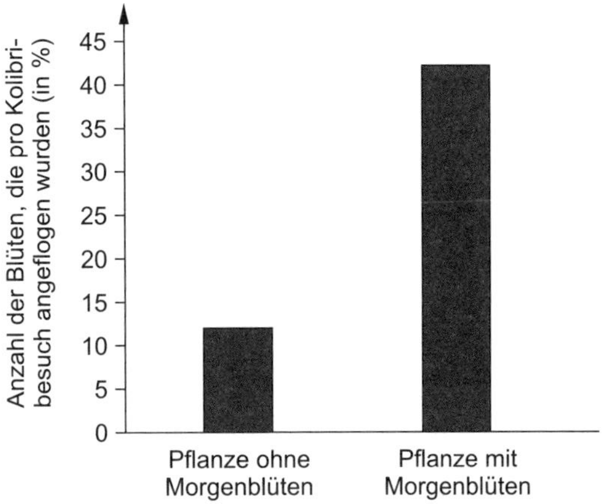

Abb. 4: Anzahl der Blüten von Pflanzen mit und ohne Morgenblüten, die pro Kolibribesuch angeflogen wurden (Kontrollversuch).
verändert nach: Kessler, Danny, Diezel, Celia, Baldwin, Ian T. (2010)

Material D: Regulation der Blütenproduktion

In weiteren Versuchen wurde überprüft, wie die von Raupen befallenen Pflanzen deren Fraß „bemerken“ und wie die Produktion von Morgenblüten bei den Tabakpflanzen stimuliert wird. Statt junge Raupen auf die Blätter der Tabakpflanzen zu setzen, verwundeten die Forscher ein Blatt durch kleine Einstiche und verteilten darauf Speichel von Larven des Tabakschwärmers. Zusätzlich zum Wildtyp von *Nicotiana attenuata* wurde mit gentechnisch veränderten Tabakpflanzen gearbeitet, die nicht das Pflanzenhormon Jasmonat herstellen können.

Ein Teil der untersuchten Pflanzen wurde alle 2 Tage mit dem Pflanzenhormon Jasmonat besprüht, ein anderer Teil wurde nicht besprüht.

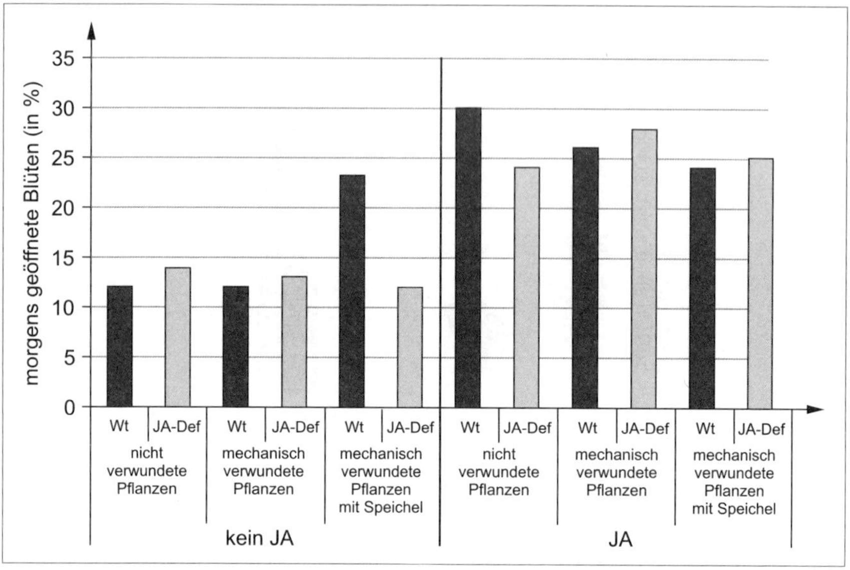

Wt = Wildtyp *N. attenuata* (Jasmonat-herstellend)
JA-Def = gentechnisch veränderte Tabakpflanzen ohne Jasmonat-Produktion (Jasmonat-Defizit)
JA = Pflanzen wurden alle zwei Tage mit Jasmonat besprüht
kein JA = Pflanzen wurden nicht besprüht

Abb. 5: Anteil an morgens geöffneten Blüten (bezogen auf die Gesamtzahl aller Blüten) bei nicht behandelten und bei mechanisch verwundeten Tabakpflanzen.
verändert nach: Kessler, Danny, Diezel, Celia, Baldwin, Ian T. (2010)

weitere Materialgrundlage:

Kessler, Danny, Diezel, Celia, Baldwin, Ian T. (2010). Supplemental Information: Changing Pollinators as a Means of Escaping Herbivores. Current Biology 20, Februar 9, 2010, 237–242

Max-Planck-Gesellschaft, Referat für Presse- und Öffentlichkeitsarbeit (Hrsg.) (2010) Kolibris bevorzugt. http://www.ice.mpg.de/main/news/prelease/Pressem_Kessler2010_de.htm (12. 04. 2011)

Kessler, A., Baldwin, Ian T. (2002). Plant responses to insect herbivory: The emerging molecular analysis. Annu. Rev. Plant Biol. 53, 299–328

Halitschke, R., Schittko, U., Pohnert, G., Boland, W., and Baldwin, Ian T. (2001). Molecular interactions between the specialist herbivore Manduca sexta (Lepidoptera, Sphingidae) and its natural host Nicotiana attenuata. III. Fatty acid-amino acid conjugates in herbivore oral secretions are necessary and sufficient for herbivore-specific plant responses. Plant Physiol. 125, 711–717

Lösungsvorschlag

In der Aufgabe thematisierte Unterrichtsinhalte sind:
Grundlagen evolutiver Veränderung in Struktur und Verhalten, genotypische Variabilität von Populationen, Fitness, Anpassung, Art und Artbildung, Selektionsvorteile

I.1 *Vor der Beschreibung der Versuchsergebnisse sollten Sie die allgemeinen Zusammenhänge, die zu den Untersuchungen geführt haben, kurz zusammenfassend schildern. Bei den Tabellen müssen Sie nicht auf jeden einzelnen Messwert eingehen. Wenn Sie die allgemeine Tendenz klar herausarbeiten und mit exemplarischen Werten belegen, genügt dies völlig. Unstimmigkeiten sollten Sie dennoch zumindest erwähnen. Auf der Grundlage der erarbeiteten Daten können Sie diese dann in Bezug auf die Bestäuber interpretieren.*

Tabakpflanzen der Art *Nicotiana attenuata* stellen die Nahrung der Raupen des Tomatenschwärmers *Manduca quinquemaculata* dar. Untersuchungen der befallenen Pflanzen ergaben, dass sie „viele Blütenknospen aufwiesen, die sich erst nach Sonnenaufgang öffneten". Derartige Morgenblüten waren bei nicht befallenen Pflanzen kaum vorhanden, zumal *Nicotiana attenuata* nachtblühend ist und ihre Blütenknospen normalerweise erst nach Sonnenuntergang öffnet. In weiterführenden Experimenten wurde das Verhältnis von Tabakpflanze und Schwärmerraupen genauer untersucht. Dabei verwendete man eine mit dem Tomatenschwärmer eng verwandte Art, die die gleichen Eigenschaften wie dieser besitzt, den Tabakschwärmer (*Manduca sexta*). Die Experimente brachten die folgenden Ergebnisse, die in zwei Abbildungen wiedergegeben sind:
Abbildung 1 gibt auf der Ordinate (y-Achse) den Prozentsatz an Morgenblüten bezogen auf die Gesamtzahl aller Blüten an; auf der Abszisse (x-Achse) ist die Anzahl der Tage nach Beginn des Raupenbefalls angetragen. Dargestellt ist jeweils die Entwicklung der Anzahl der befallenen bzw. nicht befallenen Tabakpflanzen. Bei den befallenen Tabakpflanzen konnte man bereits ab dem 3. Tag einen deutlichen Anstieg der Produktion von Morgenblüten (von ca. 2 auf etwa 14 %) beobachten. Diese Tendenz setzte sich bis zum 7. Tag fort, an dem ein Drittel aller Blüten Morgenblüten waren. Lediglich am 4. Tag der Untersuchungsreihe war ein „Ausreißer" in den Messwerten zu erkennen, hier fiel die Produktion der Morgenblüten für einen Tag ab. Bei den nicht von Tabakschwärmern befallenen Pflanzen zeigte sich ein deutlich anderes Bild. Hier schwankte der Wert bis zum 4. Versuchstag um die 5 % und danach zwischen 5 % (Tag 6) und 11 % (Tag 5, 7 und 8).
In der zweiten Abbildung wird der Anteil geöffneter Blüten bezogen auf die Gesamtzahl aller Blüten (Ordinate/y-Achse) in Relation zur Tageszeit (Abszisse/x-Achse) dargestellt. Von den Schwärmern befallene Tabakpflanzen öffneten ihre Blüten bevorzugt gegen 20 Uhr (beinahe 60 %) und gegen 10 Uhr am Morgen (20 %). Nicht befallene Exemplare von *Nicotiana attenuata* öffneten ihre Blüten deutlich länger, und zwar ab 14 Uhr bis 22 Uhr, mit einem Spitzen-

wert von 41 % um ca. 20 Uhr. Um 16, 18 und 22 Uhr waren bei ihnen mehr Blüten geöffnet als bei den befallenen Artgenossen.

In Bezug auf die wesentlichen Eigenschaften von Nacht- und Morgenblüten kann anhand der Informationen aus Material A das Folgende festgehalten werden: Der Durchmesser der Öffnung der Blüten unterschied sich bei den Blütentypen. Waren die Blütenblätter morgens geöffnet, so war deren Öffnung um zwei Drittel kleiner als bei Blüten, die sich nachts öffneten. Ebenso wiesen Morgenblüten einen deutlich verringerten Zuckergehalt auf als diejenigen, die nachts blühten. Beide Blütentypen gaben einen spezifischen Duftstoff, Benzylaceton, ab, und zwar nur am Abend und in der Nacht.

Mit Blick auf die unterschiedlichen Bestäuber der Tabakpflanze (nachtaktive Schwärmer/tagaktive Kolibris) lassen sich die Eigenschaften von *Nicotiana attenuata* wie folgt interpretieren: Aufgrund ihres Lebensrhythmus besuchen Schwärmer und Kolibris die Pflanzen zu unterschiedlichen Tageszeiten. Um die Schwärmer anzulocken, ist es für den Tabak günstig, seinen Duftstoff gegen Abend und im Laufe der Nacht abzugeben und damit seine Insektenbestäuber in einem weiten Umkreis auf sich aufmerksam zu machen. So ist zu vermuten, dass die Schwärmer vor allem die nachts geöffneten Blüten besuchen und bestäuben. Demgegenüber ist der Kolibri ein – zudem noch sehr ortstreuer – tagaktiver Vogel. Er wird wahrscheinlich die am Morgen geöffneten Blüten besuchen. In diesem Zusammenhang ist eine evolutive Anpassung der Pflanzen zu beobachten. Da es für Morgenblüten eine Energie- und Ressourcenvergeudung darstellt, tagsüber Benzylaceton zu verströmen, spart sich die Tabakpflanze im wahrsten Sinne des Wortes diese Mühe. Nur Insekten lassen sich damit anlocken. Diese fliegen aber über Tage nicht und tagaktive Kolibris reagieren auf den weitreichenden Duftstoff nicht.

I.2 *Hier sollten Sie zunächst kurz auf das Experiment eingehen und es erst anschließend erläutern. Dies gibt Ihnen die Sicherheit, alles Wesentliche an der Versuchsdurchführung erkannt zu haben. Lassen Sie sich von den vorgegebenen Formulierungen und den Grafiken nicht verwirren! Arbeiten Sie das Material gewissenhaft durch und ordnen Sie Zusammengehörendes einander zu. Selbst wenn Sie den Begriff „Blühinduktion" nicht kennen, erschließt er sich sinngemäß aus dem Material.*

In Freilandexperimenten gingen Forscher der Frage nach, welche Auswirkungen der Blütenbesuch durch die verschiedenen Bestäuber auf die Blütenbildung hat. Bei den verwendeten Versuchspflanzen (zwei von Raupen befallene und zwei nicht befallene Exemplare) wurde zunächst eine Selbstbestäubung durch das Entfernen der Staubfäden ausgeschlossen. In einem aufwendigen Experiment setzte man je eine befallene und eine nicht befallene Pflanze den gleichen Bedingungen aus. Während das eine Paar nachts von 20 Uhr bis 6 Uhr von Nektar suchenden Bestäubern angeflogen werden konnte, verhinderte man dies bei dem zweiten Paar durch einen abschirmenden Drahtkäfig. In der Zeit von 6 Uhr bis 20 Uhr herrschten die umgekehrten Versuchsbedingungen, indem die

Drahtkäfige nun über das zweite Pflanzenpaar gestülpt wurden. Bevor die Tabakpflanzen möglichen Bestäubern ausgesetzt wurden, hatte man die Tabakschwärmerraupen von ihnen entfernt. 24 Stunden nach Versuchsbeginn wurden alle Versuchspflanzen mit Drahtkäfigen abgeschirmt. Unter diesen Bedingungen konnten die Pflanzen anschließend Samenkapseln an ihren Blüten bilden. Die Grundüberlegung, welche hinter dieser Versuchsanordnung stand, war zu überprüfen, wie wirksam sich die Blütenproduktion der Tabakpflanzen in Abhängigkeit von den jeweiligen Bestäubern gestaltet. Der Maßstab für die Wirksamkeit war in diesem Fall die Menge produzierter Samenkapseln. Als Kontrolle diente eine Versuchsanordnung mit Kolibris als alleinigen Bestäubern. Abbildung 3 in Material C verdeutlicht das erzielte Versuchsergebnis. Waren nicht befallene Tabakpflanzen nur nachts für Bestäuber zugänglich, so lag ihre Samenkapselproduktion bei fast 40 %. Konnten sie nur tagsüber bestäubt werden, lag dieser Wert bei lediglich 15 %. Die nachtaktiven Schwärmer sorgten also dafür, dass mehr als doppelt so viele Samenkapseln entstehen konnten. Das prozentual genau umgekehrte Bild zeigt sich, wenn man die Ergebnisse der Pflanzen vergleicht, die von *Manduca sexta* befallen waren. Hier lag die Produktion der Samenkapseln bei den ausschließlich tagsüber zugänglichen Exemplaren bei 40 % und bei den nur nachts zugänglichen bei 15 %. In diesem Fall erklärt sich das Ergebnis aus der Tatsache heraus, dass die Kolibris, die hier als Bestäuber wirken, tagsüber aktiv sind. Diese Feststellungen lassen sich auch gut mithilfe des Kontrollversuchs (Abbildung 4 in Material C) belegen. Bei diesem Experiment wurde die Anzahl der Blüten von Pflanzen mit und ohne Morgenblüten ermittelt, die bei jedem Besuch des Vogels angeflogen wurden. Dabei stellte sich heraus, dass ca. 42 % der Pflanzen mit und nur ca. 12 % der Pflanzen ohne Morgenblüten angeflogen wurden. Beides deckt sich mit den Erkenntnissen über die Samenkapselproduktion unter den verschiedenen Versuchsbedingungen.

Betrachtet man die Ergebnisse, so zeigt sich, dass *Nicotiana attenuata* je nach den Außenbedingungen (Raupenbefall oder kein Raupenbefall) unterschiedliche Blüten bildet. Wodurch dies ausgelöst wird bzw. wonach entschieden wird, welche Blühinduktion zum Tragen kommt, hängt mit der reproduktiven Fitness der Tabakpflanzen zusammen. Wie aus Material A hervorgeht, ist *Nicotiana attenuata* normalerweise ein Nachtblüher, der seine Blütenknospen erst nach Sonnenuntergang öffnet. Die nachts ausschwärmenden Tomaten- und Tabakschwärmer dienen dann als Bestäuber. Sie können die Pflanze, die sie bestäuben, aber auch gleichzeitig als „Kinderstube" für ihren gefräßigen Raupennachwuchs nutzen und so einen deutlichen Fraßdruck auf die Tabakpflanze ausüben. Dies macht sich in der Blühinduktion bemerkbar. Ist eine Pflanze, die sowohl Nacht- als auch Morgenblüten ausbildet, bereits von Schmetterlingsraupen befallen, so bildet sie vermehrt Morgenblüten aus. Dadurch werden keine weiteren nachtaktiven Schmetterlinge mehr angelockt und die tagaktiven Kolibris sorgen mit ihrer Bestäubungstätigkeit für eine Fortpflanzung und Vermehrung von *Nicotiana attenuata*. So ist die enorme Produktion an Samenkapseln derjenigen Pflanzen zu erklären, die während des Versuchs nur tagsüber angeflogen werden konnten. Damit gelingt den Tabakpflanzen, die tagsüber blühen und unter Fraßdruck stehen, eine deutliche Fitnesssteigerung während ihrer Reproduktionsphase. Sie haben die Möglichkeit, durch die Bildung von Morgenblüten einen Bestäuber anzulocken, der sie – im Gegensatz zu den Schwärmern – nicht potenziell schädigt. Unter den Bedingungen des Fraßdrucks haben Tabakpflanzen mit einer derartigen Blühinduktion einen evolutiven Vorteil gegenüber ihren Artgenossen, die als weiterhin nachtblühende Pflanzen überwiegend Nachtblüten ausbilden.

I.3 *Auch die in Material D vorgegebene Abbildung 5 ist nicht auf den ersten Blick zu durchschauen. Hier gilt Gleiches wie bei der vorigen Teilaufgabe (s. o.). Bei der Entwicklung von Hypothesen sollen Sie nicht frei spekulieren, sondern kontextbezogen und anhand von Aussagen im Arbeitsmaterial überlegt argumentieren.*

In Material D sind die Ergebnisse eines Experimentes dargestellt, bei dem der prozentuale Anteil am Morgen geöffneter Blüten (bezogen auf die Gesamtblütenzahl) von *Nicotiana attenuata* ermittelt wurde. Die einzelnen Tabakpflanzen unterschieden sich zum einen in ihrer genetischen Ausstattung und zum anderen in der Art und Weise, wie mit ihnen verfahren wurde.
Verwendet wurde entweder der Wildtyp oder eine gentechnisch veränderte Form der Tabakpflanze, die das Phytohormon Jasmonat nicht bilden kann. Mit den einzelnen Exemplaren verfuhr man auf dreierlei Weise. Die Pflanzen wurden entweder nicht manipuliert oder man fügte ihnen mechanische Verletzungen durch kleine Einstiche zu, wodurch die Forscher Raupenfraß imitierten. Von den letzteren Pflanzen wurde ein Teil der Exemplare an den Einstichstellen zusätzlich noch mit Speichel von Tabakschwärmerlarven bestrichen. Eine Hälfte aller so behandelten bzw. unbehandelten Pflanzenexemplare besprühte man schließlich alle zwei Tage mit Jasmonat, die andere Hälfte wurde nicht dem Pflanzenhormon ausgesetzt.
Insgesamt ergab sich für die Forscher nach Auswertung der Versuche das folgende Bild: Betrachtet man die Versuchsansätze, die nicht mit Jasmonat besprüht worden waren, so wiesen alle bis auf einen ähnliche Prozentwerte an Morgenblüten auf (zwischen 12 und 14 %). Die deutliche Ausnahme bildeten Wildtyppflanzen, die verletzt und mit Speichel versehen worden waren. Hier lag der prozentuale Anteil morgens geöffneter Blüten bei ca. 23 %. Besonders interessant an diesen Versuchsergebnissen ist, dass die gentechnisch veränderten Verlustmutanten trotz Verletzung und aufgebrachtem Speichel keine vermehrte Ausbildung von Morgenblüten aufwiesen.
Wurden die Pflanzen mit dem Phytohormon Jasmonat besprüht, veränderten sich fast alle gemessenen Werte, mit einer Ausnahme: Der Prozentwert bei den verletzten und eingespeichelten Wildtypexemplaren blieb mit ca. 25 % annähernd gleich. Dies bedeutet, dass eine zusätzliche Benetzung mit Jasmonat auch einen maximal geschädigten Wildtyp (Verletzung + Speichelgabe) nicht

zu einer vermehrten Morgenblütenproduktion veranlasste. Bei allen anderen Exemplaren von *Nicotiana attenuata* war dagegen eine deutliche Steigerung – z. T. mehr als eine Verdoppelung – des Prozentsatzes der sich am Morgen öffnenden Blüten zu beobachten. Insgesamt ist zu erkennen, dass zwischen den Wildtyppflanzen einerseits und den Jasmonat-Defizitmutanten andererseits nur eine geringe Schwankungsbreite in den einzelnen Prozentzahlen vorkam. Eine sich generell abzeichnende, eindeutige Tendenz kann hieraus aber nicht abgelesen werden.

Legt man die hier mit verschiedenen experimentellen Ansätzen gewonnenen Erkenntnisse zugrunde, so lassen sich folgende Überlegungen zur Regulation der Produktion von Morgenblüten über den Fraßdruck anstellen: Ausgangspunkt ist, dass eine Raupe des Tabakschwärmers auf der Tabakpflanze aus dem Ei schlüpft und beginnt, an den Blättern der Pflanze zu fressen. Dadurch wird die Tabakpflanze verletzt, zusätzlich gelangt dabei Speichel der Schmetterlingsraupe in das Blattgewebe. Wie die Reaktion der nicht besprühten Wildtyppflanze, die mit Speichel bestrichen wurde, vermuten lässt, produzieren die Blätter der Tabakpflanze unter Fraßbedingungen Jasmonat. Dieses Phytohormon ist für die Blühinduktion in Richtung einer vermehrten Ausbildung von Morgenblüten verantwortlich. Hieraus ergibt sich eine direkte Abhängigkeit zwischen der Verletzung der Tabakpflanze durch eine Tabakschwärmerraupe einerseits und der Produktion des Pflanzenhormons Jasmonat andererseits. Die Ausbildung des Phytohormons bewirkt wiederum eine vermehrte Produktion von Morgenblüten, wodurch eine weitere Nektarsuche der nachtaktiven Schmetterlinge auf der Tabakpflanze eingeschränkt wird.

I.4 *Vergegenwärtigen Sie sich bei der Bearbeitung dieser Teilaufgabe noch einmal alle von Ihnen erarbeiteten Grundaussagen über das Zusammenwirken von Blütenform und Bestäubern. Ihre Deutung der Verhältnisse muss auf evolutive Erklärungsmuster ausgelegt sein. Bei der abschließenden Diskussion müssen Sie Vor- und Nachteile für die Überlebenschancen der Tabakpflanzen gegeneinander abwägen.*

Die Ausbildung der unterschiedlichen Blütenformen bei der Tabakpflanze *Nicotiana attenuata* ist das Ergebnis evolutiver Prozesse. Bei der Erklärung, welche Evolutionsmechanismen zur Entwicklung der unterschiedlichen am Tag und in der Nacht blühenden Formen bei Tabakpflanzen geführt haben, können die folgenden Überlegungen angeführt werden: Die Ausgangsform von *Nicotiana attenuata* war nachtblühend, d. h., es existierten nur oder fast nur Nachtblüten an den Pflanzen. Ihre Bestäuber, Tomaten- bzw. Tabakschwärmer, nutzten die Pflanzen aber nicht nur als Nahrungsquelle, sondern auch um ihre Eier an den Blättern des Tabaks abzulegen. Die schlüpfenden Raupen fraßen an der Pflanze und schädigten sie. Da nicht alle Individuen der Tabakpflanze genetisch gleich ausgestattet sind, konnten durch spontane, ungerichtete und vererbbare Mutationen und Rekombinationen Exemplare entstehen, die sich gegenüber dem Wildtyp unterschieden. Diese Mutanten waren in der Lage, sobald

Speichel der Schwärmerraupen in das Blattgewebe gelangte, Jasmonat zu produzieren. Dieses Pflanzenhormon veranlasste dann eine dahingehende Blühinduktion, dass vermehrt sich tagsüber öffnende Blüten ausgebildet wurden. Diese Morgenblüten wurden nun nicht mehr von nachtaktiven Schmetterlingen, sondern von tagsüber fliegenden Kolibris bestäubt, die im Kelch der Tabakpflanze Nektar und kleinere Insekten als Nahrung fanden. Damit hatten diese Pflanzen einen deutlichen Selektionsvorteil. Die mutierten Tabakpflanzen konnten ihr Erbgut vermehrt an die Nachkommenschaft weitergeben, weil sie eine größere Fitness besaßen als der Wildtyp, der keine Morgenblüten ausbilden konnte.
Im Zusammenhang mit der verbesserten Fitness der mutierten Tabakpflanzen stellt sich die Frage, ob *Nicotiana attenuata* dann auf Dauer ausschließlich Blüten produziert, die sich am Morgen öffnen. Für die Beantwortung dieser Frage muss man sich die Bedingungen vergegenwärtigen, unter denen der Tabak Morgenblüten ausbildet. Dies geschieht unter Phytohormonproduktion, die durch Raupenfraß induziert wird. Werden aber nur noch Morgenblüten ausgebildet, so sinkt die Wahrscheinlichkeit, dass die Pflanze von den Schmetterlingsraupen befallen wird. Dies führt zu einem Ausbleiben der Jasmonatproduktion, was eine Abnahme der Morgenblüten und wieder eine vermehrte Bildung von Nachtblüten zur Folge hat. Mehr Nachtblüten an der Pflanze bedeuten aber gleichzeitig auch wieder einen vermehrten Schwärmerbesuch mit der bekannten Folgeerscheinung der Produktion von Jasmonat und der vermehrten Ausbildung von Morgenblüten. Gedanklich wiederholt sich ab hier das „Wechselspiel" zwischen Raupenfraß, Blühinduktion und Wandel der Öffnungszeit der Tabakblüten. Trotz der Problematik, die auf die nächtlichen Bestäuber zurückgeht, bringt den Tabakpflanzen der Besuch des Tomaten- und des Tabakschwärmers auch einen Selektionsvorteil. Der Aktionsradius der Schmetterlinge ist sehr groß, da sie – wie aus Material B hervorgeht – weite Strecken zurücklegen können. Sie bringen der Tabakpflanze dadurch u. U. Pollen von entlegenen Standorten mit. Dies ist den Kolibris nicht möglich, da sie die unmittelbare Umgebung ihrer Nester in der Regel nicht verlassen. Indem die Art *Nicotiana attenuata* Schwärmer als Bestäuber nutzt, erhält sie die Aussicht auf neues genetisches Material und damit die Möglichkeit einer größeren genetischen Variabilität ihrer Nachkommen. Insofern ist die Ausbildung von Nachtblüten für die Tabakpflanzen nur bedingt als negativ anzusehen. Was letztendlich dem Tabak mehr Vorteile bringt (größere genetische Variabilität oder mehr Nachkommen durch weniger Raupenfraß), kann hier nicht entschieden werden.

Leistungskurs Biologie (NRW) – Abitur-Prüfung 2011
Aufgabe 2: Genetik

Aufgabenstellung: Punkte

Thema: Blütenfarbe bei Petunien

II.1 Beschreiben Sie zusammenfassend und vereinfacht die in Abbildung 1 dargestellten Prozesse sowie den Syntheseweg des violetten Blütenfarbstoffs Anthocyan bei der Petunie unter Einbezug der beteiligten Strukturen und Orte. Erklären Sie die dem beschriebenen Experiment zur Farbvertiefung (Material A) zu Grunde liegende Hypothese, dass durch das Einschleusen zusätzlicher Kopien des Gens für das Enzym Chalkon-Synthase die Blütenfarbe intensiviert werden könnte. 20

II.2 Beschreiben Sie anhand der Abbildungen 3a und 3b den Einbau einer zusätzlichen Kopie des Gens für das Enzym Chalkon-Synthase und leiten Sie begründet die Folgen für die Struktur der mRNA ab (Material B). 12

II.3 Erklären Sie den Bau und die Funktion eines Primers und vergleichen Sie ihn mit dem Bau und der Funktion der si-RNA bei der Petunie (Material C). 10

II.4 Zeichnen Sie aus den Informationen in den Materialien B und C ein Fließdiagramm, welches den Anstieg der si-RNA-Konzentration in Petunienzellen veranschaulicht. Erklären Sie die Tatsache, dass die Einführung einer zusätzlichen Genkopie für die Chalkon-Synthase bei den genetisch veränderten Petunien zu weißen Blüten oder Blüten mit weißen Bereichen, aber nicht zur gewünschten Farbvertiefung geführt hat (Material A, B, C). 10

II.5 Beurteilen Sie, ob die im Material C dargestellten Zusammenhänge als Gen-Regulationsmechanismus (im Sinne von Material D) bezeichnet werden können. 8

Material A: Experiment zur Intensivierung der Blütenfarbe

Die violette Blütenfarbe bei der Balkonpflanze der Gattung *Petunia*, im Folgenden Petunie genannt, wird durch den Farbstoff Anthocyan hervorgerufen.
1990 versuchte man, bei der Petunie die violette Blütenfarbe gentechnisch zu intensivieren. Dazu führte man zusätzliche Kopien des Gens für das an der Farbstoffsynthese beteiligte Enzym Chalkon-Synthase in die Pflanzenzellen ein. Die genaue Anzahl und Ausrichtung der Kopien lässt sich bei diesen zusätzlich in die Pflanzenzelle eingeschleusten Genkopien allerdings nicht steuern.
Erstaunlicherweise zeigten einzelne der so genetisch veränderten Pflanzen weiße Bereiche auf den Blütenblättern oder ganz weiße Blüten (Abbildung 2); die erwünschten dunkleren Pflanzen traten aber nie auf.

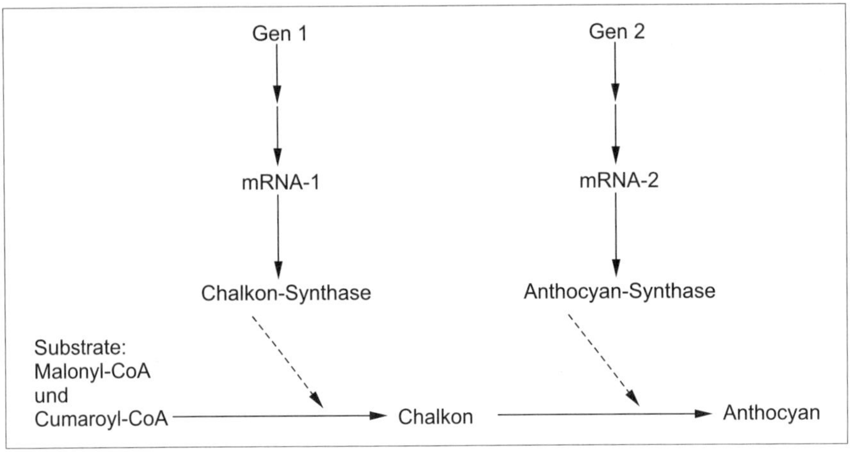

Abb. 1: Die Anthocyan-Synthese bei der Petunie
aus: Kuhlmann, M. (2004)

Abb. 2: Links die violette Wildform der Petunien-Blüten, in der Mitte und rechts genetisch veränderte Varianten, die die zusätzliche Genkopie für das Enzym Chalkon-Synthase enthalten
aus: Kuhlmann, M. (2004)

Material B: Einfügen einer Genkopie der Chalkon-Synthase in die DNA und resultierende Folgen

An der Sojabohne hat man den Einbau einer Genkopie und die daraus resultierenden Folgen für das Enzym Chalkon-Synthase erforscht.

Die folgenden Abbildungen illustrieren beispielhaft, wie sich eine Genkopie in den Genort der Chalkon-Synthase der Sojabohne integrieren kann und welche Folgen dies für die Transkription und Struktur der mRNA hat.

DNA	3'	… … **T G G G C A C T G**	5'
	5'	… … *A C C C G T G A C*	3'

Abb. 3a: DNA, Genausschnitt (Exon) aus dem Gen der Chalkon-Synthase der Sojabohne

DNA	3'	… … **T G G G C A C T G**	*C A G T G C C C A* … …	5'
	5'	… … *A C C C G T G A C*	**G T C A C G G G T** … …	3'

Abb. 3b: DNA am Genort (s. Abb. 3a) nach Einfügen einer Genkopie

mRNA-Moleküle	5'	… … A C C C G U G A C	G U C A C G G G U … …	3'
	3'	… … U G G G C A C U G	C A G U G C C C A … …	5'

Abb. 3c: Am gleichen Genort gebildete mRNA-Moleküle

ds-mRNA	5'	… … A C C C G U G A C	G U C A C G G G U … …	3'
	3'	… … U G G G C A C U G	C A G U G C C C A … …	5'

Abb. 3d: Möglichkeit der Bildung eines neuen Moleküls (doppelsträngige „ds"-mRNA)

Abb. 3a bis 3d: Einfügen einer Genkopie in die DNA und dessen Folgen für die Bildung der mRNA der Chalkon-Synthase.
erstellt nach: Akada, S. (1993) und Kooter (2010)

Material C: Abschalten von Genen durch RNA-Wechselwirkung

Die Expression von Genen kann verhindert werden, indem nach erfolgter Transkription die mRNA abgebaut wird.

Dabei spielen kurze, doppelsträngige RNA-Moleküle, die si-RNAs (short interfering RNA) eine große Rolle. Sie sind hinsichtlich der Basenabfolge unterschiedlich aufgebaut und haben immer eine Länge von ca. 21 bp.

Die si-RNA-Moleküle binden sich an spezielle RNA-Polymerasen (RdRP: RNA-directed RNA Polymerases) und werden danach in Einzelstränge aufgetrennt, so dass letztlich Verbindungen aus einem Einzelstrang der si-RNA und jeweils einem RNA-Polymerase-Molekül entstehen (abgekürzt: RdRP*).

Durch die jeweilige Basenabfolge der mit ihnen verbundenen si-RNA-Einzelstränge haben die RNA-Polymerase-Moleküle (RdRP*) jeweils eine sehr hohe Spezifität.

Einzelsträngige RNA, z. B. eine m-RNA, die komplementär zu einem si-RNA-Molekül-Einzelstrang ist, der mit einem RNA-Polymerase-Molekül verknüpft ist, wird zu einem **d**oppel**s**trängigen (ds-)RNA-Molekül ergänzt.

Diese doppelsträngige RNA wird in der Zelle abgebaut, indem sie durch das Enzym Dicer in kurze, ca. 21 bp lange Fragmente geschnitten wird, die wiederum als si-RNAs bezeichnet werden.
Die si-RNAs sind also Bruchstücke der ds-RNA-Moleküle, die unterschiedliche Sequenzen, aber jeweils die ungefähr gleiche Länge aufweisen. Diese neu entstandenen si-RNA-Moleküle können wieder mit den RNA-Polymerase-Molekülen reagieren.

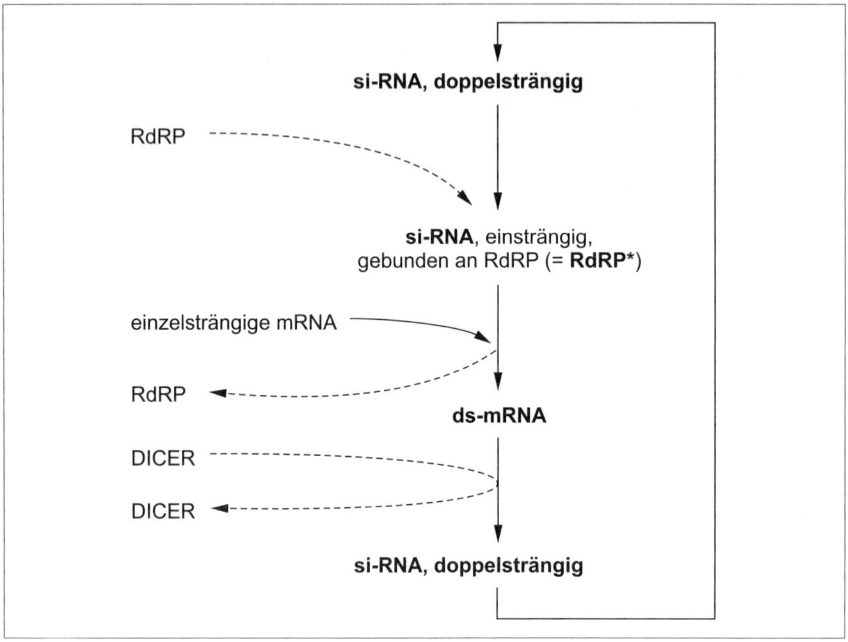

Abb. 4: Fließdiagramm zum Text Material C
aus: Kuhlmann, M. (2004)

Beim Versuch, die Blütenfarbe der Petunie durch die Einführung weiterer Genkopien für das Enzym Chalkon-Synthase zu intensivieren, traten weiße Blüten oder Blüten mit weißen Bereichen auf (Material A, Abbildung 2). In Zellen dieser weißen Blüten oder Blütenbereiche ließ sich keine vollständige mRNA für die Chalkon-Synthase nachweisen. Man findet aber einen Anstieg von si-RNA. In ihrer Basensequenz entsprechen diese si-RNAs Bruchstücken der mRNA für Chalkon-Synthase.

Material D: Das Prinzip einer Regelung

Als Regelung bezeichnet man die Aufrechterhaltung eines bestimmten Zustandes gegenüber verändernd wirkenden Einflüssen; der Ausgleich von Störungen und die Einstellung eines Gleichgewichts erfolgen meist durch negative Rückkopplung.
Beyer, Irmtraud, S. 462

weitere Materialgrundlage:

Akada, Shinji et al.: Nucleotide Sequence of a Soybean Chalcone Synthase Gene with a Possible Role in Ultraviolet-B Sensitivity, Gmchs6. In: Plant Physiology 1993, Nr. 102, 699–701

Beyer, Irmtraud et al.: Natura. Biologie für Gymnasien, Stuttgart 2008

Kanazawa, A., O'Dell, M., Hellens, R. P.: Epigenetic inactivation of chalcone synthase-A transgene transcription in petunia leads to a reversion of the post-transcriptional gene silencing phenotype. In: Plant Cell Physiol. 2007 (48) Nr. 4, 638–47. Epub 2007 Feb 21.

Kooter, J., Epigenetics. Gene silencing: RNA degradation and DNA methylation. http://www.bio.vu.nl/vakgroepen/genetica/Research-projects-new/Projects_Kooter/ Projects_ J.Kooter.htm (23. 02. 2010)

Kuhlmann, Markus, Nellen, Wolfgang: Gen, sei still! RNAinterferenz. In: Biologie unserer Zeit 2004 (34) Nr. 3. S. 142–150

Napoli, Carolyn et al.: Introduction of a Chimeric Chalcone Synthase Gene into Petunia Results in Reversible Co-Suppression of Homologous Genes in trans. In: The Plant Cell, Vol. 2, 279– 289, April 1990

Vaucheret, Hervé: Post-transcriptional small RNA pathways in plants: mechanisms and regulations. In: Genes & Development 2006, Vol. 20, 759–771 http://genesdev.cshlp.org/content/20/7/759.full.pdf + html (22. 02. 2010)

Vaucheret, Hervé et al.: Transgene-induced gene silencing in plants. In: The Plant Journal 1998, Vol. 16, Nr. 6, 651–659

Lösungsvorschlag

In der Aufgabe thematisierte Unterrichtsinhalte sind:
Proteinbiosynthese, Genregulation, Rückkopplungsmechanismen, Gentechnik, Entwicklungssteuerung

II.1 *Da die Abbildung 1 aus Material A nur geringfügig beschriftet ist, lässt Ihnen die Bearbeitung des ersten Teils dieser Aufgabe viele Freiheiten. Sie sollten sich aber trotzdem nicht in Ihrer Darstellung verzetteln, sondern nur die wirklich wichtigen Schritte und Vorgänge darlegen. Für die weitere Bearbeitung brauchen Sie sich nur konsequent an diese Abbildung zu halten.*

An der Synthese des Farbstoffs Anthocyan, welcher den Petunien ihre violette Farbe verleiht, sind zwei Gene beteiligt. Über den Prozess der Proteinbiosynthese werden beide Gene exprimiert, wobei die Enzyme Chalkon-Synthase und Anthocyan-Synthase gebildet werden. Für beide Gene läuft dieser Prozess zunächst gleich ab. Er beginnt mit der Transkription der Strukturgene im Zellkern. Nachdem die DNA-Doppelhelix an den betreffenden Stellen entwunden und in ihre Einzelstränge aufgespalten wurde, schreibt die RNA-Polymerase in 3' → 5'-Richtung die Nukleotidfolge der DNA in einen RNA-Einzelstrang um. Der entstandene prä-mRNA-Einzelstrang wird anschließend dem Prozess des Spleißens unterworfen. Dabei werden Introns, Bereiche der Erbinformation, die keine genetische Information für das spätere Enzym beinhalten, aus dem Einzelstrang entfernt. Die so entstandene reife mRNA enthält ausschließlich informationstragende Exons und gelangt über die Porenkomplexe des Zellkerns in das ihn umgebende Zytoplasma. Dort findet der zweite Teil der Proteinbiosynthese statt, die Translation, bei der die Nukleotidsequenz der mRNA an den Ribosomen mithilfe der tRNA in die Aminosäuresequenz von Polypeptiden übersetzt wird. Der mRNA-Einzelstrang lagert sich dabei zunächst an die kleinere Untereinheit des Ribosoms an. In Vertiefungen der größeren ribosomalen Untereinheit lagern sich dann nach der Komplementaritätsregel nacheinander Aminosäure tragende tRNA-Moleküle an die mRNA an. Die einzelnen Aminosäuren werden dabei nacheinander miteinander verknüpft, sodass am Ende der Translation ein linearer Polypeptidstrang entstanden ist. Dieser wird in einem sich anschließenden Vorgang im Zytoplasma zur spezifischen Tertiärstruktur der funktionstüchtigen Chalkon-Synthase (Genprodukt des Gens 1) bzw. der katalysierenden Anthocyan-Synthase (Genprodukt des Gens 2) gefaltet.

Die so gebildeten Enzyme Chalkon-Synthase und Anthocyan-Synthase katalysieren Reaktionsschritte auf dem Syntheseweg hin zum Blütenfarbstoff Anthocyan. Ausgangspunkt der Synthese sind die beiden Substanzen Malonyl-CoA und Cumaroyl-CoA, die als Substrate von der Chalkon-Synthase zum Zwischenprodukt Chalkon umgesetzt werden. Dieses Zwischenprodukt ist nun das Substrat für das zweite beteiligte Enzym. Die Anthocyan-Synthase katalysiert die Umsetzung von Chalkon zum Endprodukt der Synthesekette, dem Anthocyan.

Bei den Versuchen, die Blütenfarbe der Petunie zu intensivieren, setzten die Forscher beim Zwischenprodukt der Anthocyan-Synthesekette an. Dabei leitete sie die Überlegung, dass weitere Kopien des Gens 1 über die Proteinbiosynthese zu einer größeren Menge des Enzyms Chalkon-Synthase im Zytoplasma der Pflanzenzellen führen müsse. Dadurch würden vermehrt Chalkon-Moleküle produziert, die Ausgangsstoff für eine wiederum vermehrte Anthocyan-Produktion wären. Da so mehr violetter Blütenfarbstoff vorhanden wäre, so die Überlegungen, müsse der Farbton der genmanipulierten Petunie intensiver ausfallen.

II.2 *Achten Sie bei den Abbildungen 3a und b auf den Fettdruck. Er hilft Ihnen, auf den ersten Blick die zugrunde liegenden Sachverhalte zu erkennen.*

Der Einbau einer Genkopie für das Enzym Chalkon-Synthase ist am Beispiel der Sojabohne genauer untersucht worden. Der Ausschnitt eines Exons in Abbildung 3b (Material B) zeigt, dass es gelang, eine Kopie des Gens 1 am gleichen Genlocus einzufügen wie das Original. Allerdings gelang es nicht, die codogene Sequenz der Genkopie direkt hinter die codogene Abfolge des dort bereits befindlichen Gens zu platzieren. Die Kopie wurde um 180° gedreht hinter das Originalgen eingefügt. Die Kopie des codogenen Strangs wurde also an den nicht codogenen Strang des Originalgens angelagert und umgekehrt. Dadurch kommen bei der genmanipulierten Pflanze in beiden DNA-Strängen codogene DNA-Teile zu liegen. Die Abbildung 3c verdeutlicht, dass bei der Transkription durch die RNA-Polymerase beide Stränge, das Originalgen und dessen eingefügte Kopie, abgelesen werden (können). Da beide DNA-Stränge zueinander komplementär sind, sind es auch ihre transkribierten mRNA-Einzelstränge. Dies führt dazu, dass sich die Struktur der entstandenen mRNA grundlegend von der bei einer nicht manipulierten Sojabohne unterscheidet. Es kann zu einer Paarung der komplementären mRNA Einzelstränge zu einer doppelsträngigen mRNA kommen (Abb. 3d), die als „ds"-mRNA bezeichnet wird.

II.3 *Am Anfang könnten Sie die unterschiedlichen, z. T. ähnlich klingenden Begriffe etwas verwirren. Wenn Sie aber beim Durcharbeiten des Textes aus Material C immer die zugehörige Abbildung 4 zu Rate ziehen, dürften einer erfolgreichen Bearbeitung keine Hindernisse mehr im Wege stehen.*

Ein Primer ist ein unerlässliches, kleines Stück RNA (RNA-Oligonukleotid), ohne das die Replikation der DNA am 3'→5'-Strang nicht möglich wäre. Der Primer, der spezifisch für einen DNA-Abschnitt ist, wird von einem Enzym, der Primase, synthetisiert. Er liefert der DNA-Polymerase das fehlende freie 3'-OH-Ende als Ansatzpunkt, damit eine DNA-Replikation in 5'→3'-Richtung möglich wird. Der 3'→5'-Strang wird in mehreren Abschnitten synthetisiert (Okazaki-Stücke) und für jeden DNA-Abschnitt existiert ein spezifischer Primer. Sobald die DNA-Replikation begonnen hat, ist der RNA-Primer nicht mehr notwendig. Er wird vom Enzym Ligase abgebaut, welches gleichzeitig die noch existierende Lücke im 3'→5'-Strang durch den Einbau von DNA-Nukleotiden schließt.

Der Vergleich eines Primers mit der si-RNA bei der Petunie verdeutlicht einige Gemeinsamkeiten beider Strukturen: Primer sowie si-RNA kommen in unterschiedlichen, aber jeweils für sie typischen Sequenzen vor. Außerdem bestehen sowohl der Primer als auch die si-RNA aus Ribonukleinsäure und beide Strukturen werden zum Verdoppeln von Nukleinsäuren verwendet.
Ein Unterschied ist bei der Art der zu verdoppelnden Nukleinsäure gegeben. Primer kommen bei der DNA-Replikation vor und werden jeweils neu synthetisiert, si-RNA bindet sich an RNA-Polymerasen, die RdRPs. Primer sind immer einsträngig, wohingegen si-RNA als Abbauprodukte von 21 bp Länge auch doppelsträngig vorkommen kann. In ihrer einsträngigen Form legt si-RNA, wenn sie an RdRP gebunden ist (RdRP*), fest, für welche einsträngigen RNA-Moleküle eine sehr hohe Spezifität besteht. Nach Paarung komplementärer Basen können dann RNA-Doppelstränge synthetisiert werden.

II.4 *Bei der grafischen Umsetzung in einem Fließdiagramm sollten Sie die wesentlichen Komponenten zueinander in Beziehung setzen. Dies erfordert allerdings einen guten Überblick über* ***alle drei*** *Materialien. Die anschließende Ursachenerklärung für den Fehlschlag des Experiments kann mit einem Überblick zur Ursache und zu den Folgen des Geneinbaus beginnen. Hieran sollte sich dann die Darlegung der konkreten Wechselwirkungen der einzelnen beteiligten Moleküle anschließen.*

Die Informationen aus Material B und C, warum ein Anstieg der si-RNA-Konzentration in den Zellen genmanipulierter Petunien erfolgt, können in einem Fließdiagramm (siehe rechts) zusammenfassend dargestellt werden.

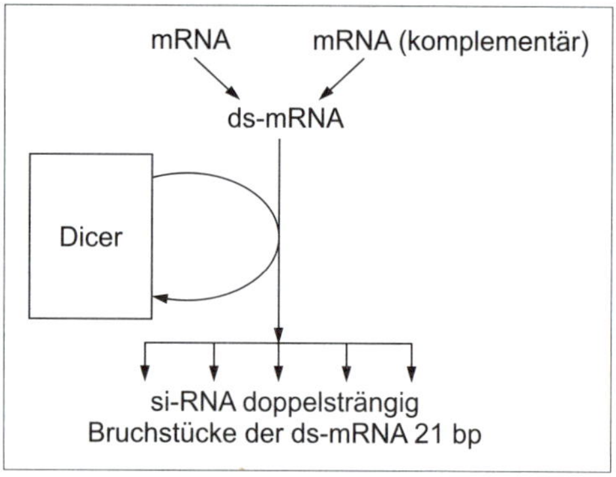

Aufgrund der Erkenntnisse über die Wechselwirkungen zwischen der si-RNA und RdPR einerseits und der „ds"-mRNA und dem Dicer andererseits können folgende Überlegungen darüber angestellt werden, warum bei diesem Experiment der von den Forschern gewünschte Effekt ausgeblieben ist: Ausgangspunkt ist der ungewöhnliche Einbau einer Kopie des für die Chalkon-Synthase codierenden Gens hinter das eigentliche Strukturgen der Chalkon-Synthase. Dies ist der Auslöser dafür, dass letztendlich keine einsträngige mRNA zur Bildung dieses Enzyms in der Pflanzenzelle vorliegt und damit das erste Enzym in der Synthesekette zum Farbstoff Anthocyan nicht gebildet werden kann. Denn somit kann das Zwischenprodukt Chalkon nicht synthetisiert werden und der Anthocyan-Synthase fehlt ihr Substrat, um daraus den blauen Farbstoff aufzubauen. Infolgedessen bleiben die Blüten weiß. Der unmittelbare

Grund hierfür liegt im Zusammenspiel und im Eingreifen der Moleküle „ds"-mRNA, si-RNA und RdPR in den Prozess der Proteinbiosynthese. Dabei ist als Erstes zu erwähnen, dass durch den beschriebenen Einbau der Genkopie letztendlich keine einsträngige mRNA vorhanden ist, da sich die Einzelstränge nach der Transkription zur „ds"-mRNA des Gens 1 aneinanderlagern. Diese so entstandenen doppelsträngigen RNA-Moleküle zerlegt das Enzym Dicer in 21 bp lange Fragmente, die si-RNAs. Die Bildung dieser si-RNA verhindert über ihren Zusammenschluss mit der spezifischen RNA-Polymerase RdRP, dass überhaupt noch einsträngige mRNA des Gens 1 in der Pflanzenzelle vorkommt. RdPR*, die Verbindung aus si-RNA und RdPR, synthetisiert jeden zugehörigen mRNA-Einzelstrang zu „ds"-mRNA. Solange einsträngige mRNA des Gens noch in der Zelle vorhanden ist, hält sich dieser Prozess über die gebildete si-RNA selbst in Gang. Dadurch sind bei den genmanipulierten Pflanzen so gut wie keine freien mRNA-Einzelstränge vorhanden, die zur Chalkon-Synthase translatiert werden könnten.

II.5 *Bedenken Sie bei Ihrer Bearbeitung der Teilaufgabe 5, dass Ihnen mit Material D eine Vorgabe zur Verfügung steht, was Sie unter dem Begriff „Regelung" zu verstehen haben. Vor allem sollten Sie Ihr Augenmerk auf den Aspekt „negative Rückkopplung" richten, denn er weist Ihnen den Weg zu einer richtigen Aufgabenlösung.*

Ein Genregulationsmechanismus sollte derart wirken, dass ein bestimmter Zustand gegenüber verändernd wirkenden Einflüssen beibehalten wird. Der Normalzustand wäre in diesem Beispiel, dass während der Proteinbiosynthese über eine Genwirkkette der violette Blütenfarbstoff Anthocyan produziert wird. Im vorliegenden Fall, bei dem eine zusätzliche Kopie des Gens 1 (zur Bildung der Chalkon-Synthase) in das Genom der Pflanzen eingebracht wurde, müssen zunächst die Wechselwirkungen der einzelnen RNA-Moleküle berücksichtigt werden. Durch die Kopie des Gens 1 wird das normalerweise existierende zelluläre Gleichgewicht bei der Synthese des funktionellen Proteins Chalkon-Synthase erheblich gestört. Dies zeigt sich zum einen an der Bildung der „ds"-mRNA und zum anderen daran, dass das Enzym Dicer eingreifen und diese Struktur wieder zerlegen muss, indem si-RNA gebildet wird. Letztendlich funktioniert von der gesamten Proteinbiosynthese nur der erste Teil, die Transkription des originären Stukturgens 1 und dessen hinzugefügter Kopie. Eine Genexpression aus der mRNA heraus findet aber nicht statt, da die hierfür notwendige freie, einsträngige mRNA niemals ein Ribosom erreicht. Sie wird sofort zu einer „ds"-mRNA verbunden. Dies bedeutet, dass dauerhaft keine Genexpression mehr stattfindet und die Chalkon-Synthase, ein wesentliches Enzym der Anthocyan-Synthese, überhaupt nicht mehr gebildet werden kann. Das Fließdiagramm in Abbildung 4 (Material C) verdeutlicht, dass es sich bei den in der genmanipulierten Pflanze ablaufenden Prozessen um eine positive Rückkopplung handelt, d. h. um einen sich selbst verstärkenden Vorgang. Die durch das Wirken von Dicer entstandenen si-RNAs sind wieder Ausgangs- und Ansatzpunkt für die RNA-Polymerase-Moleküle. Der Prozess des „ds“-mRNA-Abbaus kann auf diese Weise erneut beginnen und verstärkt sich dadurch selber in seiner Wirkung. Mit Blick auf die in Material D gegebene Definition und der darin herausgestellten Tatsache, dass „die Einstellung eines Gleichgewichts […] meist durch negative Rückkopplung“ erfolgt, kann im vorliegenden Fall unter keinen Umständen von einem Genregulationsmechanismus gesprochen werden.

Leistungskurs Biologie (NRW) – Abitur-Prüfung 2011
Aufgabe 3: Genetik / Ökologie

Aufgabenstellung: Punkte

Thema: Die Ökologie des Bienenwolfs

III.1 Nennen Sie Faktoren der ökologischen Nische des Bienenwolfs (Material A). Beschreiben Sie die interspezifischen Beziehungen des Bienenwolfs und begründen Sie das gehäufte Vorkommen des Bienenwolfs in der Nähe von Bienenstöcken (Material A). 18

III.2 Werten Sie die Untersuchungen eins bis drei (Material B) aus und beurteilen Sie, inwiefern die Produktion und Verteilung der weißen Substanz als Angepasstheit des Bienenwolfs betrachtet werden kann (Materialien A und B). 21

III.3 Werten Sie die Versuchsergebnisse zur Untersuchung der Abwehrreaktion in Tabelle 1 und die Ergebnisse der Untersuchungen von Chitinpanzer-Extrakten in Tabelle 2 aus (Material C). Bewerten Sie die Gültigkeit der beiden Hypothesen aus Material C (Materialien A und C). 17

III.4 Nennen Sie die Angepasstheiten der Goldwespe und erläutern Sie die Selektionsfaktoren, die zu einer Angepasstheit der Goldwespe an die Verhaltensweisen und den Lebenszyklus des Bienenwolfs beitragen (Materialien A und C). 10

Material A: Der Bienenwolf

Der Bienenwolf *(Philanthus triangulum)*, im Folgenden Bienenwolf genannt, ist eine Grabwespe. Die Körpergröße der Weibchen beträgt 13–17 mm. Das Weibchen gräbt mehrere Gänge in sandigen Boden oder in Steilhänge, auch in sonnenbeschienene Ritzen von Wegsteinen oder in südexponierte sandige Ritzen von Hausfassaden. Im hinteren Abschnitt eines jeden 0,2–1,0 m langen Ganges zweigen fünf bis zehn Brutzellen ab, in denen es bis zu 30 °C warm und feucht ist. Der weibliche Bienenwolf überfällt Honigbienen (Körpergröße 15 mm) auf Blüten, lähmt sie mit seinem Giftstachel und transportiert sie zu den Brutzellen. In jede Brutzelle werden entweder zwei bis drei Bienen eingebracht und darauf ein unbefruchtetes Ei abgelegt, aus dem sich ein männlicher Nachkomme entwickelt, oder aber es werden drei bis sechs Bienen eingetragen und auf diesen wird ein befruchtetes Ei abgelegt, aus dem sich ein weiblicher Nachkomme entwickelt. Drei Tage nach der Eiablage schlüpft die Larve, die für ca. 72 Stunden unbeweglich ist. Sie frisst zunächst das Fettgewebe und dann die Organe der gelähmten Biene. Nach einigen Wochen hat sie den Nahrungsvorrat aufgebraucht und sich in einen Kokon eingesponnen. Die Larven befinden sich 9 Monate in einem Ruhezustand und überwintern gut geschützt in der Bruthöhle. Sie verpuppen sich im nächsten Frühjahr und schlüpfen im Juni. Die adulten Bienenwölfe ernähren sich von Nektar. Das Weibchen presst auch Nektartropfen aus erbeuteten Bienen und nutzt diese als Nahrung.

Der Bienenwolf fällt insektenfressenden Spinnen, Vögeln, Kleinsäugern oder Raubinsekten zum Opfer. In den 50er- und 60er-Jahren des 20. Jahrhunderts wurden Bienenwölfe von Imkern stark bekämpft.

Die Kleine Goldwespe *(Hedychrum rutilans),* im Folgenden Goldwespe genannt, ist nur 5 mm groß. Sie legt ihre Eier in Bienen ab, die der Bienenwolf gelähmt hat. In Versuchen und in Freilandbeobachtungen wurde die Eiablage der Goldwespe beobachtet. Sie wartet in der Nähe des Nesteingangs des Bienenwolfes, um dann blitzschnell ihr Ei abzulegen und sich wieder zu entfernen. Man beobachtete das Weibchen der Goldwespe bei der Eiablage, sowohl noch bevor das Bienenwolf-Weibchen die Biene in die Höhle schleppt als auch im Zentralgang der Höhle. Hier lagert das Bienenwolf-Weibchen die einzelnen Bienen zwischen, bis wieder eine neue Brutzelle mit mehreren Bienen befüllt und das Bienenwolf-Ei abgelegt wird. Das Bienenwolf-Weibchen reagiert nicht auf das sehr viel kleinere Weibchen der Goldwespe. Schlüpft vier Tage nach der Eiablage die sehr viel mobilere Larve der Goldwespe, frisst sie zunächst die unbewegliche Bienenwolflarve und dann die gelähmten Bienen von innen auf. Selten kommt es vor, dass die Larve der Goldwespe einige Tage nach dem Schlüpfen abstirbt. Meist entwickelt sie sich erfolgreich.

verändert nach: http://www.insektenbox.de/hautfl/biewol.htm (30. 03. 2010)
Strohm, Erhard et al., 2002. Schmid-Egger, C. (Hrsg.), 1995

Material B: Die weiße Substanz des weiblichen Bienenwolfs

Untersuchung 1

Bevor das Bienenwolf-Weibchen das Ei an die gelähmte Biene legt, bestreicht es die Wände der Brutzelle und die Biene mit einer weißen, wachsartigen Substanz aus speziellen Drüsen, die an den Antennen der Weibchen sitzen. Die Larven nehmen beim Fressen kleine Mengen von der Substanz auf und verteilen sie auch im Kokon. Man hat die Bedeutung der Substanz an zwei verschiedenen Gruppen von Larven untersucht. Der Versuch lief über die Dauer der Larvenentwicklung. Die Larven der Kontrollgruppe wuchsen an Bienen, die ganz normal mit weißer Substanz behandelt waren, die anderen Larven hatten keinen Zugang zur weißen Substanz (Abbildung 1). Aus letzterer Gruppe überlebte ein weiblicher Bienenwolf. Dieses Weibchen konnte selbst kein weißes Sekret bilden. Im Folgejahr konnte es keine stabile Brutkammer bauen und sich nicht vermehren.

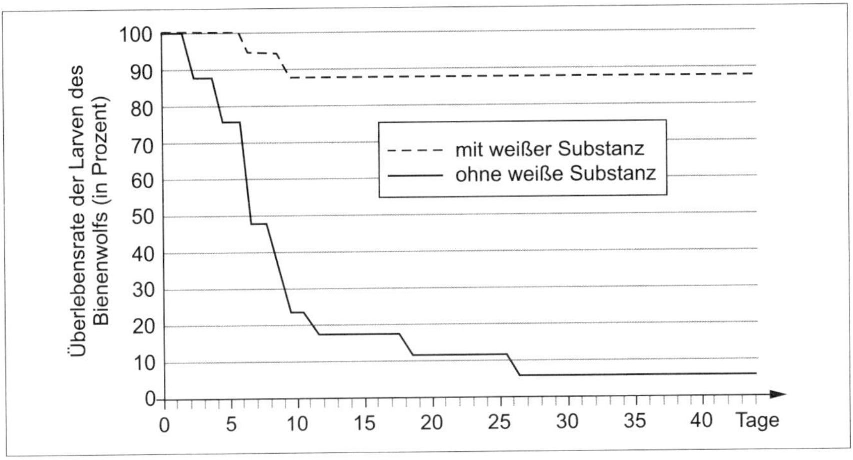

Abb. 1: Überlebensrate der Larven des Bienenwolfs (in Prozent) in Abhängigkeit vom Vorkommen der weißen Substanz an der Biene und in der Bruthöhle
verändert nach: Kaltenpoth, M., Goettler, W., Herzner, G., Strohm, E. 2005, Fig. 5

Untersuchung 2

In einer neuen Untersuchung am Max-Planck-Institut in Jena (2010) ermittelten Forscher Ursachen für die Wirkung der weißen Substanz. Hierzu stellten sie vom Bienenwolf-Weibchen einen Extrakt aus den Antennen mit ihren Drüsen und der weißen Substanz her. Außerdem züchteten sie eine Mischkultur aus verschiedenen Schimmelpilzen und Bakterien, die häufig Insekten befallen. Die Petrischalen dieser Mischkultur wurden dann mit dem Extrakt behandelt. Zum Vergleich testete man vier verschiedene Antibiotika.

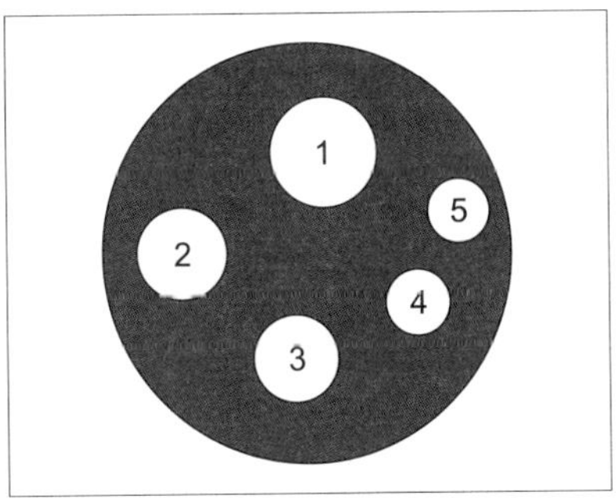

Filterpapiere getränkt mit Extrakt aus den Antennen des Bienenwolf-Weibchens mit ihren Drüsen und der weißen Substanz bzw. mit verschiedenen Antibiotika, s. u. Nr. 2–5
1: Extrakt
2: Streptochlorin
3: Piericidin A1
4: Piericidin B1
5: Glucopiericidin A
◯ Die hellen Kreise geben die Löcher im Rasen an.

Abb. 1: Petrischale mit der Mischkultur aus Schimmelpilzen und Bakterien. Diese Mikroorganismen bilden einen zusammenhängenden Rasen (in der Abbildung grau) auf Agar. Auf **gleichgroßen Filterpapieren** sind Wirkstoffe aufgetragen, die in die Umgebung diffundieren und unterschiedlich große Löcher (in der Abbildung hell) im Rasen erzeugen.
verändert nach: Kroiss, Johannes, Kaltenpoth, Martin, 2010, Fig. 2

Untersuchung 3
Mikroskopische Untersuchungen zeigen, dass Mikroorganismen zwischen den Antennenborsten am Kopf des Bienenwolf-Weibchens, in den Antennendrüsen und auf dem Kokon siedeln. Um die Art der Bakterien zu identifizieren, wurden von den kompletten Antennendrüsen des weiblichen Bienenwolfs DNA-Proben entnommen und mittels PCR vervielfältigt. Die PCR gelang, wenn die Forscher Primer für die PCR benutzten, die hochspezifisch für ribosomale RNA von Bakterien der Gattung Streptomyces waren. Streptomyces produziert Antibiotika, z. B. Streptochlorin und verschiedene Piericidine.

Kroiss, Johannes, Strohm, Erhard et al., 2008

Material C: Wie verbirgt der Brutparasit seine Anwesenheit?

Soziale Insekten, zum Beispiel Bienen, erkennen einander am „Nestgeruch“. Dieser entsteht dadurch, dass die miteinander nahe verwandten Individuen in ihrem Chitinpanzer ein Gemisch flüchtiger Kohlenwasserstoffe fast identischer Zusammensetzung besitzen, das sie umgibt und sich im gesamten Nest verteilt. Fremde werden an ihrem andersartigen Geruch als Eindringlinge erkannt und bekämpft.

Biologen fragten sich, wie es dem Weibchen der Goldwespe gelingt, sich im Zentralgang der Bruthöhle vor dem Bienenwolf-Weibchen zu verbergen. Sie vermuteten, dass die Kleine Goldwespe eine „chemische Tarnung“ besitzt. Dabei waren zwei Hypothesen auf dem Prüfstand:
1) Die Goldwespe tarnt sich, indem sie die Duftstoffe aus der Bruthöhle annimmt.
2) Die Goldwespe produziert Duftstoffe, die denen des Bienenwolfes ähnlich sind.

In diesem Zusammenhang testete man im ersten Versuch, ob Düfte bei Bienenwolf-Weibchen eine Abwehrreaktion auslösen. In die Bruthöhle eines jeden Weibchens legte man in drei Versuchen (A, B, C) je ein Filterpapier, das unterschiedlich behandelt war. In Versuch A war es das reine Lösungsmittel, in Versuch B ein Extrakt aus dem Chitinpanzer der Goldwespe und in Versuch C ein Extrakt aus dem Chitinpanzer einer Fliege, die weder nah mit der Goldwespe noch nah mit dem Bienenwolf verwandt ist. Man protokollierte, in welchem Ausmaß weibliche Bienenwölfe auf den Duft reagierten.

Tabelle 1: Ergebnisse von Versuch 1 zur Abwehr-Reaktion der Bienenwolf-Weibchen auf unterschiedliche Duftproben

Probe auf dem Filterpapier im Zentralgang der Bruthöhle	Anteil an jeweils reagierenden Bienenwolf-Weibchen (%)
A Reines Lösungsmittel (Hexan)	0
B Extrakt der Goldwespe	20
C Extrakt der Fliege	90

Im zweiten Versuch analysierte man dann die chemische Zusammensetzung der flüchtigen Kohlenwasserstoffe im Extrakt aus Chitinpanzern verschiedener Arten. Dabei bezog man die Arbeiterinnen der Honigbiene und eine verwandte Goldwespenart, die Sandgoldwespe *(Hedychrum nobile)*, die nicht beim Bienenwolf parasitiert, in die Untersuchung ein.

Tabelle 2: Ergebnisse von Versuch 2: Prozentualer Anteil der flüchtigen Kohlenwasserstoffe im Extrakt aus Chitinpanzern verschiedener Insekten

Substanz-bezeichnung	Honigbiene Arbeiterin	Bienenwolf Weibchen	Kleine Goldwespe Weibchen	Sandgold-wespe Weibchen
a) C21	0,40	0	0	0,19
b) C23-7-en	0,30	0	0	0,21
c) C23	22,40	10,20	10,10	3,65
d) C24	0,51	0	0	0,21
e) C26:1	0	0,44	0,21	0
f) C28	0,15	0	0	0,25
g) C31	5,41	2,47	2,0	0

verändert nach: Kroiss, Johannes, Strohm, Erhard et al., 2008

weitere Materialgrundlage:

Kaltenpoth, M., Goettler, W., Herzner, G., Strohm, E., 2005. Symbiotic Bacteria Protect Wasp Larvae from Fungal Infestation, In: Current Biology, Vol. 15 (5), 475–479, March 8, 2005

Kroiss, Johannes, Kaltenpoth, Martin, 2010. Symbiotic streptomycetes provide antibiotic combination prophylaxis for wasp offspring, in: Nature Chemical Biology, Vol. 6, 261–263 (published online 28. 02. 2010)

MPG Presseinformation B/2010 (49) 28. Februar 2010, Bienenwolf schützt sich mit Antibiotika

Kroiss, Johannes, Strohm, Erhard, 2008. A cuckoo in wolves' clothing? Chemical mimicry in a specialized cuckoo wasp of the European beewolf (Hymenoptera, Chrysididae and Crabronidae), in: Frontiers in Zoology 2008, 5:2 doi:10.1186/1742-9994-5-2

Schmid-Egger, C. (Hrsg.), 1995, Hedychrum rutilans. Wie geschieht die Eiablage wirklich?, In: Rundbrief für alle Freunde der akuleaten Hymenopteren, bembiX Nr. 5, Dezember 1995, http://www.insektenbox.de/hautfl/biewol.htm (30. 03. 2010)

Lösungsvorschlag

In der Aufgabe thematisierte Unterrichtsinhalte sind:
Umweltfaktoren, ökologische Nische, Lebensraum, Habitatfaktoren, Beziehungen zwischen Organismengruppen, Anpassungen, Populations-Wechselbeziehungen, LOTKA-VOLTERRA-Regeln, Konkurrenz, Koexistenz

III.1 *Die erste Teilaufgabe erfordert von Ihnen ein exaktes Durcharbeiten des Materials im Hinblick auf die relevanten Gesichtspunkte Lebensraum, Beziehungsgeflecht und Vorkommen. Dabei können Sie u. U. geschickt Vorkommen und ökologische Nische der Tiere miteinander verbinden. Sollten Ihnen der Fachbegriff „Parasitoid" nicht bekannt sein, ist dies nicht problematisch. Es genügt, wenn Sie die parasitäre Lebensweise der Goldwespe erkennen und entsprechend benennen.*

Der Bienenwolf *(Philanthus triangulum)* besetzt eine ökologische Nische, an die er durch seine Lebensweise optimal angepasst ist. Eine Grundvoraussetzung hierfür ist ein sandiger Boden, in dem die 13 bis 17 mm große Grabwespe ihre feuchtwarmen Brutzellen anlegen kann. In solchen sonnenbeschienenen, südexponierten Lagen müssen in unmittelbarer Nähe der Bruthöhle Futterpflanzen für Honigbienen vorhanden sein. Hier jagt der Bienenwolf Bienen, die er als Nahrung für seine Larven benötigt und gelähmt in den Bruthöhlen ablegt. Aufgrund ihrer Lebensweise stehen Bienenwolf und Honigbiene in einer Räuber-Beute-Beziehung zueinander. Wie üblich bei derartigen Beziehungen, die mit dem LOTKA-VOLTERRA-Modell erklärt werden können, reguliert auch hier die Anwesenheit sehr vieler Beuteorganismen die Anzahl der in einem Biotop vorkommenden Räuber. Je mehr Bienen also vorhanden sind, desto besser sind die Aussichten für weibliche Bienenwölfe, eine ausreichende Nahrungsgrundlage für sehr viele Nachkommen zu erschließen. Dies kann zu einer Massenvermehrung von *Philanthus triangulum* führen. Die ausgewachsene Grabwespe ernährt sich von Nektar, den sie auf Pflanzen in der Nähe ihrer Behausung sammelt. Bienenwölfe sind ihrerseits Beutetiere von Insekten fressenden Spinnen, Vögeln, Kleinsäugern bzw. Raubinsekten wie den Hornissen. Des Weiteren besteht eine interspezifische Beziehung zwischen Bienenwolf und Mensch, wenn Imker die Tiere bejagen. Vor allem in den 50er- und 60er-Jahren des 20. Jahrhunderts wurden die Tiere bei massenhaftem Auftreten als mittelbare Nahrungskonkurrenten des Menschen angesehen. Verschleppte Bienen fielen als Honigsammler aus, wodurch sich der Honigertrag insgesamt verringerte. Eine besondere Beziehung hat die Grabwespe zur mit 5 mm Größe deutlich kleineren Goldwespe *(Hedychrum rutilans)*. Die Goldwespe ist ein Raubparasit (Parasitoid), der seinen Wirt, die Bienenwolflarve, befällt und tötet.

III.2 *Bedenken Sie, dass der Operator „auswerten" von Ihnen verlangt, Daten bzw. Ergebnisse in einen Zusammenhang zu stellen und ggf. zu einer Gesamtaussage zu verbinden. Daher sollten Sie zunächst die Abbildung 1 in Material B konkret beschreiben und anschließend aus der Beschreibung heraus die Versuchsergebnisse ableiten und erläutern.*

Abbildung 1 in Material B gibt die prozentuale Überlebensrate von Larven des Bienenwolfes (Ordinate/y-Achse) innerhalb von 44 Tagen (Abszisse/x-Achse) wieder. Die Tiere wurden bei zwei unterschiedlichen Ausgangsbedingungen gehalten. Eine Gruppe lebte auf Honigbienen, die mit der spezifischen weißen, wachsartigen Substanz überzogen waren, die auch unter natürlichen Bedingungen vom Muttertier auf den Bienen verstrichen wird. Die andere Gruppe hatte diese Substanz nicht zur Verfügung. Ab dem zweiten Versuchstag war ein stetiges Absterben der Larven dieser letzten Gruppe zu beobachten. Am 7. Tag lebte bereits mehr als die Hälfte der Tiere nicht mehr und bis zum 27. Tag waren noch ca. 6 % der Larven vorhanden. Dieser Wert änderte sich während der restlichen Versuchsdauer nicht mehr. In der Gruppe, die Kontakt zur weißen, wachsartigen Substanz hatte, starben vom 6. bis zum 9. Tag etwas mehr als 10 % der Versuchstiere. Danach war kein Todesfall mehr zu beobachten, sodass bis zum Ende des Versuchs fast 90 % der Versuchstiere überlebt hatten. Dieses Versuchsergebnis legt den Schluss nahe, dass die vom Muttertier auf der „Nahrungsquelle" Biene verteilte Substanz ein Stoff ist, der für das Überleben der heranwachsenden Larven sehr wichtig ist. Zwei weitere Untersuchungen bestätigen diese Annahme, indem sie zur Aufklärung der Beschaffenheit und Wirkungsweise der Substanz führten, die aus speziellen Drüsen an den Antennen des weiblichen Bienenwolfes abgegeben wird. Dazu wurde von Forschern ein Extrakt hergestellt, der „aus den Antennen mit ihren Drüsen und der weißen Substanz" bestand. Diesen Extrakt testeten die Forscher in Petrischalen auf seine antibakterielle und antimykotische Wirkung bei Bakterien und Schimmelpilzen, die häufig Insekten befallen. Im direkten Vergleich mit vier Antibiotika (u. a. Streptochlorin und zwei Piericidine) stellte sich heraus, dass der Extrakt deutlich wirksamer war als jedes der einzelnen getesteten Antibiotika. Eine weitere Untersuchung wandte sich u. a. der Anatomie des Kopfes der Bienenwolfweibchen zu. Bei diesen mikroskopischen Betrachtungen konnten zwischen den Antennenborsten, in den Antennendrüsen und auf dem Kokon der Larven Mikroorganismen entdeckt werden. Zur Identifizierung dieser Mikroorganismen wurde deren Erbsubstanz mithilfe der PCR-Methode untersucht. Dabei stellte sich heraus, dass es sich bei den Lebewesen um Bakterien der Gattung *Streptomyces* handelte. Mikroorganismen dieser Gruppe sind Antibiotika-Produzenten, sie stellen u. a. Streptochlorin und verschiedene Piericidine her. Damit konnte die von den weiblichen Bienenwölfen produzierte weiße, wachsähnliche Substanz dahingehend charakterisiert werden, dass ihre antibiotische Wirkung auf die darin befindlichen Bakterien der Gattung *Streptomyces* zurückzuführen ist. Die von diesen produzierten Antibiotika stellen die wirksame Komponente in der weißen Substanz der Bienenwolfweibchen dar.

Weibliche Bienenwölfe verteilen die von ihnen – bzw. mithilfe der sie besiedelnden Mikroorganismen – hergestellte weiße Substanz nicht nur auf den erbeuteten Bienen. Auch die Wände der Brutzellen werden mit ihr bestrichen. Dass die Larven kleine Mengen des weißen, wachsähnlichen Stoffes fressen und in ihren Kokons verteilen, weist bereits darauf hin, dass es sich um eine überlebenswichtige Substanz handeln muss, was Abbildung 1 signifikant verdeutlicht. Damit stellen Produktion und Verteilung dieser weißen Substanz eine Angepasstheit der Grabwespe an ihre Lebensbedingungen dar. Die Höhle des Bienenwolfs stellt mit einer Temperatur von bis zu 30 °C einen feuchtwarmen Lebensraum dar, in dem auch Mikroorganismen gut gedeihen können. Besonders in den Brutkammern, dem Aufenthaltsort der nächsten Grabwespengeneration, erweist sich das Vorkommen und die Weitergabe der antibakteriell und antimykotisch wirkenden weißen Substanz als Selektionsvorteil. Zum einen werden damit sowohl die Wände der Brutzellen (organisches Material) als auch die darin befindliche Nahrung (gelähmte Honigbienen) gegen eine Infektion durch Bakterien und Pilze abgesichert. Zum anderen ist auch die nächste Generation durch die Aufnahme und Verteilung der weißen Substanz innerhalb des Kokons vor entsprechenden Infektionen geschützt.

III.3 *Bei der hier geforderten Auswertung sollten Sie auf* ***alle*** *Versuchsergebnisse der Tabellen 1 und 2 eingehen und diese zueinander in Beziehung setzen. Auch hier ist eine Vermischung von Beschreibung und Deutung nicht angeraten. Bei der Bewertung der beiden Hypothesen ist es durchaus angebracht, die hier vorliegenden Sachverhalte auch in einen evolutiven Zusammenhang zu stellen. Eine derartige Thematisierung an dieser Stelle bringt Ihnen Zusatzpunkte.*

Der Brutparasit *Hedychrum rutilans* hält sich zeitweise in der Bruthöhle eines Bienenwolfweibchens auf, um dort sein Ei auf der eingeschleppten, gelähmten Biene abzulegen. Dabei wird die weibliche Goldwespe, sollte es zu einer Begegnung mit der Besitzerin der Bruthöhle kommen, im Normalfall ignoriert. In biologischen Experimenten wurde untersucht, wie es dem Parasitoid gelingt, im Zentralgang der Bruthöhle unentdeckt bzw. unerkannt zu bleiben. Ausgangspunkt für die Untersuchungen war die Annahme, dass sich die Kleine Goldwespe einer „chemischen Tarnung" bedient. Diese führte zu zwei Hypothesen. Eine Vermutung war, dass die Tarnung des Brutparasiten darin besteht, die Duftstoffe aus der Bruthöhle anzunehmen. Eine konkurrierende Hypothese ging davon aus, dass die Goldwespe selbst Duftstoffe produziert, die denen des Bienenwolfes ähnlich sind. Zur Verifizierung bzw. Falsifizierung dieser Mutmaßungen wurden zwei Experimente (Material C) durchgeführt. In der einen Untersuchung (Tabelle 1) wurde die Abwehrreaktion des Bienenwolfweibchens auf Extrakte aus dem Chitinpanzer der Goldwespe und einer weder mit dem Parasiten noch mit seinem Wirt verwandten Fliegenart getestet. Die Duftproben wurden auf Filterpapier aufgebracht. Für einen Kontrollversuch wurde reines Lösungsmittel verwendet. Die Versuchsergebnisse zeigten, dass das Filterpapier mit dem reinen Lösungsmittel ignoriert wurde. Wie es für diese Kontrolle zu erwarten war, beeinflusst es die Experimente nicht. In 90 % der Fälle reagierte der weibliche Bienenwolf auf den Geruch des Fliegenextraktes, jedoch nur in 20 % auf den der Goldwespe. Dies bedeutet, dass der Duftstoff des Brutparasiten nur jedes fünfte Mal als artfremd erkannt wurde. Darauf aufbauend untersuchten die Biologen in einer zweiten Experimentreihe (Tabelle 2) die spezifischen Geruchsstoffe, flüchtige Kohlenwasserstoffverbindungen, in Extrakten aus Chitinpanzern unterschiedlicher Insektenarten. Insgesamt sieben Substanzen von vier Insektenarten wurden getestet. Zu den Testobjekten gehörten neben den weiblichen Exemplaren des Bienenwolfes und der Kleinen Goldwespe auch die Honigbiene (Arbeiterin) sowie eine weitere Goldwespenart, die Sandgoldwespe. Diese ist zwar mit *Hedychrum rutilans* verwandt, parasitiert aber nicht bei Bienenwölfen. Die chemische Analyse erbrachte, dass von den untersuchten sieben flüchtigen Kohlenwasserstoffen nur drei (C 23, C 26 : 1 und C 31) im Exoskelett des Bienenwolfs vorkommen. Genau die gleichen und nur diese Stoffe dünsten auch aus dem Chitinpanzer der Kleinen Goldwespe aus. Dabei ist der jeweilige mengenmäßige Anteil sehr ähnlich und unterscheidet sich nur zwischen 0,1 und 0,47 % von dem des weiblichen Bienenwolfs. Ein Vergleich der Verhältnisse bei den verwandten Goldwespenarten weist kaum noch Gemeinsamkeiten in Bezug auf die flüchtigen Kohlenwasserstoffe aus dem Chitinpanzer auf. Es zeigt sich hier die evolutive Anpassung des Brutparasiten an seinen Wirt, den Bienenwolf. Völlig aus dem Rahmen fallen auch die Werte der Honigbiene, die sich deutlich von denen des Bienenwolfs und der Kleinen Goldwespe unterscheiden.

Mithilfe der Versuchsergebnisse der beiden Experimente ist eine Bewertung der zwei zu Beginn geäußerten Hypothesen möglich. Die Ergebnisse aus den Experimenten 1 und 2 können dahingehend gedeutet werden, dass die Kleine Goldwespe eine Art „chemischer Mimikry“ betreibt. Die Duftstoffkombination des Chitins des Bienenwolfs wird nahezu perfekt von der Kleinen Goldwespe nachgeahmt. Aufgrund ihres Fortpflanzungsverhaltens in den Nestern von *Philanthus triangulum* liegt hier eine spezifische, evolutive Anpassung von *Hedychrum rutilans* vor. Somit kann die zweite Hypothese verifiziert werden. Eine Falsifizierung der ersten Überlegung ist schon deswegen sehr wahrscheinlich, weil sich der Brutparasit nur sehr befristet in den Gängen und Bruthöhlen des Bienenwolfs aufhält. In dieser kurzen Zeitspanne Duftstoffe aufnehmen zu können erscheint – zumal eine deutlich bessere Erklärungsmöglichkeit zur Verfügung steht – sehr unwahrscheinlich.

III.4 *Bei dieser Teilaufgabe ist es nicht damit getan, noch einmal die bereits erarbeiteten Ergebnisse zu wiederholen. Sie sollten vielmehr in einen größeren Zusammenhang eingeordnet und mit Blick auf den Evolutionsfaktor Selektion erläutert werden.*

Bei der Kleinen Goldwespe, *Hedychrum rutilans,* haben in mehreren Bereichen ihres Lebenszyklus Anpassungen an den von ihr parasitierten Wirt *Philanthus triangulum* stattgefunden. Bereits der frühzeitige Schlupf einer mobilen Larve aus dem Ei gehört zu diesen Anpassungen. Dadurch, dass die Larve der Kleinen Goldwespe beweglicher ist als die des Bienenwolfs, kann sie diese töten und sie als Nahrungsquelle nutzen. Anschließend hat der Brutparasit für seine weitere Entwicklung noch die gelähmten Honigbienen, die eigentlich für die Bienenwolflarve vorgesehen waren, als Futter zur Verfügung. Das sofortige Ausschalten und Verzehren des (Nahrungs-)Konkurrenten ist demnach eine weitere evolutive Anpassung. Die entscheidende Angepasstheit des Goldwespenweibchens stellt seine Fähigkeit dar, eine Art „chemischer Tarnung" zu betreiben. Indem es im Bau seines Wirtes (durch die Chitinausdünstungen ähnlicher chemischer Komponenten wie die beim Bienenwolf) seine eigene Anwesenheit maskiert, kann es ungestört zur Eiablage an dem Ort kommen, der die Entwicklung einer nächsten Generation von Kleinen Goldwespen gewährleistet. All diese Verhaltensweisen haben sich im Laufe der evolutiven Anpassung der Kleinen Goldwespe an ihren Wirt herausgebildet.

Der Bienenwolf in seinen unterschiedlichen Entwicklungsstadien stellte einen entscheidenden Selektionsfaktor dar. Das Bienenwolfweibchen, das für seinen Nachwuchs Beute ins Nest einbringt, vertreibt alle von ihm erkannten Fremdorganismen. Ein vom Bienenwolfweibchen wahrgenommenes Goldwespenweibchen kann keine Eier im Nest seines Wirtes platzieren. Die Fitness eines solchen Goldwespenindividuums ist gegenüber der Fitness einer in ihrem Eiablageverhalten besser angepassten Artgenossin herabgesetzt. Die Bienenwolflarven wirken ihrerseits evolutiv dahingehend, dass alle Larven des Brutparasiten ausgemerzt werden, die sich nicht schnell genug entwickeln konnten. Beide Larven konkurrieren um die gelähmten Honigbienen als Nahrungsquelle für ihre weitere Entwicklung. Unterliegt die Larve der Kleinen Goldwespe, ist die Fitness der Art *Hedychrum rutilans* verringert, da sich die Larve nicht weiter zu einem adulten Tier entwickeln kann.

Leistungskurs Biologie (NRW) – Abitur-Prüfung 2012
Aufgabe 1: Evolution

Aufgabenstellung: Punkte

Thema: Die Evolution der Vögel

I.1 Vergleichen Sie die Fingerknochen und Mittelhandknochen von Theropoden, *Archaeopteryx* und *Gallus* und prüfen Sie anhand der Homologiekriterien, ob diese Strukturen homolog sind (Material A, Abbildung 1). Begründen Sie, inwieweit das Ergebnis die vorgelegte Stammbaumkonstruktion (Material A, Abbildung 2) bestätigt. 19

I.2 Beschreiben Sie die Veränderungen im Aufbau der Hand während der Individualentwicklung des Vogels (Material B, Abbildung 3). Vergleichen Sie Abbildung 3 c (Material B) mit Abbildung 1 f (Material A) und erklären Sie, weshalb die Abstammung der Vögel von den Sauriern durch die neuen Befunde der Embryologie infrage gestellt wird. 15

I.3 Werten Sie die Ergebnisse der Sequenzanalyse der Kollagene aus (Material C, Tabelle 1). Zeichnen Sie einen möglichen Stammbaum ausschließlich auf der Grundlage der Untersuchungen der Kollagene, der die Verwandtschaft von *Tyrannosaurus rex* mit den überprüften Wirbeltieren veranschaulicht, und begründen Sie Ihren Stammbaumvorschlag. 22

I.4 Diskutieren Sie, ob die Stammesgeschichte der Vögel mithilfe der hier vorliegenden morphologischen, embryologischen und biochemischen Befunde endgültig aufgeklärt werden kann. 10

Material A: Sind Dinosaurier die Vorfahren der Vögel?

Vögel sollen von Dinosauriern abstammen. Diese Hypothese wird durch den Vergleich fossil erhaltener Handskelette verschiedener Theropoden mit dem Handskelett rezenter Vögel (z. B. *Gallus*) gestützt. Theropoden (Abbildung 1 a–d) waren Dinosaurier mit extrem kurzen Vorderbeinen, sie waren biped, d. h. sie liefen nur auf den Hinterbeinen.

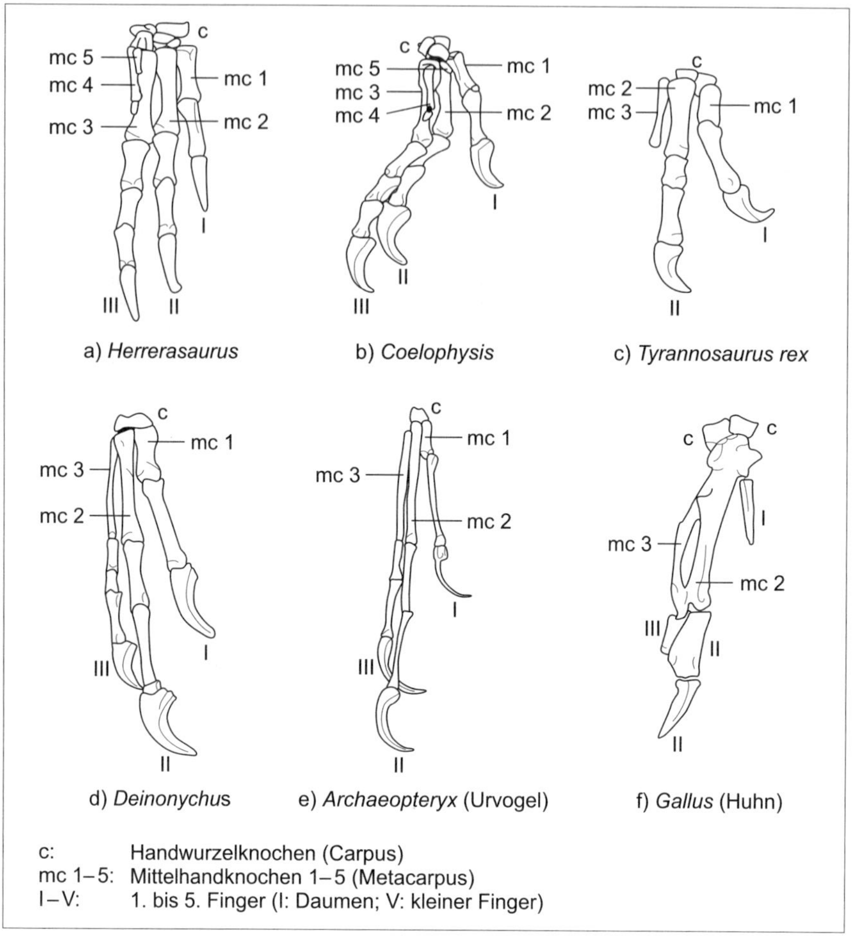

Abb. 1: Handskelette von fossilen Theropoden (a–d), vom Urvogel (e) und vom Huhn (f)
Anmerkung: Die verschiedenen Handskelette sind zur besseren Vergleichbarkeit ähnlich groß gezeichnet (Maßstäbe jeweils unterschiedlich).
verändert jeweils nach: a) Feduccia (2005). Fig. 16, S. 148; b) Burke (1997); d), e) Wagner (1999). Fig. 2; f) Galis (2003). Fig. 1. Vollständige Quellenangaben unter „weitere Materialgrundlage“

Nach der Auswertung weiterer anatomischer Merkmale und mithilfe der Altersbestimmung der Fossilfunde wurde ein Stammbaum der Theropoden konstruiert, in deren Gruppe auch die rezenten Vögel (z. B. *Gallus*) und der Urvogel *Archaeopteryx* mit einbezogen wurden:

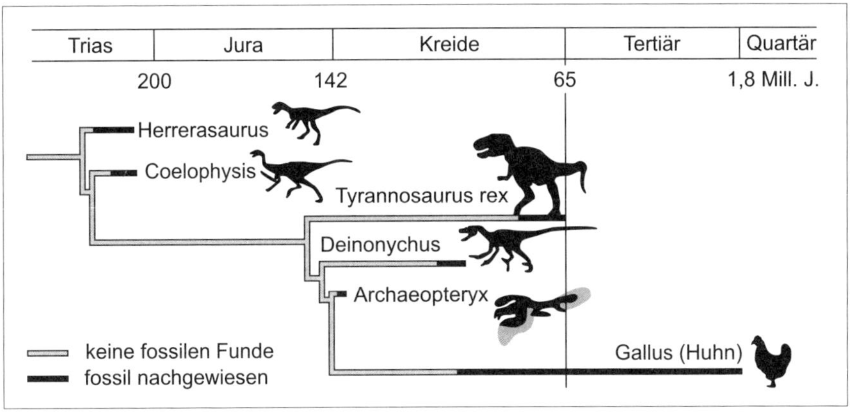

Abb. 2: Stammbaum ausgewählter Theropoden unter Einbeziehung rezenter Vogelarten (z. B. *Gallus*) *verändert und vereinfacht nach: Sereno, P. (1999). Fig. 4*

Material B: Neue Erkenntnisse aus der Entwicklung der Vögel: nicht I, II, III, sondern II, III, IV?

Seit über einem Jahrhundert gibt es über die Abstammung der Vögel von den Dinosauriern heftige wissenschaftliche Auseinandersetzungen. Aktuelle Untersuchungen zur Entwicklung des Handskeletts während der Embryonalentwicklung der Vögel haben diesen Streit wieder neu entfacht:

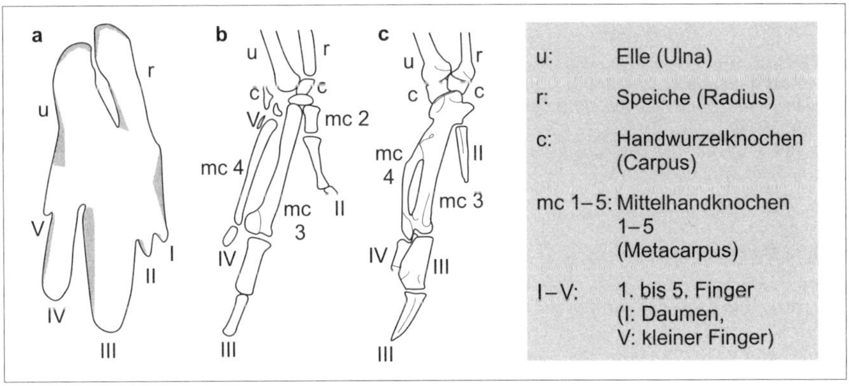

Abb. 3: Entwicklung des Vogelflügels (Maßstäbe jeweils unterschiedlich)
a) 29 Tage alter Embryo; b) 35 Tage alter Embryo; c) ausgewachsener Vogel
verändert nach: Galis (2003). Fig. 1

Material C: Fossiles Kollagen von *Tyrannosaurus rex*

2003 wurde in Montana ein 68 Millionen Jahre alter Knochen von *Tyrannosaurus rex* entdeckt. Forscher von der Staatsuniversität North Carolina untersuchten den Fund und stellten fest, dass trotz des hohen Alters innerhalb des Oberschenkelknochens Weichgewebe und Blutgefäße noch erhalten waren. Sie konnten Reste von Kollagen isolieren, welches Haut, Sehnen und Knochen aufbaut.

Erstmalig konnten derart alte Proteine untersucht werden. Der Forscher CHRIS ORGAN von der Harvard University in Cambridge und sein Team sequenzierten vier kurze Fragmente dieser Proteine. Die Aminosäuresequenz der beiden Kollagene *ColA1* und *ColA2* von *Tyrannosaurus rex* wurde mit Aminosäuresequenzen entsprechender Kollagene von heute lebenden Wirbeltieren verglichen:

Tabelle 1: Fragmente aus den Proteinen *ColA1* und *ColA2* von *Tyrannosaurus rex* im Vergleich mit Sequenzen von heute lebenden Wirbeltieren

	Position der Aminosäuren im Kollagen von *T. rex*	Übereinstimmung bei
1	1–18 *ColA1*	*Gallus* (Huhn), *Alligator*
2	289–300 *ColA1*	*Gallus* (Huhn), *Alligator*, *Opossum* (Beuteltier)
3	469–485 *ColA1*	*Gallus* (Huhn), verschiedene Säugetiere
4	1–18 *ColA2*	*Gallus* (Huhn)

Materialgrundlage: Asara (2007). Tab. 2
Sequenzen der Kollagene aus: http://www.ncbi.nlm.nih.gov/protein/P0C2W4.1 (28. 04. 2011)
http://www.sciencemag.org/content/suppl/2008/04/24/320.5875.499.DC1/Organ.SOM.pdf (12. 04. 2012)

weitere Materialgrundlage:

Asara, J. M., Schweitzer, M. H., Freimark, L. M., Phillips, M., Cantley, L. C. (2007). Protein Sequences from Mastodon and Tyrannosaurus Rex Revealed by Mass Spectrometry. Science 13 (316), 280–285

Benton, M. (2005). Vertebrate Paleontology. Blackwell Publishers, 256–263

Burke, A. C., Feduccia, A. (1997). Developmental Patterns and the Identification of Homologies in the Avian Hand. Science 278, 666–668. Reprinted with permission from AAAS

Feduccia, A., Lingham-Soliar, T., Hinchliffe, J. R. (2005). Do Feathered Dinosaurs Exist? Testing the Hypothesis on Neontological and Paleontological Evidence. Journal of Morphology 266 (2), 125–166

Galis, F., Kundrat, M., Sinervo, B. (2003). An Old Controversy Solved: Bird Embryos have Five Fingers. Trends in Ecology and Evolution 18 (1), 7–9

Middleton, K. M., Gatesy, S. G. (2000). Theropod Forelimb Design and Evolution. Zool. J. of the Linnean Society, 149–187

Norman, D. B., Weishampel, D. B. (1990). The Dinosauria: Iguanodontidae and Related Ornithopods. University of California Press, Berkeley, 510–533

Sereno, P. (1999). The Evolution of Dinosaurs. Science 284, 2 137–2 147

Vargas, A. O. (2005). Beyond Selection. 78 Revista Chilena de Historia Natural, 739–752

Vargas, A. O., Fallon, J. F. (2005). Birds have Dinosaur Wings: The Molecular Evidence. Journ. of Exp. Zool. (Mol. Dev. Evol.) 304, 86–90

Wagner, G. P., Gauthier, J. A. (1999). 1, 2, 3 = 2, 3, 4: A Solution to the Problem of the Homology of the Digits in the Avian Hand. Proc. Natl. Acad. Sci. USA 96, 5 111–5 116. © 1999 National Academy of Sciences, U.S.A.

Welten, C. M., Veerbek, F. J., Meijer, A. H., Richardson, M. K. (2005). Gene Expression and Digit Homology in Chicken Embryo Wing. Evolution and Development 7 (1), 18–28

Lösungsvorschlag

In der Aufgabe thematisierte Unterrichtsinhalte sind:
Vergleich rezenter und paläontologischer Hinweise (Homologie der Wirbeltiergliedmaßen), Homologiekriterien, phylogenetischer Stammbaum, Vergleich und Beurteilung der Ergebnisse unterschiedlicher Analysemethoden

I.1 *Die Aufgabenstellung strukturiert Ihre Vorgehensweise. Bei der Beschreibung der Handskelette muss der Begriff „Strahl" für Finger nicht unbedingt fallen. Denken Sie daran, dass es drei Homologiekriterien zu überprüfen gilt. Auch konstruktive Kritik zur Aufgabe ist möglich und kann Zusatzpunkte bringen.*

Ein Vergleich der Handskelette mit Handwurzelknochen, Mittelhandknochen und Fingern in Abb. 1 zeigt zunächst, dass bei *Herrerasaurus* und *Coelophysis* alle fünf Strahlen (Finger) der fünfstrahligen Wirbeltierextremität ausgebildet sind. Allerdings existieren die Strahlen IV und V bei beiden Tieren nur noch in stark reduzierter Form. Eine Reduktion der Fingerzahl auf Daumen (Strahl I) und Zeigefinger (Strahl II) hat bei *Tyrannosaurus rex* stattgefunden. Der dritte Strahl besteht als Rudiment nur noch aus dem Mittelhandknochen mc 3, die übrigen Finger (Strahl IV und V) sind nicht mehr ausgebildet. Die Handskelette von *Deinonychus* und *Archaeopteryx* weisen lediglich drei Strahlen (Finger I, II und III) auf, die Finger IV und V sind auch hier nicht mehr vorhanden. Ebenso liegen beim Haushuhn nur noch die Strahlen I bis III vor. Darüber hinaus lassen sich hier deutliche Reduktionen am Finger I und Verwachsungen bei den Mittelhandknochen und den Fingern II und III feststellen.

Das Knochenmaterial der Handskelette ist geeignet, um Verwandtschaftsbeziehungen anhand der drei Homologiekriterien untersuchen: Das **Kriterium der Lage** besagt, dass Strukturen verschiedener Lebewesen homolog sind, wenn sie in Anordnung und Anzahl einem gemeinsamen Bauplan zugeordnet werden können. Dies ist bei den sechs Handskeletten aus Abb. 1 der Fall. Sowohl ihre Position im Skelett (Vorderextremität) als auch die Anordnung der beteiligten Knochen weisen die geforderte Übereinstimmung auf. Das **Kriterium der Kontinuität oder Stetigkeit** besagt, dass Organe oder Körperteile verschiedener Arten homolog sind, wenn sie sich über (z. B. embryonale bzw. fossile) Zwischenformen verbinden lassen. Die Zwischenformen ihrerseits müssen dabei untereinander mithilfe des Lagekriteriums homologisierbar sein. Tatsächlich ist hier eine Reduktion der Strahlenanzahl von fünf (bei a und b), auf drei (bei d–f) bis zu lediglich zwei Fingern beim *Tyrannosaurus rex* festzustellen. Für eine generelle und allgemeingültige Verifizierung dieses Kriteriums zur Regression im Handskelett ist die Materialbasis aber zu schmal. Da komplex aufgebaute Strukturen immer dann als homolog angesehen werden, wenn sie in zahlreichen Einzelheiten ihres Baues übereinstimmen, ist auch das dritte **Kriterium der spezifischen Qualität** erfüllt: Die Substanz aller Handskelette ist bzw. war Knochengewebe. Dies kann beim rezenten Vogel ohne größere Hilfsmittel und bei Fossilien durch Ultradünnschnitte belegt werden.

Diese Befunde stützen die Stammbaumrekonstruktion in Abb. 2 aus mehreren Gründen. Da sich alle untersuchten Handskelette auf den Bauplan einer fünfstrahligen Wirbeltierextremität zurückführen lassen, kann hier ein gemeinsamer Ahne, der diese fünffingrige Hand besessen hat, für alle sechs Tierarten angenommen werden. Die beiden ältesten Theropoden verfügen noch über ein fünffingriges Handskelett, das aber bereits deutliche Reduktionen auf nur drei Finger aufweist. Die jüngeren Arten *T. rex, Deinonychus, Archaeopteryx* und auch *Gallus* haben gemeinsam, dass bei ihnen keine Rudimente der IV. und V. Finger des Handskeletts mehr vorhanden sind. Kritisch anzumerken bleibt aber, dass – wie aus Abb. 2 hervorgeht – über weite zeitliche Strecken keine fossilen Funde vorliegen. Ob hier bei der Stammbaumerstellung vielleicht zu stark spekuliert wurde, kann nicht eindeutig entschieden werden.

I.2 *Gehen Sie bei der Bearbeitung dieser Teilaufgabe gezielt auf die Widersprüche in der Beschriftung der Handskelette der Vögel ein. Gewichten Sie die Informationen bezüglich der postulierten Abstammung der Vögel entsprechend.*

Am 29. Tag des Embryonalstadiums des Vogels (a) fällt auf, dass zwar alle fünf Strahlen angelegt sind, ihre Ausbildung aber stark differiert. Während die Finger III und IV kräftig entwickelt sind, sind die Strahlen I, II und V nur sehr rudimentär angelegt. Am 35. Tag (b) ist der erste Strahl nicht mehr vorhanden – der Daumen wurde zurückgebildet. Auch der fünfte Strahl ist bis auf ein rudimentäres Knochenstück (V) fast vollständig verschwunden. Betrachtet man die Finger II–IV genauer, so ist festzustellen, dass sie aus einem (II und IV) bzw. zwei Gliedern (III) bestehen, die Mittelhandknochen liegen noch frei. Beim ausgewachsenen Vogel (c) treten jedoch Verwachsungen bzw. Verschmelzungen auf: Beim II. Strahl scheinen Mittelhand- und Fingerknochen miteinander verschmolzen. Auch mc 3 könnte prinzipiell reduziert worden sein. Ebenfalls zusammengewachsen sind vermutlich die beiden Mittelhandknochen des III. und IV. Strahls.
Abb. 3c und Abb. 1f stellen jeweils das Handskelett eines ausgewachsenen Vogels dar, Abb. 1f spezifisch das von *Gallus*. Während die Strahlen in Abb. 3c jedoch mit II, III und IV bezeichnet werden, sind sie in Abb. 1f mit I, II und III beschriftet. Damit widersprechen die auf Basis der Embryonalentwicklung gewonnenen aktuellen Erkenntnisse (Abb. 3) über die Zuordnung der Strahlen eindeutig der Zuordnung in Abb. 1. Nach den neuen Befunden müsste die Abstammung der Vögel von den Sauriern angezweifelt werden. Die Argumentation beruht darauf, dass bei den Vögeln Strahl I und V reduziert werden, während es beim Urvogel und den Dinosauriern *Tyrannosaurus rex* und *Deinonychus* der IV. und V. Finger sind. Die Abspaltung der Vögel von der Gruppe der Saurier müsste folglich früher stattgefunden haben als laut Abb. 2 angenommen.

I.3 *Arbeiten Sie zunächst die Aussagen von Tab. 1 heraus und setzen Sie sie dann mithilfe Ihrer Kenntnisse über die Aufstellung von Verwandtschaftsbeziehungen zeichnerisch um.*

Forschern der Staatsuniversität North Carolina gelang es im Jahre 2003, aus 86 Millionen Jahre alten Knochen von *Tyrannosaurus rex* Reste von Kollagen zu isolieren und davon vier kurze Fragmente zu sequenzieren. Die Aminosäuresequenz der Kollagene *ColA1* und *ColA2* verglichen sie anschließend mit entsprechenden Kollagenen rezenter Vertebraten. Dabei ergab sich, dass die vier Fragmente (drei aus *ColA1* und eines aus *ColA2*) jeweils Übereinstimmungen mit unterschiedlichen Wirbeltiergruppen aufweisen. Bei *T. rex* und *Gallus* sind die vier Kollagenfragmente identisch. Dagegen gleichen nur zwei *ColA1*-Fragmente von *T. rex* entsprechenden Sequenzen beim Alligator. Jeweils eine Übereinstimmung mit *ColA1* von *T. rex* weisen verschiedene untersuchte Säugetiere und das Opossum auf. Auf der Grundlage dieser Übereinstimmungen lassen sich folgende Verwandtschaftsbeziehungen zwischen dem Dinosaurier *T. rex*, dem Huhn, dem Reptil Alligator und den Säugetieren konstruieren:

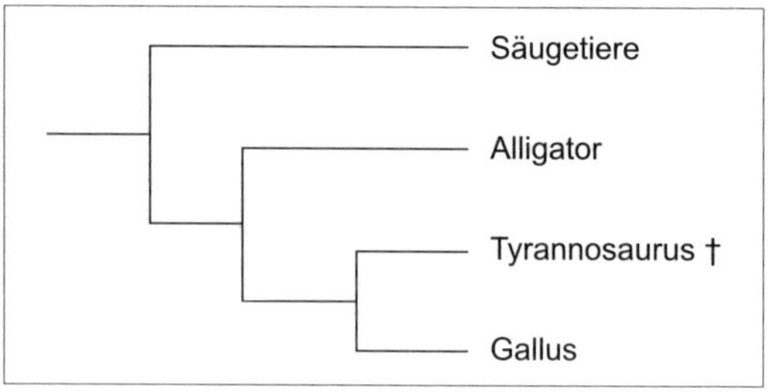

Sind die Aminosäuresequenzen im Kollagen identisch, kann auch auf eine entsprechende Übereinstimmung in der DNA, die ja die Reihenfolge der Aminosäuren codiert, geschlossen werden. Dabei weisen Übereinstimmungen in der Erbsubstanz DNA, die von Vorfahren an Nachkommen weitergegeben wird, darauf hin, dass gemeinsame Ahnen vorliegen. Bei der Stammbaumerstellung gilt der Grundsatz: Je mehr Übereinstimmungen vorhanden sind, desto näher stehen sich die Tiergruppen phylogenetisch. Die Übereinstimmungen bei den untersuchten Kollagenproben legen die Verwandtschaft des ausgestorbenen *T. rex* mit den rezenten Wirbeltieren nahe und lassen auf einen gemeinsamen Vorfahren schließen. Dabei stehen *T. rex* und *Gallus* einander verwandtschaftlich am nächsten (höchste Übereinstimmung in den Aminosäuresequenzen). Da Alligator und *T. rex* nur zwei identische Sequenzen besitzen, ist das Reptil nicht so nahe mit dem Dinosaurier verwandt wie der Vogel. Das geringste Maß an Übereinstimmungen liegt zur Tiergruppe der Säuger vor. Demnach sind die Säugetiere nur entfernt mit *Tyrannosaurus rex* verwandt.

I.4 *Die hier von Ihnen verlangte Einschätzung der Sachlage zur Stammesgeschichte der Vögel ist anspruchsvoll. Wenn Sie bei Ihrer Diskussion aber zunächst noch einmal die wesentlichen Befunde des Arbeitsmaterials zusammenfassen, wird Ihnen Ihre Argumentation leichter fallen. Es wird von Ihnen nicht erwartet, dass Sie eine endgültige Antwort in diesem Streit formulieren. Sie sollten aber das Für und Wider gegeneinander abwägen.*

Aus dem Arbeitsmaterial gehen drei verschiedene Ansichten zur Deutung der Stammesgeschichte der Vögel hervor. Material A, das von versteinertem Skelettmaterial und Handskeletten von *Gallus* ausgeht, legt eine enge Verwandtschaft zwischen Dinosauriern und Vögeln nahe. Material B argumentiert von der Entwicklungsbiologie der Vögel aus. Die embryologischen Befunde zur Reduktion einzelner Fingerknochen widersprechen der Ansicht der vergleichenden Anatomie und stellen die enge Verwandtschaft von Vogel und Saurier infrage. Material C wiederum legt auf der Basis gemeinsamer Aminosäuresequenzen in Kollagenen den Schluss nahe, dass *Tyrannosaurus rex* und die heute lebenden Vögel miteinander verwandt sind. Aber gerade diese Hinweise auf identische DNA-Sequenzen bei *T. rex* und *Gallus* müssen nicht zwingend zu dem Schluss führen, dass hier eine Verwandtschaft besteht: Die Menge des für einen Verwandtschaftsvergleich zur Verfügung stehenden Proteinmaterials ist äußerst gering. Hinzu kommt, dass keine vollständigen Übereinstimmungen vorliegen. Bei *ColA1* stimmen nur drei kurze Sequenzen mit gerade einmal 40 Aminosäuren bei beiden Vertretern überein; bei *ColA2* handelt es sich nur um eine Kette von 18 übereinstimmenden Aminosäuren. Auf einer derartig schmalen Datenbasis kann keine gesicherte Abstammungsbestimmung erfolgen. Außerdem kann die Zuordnung der Aminosäureabfolge zu einer DNA-Sequenz keinesfalls als gesichert angesehen werden. So könnte es sein, dass die kurzen gemeinsamen Sequenzen nur zufällig identisch sind und beispielsweise auf unterschiedlichen DNA-Basensequenzen beruhen (Degeneration des genetischen Codes). Hierauf lässt sich Verwandtschaft nicht eindeutig genug begründen.
Auch die Stammbaumrekonstruktion (Abb. 2) beruht nur auf einem kleinen Pool an fossilen Daten, der die gemeinsame Abstammung nicht eindeutig belegen kann. Die vorliegenden Versuchsergebnisse und Indizien reichen also nicht aus, um ein endgültiges Urteil zu fällen. Die Streitfrage, ob die heute lebenden Vögel von den Dinosauriern abstammen, ist – zumindest unter alleiniger Verwendung dieses Materials – noch lange nicht beantwortet.

Leistungskurs Biologie (NRW) – Abitur-Prüfung 2012
Aufgabe 2: Neurobiologie

Aufgabenstellung: Punkte

Thema: Erregungsleitung und -übertragung an Tintenfisch-Neuronen

II.1 Vergleichen Sie die Leitungsgeschwindigkeiten bei myelinisierten und nicht myelinisierten Axonen und erläutern Sie die Ursache für die Unterschiede (Material A). 16

II.2 Beschreiben Sie die Versuchsergebnisse von KATZ und MILEDI (Material B, Abbildung 2) und interpretieren Sie sie im Hinblick auf die Transmitterfreisetzung und den Beitrag der Na^{+}- und K^{+}-Ionen zur Transmitterfreisetzung an den Synapsen von Riesenaxonen des Tintenfisches. 12

II.3 Beschreiben Sie die Versuchsergebnisse der Untersuchung zur Rolle der Ca^{2+}-Ionen an der Synapse (Material B, Abbildungen 3 und 4). Werten Sie die Ergebnisse im Hinblick auf den Zusammenhang zwischen präsynaptischem Potenzial, postsynaptischem Potenzial und Einfluss der Ca^{2+}-Ionen aus. 26

II.4 Erläutern Sie, wie eine gleichzeitige Kontraktion der gesamten Mantelmuskulatur gesteuert werden kann (Materialien B und C). Entwickeln Sie eine Hypothese, welche Rolle die Ca^{2+}-Ionen dabei zusätzlich spielen können. 12

Material A: Erregungsleitung innerhalb von Nervenzellen

Bei Nervenfasern unterscheidet man zwischen Axonen mit Markscheide (markhaltige oder myelinisierte Nervenfasern) und Axonen ohne Markscheide (marklose oder nicht myelinisierte Nervenfasern). Die Leitungsgeschwindigkeit entlang verschiedener Axone wurde bestimmt (Tabelle 1).

Tabelle 1: Leitungsgeschwindigkeiten bei verschiedenen Axonen

	Herkunft	Durchmesser (µm)	Leitungsgeschwindigkeit (m/s)
Myelinisierte Fasern	Wirbeltier, motorisches Axon	13	70–120
	Wirbeltier, afferentes (sensorisches) Axon	8	30–70
	Wirbeltier, motorisches Axon (Muskelspindel)	5	15–30
	Wirbeltier, Axon aus dem Sympathicus	3	3–15

	Herkunft	Durchmesser (µm)	Leitungsgeschwindigkeit (m/s)
Nicht myelinisierte Fasern	Wirbeltier, langsames afferentes (sensorisches) Axon	< 1	0,5–2
	Krebs, motorisches Axon	50	3
	Tintenfisch, Riesenaxon	800–1 000	22

verändert nach: Dudel, J. (Hgg.), Menzel, R. (Hgg.), Schmidt, R. F. (Hgg.) (2001). Neurowissenschaft: Vom Molekül zur Kognition. Springer Verlag, S. 110, Abb. 1

Material B: Erregungsübertragung an Synapsen des Tintenfisches

Tintenfische sind interessante Forschungsobjekte für die Neurobiologie. Sie besitzen bis zu einem Millimeter dicke, marklose Nervenfasern, sogenannte Riesenaxone. In diese Riesenaxone können Elektroden eingeführt werden, sodass die elektrischen Vorgänge direkt in der Nervenzelle und in den Riesensynapsen gemessen werden können. Bernhard Katz und Ricardo Miledi führten in den sechziger Jahren des 20. Jh. Untersuchungen an Synapsen von Riesenaxonen des Tintenfisches durch, da diese groß genug sind, um mehrere Elektroden einzuführen (Abbildung 1). Sie gingen u. a. der Frage nach, ob bzw. inwieweit Na^{+}-, K^{+}- und Ca^{2+}-Ionen die Transmitterfreisetzung beeinflussen.
Sie blockierten die Na^{+}- und K^{+}-Ionenkanäle in der präsynaptischen Membran durch Neurotoxine. Nach schrittweiser Erhöhung der Spannung wurden die prä- und postsynaptischen Potenziale gemessen (Abbildung 2).

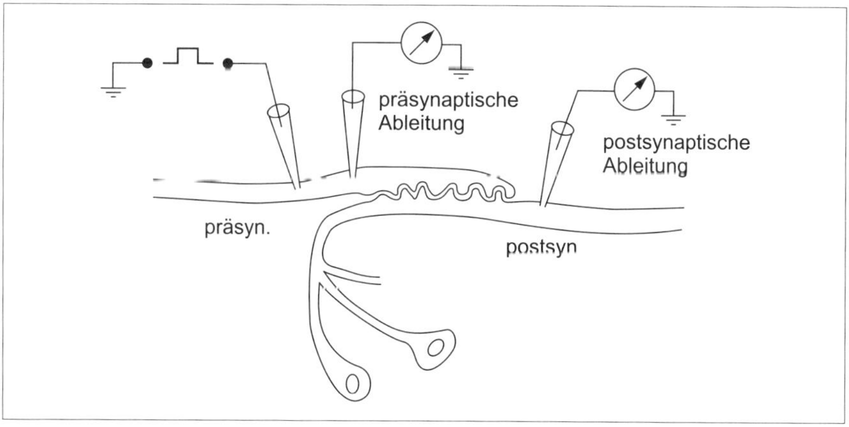

Abb. 1: Versuchsanordnung zur Messung der prä-und postsynaptischen Depolarisationen an der Synapse des Riesenaxons

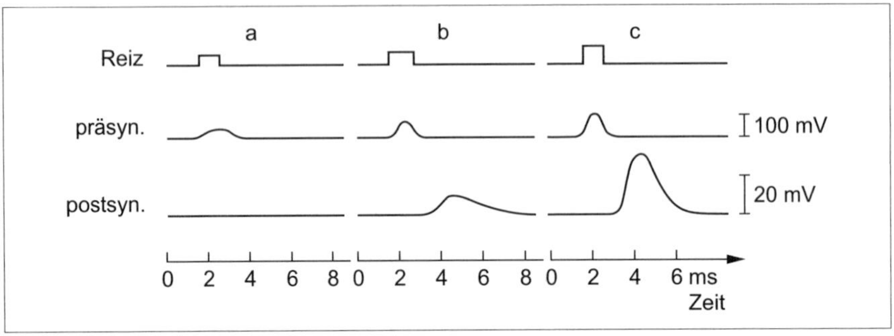

Abb. 2: Messung der prä- und postsynaptischen Depolarisationen bei zunehmend erhöhtem elektrischem Reiz; Messergebnisse bei drei verschiedenen Reizstromstärken (a–c)

In einem weiteren Experiment wurden ebenfalls die K^+- und Na^+-Kanäle blockiert. Nach der Injektion des Ca^{2+}-Indikators Äquorin in die präsynaptische Endigung wurde diese elektrisch gereizt. Das Protein Äquorin sendet in Anwesenheit von Ca^{2+} Licht aus. Prä- und postsynaptische Potenziale wurden über Mikroelektroden intrazellulär abgeleitet (Abbildungen 3 und 4).

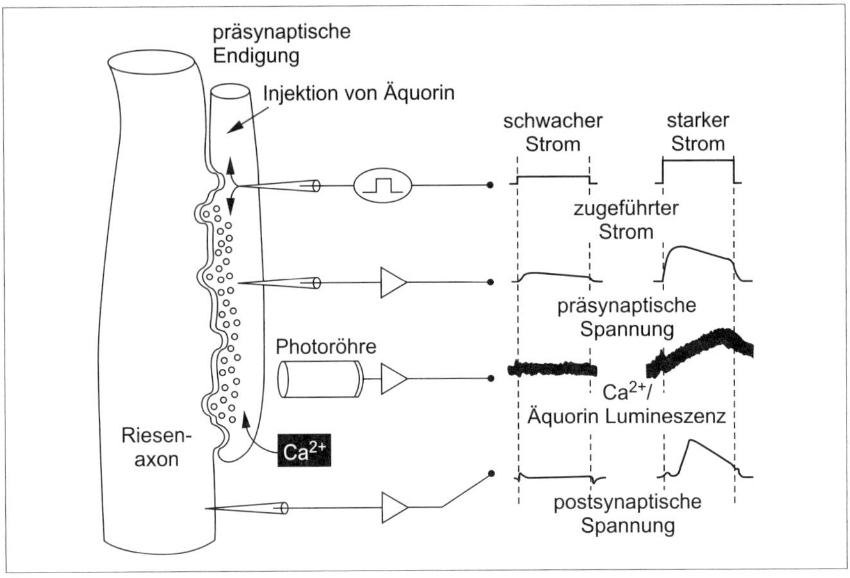

Abb. 3: Untersuchungen zur Rolle der Calciumionen an der Synapse (vereinfachte Darstellung)

In einem dritten Experiment wurde der Einfluss des präsynaptischen Potenzials auf das postsynaptische Potenzial bei verschiedenen Ca^{2+}-Konzentrationen untersucht.

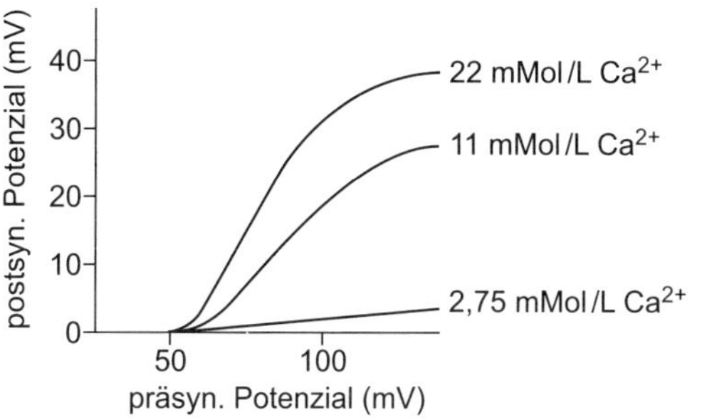

Abb. 4: Abhängigkeit des postsynaptischen Potenzials von der präsynaptischen Depolarisation bei unterschiedlichen Konzentrationen von Ca^{2+}-Ionen in der umgebenden Lösung (mMol/L ≙ Millimol/Liter)

Abb. 1–4 verändert nach: French, K., Randall, D., Burggren, W., Eckert, R. (2002). (Übers.: Ganslosser, U., Apfelbach, R.). Tierphysiologie. Thieme Verlag, Stuttgart, 4. Auflage, S. 192/194

Material C: Riesenaxone steuern den Rückstoß

Ein Tintenfisch kann sich nach dem Rückstoßprinzip fortbewegen, indem er seinen Mantel schlagartig über seine ganze Länge zusammenzieht und einen Wasserstrahl durch einen Trichter am Kopfansatz herausdrückt (Abbildung 5). Diese Art der Fortbewegung wird vor allem bei Beutefang und Fluchtverhalten eingesetzt. Nur die Neurone, die die Kontraktion der Muskulatur rund um die Mantelhöhle steuern, besitzen Riesenaxone.

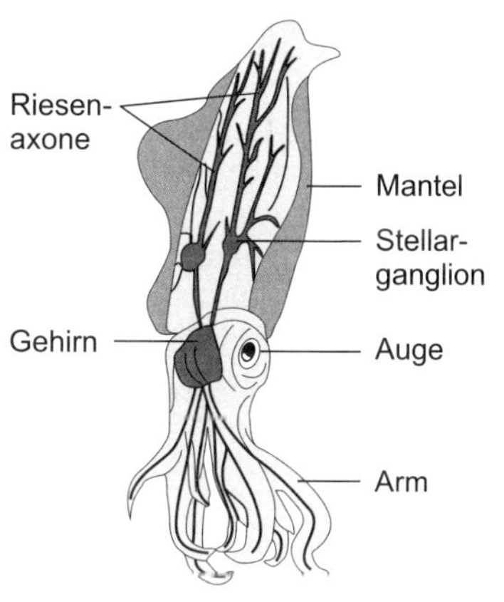

Abb. 5: Innervierung der Mantelmuskulatur beim Tintenfisch
verändert nach: http://www.mun.ca/biology/desmid/brian/BIOL2060/BIOL2060-13/13_02.jpg (08. 02. 2012)

weitere Materialgrundlage:

Katz, B., Miledi, R. (1970). Further Study of the Role of Calcium in Synaptic Transmission. J. Physiol 207, 789–801

French, K., Randall, D., Burggren, W., Eckert, R. (2002). (Übers.: Ganslosser, U., Apfelbach, R.). Tierphysiologie. Thieme Verlag, Stuttgart, 4. Auflage, 192–194

Kandel, E. R. (Hgg.), Schwartz, J. E. (Hgg.), Jessell, T. M. (1996). (Übers.: Benner, S.) Neurowissenschaften – eine Einführung. Spektrum Akademischer Verlag, Heidelberg, S. 174/278

Moyes, C. D., Schulte, P. M. (2007). Tierphysiologie. Pearson Deutschland 1996, S. 200

Dudel, J. (Hgg.), Menzel, R. (Hgg.), Schmidt, R. F. (Hgg.) (2001). Neurowissenschaft: Vom Molekül zur Kognition. Springer Verlag, 2. Auflage

Lösungsvorschlag

In der Aufgabe thematisierte Unterrichtsinhalte sind:
Leitungsgeschwindigkeit von Axonen, Aktionspotenzial, Erregungsleitung, chemische Synapsen, Neurotransmitter, neuromuskuläre Synapse

II.1 *Geben Sie ausgehend von Tab. 1 Ihr Wissen zur neuronalen Erregungsleitung reproduktiv wieder.*

Über die je nach Axontyp unterschiedliche Erregungsleitung in Nervenzellen geben die Messwerte in Tab. 1 Auskunft. Sie führt die Leitungsgeschwindigkeiten (in m/s) sowie Durchmesser (in µm) myelinisierter und nicht myelinisierter Nervenfasern auf. Generell steigt die Leitungsgeschwindigkeit mit zunehmendem Axondurchmesser an, wobei es keine Rolle spielt, ob es sich um motorische oder sensorische Axone handelt. Die Höhe der Leitungsgeschwindigkeit hängt jedoch stark von der Markhaltigkeit der Nervenfasern ab: Die Geschwindigkeit innerhalb myelinisierter Axone ist deutlich höher als innerhalb nicht myelinisierter Nervenfasern gleichen Durchmessers. Während im Riesenaxon des Tintenfisches für eine Leitungsgeschwindigkeit von 22 m/s ein Durchmesser von durchschnittlich 900 µm notwendig ist, erreichen motorische Axone der Muskelspindel von Wirbeltieren eine ähnlich hohe Geschwindigkeit (15–30 m/s) bei einem Durchmesser von lediglich 5 µm. Ähnliches gilt auch beim Vergleich von motorischen Axonen des Krebses mit Sympathicusaxonen von Wirbeltieren. Die Myelinisierung der Nervenfasern muss Wirbeltieren demnach den entscheidenden Vorteil beim Erreichen hoher Leitungsgeschwindigkeiten verschaffen. Bei Axonen, die keine Markscheide besitzen, ist die Erregungsleitung ein **kontinuierlicher** Prozess. Wird die Axonmembran überschwellig gereizt, öffnen sich spannungsgesteuerte Na^+-Ionenkanäle. Dies führt zu einer Depolarisierung der Membran, ein Aktionspotenzial wird ausgelöst. Benachbarte Membranbereiche werden durch ausgleichende Ströme ebenfalls depolarisiert, sodass auch hier Aktionspotenziale entstehen. Dieser Vorgang, der keine Abschwächung erfährt, wiederholt sich kontinuierlich entlang der marklosen Nervenfaser. Bei markhaltigen Fasern erfolgt die Weiterleitung der Erregung hingegen **saltatorisch**: Die komplett umhüllte, gut isolierte Membran der myelinisierten Axone wird in regelmäßigen Abständen von sog. Ranvierschen Schnürringen unterbrochen. Nur hier tritt die Nervenzelle mit dem extrazellulären Medium in Kontakt und nur an diesen Stellen sind spannungsgesteuerte Ionenkanäle vorhanden, sodass ausschließlich hier Aktionspotenziale entstehen können. Die Ausbreitung des Potenzials erfolgt innerhalb der Markscheide dann durch ein elektrisches Feld, d. h. passiv von Schnürring zu Schnürring. Diese Art der Impulsleitung ist in mehrfacher Hinsicht vorteilhaft: Die höhere Geschwindigkeit ermöglicht z. B. in einer Fluchtsituation eine schnellere Reaktion. Zudem spart der Organismus Stoffwechselenergie, wenn entlang des Axons nur noch wenige Membranbereiche depolarisiert werden müssen.

II.2 *Auch hier ist Ihnen die Herangehensweise an das Material klar vorgegeben. Wenn Sie in Abb. 3 Hilfslinien einziehen, können Sie mit ungefähren Zahlenwerten argumentieren. Achten Sie beim dritten Aufgabenteil genau auf die Versuchsbedingungen bezüglich der genannten Ionen.*

An der Kollaterale eines Tintenfischneurons wurden präsynaptisch Reize von unterschiedlicher Stromstärke gesetzt. Die präsynaptische Membran wurde dabei mit Neurotoxinen behandelt, die sowohl Na^+-Ionenkanäle als auch K^+-Ionenkanäle blockieren. Gleichzeitig führten die Forscher sowohl präsynaptisch nahe der Reizstelle als auch postsynaptisch eine Ableitung durch. Ein kleiner Reiz (a) führt dabei nur zu einer geringen präsynaptischen Depolarisation um ca. 50 mV und löst kein postsynaptisches Potenzial aus. Bei mittlerer Reizstromstärke (b, ca. das 1,5-fache von a) folgt sowohl eine prä- als auch eine postsynaptische Antwort. Die präsynaptische Depolarisation liegt bei 75 mV, die postsynaptische bei über 10 mV. Letztere verläuft in Form einer über ca. 5 ms hinweg langsam ansteigenden und flach auslaufenden Kurve. Bei hoher Stromstärke (c, ca. doppelt so hoch wie a) liegt das präsynaptische Potenzial bei einem Wert von gut 100 mV, die postsynaptische Depolarisation bei mehr als 30 mV. Versuche b und c zeigen, dass eine postsynaptische Depolarisation der Membran erst mit einer zeitlichen Verzögerung von ca. 1,5 ms erfolgt. Darüber hinaus wird deutlich, dass mit der präsynaptischen auch die postsynaptische Depolarisation ansteigt.
Diese Untersuchungen lassen folgende Interpretationen zu: Da die Antwort der postsynaptischen Zelle immer zeitlich verzögert auf die präsynaptische Depolarisation folgt, kann es sich bei der Erregungsübertragung von der prä- zur postsynaptischen Zelle nicht um ein elektrisches Phänomen handeln. Grundlage dafür muss ein chemischer Vorgang sein. Aus der präsynaptischen Membran werden Transmitter ausgeschüttet, die über den synaptischen Spalt hinweg diffundieren und einen Na^+-Ioneneinstrom an der postsynaptischen Membran bewirken. Ein solcher Vorgang benötigt Zeit, wie in den vorliegenden Experimenten deutlich wird. Nicht jede präsynaptische Depolarisation führt dazu, dass auch die postsynaptische Membran depolarisiert wird. Dies kann so interpretiert werden, dass nicht bei jeder Depolarisation an der präsynaptischen Membran (gleiche Mengen an) Neurotransmitter ausgeschüttet werden. Die Informationsübertragung an den Synapsen von Riesenaxonen des Tintenfisches kann demnach über die Menge an ausgeschüttetem Transmitter gesteuert werden. Unterschiedliche Höhen der präsynaptischen Depolarisation führen zu unterschiedlichen Mengen an Transmittern, die in den synaptischen Spalt abgegeben werden. Dadurch, dass bei diesem Experiment die Na^+- und K^+-Ionenkanäle blockiert sind, kann ausgeschlossen werden, dass Na^+- oder K^+-Ionen die Ausschüttung der Transmittersubstanzen in direkter Weise beeinflussen. Wie bereits dargelegt, hängt die Höhe des postsynaptischen Potenzials von der Reizstromstärke in der präsynaptischen Endigung ab. Na^+- oder K^+-Ionen sind an der Transmitterausschüttung folglich nicht beteiligt.

II.3 *Abb. 3 sieht auf den ersten Blick etwas kompliziert aus. Wenn Sie aber schrittweise an die Beschreibung und anschließende Auswertung gehen, wird Ihnen die Bearbeitung leicht fallen. Bei Abb. 4 setzen Sie konkret die einzelnen Kurven und ihren Aussagewert zueinander in Beziehung. In die abschließende Wertung sollte auch Ihr Wissen reproduktiv einfließen.*

In die präsynaptische Endigung wurden zwei unterschiedlich starke Stromstöße geleitet und sowohl das präsynaptische als auch das postsynaptische Potenzial mithilfe von Elektroden gemessen. Darüber hinaus injizierte man in die Präsynapse den Ca^{2+}-Indikator Äquorin, ein Protein, das bei Anwesenheit von Ca^{2+}-Ionen Licht aussendet. Es zeigt sich, dass nur nach einem starken Stromstoß, der eine hohe präsynaptische Spannung und infolgedessen auch eine hohe postsynaptische Depolarisation bedingt, Ca^{2+}-Äquorin-Lumineszenz mithilfe der Photoröhre gemessen werden kann. Wird ein schwacher Strom zugeführt, tritt nur eine geringe präsynaptische Spannung auf und eine postsynaptische Depolarisation bleibt ebenso wie die Lumineszenz aus. Das deutet auf einen Zusammenhang zwischen dem Ca^{2+}-Ioneninflux in die Präsynapse und der Reaktion der nachgeschalteten postsynaptischen Zelle hin. Lumineszenz tritt nur dann auf, wenn eine postsynaptische Depolarisation gemessen werden kann. Eine Freisetzung von Transmittersubstanzen – sie bewirkt an der postsynaptischen Membran eine Depolarisation – kann folglich mit dem Ca^{2+}-Ioneneinstrom in die präsynaptische Endigung in Verbindung gebracht werden.
Abb. 4 zeigt das postsynaptische Potenzial (Ordinate, y-Achse) in Abhängigkeit von der Höhe des präsynaptischen Potenzials (Abszisse, x-Achse) bei unterschiedlichen extrazellulären Ca^{2+}-Ionenkonzentrationen (in mMol/L). Unabhängig von der Ca^{2+}-Ionenkonzentration entsteht ein postsynaptisches Potenzial erst dann, wenn das präsynaptische Potenzial einen bestimmten Wert (ca. 55–65 mV) erreicht hat. Bei jeweils gleicher Ca^{2+}-Ionenkonzentration steigt mit dem präsynaptischen auch das postsynaptische Potenzial. Beträgt die Ca^{2+}-Ionenkonzentration 2,75 mMol/L, so steigt die Potenzialkurve – präsynaptisches gegen postsynaptisches Potential – linear und nur sehr langsam an. Bei Konzentrationen von 11 und 22 mMol/L Ca^{2+}-Ionen hingegen wächst mit dem präsynaptischem Potential das postsynaptische deutlich stärker. Ab ca. 100 mV (präsynaptisch) flachen die Kurven schließlich ab. Die Verdoppelung der Ca^{2+}-Ionenkonzentration (von 11 auf 22 mMol/L) führt zwar zu einem Anstieg, aber nicht zu einer Verdoppelung des postsynaptischen Potenzials (Steigerung von 27 auf 38 mV). Dieser Versuch zeigt, dass bei gleichbleibender Ca^{2+}-Ionenkonzentration die Höhe des postsynaptischen Potenzials von der Höhe der präsynaptischen Depolarisation abhängt. Auch fällt das postsynaptischen Potenzial umso höher aus, je mehr Ca^{2+}-Ionen extrazellulär vorhanden sind. Der Befund legt nahe, dass transmitterhaltige Vesikel unter dem Einfluss der Ca^{2+}-ionen zur präsynaptischen Membran gelangen, mit dieser fusionieren und die Transmitter in den synaptischen Spalt freisetzen. Die freigesetzte Menge hängt dabei erstens von der Höhe des präsynaptischen Potenzials und zweitens – als Folge davon – vom Einstrom an Ca^{2+}-Ionen ab.

II.4 *Denken Sie bei dieser Teilaufgabe auch an die Informationen aus Material A, um die Bedeutung der Riesenaxone korrekt in Ihre Überlegungen einzubeziehen. Bei der Hypothesenbildung müssen Sie auf Ihre Erkenntnisse aus Teilaufgabe 2 zurückgreifen. Setzen Sie sie anschließend in Beziehung zur Informationsübermittlung innerhalb des Tintenfischmantels.*

Ist ein Tintenfisch auf der Jagd oder auf der Flucht vor einem Fressfeind, bedient er sich bei seiner Fortbewegung des Rückstoßprinzips mittels koordinierter Kontraktion seines Mantels. Beim gleichzeitigen Zusammenziehen der vorderen und hinteren Mantelbereiche des Weichtieres spielen die beiden Stellarganglien eine entscheidende Rolle. Von diesen Schaltzentren werden motorische Signale über Mantelaxone (Motorneurone) zur Muskulatur (Zusammenziehen des Mantels) geleitet. Aus Tab. 1 geht hervor, dass die Leitungsgeschwindigkeit in nicht myelinisierten Nervenfasern von deren jeweiligem Durchmesser abhängig ist. Dabei gilt: Je größer der Axondurchmesser, desto schneller die Geschwindigkeit der Impulsleitung. Um eine möglichst schnelle und gleichzeitige Kontraktion und damit eine rasche Reaktion zu ermöglichen, müssen solche Axone, die die äußeren Mantelpartien innervieren, einen deutlich größeren Durchmesser besitzen. Der Kontraktionsimpuls darf hier ja nicht „zu spät ankommen". Bei Axonen, die zur vorderen Mantelregion führen, reichen hingegen geringere Durchmesser aus. Hier wird deutlich, wie koordiniert die Informationsübermittlung innerhalb der Muskulatur des Mantels ablaufen muss, damit eine wohl abgestimmte Bewegung des Tieres gewährleistet ist.
Die Erkenntnisse aus Tab. 1 erlauben Mutmaßungen über die Rolle der Ca^{2+}-Ionen bei der koordinierten Kontraktion des Mantels. Da eine höhere extrazelluläre Konzentration von Ca^{2+}-Ionen zu einem erhöhten postsynaptischen Potenzial führt, wird der Schwellenwert, der für die Auslösung eines Aktionspotenzials überschritten werden muss, bei hoher Ca^{2+}-Ionenkonzentration schneller erreicht. In Verbindung mit einem variablen Durchmesser der Axone im Tintenfischmantel – im hinteren Bereich deutlich größer als im vorderen – könnte die Reaktionsgeschwindigkeit so nochmals erhöht werden. Dafür müsste die Konzentration der Ca^{2+}-Ionen an den neuromuskulären Synapsen in den verschiedenen Mantelbereichen variieren. Je weiter die peripheren motorischen Endplatten von den Stellarganglien entfernt sind, desto höher sollte dort der mengenmäßige Anteil an Ca^{2+}-Ionen sein. Durch das Zusammenspiel beider Komponenten – Axondurchmesser und Ca^{2+}-Ionenkonzentration – wird damit nicht nur eine gleichzeitige, sondern auch eine deutlich schnellere Kontraktion der Mantelmuskulatur möglich. Auch eine Steigerung der Kontraktionsstärke und -dauer des Muskels ist durch die erhöhte Ca^{2+}-Ionenkonzentration denkbar.

Leistungskurs Biologie (NRW) – Abitur-Prüfung 2012
Aufgabe 3: Ökologie

Aufgabenstellung: Punkte

Thema: Die Bedrohung des Polarfuchses (Ökologie)

III.1 Analysieren Sie die Angepasstheit von Rotfuchs und Polarfuchs an den Lebensraum und diskutieren Sie, ob hier Klimaregeln anwendbar sind (Material A). Werten Sie Material A bezogen auf das Verhalten, die Nahrung und den Lebensraum von Rotfuchs und Polarfuchs umfassend in Hinblick auf die Wechselbeziehungen zwischen beiden Arten aus. 20

III.2 Geben Sie die Regeln von LOTKA-VOLTERRA an und überprüfen Sie, ob die Populationsentwicklungen in Abbildung 3 diesen Regeln entsprechen (Material B). Nennen Sie mögliche Ursachen, falls die Regeln nicht oder nur eingeschränkt gelten. 16

III.3 Stellen Sie mithilfe der Materialien A und C die Wechselbeziehungen zwischen Polarfuchs, Rotfuchs, Wühlmaus und der Höhe der Temperatur durch ein geeignetes Schema dar und beschreiben Sie dieses kurz. Leiten Sie anhand des Schemas eine Prognose für die Populationsentwicklung von Polarfuchs und Rotfuchs in der Arktis ab, wenn durch den globalen Klimawandel die Temperaturen in der Arktis weiter steigen (Materialien A und C). 16

III.4 Stellen Sie die Situation der skandinavischen Polarfüchse auf der Grundlage von Material D dar. Diskutieren Sie, welche Auswirkungen der drastische Rückgang der Polarfüchse in Skandinavien auf den Genpool und den Bestand der Populationen hat (Material D). 14

Material A: Rotfuchs und Polarfuchs im Vergleich

Abb. 1: a) Rotfuchs
b) Polarfuchs
http://www.biologie-abitur.de/Bilderoko/klimaregel%20fuchs.gif (25. 02. 2011)

Rotfuchs und Polarfuchs kommen beide auf der Nordhalbkugel vor. Der Polarfuchs *(Alopex lagopus)* beschränkt sich jedoch auf die Polargebiete. Diese werden unter anderem charakterisiert durch die im Winter extrem langen und im Sommer sehr kurzen Polarnächte. Hier lebt der Polarfuchs in der Tundra, einer baumlosen Landschaft mit Böden, die neun Monate im Jahr an der Oberfläche gefroren sind, sowie auf Eisfeldern, in tiefen Höhlen oder Schneelöchern. Die Temperaturen liegen hier ganzjährig unter 0 °C oder knapp darüber. Der Polarfuchs toleriert Temperaturen von –40 °C bis –50 °C, unterhalb dieser Grenze kann die Körpertemperatur nur durch erhöhte Stoffwechselaktivität konstant gehalten werden (kritische Temperatur).
Der Rotfuchs *(Vulpes vulpes)* findet sich auf der gesamten Nordhalbkugel bis zum südlichen Rand der Polargebiete und sogar im Süden Australiens. Er lebt in unterirdischen Bauen im Wald und auf offenen Feldern. Seine kritische Temperatur liegt bei –13 °C.
In dem gemeinsamen Lebensraum am südlichen Rand des Polarkreises greift der Rotfuchs bei zufälligen Begegnungen den Polarfuchs an und tötet diesen.
Das Fell des Rotfuchses ist im ganzen Jahr oberseits rostbraun. Der Anteil der Wollhaare, die der Isolierung gegen Kälte dienen, beträgt ca. 20 %. Der Polarfuchs besitzt ein Fell mit einem Anteil von 70 % an Wollhaaren. Im Sommer ist es braun, im Winter weiß gefärbt. Beim Allesfresser Polarfuchs erstreckt sich das Nahrungsspektrum auf Kleinsäuger (z. B. Wühlmäuse), Beeren, Eier und Aas, wobei er tag- und nachtaktiv ist. Der Rotfuchs geht ausschließlich nachts auf die Jagd nach nachtaktiven Kleinsäugern und Vögeln. Eine Jagd unter der Schneedecke ist beiden Fuchsarten nicht möglich.

Abb. 2: Silhouetten von Rotfuchs (links) und Polarfuchs (rechts) im gleichen Maßstab

verändert nach: http://images.vector-images.com/clp/187502/clp113281.jpg (15. 01. 2012)

Material B: Populationsentwicklung von Polarfuchs und Wühlmaus

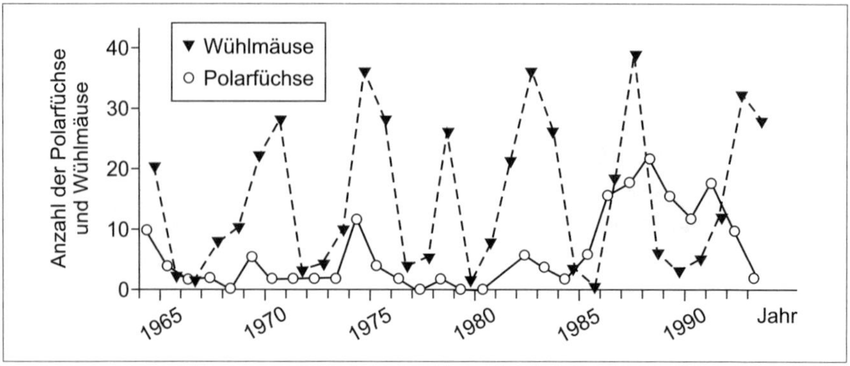

Abb. 3: Populationsgröße von adulten Polarfüchsen (○) und Wühlmäusen (▼) in Nordfinnland; dargestellt ist die Gesamtzahl der Polarfüchse im Untersuchungsgebiet und die Anzahl der dort in Fallen gefangenen Wühlmäuse.
verändert nach: Kaikusalo, A., Angerbjörn, A. (1995). The arctic fox population in Finnish Lapland during 30 years, 1964–1993. Ann. Zool. Fennici 32, 69–77, Helsinki

Material C: Polarfüchse und Klimawandel

a) Im Jahr 1918 wurde die kanadische Insel Baffin Island in der arktischen Tundra zum ersten Mal dauerhaft von Rotfüchsen besiedelt. Von einem festen Beobachtungspunkt im Süden registrierte man ihre Ausbreitung nach Norden und den Anstieg der Sommertemperaturen in dieser Region (Abbildung 4).

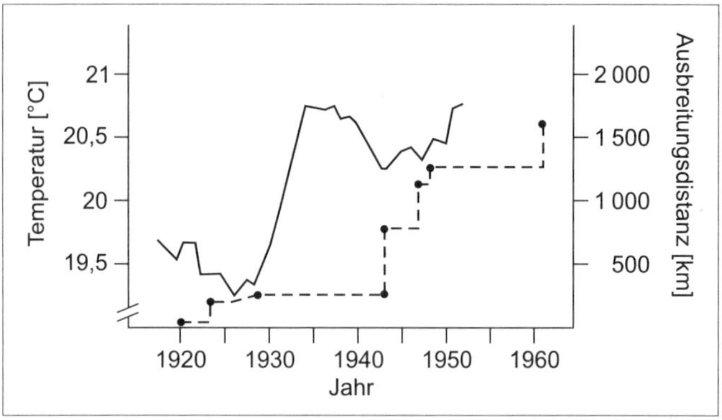

Abb. 4: Nördliche Ausbreitung der Rotfüchse auf Baffin Island (Kanada) [– – –] und die mittlere Sommertemperatur [—]

verändert nach: Hersteinsson, P., Macdonald, D. W. (1992). Interspecific competition and geographical distribution of red and arctic fox. OIKOS 64, 505–515, Copenhagen

Hinweis: Ab 1930 erhöhten sich mit der zunehmenden Temperatur erst allmählich die Populationsdichten der Beutetiere des Rotfuchses!

b) In den Jahren 1994–1997 untersuchte man eine Population von kontrolliert eingesetzten Wühlmäusen in der arktischen Tundra in Norwegen in einem eingezäunten Gebiet. Die Überlebensrate der Wühlmäuse sank, je größer die Anzahl der Tage mit Temperaturen über 0 °C war.

c) In einem 450 km^2 großen Areal in Nordschweden wurde der Einfluss von Rotfüchsen auf die Populationsentwicklung der Polarfüchse in einem Modellversuch über einen Zeitraum von 15 Jahren beispielhaft erforscht. In einem Bereich des Areals kamen beide Fuchsarten vor, in einem anderen nur die Polarfüchse. Die Populationsgröße ermittelte man durch die Anzahl der bewohnten Fuchsbaue (Abbildung 5).

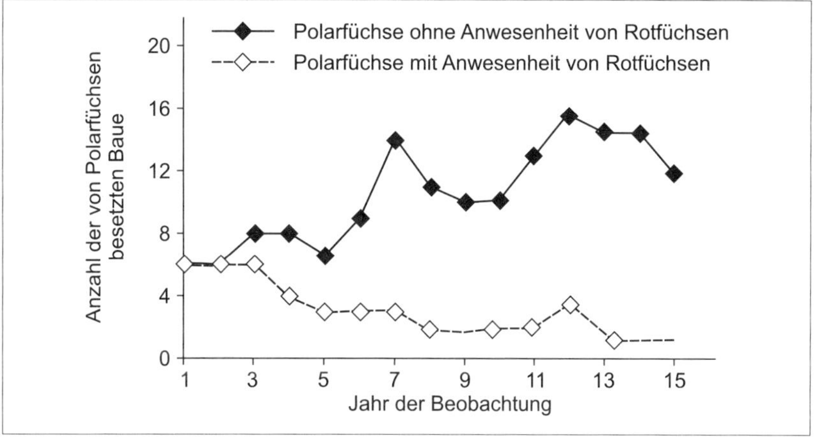

Abb. 5: Populationsentwicklung von Polarfüchsen mit bzw. ohne Anwesenheit von Rotfüchsen
verändert nach: Elmhagen, B. (2003). Interferences Competition between Arctic and Red foxes. Doctoral dissertation, Stockholm, Sweden

Material D: Die Population des Polarfuchses in Skandinavien

Im 19. Jahrhundert umfasste die Anzahl der Polarfüchse in Skandinavien bis zu 10 000 Tiere. Trotz gesetzlicher Schutzmaßnahmen nahm die Größe dieser Population auf 120 Polarfüchse ab. Genetische Analysen aus dem Jahr 2004 ergaben, dass sie in vier unterschiedliche skandinavische Populationen zerfällt, die in Abbildung 6 durch die gestrichelten Linien gekennzeichnet sind: Nordskandinavien (50 Tiere), Zentralskandinavien (40 Tiere), Südskandinavien (20 Tiere) und Südwestskandinavien (10 Tiere). Diese Tiere leben in Gebieten der gebirgigen Tundra mit geringem Nahrungsangebot. Die Gebiete sind durch Wälder voneinander isoliert, die von den Polarfüchsen nicht durchquert werden.
Eine weitere genetisch unterschiedliche Population bewohnt die Grenzgebiete des benachbarten Russlands und Teile von Finnland (Abbildung 7). Von dieser „russischen" Population wandern immer wieder Polarfüchse nach Skandinavien ein.

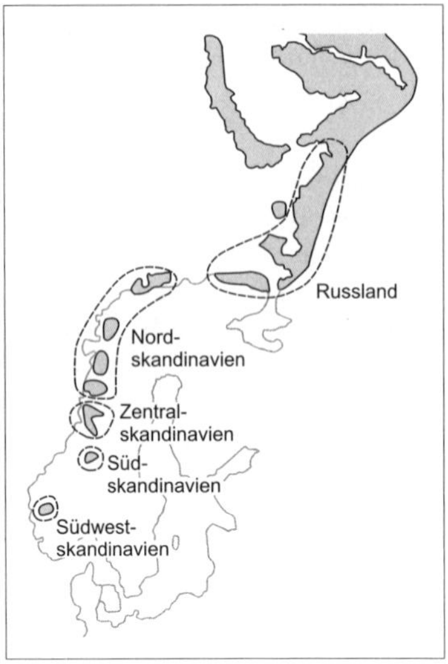

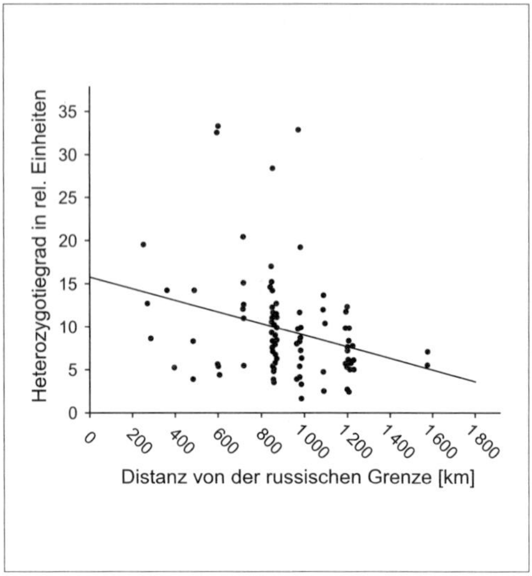

Abb. 6: Verteilung von Populationen der Polarfüchse in Skandinavien und der russischen Grenzregion im Jahr 2004; die dunklen Bereiche geben die Verbreitungsgebiete der Teilpopulationen an.

Abb. 7: Genetische Variabilität der skandinavischen Polarfüchse; als Punkte angegeben sind untersuchte Einzeltiere, die Gerade stellt den durchschnittlichen Grad der Heterozygotie in Abhängigkeit von der Entfernung zu Russland dar.

verändert nach: Dalén L., et al. (2006). Population structure in a critically endangered arctic fox population: does genetics matter? Molecular Ecology 15, 2 809 – 2 819

weitere Materialgrundlage:

Dalén L., et al. (2006). Population structure in a critically endangered arctic fox population: does genetics matter? Molecular Ecology 15, 2 809 – 2 819, Jun 23, 2006. © 2006, John Wiley and Sons

Elmhagen, B. (2003). Interferences Competition between Arctic and Red foxes. Doctoral dissertation, Stockholm, Sweden

Grzimek, B. (Hgg.): Enzyklopädie des Tierreichs. Kindler Verlag Stuttgart 1972

Hersteinsson, P., Macdonald, D. W. (1992). Interspecific competition and geographical distribution of red and arctic fox. OIKOS 64, 505 – 515, Copenhagen

Ims, R. A., Fulei, E. (2005). Trophic Interaction Cycles in Tundra Ecosystems and the Impact of Climate Change. BioScience 55 (4)

Kaikusalo, A., Angerbjörn, A. (1995). The arctic fox population in Finnish Lapland during 30 years, 1964 – 1993. Ann. Zool. Fennici 32, 69 – 77, Helsinki

Kleesattel, W. (1999). Überleben in Eis, Wüste und Tiefsee. WBG Darmstadt, S. 54 ff.

Pflumm, W. (1996). Biologie der Säugetiere. Parey Verlag, 2. Auflage, Berlin, S. 117

Lösungsvorschlag

In der Aufgabe thematisierte Unterrichtsinhalte sind:
Angepasstheit an Lebensräume, ALLEN'sche Regel, BERGMANN'sche Regel, interspezifische Konkurrenz, Räuber-Beute-Beziehung, LOTKA-VOLTERRA-Regeln und deren Voraussetzungen, abiotische und biotische Faktoren, ökologische Nische, Populationsentwicklung, Evolutionsfaktoren Mutation, Rekombination, Gendrift

III.1 *Dank der klaren Vorgaben in der Aufgabenstellung können Sie Material A in drei Schritten (Analyse der Angepasstheit, Überprüfung der Klimaregeln und Auswertung der Wechselbeziehung beider Arten) gezielt bearbeiten. Denken Sie bei den Klimaregeln daran, dass Sie hier nur auf die beiden wesentlichen Regeln, die ALLEN'sche und die BERGMANN'sche Regel, eingehen müssen.*

Alopex lagopus und *Vulpes vulpes* sind beide auf der Nordhalbkugel beheimatet. Das Vorkommen des Polarfuchses *Alopex lagopus* ist – wie der Name bereits verrät – auf die Gebiete im Polarkreis der Arktis beschränkt. Sein Lebensraum ist die baumlose Landschaft der Tundra, wo die Böden 3/4 des Jahres gefroren sind. Die Tiere leben sowohl auf den Eisflächen als auch in Schneelöchern oder in tiefen Höhlen. Unter diesen äußeren Bedingungen sind die Füchse aufgrund ihrer weißen Fellfarbe während der Wintermonate bestens vor Fressfeinden und bei der Beutejagd getarnt. Ein Wechsel der Fellfarbe hin zu einem Braunton ermöglicht dem Polarfuchs auch in den Sommermonaten eine optimale Anpassung an seinen Lebensraum Tundra. Für *Vulpes vulpes* besteht hingegen keine Notwendigkeit für einen Wechsel der Fellfarbe. Mit seiner rostbraunen Färbung ist er in seinem Lebensraum südlich der arktischen Gebiete, in dem während der Wintermonate nicht immer Schnee liegt, bestmöglich getarnt. Auch bezüglich ihrer Fellstruktur sind beide Fuchsarten an ihren Lebensraum angepasst: Während die wärmenden Wollhaare beim Rotfuchs nur einen Anteil von 20 % ausmachen, beträgt ihr Anteil bei *Alopex lagopus* 70 %. So übersteht der Polarfuchs auch Temperaturen bis –50 °C; er toleriert damit wesentlich niedrigere Temperaturen als der Rotfuchs. Da dessen kritische Temperatur (–13 °C) während der meist milden Winter in seinem Lebensraum nur sehr selten erreicht wird, besteht beim Rotfuchs für eine stärkere Wärmeisolierung keine Notwendigkeit. Beide Arten können aber auch unterhalb ihres kritischen Temperaturbereiches existieren. Dies ist dann allerdings nur durch eine erhöhte Stoffwechselaktivität möglich.
Polar- und Rotfuchs sind nahe miteinander verwandte Arten, die überwiegend in klimatisch unterschiedlichen Lebensräumen angesiedelt sind. Prinzipiell könnten hier die Klimaregeln von ALLEN und BERGMANN Anwendung finden. Die **Proportionsregel von ALLEN** besagt, dass bei gleichwarmen Organismen, die in kälteren Klimazonen leben, die Größe der Extremitäten und der Körperanhänge (Nase, Ohrmuschel, Schwanz) im Vergleich zu ihren verwandten Arten in wärmeren Klimazonen reduziert ist. Bei *Alopex lagopus* sind die exponierten Körperstellen tatsächlich schwächer ausgeprägt als bei *Vulpes vulpes*.

Abb. 1b) illustriert die deutlich kleineren Ohrmuscheln und die kürzere Schnauze des arktischen Tieres. Auch dessen Schwanzlänge ist mit 35–50 cm im Durchschnitt geringer als diejenige des Rotfuchses mit 30–60 cm. Der Polarfuchs hat auch deutlich kürzere Beine als sein Verwandter. Diese Befunde deuten darauf hin, dass die ALLEN'sche Regel zutrifft. Der Polarfuchs ist damit in den kalten Regionen vor übermäßigem Wärmeverlust geschützt, während der Rotfuchs in wärmeren Klimaten ggf. vermehrt Wärme abgeben kann.
Laut der **BERGMANN'schen Regel** sind Vertreter verwandter gleichwarmer Tiere, die in kälteren Klimazonen leben, großwüchsiger als solche Individuen, die in wärmeren Klimaten beheimatet sind. Grundlage für diese Regel ist die Tatsache, dass beim Wachstum eines Körpers sein Volumen mit der dritten Potenz zunimmt (cm^3), während seine Oberfläche nur in der zweiten Potenz ansteigt (cm^2). Dadurch strahlen größere Tiere – im Vergleich zu ihrer Oberfläche – weniger Wärmeenergie ab als kleinere. Diese Größenregel trifft auf die beiden verwandten Fuchsarten nicht zu, wie der Text und Abb. 2 verdeutlichen: Der arktische Vertreter *Alopex lagopus* ist mit einer maximalen Schulterhöhe von 30 cm deutlich kleiner als *Vulpes vulpes*. Durch den gedrungeneren Körperbau kann *Alopex lagopus* jedoch seine Wärmeabstrahlung über die Körperoberfläche – in Kombination mit seiner Fellstruktur – dennoch verringern. Dieses Beispiel verdeutlicht somit, dass die BERGMANN'sche Regel keine Allgemeingültigkeit besitzt und auch andere Umweltanpassungen den gleichen Effekt erzielen können.
Betrachtet man die in Material A genannten Merkmale zur Ernährung, zum Lebensraum und zum Verhalten der beiden Fuchsarten, so wird deutlich, dass *Alopex lagopus* und *Vulpes vulpes* in einer **interspezifischen Konkurrenz** zueinander stehen. Ihre Nahrungsgrundlage ist ähnlich: Sowohl der Polar- als auch der Rotfuchs jagen Kleinsäuger. Darüber hinaus ernährt sich der Rotfuchs von Vögeln, wohingegen sein arktischer Verwandter auch auf Beeren, Eier und Aas als Nahrungsgrundlage zurückgreift. Das Nahrungsspektrum des Polarfuchses ist damit deutlich breiter als dasjenige von *Vulpes vulpes*. Die Lebensräume von Rot- und Polarfuchs überschneiden sich lediglich in einem schmalen Bereich südlich des Polarkreises. Begegnungen finden vermutlich nachts statt, da beide Fuchsarten nachtaktive Jäger sind, der Rotfuchs ausschließlich. Beim Rotfuchs stellt dies möglicherweise eine Anpassung an die Nachtaktivität seiner Beutetiere dar. Der Polarfuchs ist hingegen auch tagaktiv. Auch dieses Verhalten kann als eine Anpassung an den Lebensraum gedeutet werden. Am Polarkreis variiert die Tageslänge im Laufe des Jahres beträchtlich und so kann *Alopex lagopus* jederzeit das spezifisch vorhandene Nahrungsangebot nutzen. Insgesamt erweist sich der Rotfuchs in diesem gemeinsamen Verbreitungsgebiet allerdings als konkurrenzstärker als *Alopex lagopus*. Dies äußert sich in der Tatsache, dass für den körperlich unterlegenen Polarfuchs Begegnungen mit *Vulpes vulpes* oftmals tödlich enden.

III.2 *Wenn Sie die* LOTKA-VOLTERRA*-Regeln nennen, sollten Sie auch auf deren eingeschränkte Gültigkeit eingehen. Dies kann Ihnen einerseits Zusatzpunkte einbringen und erleichtert Ihnen andererseits die Analyse von Abb. 3.*

Die (nach zwei Forschern benannten) LOTKA-VOLTERRA-Regeln liefern grundlegende Beschreibungen zweier Arten, die zueinander in einem Räuber-Beute-Verhältnis stehen. Die Regeln gehen von konstant bleibenden äußeren Bedingungen aus. Ihre Gültigkeit ist zunächst davon abhängig, dass sich der jeweilige Räuber nur von einem spezifischen Beutetier ernährt. Umgekehrt stellt der Räuber den einzigen Fressfeind dieser Beutetierart dar, die ihrerseits eine konstante Geburtenrate aufweist. Eine weitere Grundannahme ist, dass die Beutetiere in geschützten Bereichen einer heterogenen Umwelt leben, sodass sie von ihrem Räuber nicht komplett dezimiert werden können.

Die erste der LOTKA-VOLTERRA-Regeln wird auch **„Gesetz des periodischen Zyklus"** genannt. Wenn sich eine Art (Räuber) von einer anderen Art (Beute) ernährt, ergeben sich regelmäßige Schwankungen der Populationsdichten, wobei die Maxima der Populationsdichten phasisch gegeneinander verschoben sind und das Maximum des Räubers jeweils auf das seiner Beute folgt.

Das **„Gesetz von der Erhaltung der Mittelwerte"** (zweite Regel) beschreibt die Tatsache, dass sowohl die Häufigkeit des Räubers als auch die seiner Beute jeweils um einen konstanten Mittelwert schwankt.

Die dritte Regel, das **„Gesetz von der Störung der Mittelwerte"**, gilt für den Fall, dass sowohl die Räuber- als auch die Beutepopulation gleich stark dezimiert werden. Nach diesem Ereignis wächst die Population der Beutetiere schneller an als diejenige der Räuber.

Der Polarfuchs ernährt sich als Allesfresser von Kleinsäugern, so z.B. auch von Wühlmäusen. Abb. 3 gibt die Populationsentwicklung von Polarfuchs und Wühlmaus (Ordinate/y-Achse) in Nordfinnland im Zeitraum von 1964 bis 1992 (Abszisse/x-Achse) wieder. Auf den ersten Blick fällt auf, dass die Individuenzahl der Wühlmäuse periodischen Schwankungen unterliegt. Auf Jahre mit einer hohen Individuendichte (z. B. um 1970) folgen solche, in denen nur noch wenige Tiere in Fallen gefangen werden konnten (z. B. um 1972/74). Damit ist die erste LOTKA-VOLTERRA-Regel für die Beutepopulation erfüllt. Gleiches gilt in Bezug auf die Wühlmäuse auch für die zweite Regel: Die ermittelten Werte schwanken zwar, bleiben aber auf den Mittelwert hin konstant. Anders bei den Polarfüchsen: Das „Gesetz von der Erhaltung der Mittelwerte" kann hier nur bis zum Jahr 1985 Bestätigung finden. Ab 1986 ist dann ein deutlicher Anstieg der Populationsgröße von *Alopex lagopus* zu beobachten. Auch die erste LOTKA-VOLTERRA-Regel kann anhand der Daten für den Polarfuchs nicht verifiziert werden: Auf ein Maximum der Beuteorganismendichte um 1978 folgt um 1980 ein absolutes Minimum der Polarfuchsdichte. Gleiches gilt für den umgekehrten Fall, dass auf ein Maximum der Räuberdichte ein Minimum der Beutedichte folgen müsste, wie die Populationsentwicklungen um 1974/75 verdeutlichen. Dies ist mit den postulierten Gesetzmäßigkeiten nach LOTKA/VOLTERRA nicht in Einklang zu bringen.

Zur dritten Lotka-Volterra-Regel ist keine Aussage möglich, da aus der Grafik nicht auf eine gleichzeitige Dezimierung von Räuber- und Beutepopulation geschlossen werden kann.
Es wird klar, dass die **postulierten Voraussetzungen,** unter denen die Lotka-Volterra-Regeln ihre Gültigkeit besitzen, **keineswegs gegeben** sind. Allein das breite Nahrungsspektrum des Allesfressers beweist, dass Polarfüchse nicht auf Wühlmäuse als einzige Beute angewiesen sind und im Bedarfsfall auf andere Nahrungsquellen ausweichen oder leichter zu erreichende Beutetiere jagen können. Ohne weitere Informationen zu den Umweltbedingungen sind konkrete Aussagen darüber, wieso die nach Lotka/Volterra zu erwartende Entwicklung nicht eintritt, nur Spekulation. Zu den Lebensgewohnheiten der Wühlmäuse sind beispielsweise keine Informationen verfügbar. Die Populationsentwicklung der Füchse könnte stark vom übrigen Nahrungsangebot abhängig sein. Es ist möglich, dass sich um 1985 abiotische bzw. biotische Faktoren grundlegend geändert haben. Die Bejagung der Füchse könnte beispielsweise eingestellt oder eingeschränkt worden sein. Des Weiteren wäre es denkbar, dass sich den Polarfüchsen durch veränderte klimatische Bedingungen und deren Folgen neue Nahrungsquellen erschlossen haben, die in den folgenden sieben Jahren das Populationswachstum begünstigten.

III.3 *Wenn Sie Korrelationen zwischen den angegebenen Tierarten und dem abiotischen Faktor Temperatur erstellen, berücksichtigen Sie sowohl gleichsinnige als auch gegensinnige Beziehungen zwischen den beteiligten Komponenten.*

Die Wechselbeziehungen zwischen den Tierarten und der Höhe der Temperatur können durch das folgende Schema verdeutlicht werden:

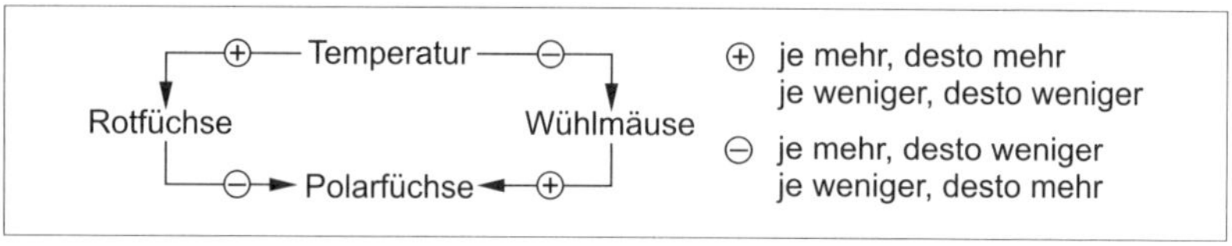

Abb. 4 zeigt, dass sich *Vulpes vulpes* mit zunehmender Erwärmung stetig weiter nach Norden ausgebreitet hat, daher der Plus-Pfeil zwischen „Temperatur" und „Rotfüchse". In einem Experiment (Material C b) in der arktischen Tundra Norwegens sank die Überlebensrate der Wühlmäuse mit der Anzahl der Tage mit Temperaturen über 0 °C; es steht daher zwischen „Temperatur" und „Wühlmäuse" ein Minus-Pfeil. Einen positiven Effekt hat die Anzahl der Wühlmäuse auf die der Polarfüchse, da die Kleinsäuger deren bevorzugte Nahrungsquelle sind. Mit dem Verschwinden der Kleinsäuger geht auch die Populationsdichte von *Alopex lagopus* zurück. Der Minus-Pfeil zwischen Rot- und Polarfüchsen kann mit Abb. 5 begründet werden: Sie verdeutlicht, dass im entsprechenden Untersuchungsareal in Nordschweden die Polarfüchse bei Anwesenheit von *Vulpes vulpes* ihre Lebensgrundlage verloren. Sie wurden von den Rotfüchsen verdrängt und unterlagen so im interspezifischen Konkurrenzkampf

um Nahrung und Lebensraumressourcen völlig. Standen sie nicht in Konkurrenz zu Rotfüchsen, blieb die Populationsgröße der arktischen Tiere in den untersuchten Bereichen stabil.
Mit der fortschreitenden globalen Erwärmung können die Überlebenschancen des Polarfuchses für die betreffenden Gebiete folglich nur sehr pessimistisch beurteilt werden. Mit zunehmender Erderwärmung wird die schlechte Anpassung des Rotfuchses an niedrige Temperaturen eine immer geringere Rolle spielen. *Vulpes vulpes* wird sich weiter nach Norden hin ausbreiten und *Alopex lagopus* seinen angestammten Lebensraum mit Erfolg streitig machen. Falls für die Beziehung zwischen Rotfuchs und Polarfuchs der **Konkurrenzausschluss** gilt, kann es dazu kommen, dass *Vulpes vulpes* den Polarfuchs aus dessen **ökologischer Nische** komplett verdrängt und diese selbst besetzt. Hinzu kommt, dass im Falle einer temperaturbedingt dezimierten Wühlmauspopulation eine wesentliche Nahrungsquelle für den Polarfuchs nicht mehr (in ausreichender Menge) zur Verfügung steht. Damit wäre als eine langfristige Folge des Klimawandels auch ein Aussterben des Polarfuchses möglich.

III.4 *Denken Sie bei Ihren Überlegungen zu den Auswirkungen des Individuenrückgangs auf Genpool und Populationsbestand der Polarfüchse zunächst an die Evolutionsfaktoren Mutation, Rekombination und Gendrift und führen Sie deren Folgen dann entsprechend aus.*

Auf der Grundlage von Material D kann die Situation der skandinavischen Polarfüchse wie folgt dargestellt werden: Von einer Population mit ehemals bis zu 10 000 Tieren sind mehr als 100 Jahre später trotz gesetzlicher Schutzmaßnahmen insgesamt nur noch 120 Exemplare in vier sehr kleinen, isolierten Populationen übriggeblieben. Allein das kärgliche Nahrungsangebot in der gebirgigen Tundra erlaubt keine starke Vermehrung der Tiere. Obwohl zwei der Areale in Nord- bzw. Zentralskandinavien dicht beieinander liegen, findet zwischen diesen Populationen kein Austausch von Individuen statt, da die Gebiete durch Wald voneinander getrennt sind, den *Alopex lagopus* nicht durchquert. Lediglich aus einer nördlich (in Teilen Finnlands und Russlands) gelegenen Population wandern Polarfüchse nach Skandinavien ein. Genetische Untersuchungen (Abb. 7) zeigen, dass der Heterozygotiegrad der Populationen mit zunehmender Entfernung von der russischen Grenze – also dem Bereich, von dem aus Tiere nach Skandinavien einwandern können – abnimmt. Die genetische Variabilität der skandinavischen Polarfüchse wird also von Nord nach Süd geringer.
Berücksichtigt man diese Tatsachen und setzt sie zum drastischen Rückgang von *Alopex lagopus* in Beziehung, so gilt für dessen Genpool und den Bestand der Polarfuchspopulation Folgendes: Da zwischen den voneinander isolierten vier skandinavischen Populationen kein Genaustausch mehr erfolgen kann, wird es auch zu keiner weiteren, neuen **Rekombination** *zwischen* den Populationen kommen können. Die einzige Möglichkeit für eine Neukombination von genetischem Material stellen **Spontanmutationen** *innerhalb* der einzelnen Populationen dar. Nur für die nordskandinavische Population besteht die Mög-

lichkeit, dass eingewanderte Tiere aus dem Norden (Finnland/Russland) neue Gene bzw. neue Allelzustände einbringen. Dass dies geschieht und zu einer – wenn auch geringen – genetischen Variabilität führt, belegt deren Heterozygotiegrad, der hier, nahe der russischen Grenze, am höchsten ist. Auf kleinere Populationen wirken noch weitere ungünstige Faktoren, die den Genpool schmälern bzw. negativ beeinflussen können. **Gendrift**, deren Wahrscheinlichkeit mit abnehmender Individuenzahl zunimmt, kann zu einer verminderten genetischen Variabilität führen, wie sie in Abb. 7 belegt ist. Neben dieser Veränderung der Genhäufigkeiten durch eine zufällige, nicht selektionsgesteuerte Auswahl von Genotypen ist die genetische Variabilität auch durch **Inzucht** bedroht. Beide Faktoren, Gendrift und Inzucht, können dafür verantwortlich sein, dass die Individuen einer kleinen (Teil-)Population eine verminderte Fitness aufweisen. Dies kann so weit führen, dass es zu einem lokalen Aussterben der Polarfuchspopulation kommt.

Leistungskurs Biologie (NRW) – Abitur-Prüfung 2013
Aufgabe 1: Evolution

Aufgabenstellung: Punkte

Thema: Stammesgeschichte der Chamäleons

I.1 Vergleichen Sie tabellarisch die drei Chamäleon-Gruppen hinsichtlich Größe, Körperform, Farbe, Schwanz und Körperanhänge (Material A). Stellen Sie auf dieser Grundlage eine Hypothese zur stammesgeschichtlichen Verwandtschaft der drei Gruppen auf. Erklären Sie, weshalb rein morphologische Vergleiche nicht als eindeutige Belege einer engeren Verwandtschaft angesehen werden können. 18

I.2 Ermitteln Sie anhand des Stammbaumes (Abbildung 4) die phylogenetische Verwandtschaft der drei Chamäleon-Gruppen aus Material A. Begründen Sie, warum es mithilfe molekulargenetischer Analysen möglich ist, Verwandtschaftsbeziehungen für die Stammbaumerstellung zu ermitteln. Vergleichen Sie die Aussagekraft der hier verwendeten DNA-Analyse mit der der Aminosäuresequenzanalyse für die Aufstellung von Verwandtschaftsbeziehungen. 16

I.3 Werten Sie die Materialien B und C im Hinblick auf unterstützende und widerlegende Argumente für die *„Gondwana-Hypothese“* und die *„Verdriftungs-Hypothese“* vergleichend aus. 16

I.4 Erklären Sie anhand von Material D die Entstehung der Artenvielfalt der Chamäleons auf Madagaskar unter evolutionsbiologischen Aspekten. 16

Material A: Die Familie der Chamäleons *(Chamaeleonidae)*

Die Chamäleons *(Chamaeleonidae)* sind eine Familie der Leguanartigen innerhalb der Klasse der Reptilien. Sie umfasst drei Gruppen: die Echten Chamäleons (Abbildung 1), die Erdchamäleons (Abbildung 2) sowie die Stummelschwanz-Chamäleons (Abbildung 3). **Echte Chamäleons** bilden mit etwa 150 Arten die größte Gruppe der *Chamaeleonidae*. Sie erreichen Körperlängen zwischen 15 und 60 cm. Der Rumpf ist seitlich abgeflacht.

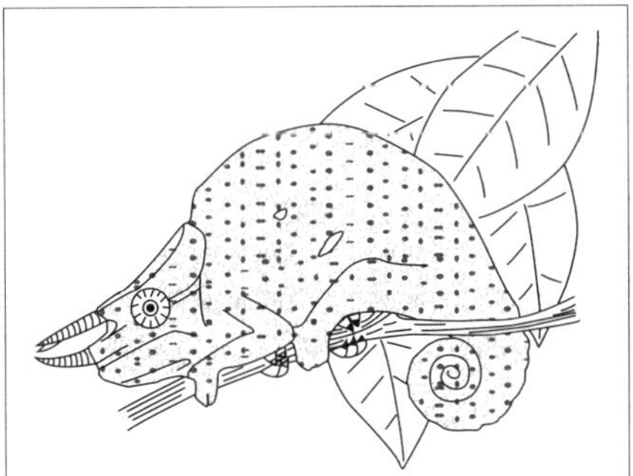

Abb. 1: Typisches **Echtes Chamäleon** in Ruheposition *(Trioceros deremensis)*

Die Grundfärbung der meisten Arten ist grünlich, doch viele besitzen ein breites Farbspektrum. Der Wechsel der Farben und Muster dient vorwiegend der intraspezifischen Kommunikation.

Vor allem die Männchen einiger Arten zeichnen sich zudem durch bizarre Körperanhänge wie Schnauzenhörner, Hinterkopflappen, Bartschuppen und Rückenkämme aus. Der lange Schwanz der Echten Chamäleons wird von den fast ausschließlich strauch- und baumbewohnenden Arten neben den Greiffüßen als wichtiges Kletterwerkzeug eingesetzt.

Mit ihren walzenförmigen Körpern erinnern die madagassischen **Erdchamäleons** der Gattung *Brookesia* (über 25 bekannte Arten) stark an die typische Form anderer Echsenfamilien. Die charakteristischen Chamäleon-Merkmale wie z. B. die Greiffüße weist aber auch diese Gruppe auf, wenngleich *Brookesia minima* als kleinste Echsenart überhaupt nur 3 cm Länge erreicht. Die größten Vertreter der Gattung erreichen 11 cm Gesamtlänge, fast alle Arten halten sich vorwiegend am Waldboden im Falllaub und in der Krautschicht auf. Die Färbung besteht meist aus verschiedenen Braun- und Grautönen, die lediglich etwas aufgehellt oder abgedunkelt werden können. Der Schwanz ist bei vielen Arten recht kurz.

Abb. 2: Typisches **Erdchamäleon**, laufend *(Brookesia antakarana)*

Letzteres gilt auch für die ebenfalls unscheinbar gefärbten, im Körperbau seitlich abgeflachten Vertreter der **Stummelschwanz-Chamäleons**, welche Gesamtlängen von 6 bis 13 cm erreichen.

Die Gruppe umfasst 17 bekannte Arten, die meist in der Strauchschicht von Wäldern umherklettern, wobei sie den Schwanz aber nur eingeschränkt nutzen können.

Bei einigen Arten tragen insbesondere die Männchen auffällige Schnauzenfortsätze und hornartig vergrößerte Kopfschuppen.

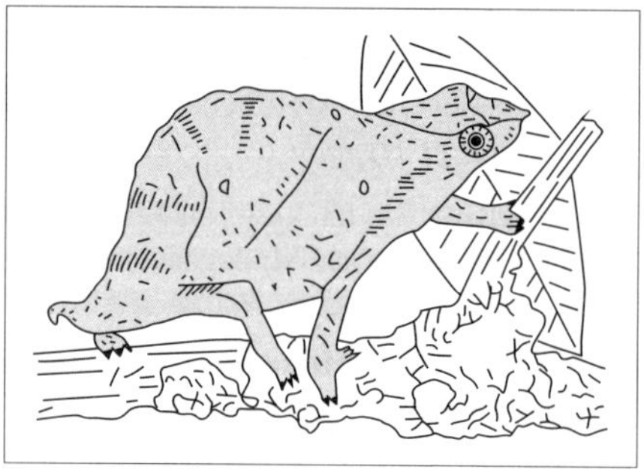

Abb. 3: Typisches **Stummelschwanz-Chamäleon**, *(Rhampholeon moyeri)*

Material B: Stammbaum (und heutige Verbreitung) der Chamäleons

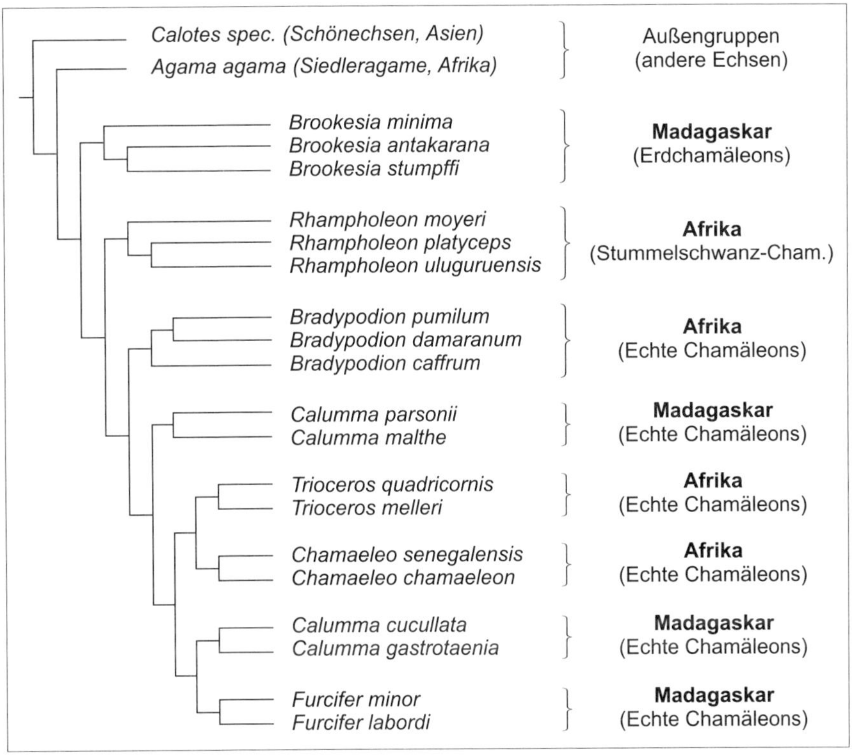

Abb. 4: Phylogenetischer Stammbaum der Chamäleons mit exemplarischen Arten der Gattungen. Die Verwandtschaftsbeziehungen wurden anhand von Analysen genetischen Materials ermittelt.

erstellt nach:

Matthee, C. A., Tilbury, C. R., Townsend, T. (2004). A phylogenetic review of the African leaf chameleons: genus Rhampholeon (Chamaeleonidae): the role of variance and climate change in speciation. Proc. R. Soc. London 271, 1 967–1 975

Raxworthy, C. J., Forstner, M. R. J., Nussbaum, R. A. (2002). Chameleon radiation by oceanic dispersal. Nature 415, 784–787

Tolley, K. A., Burger, M., Turner, A. A., Matthee, C. A. (2006). Biogeographic patterns and phylogeography of dwarf chameleons (Bradypodion) in an African biodiversity hotspot. Molecular ecology 15 (3), 781–793

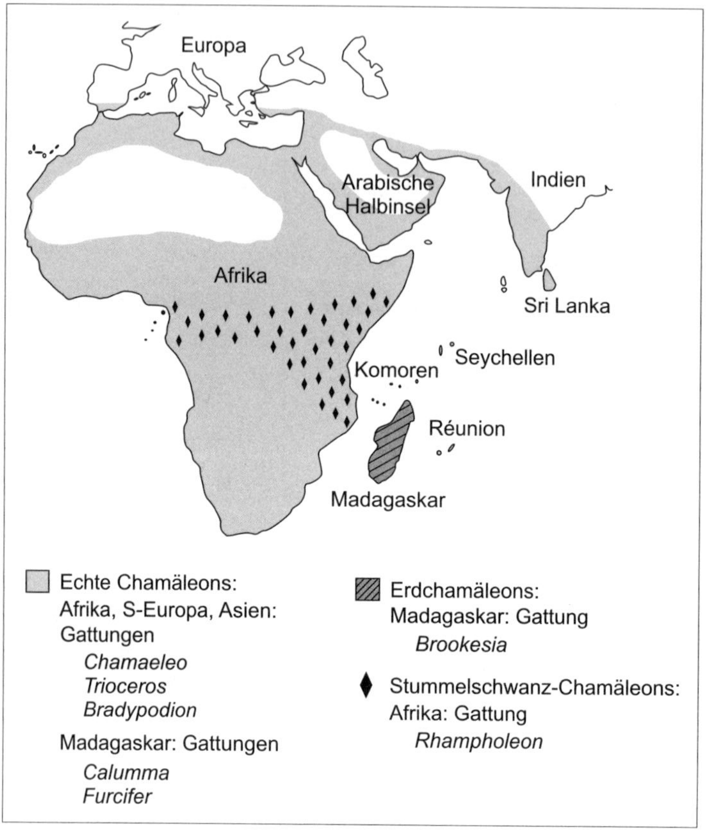

Abb. 5: Heutige Verbreitung der wichtigsten Chamäleon-Gattungen *verändert nach: www.rops-ev.de/chamaeleons.htm und www.agchamaeleons.de/systematik/*

Material C: Der Ursprung der Chamäleons

Lange Zeit war herrschende Meinung, dass die Chamäleons bereits auf dem noch zusammenhängenden Südkontinent „Gondwana“ ihren Ursprung hatten und sich dann nach der Trennung Madagaskars von Afrika in diesen beiden Regionen unabhängig voneinander zu den heutigen Gattungen und Arten weiterentwickelt hätten *(„Gondwana-Hypothese“)*.

Einige Forscher vertraten aber auch die Ansicht, dass die Chamäleons zunächst nur in Afrika oder nur auf Madagaskar auftraten. Erst später seien dann einzelne Arten über das Meer zwischen Afrika, Madagaskar und anderen Inseln im Indischen Ozean verdriftet worden, z. B. per Treibholz nach größeren Stürmen *(„Verdriftungs-Hypothese“)*.

Interessant sind einzelne Chamäleonarten, die auf Réunion und den Komoren vorkommen (Abbildung 5). Beides sind jüngere Inseln vulkanischen Ursprungs, die nie Kontakt zum Festland hatten. Die Komoren sind zwischen 0,13 und 5,4 Mio. Jahre alt, Réunion ist etwa 3 Mio. Jahre alt.

Das älteste bisher gefundene Chamäleon-Fossil wurde auf ein Alter von 26 Mio. Jahren datiert und ist der Gattung *Chamaeleo* zuzuordnen. Es ist anzunehmen, dass noch ursprünglichere Chamäleons erstmals vor etwa 60 Mio. Jahren auftraten. Fossile Nachweise fehlen jedoch.

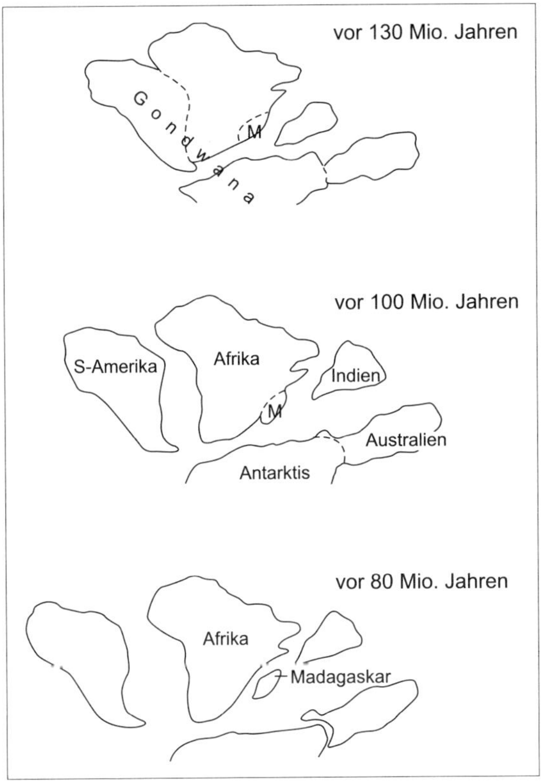

Abb. 6: Gondwana-Hypothese zum Auseinanderbrechen des ehemaligen Südkontinents „Gondwana" mit Angabe der erdgeschichtlichen Trennungszeiten in Millionen Jahren vor heute. M = Madagaskar
erstellt nach: Matthee, C. A., Tilbury, C. R., Townsend, T. (2004). A phylogenetic rewiev of the african leaf chameleons: genus Rhampholeon (Chamaeleonidae): the role of variance and climate change in speciation. Proc. R. Soc. London 271, 1967–1975
Diercke Weltatlas, A3, Westermann Aufl. 2008, S. 224

Material D: Lebensräume verschiedener Chamäleonarten auf Madagaskar

Chamäleons zeichnen sich im Vergleich zu allen anderen Echsen durch den Besitz von Greiffüßen aus. Auf Madagaskar konnten die Chamäleons eine erstaunlich hohe Artenvielfalt entwickeln. Einige Arten und Lebensräume auf Madagaskar zeigt Tabelle 1.

Tabelle 1: Biotope und Habitate einiger Chamäleonarten auf Madagaskar

Biotop	Arten, Größen und Habitate
feuchtheiße Küstenregionen	*Brookesia minima* (2,5 – 3,5 cm, Laubschicht) *Furcifer pardalis* (25 – 40 cm, Gebüsche, Gärten)
Regenwald im Tiefland	*Brookesia peyrierasi* (3 – 4 cm, Laubschicht) *Calumma gallus* (17 cm, Unterholz bis 4 m Höhe) *Calumma cucullatum* (30 – 40 cm, Pflanzendickicht) *Calumma parsonii* (70 cm, Sträucher, Bäume)
kühlerer Bergregenwald / Nebelwald	*Brookesia thieli* (7 cm, Laub- und Strauchschicht bis 3 m Höhe) *Calumma furcifer* (17 cm, Waldrandbereiche)
hohe Bergregionen	*Calumma hilleniusi* (15 cm, lichte Hochlandwälder) *Furcifer campani* (15 cm, Gras- /Buschvegetation)
Gras-, Busch- und Baumsavannen	*Brookesia bonsi* (7 cm, Trockenwald: Laubschicht) *Brookesia perarmata* (11 cm, Trockenwald: Büsche, Laubschicht)
Trockensavannen / Halbwüsten	*Furcifer belalandaensis* (22 cm, Büsche und Dornwälder) *Furcifer labordi* (20 – 30 cm, trockene Buschwälder)

Anmerkung: Gezeigt ist lediglich eine kleine Auswahl. Auf Madagaskar kommen über 70 Arten vor (vgl. Material A).

weitere Materialgrundlage:

Rieppel, O. (2002). A case of dispersing chameleons. Nature 415, 744–745

www.rops-ev.de/chamaeleons.htm (Zugriff 07. 03. 2012)

www.agchamaeleons.de/systematik/ (Zugriff 07. 03. 2012)

Lösungsvorschlag

In der Aufgabe thematisierte Unterrichtsinhalte sind:
Verwandtschaftsbestimmung anhand morphologischer Merkmale, Kladogramm, stammesgeschichtliche Verwandtschaft, DNA-Sequenzanalyse, Aminosäuresequenzanalyse, genetischer Code, ökologische Nische, Evolutionsfaktoren, adaptive Radiation

I.1 *Bauen Sie Ihre Argumentation bezüglich einer Verwandtschafts-Hypothese zunächst anhand Ihrer tabellarischen Übersicht auf. Bedenken Sie bei der Einschränkung, die im letzten Aufgabenteil gemacht wird, dass auch identische Einflüsse zu gleichen Entwicklungen führen können.*

Aufgrund der Informationen in Material A (Abb. 1–3) ergibt der tabellarische Vergleich der drei Chamäleon-Arten folgendes Bild:

	Echte Chamäleons	Erdchamäleons	Stummelschwanz-Chamäleons
Größe	groß, 15–60 cm	klein, 3–11 cm	klein, 6–13 cm
Körperform	seitlich abgeflacht	walzenförmig	seitlich abgeflacht
Farbe	meist grünlich – aber: breites Farbspektrum möglich	unscheinbare Farben (braun und grau), Farbwechsel kaum möglich	
Schwanz	langer Schwanz als wichtiges Kletterwerkzeug	Schwänze zum Klettern nur wenig nutzbar	
Körperanhänge	Schnauzenhöcker, Hinterkopflappen, Bartschuppen, Rückenkämme bei Männchen einiger Arten	kaum Anhänge, eine Art kleiner Helm im Nacken	Schnauzenfortsätze, hornartig vergrößerte Kopfschuppen bei Männchen einiger Arten

Eine Hypothese zur stammesgeschichtlichen Verwandtschaft der drei Gruppen kann argumentativ wie folgt aufgebaut werden. Zwei der drei Chamäleon-Arten zeigen einige übereinstimmende Merkmale im Körperbau (Körpergröße, Schwanz) und der Farbgebung: Beim Erd- und beim Stummelschwanz-Chamäleon kann man daher von verhältnismäßig engen stammesgeschichtlichen Verwandtschaftsverhältnissen ausgehen. Da die Echten Chamäleons Spezialbildungen aufweisen, vor allem einen Kletterschwanz und die Möglichkeit zum Farbwechsel, ist es sehr wahrscheinlich, dass sie eine evolutiv jüngere Entwicklungsgruppe darstellen. Die 25 bekannten Erdchamäleon-Arten scheinen die ursprünglichste der drei Gruppen zu sein. Hierfür spricht, dass die Tiere charakteristische Merkmale der Entwicklungsgruppe der Echsen zeigen. Dies sind zum einen ihre Lebensweise am Erdboden und zum anderen ihr walzenförmiger Körper. Hinzu kommt, dass Erdchamäleons nur wenige spezialisierte Anpas-

sungen an ihren Lebensraum zeigen. Die Stummelschwanz-Chamäleons zeigen bereits Merkmale der echten Chamäleons wie den seitlich abgeflachten Körper und den Kopfschmuck. Andererseits sind sie noch dem ursprünglichen Lebensraum verhaftet, da sie in den Strauchschichten der Bäume leben. Ihre evolutive Position könnte man daher in einer Zwischenstellung zwischen den beiden anderen Gruppen sehen.
Die hier angesprochenen rein morphologischen Vergleiche der drei Chamäleon-Abteilungen reichen als ausschließliche Belege einer engeren Verwandtschaft der drei Gruppen aber nicht aus. Um eindeutige Belege zu erhalten, muss ausgeschlossen werden, dass es sich hier um konvergente Entwicklungslinien handelt. Die ähnlichen Körpermerkmale könnten sich aufgrund ähnlicher Selektionsbedingungen entwickelt haben. Solche Analogien können aber auf keine enge Verwandtschaft der drei Gruppen untereinander hinweisen.

I.2 *Bei der Bearbeitung des Stammbaums müssen Sie stets daran denken, dass mit Namen nur die heute lebenden Spezies angegeben sind. Jeder Verzweigungspunkt im Stammbaum stellt einen Vorfahren der sich neu daraus entwickelnden Äste dar. Denken Sie bei der Darlegung der molekulargenetischen Analysen daran, was eine identische bzw. veränderte Basenabfolge für die Verwandtschaftsbeziehungen bedeutet. Wenn Sie die DNA-Analyse mit der Aminosäuresequenzanalyse verglichen haben, kann Ihre Entscheidung, welche der beiden Methoden verlässlichere Ergebnisse liefert, Zusatzpunkte bringen.*

Die in der Teilaufgabe I.1 aufgestellte Hypothese kann mithilfe der Abb. 4 (Material B) überprüft und insgesamt verifiziert werden. Im hier dargestellten Stammbaum sind die evolutiven Weiterentwicklungen jeweils an gabelig (dichotom) verzweigten Ästen aufgelistet. Eine solche Darstellung wird als Kladogramm bezeichnet. Aus einer nicht genauer angegebenen Stammgruppe entwickelt sich aus der einen Gabel eine Außengruppe, die nahe verwandte asiatische Art der Schönechsen. Die andere Gabelseite führt sowohl zu einer weiteren Echsen-Außengruppe, den Siedleragamen, als auch zum direkten Vorfahren der Chamäleon-Basisgruppe. Verfolgt man die Verzweigungen ausgehend von der Basisgruppe der Chamäleon-Arten weiter, zeigt sich, dass die Erdchamäleons der Gattung *Brookesia* aus Madagaskar die ursprünglichste Gruppe darstellen. Sie stehen evolutiv dem direkten Vorfahren der Chamäleon-Basisgruppe am nächsten. Alle übrigen Chamäleon-Gruppen, Stummelschwanz- und Echte Chamäleons, gehen auf einen gemeinsamen Vorfahren zurück. Es zeigt sich, dass die Stummelschwanz-Chamäleons stammesgeschichtlich die zweitälteste Chamäleon-Gruppe darstellen. Alle Echten Chamäleons wiederum sind eine phylogenetisch jüngere Gruppe. Dies ist damit zu erklären, dass die Gruppe der Stummelschwanz-Chamäleons von dem ersten gemeinsamen Vorfahren aller Echten Chamäleons abzweigt. Die Stummelschwanz-Chamäleons stehen somit zwischen den stammesgeschichtlich älteren Erd- und den jüngeren Echten Chamäleons. Daraus ergibt sich, dass die Stummelschwanz-Chamäleons und die

Echten Chamäleons näher miteinander verwandt sind als Stummelschwanz-Chamäleons oder Echte Chamäleons mit den Erdchamäleons.
Die Aufstellung derartiger phylogenetischer Stammbäume beruht heutzutage auf der Analyse des Erbgutes der rezenten, heute lebenden Vertreter der betrachteten Tiergruppen. Um die Verwandtschaftsbeziehungen aufzudecken, werden molekularbiologische Analyseverfahren angewendet. Da die DNA ausgestorbener Vorfahren nur in Ausnahmefällen zu gewinnen und damit analysierbar ist, kann nur ein Vergleich der Erbsubstanz heute lebender Vertreter Auskunft über die Verwandtschaftsverhältnisse geben. Wenn man von einem gemeinsamen Vorfahren ausgeht, gilt der Grundsatz: Je mehr Übereinstimmungen in der Basensequenz der DNA vorherrschen, desto näher sind die betrachteten Arten miteinander verwandt. Umgekehrt gilt auch, je mehr Zeit seit der Trennung der beiden Arten von einem gemeinsamen Ahnen vergangen ist, desto mehr Abweichungen sind in der DNA-Sequenz zu erwarten. Dies liegt daran, dass sich immer mehr Mutationen seit der Trennung der beiden Arten ereignet haben, die zu Änderungen in der Erbsubstanz führen.
Neben der Analyse der Erbsubstanz gibt es noch eine andere Möglichkeit zur Aufstellung von Verwandtschaftsbeziehungen – die Aminosäuresequenzanalyse. Bei einem Vergleich beider Untersuchungsmethoden bezüglich ihrer Aussagekraft bei der Ermittlung von Verwandtschaftsbeziehungen ist zu bemerken, dass sich nicht jede Mutation automatisch auch im Einbau einer veränderten Aminosäure äußert. Dies liegt u. a. daran, dass der genetische Code, der die Abfolge der Proteine in der DNA vorgibt, degeneriert bzw. redundant ist und daher dieselbe Aminosäure teilweise von mehreren, unterschiedlichen Basentripletts verschlüsselt wird. Dadurch kann es zu stummen Mutationen kommen, die sich in der Aminosäuresequenz der betroffenen Organismen gar nicht zeigen. Darüber hinaus manifestieren sich Mutationen in den zahlreichen nichtcodierenden Abschnitten der DNA im Normalfall nicht. Diese Bereiche, wie z. B. die Introns der Eukaryotengene, haben keinen Einfluss und damit keine Auswirkungen darauf, welche Art von Proteinen von einem mutierten Organismus hergestellt wird. Wird nach der verlässlicheren Analysemethode gesucht, so sollte der DNA-Sequenzanalyse der Vorzug gegeben werden.

I.3 *Bei Ihrer Bearbeitung müssen Sie unbedingt alle drei Abbildungen im Blick haben. Nur wenn Sie die Darstellungen in Material A und B vergleichend zueinander in Beziehung setzen, können Sie zu einer fundierten Aus- und Bewertung beider Hypothesen gelangen.*

Echte, Erd- und Stummelschwanz-Chamäleons sind heute sowohl auf dem afrikanischen Kontinent als auch auf Madagaskar anzutreffen. Um diese Verbreitung der Tiere erklären zu können, werden zwei Hypothesen – die (ältere) „Gondwana-Hypothese“ und die „Verdriftungs-Hypothese“ – diskutiert. Abb. 6 (in Material C) verdeutlicht, dass Afrika und Madagaskar vor 100 Mio. Jahren noch miteinander verbunden waren. Vor 80 Mio. Jahren hatten sich beide Teile des Urkontinents Gondwana bereits voneinander getrennt. Daraus ergibt sich

die Überlegung, dass die Ur-Chamäleons – wenn man der „Gondwana-Hypothese" folgt – spätestens vor ca. 100 Mio. Jahren entstanden sein müssen. Dies steht jedoch im Widerspruch zu Fossilfunden. So konnte „das älteste bisher gefundene Chamäleon-Fossil [...] auf ein Alter von 26 Mio. Jahren datiert" werden. Es wird zwar vermutet, dass noch ältere Spuren der Ur-Chamäleons vor etwa 60 Mio. Jahren existieren müssen, Fossilien als Belege sind aber bisher noch nicht gefunden worden. Selbst wenn die letzte Vermutung zutrifft, hat es zu diesem Zeitpunkt zwischen Madagaskar und Afrika keine Verbindung mehr gegeben. Die Trennung erfolgte bereits 40 Mio. Jahre früher. Damit muss die „Gondwana-Hypothese" zumindest fraglich erscheinen.
Weitere Hinweise können Chamäleon-Arten geben, die auf Réunion und den Komoren vorkommen. Beide Inseln sind vulkanischen Ursprungs und zwischen 130 000 und 5,4 Mio. Jahre alt. Somit haben diese Territorien weder mit Madagaskar noch mit Afrika jemals Kontakt gehabt. Die plausibelste Erklärung für deren Besiedlung durch Chamäleons – da eine Einschleppung durch den Menschen ausgeschlossen ist – wäre, dass einzelne Tiere auf Holz- und Baumstücken über das Meer treibend dorthin gelangt sind. Dies spricht für die „Verdriftungs-Hypothese". Die Gültigkeit dieser Annahme kann auch noch mit anderen Fakten aus dem phylogenetischen Stammbaum in Abb. 4 (in Material B) belegt werden. Jeweils eine afrikanische und eine madagassische Gattung haben einen gemeinsamen Vorfahren. Dies gilt zum einen für Arten der Gattungen *Bradypodion* in Afrika und *Calumma* auf Madagaskar und zum anderen auch für Tiere der afrikanischen *Chamaeleo*-Arten und der *Furcifer*-Arten auf Madagaskar. Beide Beispiele sind Belege dafür, dass eine Verdriftung einzelner Tiere über das Meer nicht nur einmal, sondern mehrfach erfolgt sein muss. Ohne eine Verdriftung hätte es in Afrika und auf der Insel Madagaskar nur eine ursprüngliche Gruppe von Chamäleons gegeben, die sich dann jeweils als geschlossene Verwandtschaftsgruppen weiterentwickelt hätten.

I.4 Durch ihre Lage im Indischen Ozean und ihre Größe hat Madagaskar als viertgrößte Insel der Erde eine Vielzahl unterschiedlicher Klima- und Vegetationszonen ausgebildet. Vom Regenwald bis zur Trockensavanne bot sie den ersten Vertretern der Chamäleons, die diese Insel erreichten, ein breites Spektrum von Lebensräumen an, in das sich die Tiere während ihrer Weiterentwicklung einnischen konnten. Das Besetzen dieser freien ökologischen Nischen durch entsprechend angepasste bzw. präadaptierte Chamäleons erfolgte im Zuge einer **adaptiven Radiation**. Die Evolutionsfaktoren Mutation, Rekombination und Selektion sorgten dafür, dass auch innerhalb der gleichen Biotope verschiedene Chamäleon-Arten unterschiedliche Vegetationsstockwerke besiedeln konnten. Dies ist z. B. im Regenwald des madagassischen Tieflandes besonders gut zu beobachten, wie Tab. 1 (in Material D) verdeutlicht. Eine kleine Art *(Brookesia peyrierasi)* lebt in der Laubschicht, eine andere *(Calumma cucullatum)* im Pflanzendickicht und *Calumma parsonii* u. a. in Sträuchern desselben Biotops. Eine Aufspaltung „auf engstem Raum" – wie an diesem Beispiel zu sehen – kann aber nur erfolgen, wenn vor allem der Evolutionsfaktor

Isolation mit seinen Mechanismen greift. Er sorgt dann für eine derartige Separation der Chamäleons. Im Vergleich zu allen übrigen Echsen zeichnen sich die Chamäleons durch den Besitz von spezifischen Greiffüßen aus. Diese anatomische Besonderheit hat mit Sicherheit dazu beigetragen, dass sich die unterschiedlichen Chamäleon-Arten neue Lebensräume in Ästen von Sträuchern und Bäumen erschließen konnten. Die Greiffüße ermöglichen den Tieren einen sicheren Halt. Und da sich die kletternden Chamäleon-Arten in den unterschiedlichen Höhenbereichen ihrer Biotope „verteilen" können, sinkt auch der interspezifische Konkurrenzdruck zwischen den Arten. Als ein weiterer positiver Effekt kommt u. U. noch hinzu, dass durch eine Besiedlung der vertikalen Lebensräume ein geringerer Feinddruck zu erwarten ist. Auch diese Tatsache begünstigt sowohl die Vermehrung als auch eine weitere Ausbreitung der unterschiedlichen Chamäleon-Arten.

Leistungskurs Biologie (NRW) – Abitur-Prüfung 2013
Aufgabe 2: Genetik

Aufgabenstellung: Punkte

Thema: Die Ahornsirup-Krankheit

II.1 Ermitteln Sie anhand des Stammbaums (Material A) den Erbgang für die Ahornsirup-Krankheit, indem Sie andere Erbgänge begründet ausschließen. Geben Sie für die nummerierten Personen alle möglichen Genotypen an. Stellen Sie das Grundprinzip einer Gelelektrophorese zur Auftrennung von DNA-Fragmenten dar und werten Sie die Ergebnisse der Gelelektrophorese (Material B) bezüglich des Stammbaums aus. 28

II.2 Ermitteln Sie die molekulargenetischen Ursachen der Ahornsirup-Krankheit in den angegebenen Beispielen (Material C, Tabelle 1) und die Folgen für das jeweils gebildete Polypeptid. Leiten Sie daraus mögliche Auswirkungen auf den BCKD-Enzymkomplex ab (Materialien A und E). 18

II.3 Beschreiben Sie den Abbau der Aminosäuren Leucin, Isoleucin und Valin und erläutern Sie die Folgen eines Defektes des BCKD-Enzymkomplexes (Material D). 12

II.4 Erläutern Sie auf der Basis der Materialien A und D die Anforderungen an eine Diät-Behandlung von Babys mit Ahornsirup-Krankheit. 8

Material A: Informationen zur Ahornsirup-Krankheit (ASK)

Die Ahornsirup-Krankheit (ASK) tritt in allen ethnischen Gruppen mit einer Häufigkeit von etwa 1 : 185 000 auf. Die Krankheit äußert sich meist schon kurz nach der Geburt. Das Neugeborene wirkt lethargisch, ein charakteristischer ahornsirupartiger Geruch ist wahrzunehmen. Das Kind zeigt Trinkschwäche und entwickelt immer stärker werdende neurologische Auffälligkeiten, die unbehandelt in den ersten Lebenswochen zum Tod führen. Im Nervengewebe ist ein deutlicher Myelinmangel nachweisbar, die weiße Hirnsubstanz zeigt eine ausgeprägte Degeneration. Die Krankheit wird mit einer strengen Diät behandelt.
Der Ahornsirup-Krankheit können unterschiedliche Defekte des Multienzymkomplexes BCKD (verzweigtkettige α-Ketosäuren-Dehydrogenase, (Material D, Abbildung 3)) zugrunde liegen. Der BCKD-Komplex befindet sich an der inneren Membran der Mitochondrien aller Gewebe.
Der BCKD-Komplex setzt sich aus drei enzymatisch aktiven Untereinheiten zusammen: E1 (codiert durch die Gene E1α und E1β), E2 (codiert durch das E2-Gen) und E3 (codiert durch das E3-Gen).

Abbildung 1 zeigt den Stammbaum einer Familie mit Ahornsirup-Krankheit. Der betroffene Genabschnitt ist hier das Exon 6 des E1β-Gens.

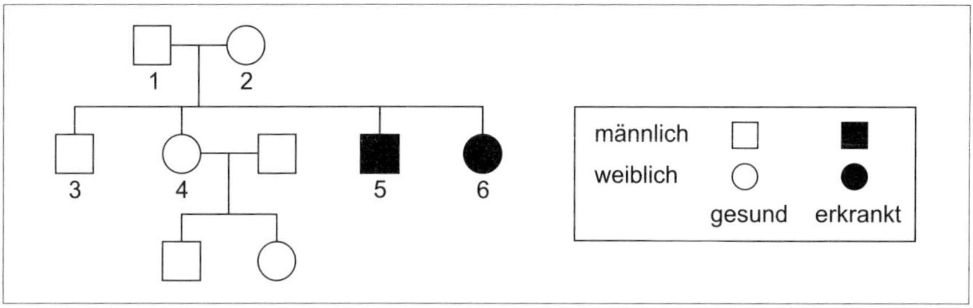

Abb. 1: Stammbaum einer Familie mit Ahornsirup-Krankheit.
erstellt nach: Henneke, M. (2002). Klinische und molekulare Charakterisierung von Patienten mit Ahornsirup-Krankheit. Dissertation, Heinrich-Heine-Universität, Düsseldorf (http://docserv.uni-duesseldorf.de/servlets/DerivateServlet/Derivate-2501/501.pdf (Zugriff 25. 02. 2012))

Material B: Gelelektrophoretische Auftrennung des betroffenen DNA-Abschnitts

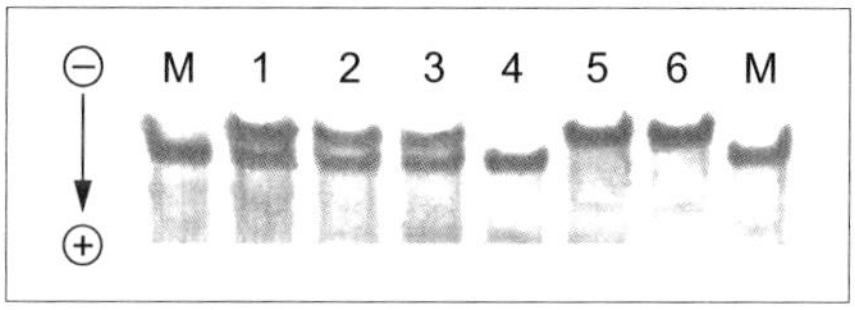

Abb. 2: Gelelektrophoretische Auftrennung des betroffenen DNA-Abschnitts ausgewählter Personen der Familie aus dem Stammbaum (siehe Material A)
vereinfacht nach: Henneke, M. (2002). Klinische und molekulare Charakterisierung von Patienten mit Ahornsirup-Krankheit. Dissertation, Heinrich-Heine-Universität, Düsseldorf

Eine unterschiedliche Basensequenz beeinflusst die Konformation von DNA-Einzelsträngen und damit ihre Wanderungsgeschwindigkeit.
Diese Eigenschaft wird in einer besonderen Form der Gelelektrophorese, der sogenannten SSCP-Analyse ausgenutzt. Mithilfe der SSCP-Analyse können DNA-Fragmente ermittelt werden, die aufgrund von Mutationen ein anderes Laufverhalten als Kontrollfragmente zeigen.
Aufgetragen wurden die Fragmente des betroffenen DNA-Abschnitts nach Vervielfältigung durch PCR von ausgewählten Personen der Familie aus dem Stammbaum (siehe Material A). Die Nummern entsprechen denen der Personen aus dem Stammbaum. Probe M gehört zu einer gesunden, nicht betroffenen Person.

Material C: Molekulargenetische Ursachen der Ahornsirup-Krankheit

Der Ahornsirup-Krankheit können unterschiedliche Defekte des BCKD-Komplexes zugrunde liegen. Tabelle 1 zeigt nur einige wenige der bis heute identifizierten Mutationen, die zum Krankheitsbild ASK führen:

Tabelle 1: Ausschnitt aus dem jeweils codogenen Strang einer gesunden Person und eines Patienten mit Ahornsirup-Krankheit

mutiertes Gen und dargestellte Nukleotide	Teilsequenz des codogenen Stranges (3' → 5')	
	gesunde Person	Patient mit ASK
E1α-Gen Nukleotide 712–729	CTC CCC CGT CGG TCA CTC	CTC CCC GGT CGG TCA CTC
E1β-Gen Nukleotide 745–762	CTT CTT CAG GGA TAT CTT	CTT CTT CGG GGA TAT CTT
E2-Gen Nukleotide 1 144–1 161	AGA CAC CCA GTC GAG TCG	AGA CAC TCA GTC GAG TCG
E1β-Gen Nukleotide 928–945	ACC CTA CAC CTG TGT TAA	ACC CTA CAC TGT GTT AAA
E1β-Gen Nukleotide 1 144–1 161	ACA ATA CTA CGG GAA GCT	ACA ATT CTA CGG GAA GCT

erstellt nach:
Henneke, M. (2002). Klinische und molekulare Charakterisierung von Patienten mit Ahornsirup-Krankheit. Dissertation, Heinrich-Heine-Universität, Düsseldorf (http://docserv.uni-duesseldorf.de/servlets/DerivateServlet/Derivate-2501/501.pdf (Zugriff 25. 02. 2012))
www.ncbi.nlm.nih.gov/nuccore/223671913?report=genbank
www.ncbi.nlm.nih.gov/nuccore/260593636?report=genbank
www.ncbi.nlm.nih.gov/nuccore/392513671?report=genbank

Material D: Abbau der Aminosäuren Leucin, Isoleucin und Valin

Essenzielle Aminosäuren sind lebensnotwendig. Sie können nicht aus elementaren Bestandteilen aufgebaut werden, sondern müssen mit der Nahrung aufgenommen werden. Die essenziellen Aminosäuren Leucin, Valin und Isoleucin werden in einem ersten Schritt zu den entsprechenden α-Ketosäuren abgebaut. Dieser Schritt ist umkehrbar. Der BCKD-Komplex katalysiert den weiteren Abbau dieser α-Ketosäuren (vgl. Abbildung 3). Bei an der Ahornsirup-Krankheit erkrankten Kindern wurden die folgenden Werte (vgl. Tabelle 2) innerhalb der ersten drei Lebenswochen ermittelt. In diesem Zeitraum wurde die Krankheit nicht behandelt.

Tabelle 2: Konzentrationen der Aminosäuren Leucin, Isoleucin und Valin im Blutplasma gesunder und an Ahornsirup-Krankheit erkrankter Kinder

	Leucin [μmol/L]	Isoleucin [μmol/L]	Valin [μmol/L]
gesunde Kinder	159–179	72–82	249–279
erkrankte Kinder	763–4 504	191–710	221–855

erstellt nach:
Henneke, M. (2002). Klinische und molekulare Charakterisierung von Patienten mit Ahornsirup-Krankheit. Dissertation, Heinrich-Heine-Universität, Düsseldorf (http://docserv.uni-duesseldorf.de/servlets/DerivateServlet/Derivate-2501/501.pdf (Zugriff 25. 02. 2012))

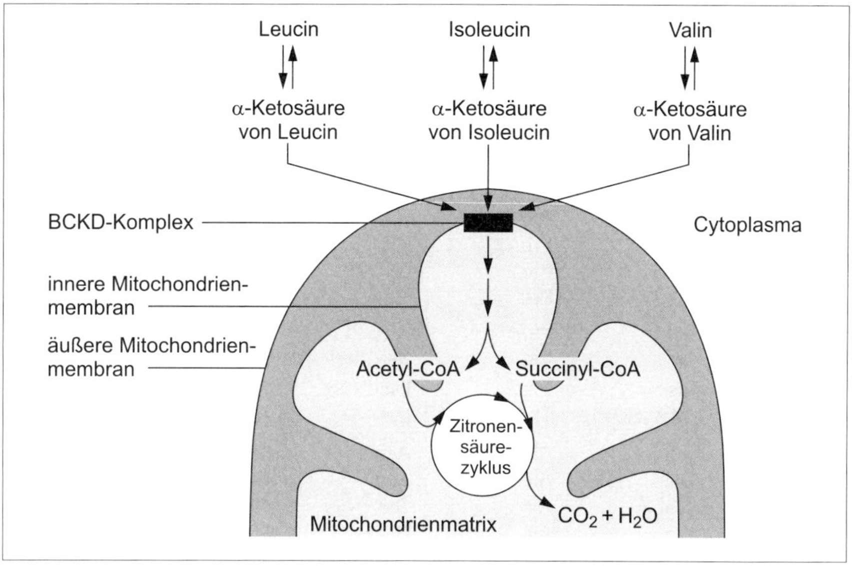

Abb. 3: Stufenweiser Abbau der Aminosäuren Leucin, Isoleucin und Valin
verändert nach: Henneke, M. (2002). Klinische und molekulare Charakterisierung von Patienten mit Ahornsirup-Krankheit. Dissertation, Heinrich-Heine-Universität, Düsseldorf (http://docserv.uni-duesseldorf.de/ servlets/DerivateServlet/Derivate-2501/501.pdf (Zugriff 25. 02. 2012))

Material E: Codesonne und Tabelle zum genetischen Code

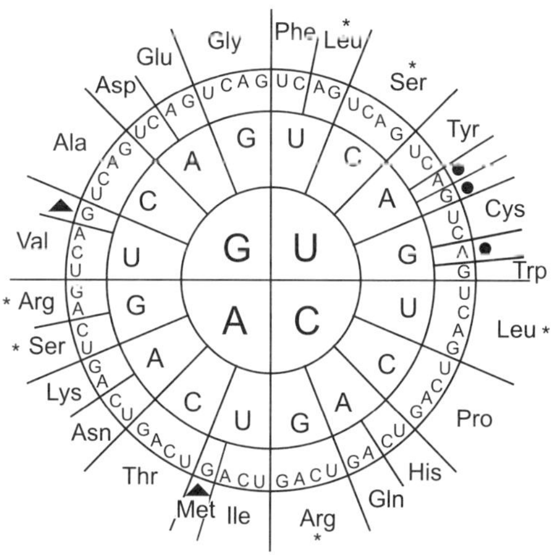

Ala	Alanin
Arg	Arginin
Asn	Asparagin
Asp	Asparaginsäure
Cys	Cystein
Gln	Glutamin
Glu	Glutaminsäure
Gly	Glycin
His	Histidin
Ile	Isoleucin
Leu	Leucin
Lys	Lysin
Met	Methionin
Phe	Phenylalanin
Pro	Prolin
Ser	Serin
Thr	Threonin
Trp	Tryptophan
Tyr	Tyrosin
Val	Valin

▲ Start-Codon ● Stopp-Codon * zweimal auftretende Aminosäure

Erste Base	Zweite Base				Dritte Base
5'	**U**	**C**	**A**	**G**	**3'**
U	Phe Phe Leu Leu	Ser Ser Ser Ser	Tyr Tyr Stopp Stopp	Cys Cys Stopp Trp	**U** **C** **A** **G**
C	Leu Leu Leu Leu	Pro Pro Pro Pro	His His Gln Gln	Arg Arg Arg Arg	**U** **C** **A** **G**
A	Ile Ile Ile Met (Start)	Thr Thr Thr Thr	Asn Asn Lys Lys	Ser Ser Arg Arg	**U** **C** **A** **G**
G	Val Val Val Val	Ala Ala Ala Ala	Asp Asp Glu Glu	Gly Gly Gly Gly	**U** **C** **A** **G**

weitere Materialgrundlage:

Lehninger, A. L. (1994). Prinzipien der Biochemie. Spektrum Akademischer Verlag, Heidelberg, S. 606, 619–621

www.ncbi.nlm.nih.gov/nuccore/223671913?report=genbank (Zugriff 15. 07. 2012)

www.ncbi.nlm.nih.gov/nuccore/260593636?report=genbank (Zugriff 15. 07. 2012)

www.ncbi.nlm.nih.gov/nuccore/392513671?report=genbank (Zugriff 15. 07. 2012)

Lösungsvorschlag

In der Aufgabe thematisierte Unterrichtsinhalte sind:
Erbganganalyse, Homo- und Heterozygotie, Gelelektrophorese, Punktmutation, Deletion, Leserastermutation, Proteinbiosynthese

II.1 *Bei der Analyse des Stammbaums können Sie zunächst davon ausgehen, dass es sich bei den Individuen immer um legitime Nachkommen handelt. Es genügt, wenn Sie für den Ausschluss eines nicht passenden Erbgangs jeweils ein Beispiel nennen. Achten Sie bei der Darstellung der Genotypen auf eine klare und eindeutige Wahl in der Symbolik der Allelzustände. Die Analyse von Abb. 2 ermöglicht es Ihnen, Unklarheiten zu beseitigen, die bei einer Untersuchung des Stammbaums (Abb. 1) noch bestehen bleiben. Dies sollten Sie bei Ihrer Bearbeitung herausstellen.*

Die Ahornsirup-Krankheit (ASK) ist eine Stoffwechselerkrankung, die **autosomal rezessiv** vererbt wird. Alle anderen möglichen Vererbungsmodi können anhand folgender Überlegungen ausgeschlossen werden. Eine autosomal dominante Vererbung der ASK kann nicht zutreffen, da in diesem Fall mindestens ein Elternteil (Individuum 1 oder 2) Merkmalsträger sein müsste. Ein X-chromosomal dominanter Erbgang kommt ebenfalls nicht infrage, weil ansonsten auch Individuum 2 erkrankt wäre. Ein X-chromosomal rezessiver Erbgang ist ausgeschlossen, da in diesem Fall Individuum 1 von der Krankheit betroffen wäre. Sowohl der Vater (1) hätte seiner Tochter den Defekt vererben müssen als auch die Mutter (Individuum 2) als Überträgerin. Auf dem Y-Chromosom kann der Defekt nicht lokalisiert sein, da ansonsten keine Frauen (wie das erkrankte Individuum 6) von der Krankheit betroffen wären.
Für die allelen Zustände bei diesem Vererbungsmodus ergeben sich damit folgende Möglichkeiten: „A“ (dominant) steht für das intakte Allel und „a“ (rezessiv) für das defekte Allel, das für die Information der Ahornsirup-Krankheit codiert. Auf der Grundlage der Phänotypen im Stammbaum können die Genotypen der Individuen 1 und 2 eindeutig bestimmt werden. Beide weisen den Genotyp „Aa“ auf; sie sind mischerbig in Bezug auf ASK. Ebenfalls eindeutig einem Genotyp zuzuordnen sind die erkrankten Individuen mit „aa“. Die Individuen 3 und 4 können hingegen entweder als Heterozygote ein defektes Allel übertragen („Aa“) oder homozygot das dominante Allel aufweisen („AA“).
Die Gelelektrophorese ist ein Verfahren, das in der Gentechnik immer dann angewendet wird, wenn es gilt, Stoffgemische, die elektrisch geladene Moleküle (hier DNA-Moleküle) enthalten, voneinander zu trennen. Abhängig von ihrer Größe weisen die Moleküle, die aufgrund eines elektrischen Feldes durch ein Gel bewegt werden, eine unterschiedliche Wanderungsgeschwindigkeit auf. Die zu untersuchende, negativ geladene DNA-Probe wird dabei auf ein Gel aufgetragen, an das eine Spannung angelegt wird. Das Gel wirkt dann wie ein engmaschiges Netz, in dem sich die DNA-Moleküle in Richtung der Anode (Pluspol) bewegen. Da kleinere Moleküle schneller durch das Gel und damit in

der gleichen Zeit weiter wandern als größere Moleküle, erfolgt eine Auftrennung der DNA-Fragmente nach ihrer Größe. Sind die Moleküle in der zu untersuchenden Probe gleich groß, bilden sie jeweils eine einheitliche Bande.
Im vorliegenden Fall wird eine besondere Form der Gelelektrophorese, die SSCP-Analyse angewendet. Sie macht es möglich, DNA-Fragmente zu identifizieren, die aufgrund von Mutationen ein anderes Laufverhalten als Kontrollfragmente zeigen. Nach einer Vervielfältigung mittels PCR-Verfahren wurden die Fragmente des betroffenen DNA-Abschnitts der Individuen 1–6 aus dem untersuchten Stammbaum einer SSCP-Analyse unterzogen – zusammen mit der DNA einer nicht betroffenen Kontrollperson M. Das Ergebnis der Gelelektrophorese (Material B, Abb. 2) zeigt zunächst, dass sich beim Individuum 4 lediglich eine Bande an derselben Stelle wie bei der gesunden Kontrollperson M findet. Das bedeutet, dass der Genotyp dieser Frau eindeutig bestimmt werden kann – was anhand des Stammbaums in Abb. 1 (Material 1) nicht möglich war. Individuum 4 ist gesund, hat den Genotyp „AA“ und trägt damit das dominante Allel homozygot. Die Personen 1–3 im Stammbaum weisen jeweils zwei Banden auf, wobei eine Bande auf der gleichen Höhe liegt wie bei Person M. Die andere Bande liegt dem Minuspol näher, da die DNA langsamer durch das Gel gewandert ist. Damit sind die Individuen 1–3 heterozygot mit dem Genotyp „Aa“. Sie besitzen sowohl das rezessive als auch das dominante Allel. Damit ist auch der Genotyp von Individuum 3 durch die SSCP-Analyse eindeutig bestimmbar. Wie bereits aus dem Phänotyp hervorgeht, sind die Individuen 5 und 6 homozygot in Bezug auf das defekte Allel. Die DNA der Erkrankten sammelt sich dementsprechend in einer Bande, die dem Minuspol näher liegt als diejenige, die sich bei einem homozygot gesunden Menschen ausbildet. Die Fragmente mit der mutierten DNA sind nicht so schnell durch das Gel gewandert.

II.2 *Die Bearbeitung dieser Teilaufgabe erfordert zunächst, die Nukleotid-Defekte zu identifizieren. Anschließend müssen Sie für die erkrankte* ***und*** *die gesunde Person aus dem DNA-Code (angegeben in 3'→5'-Richtung) den mRNA-Code in 5'→3'-Richtung ableiten. In einem dritten Schritt können Sie dann die zugeordneten Aminosäuren mithilfe des Materials E ermitteln. Denken Sie bei der Ermittlung der zugeordneten Aminosäuren daran, dass die Codesonne in 5'→3'-Richtung von innen nach außen gelesen wird. Ihre Analysen können sie natürlich in einem durchlaufenden Text darlegen. Die Darstellung in tabellarischer Form ist allerdings übersichtlicher und ermöglicht Ihnen (und der korrigierenden Person) einen besseren Überblick über die Zusammenhänge zwischen DNA, RNA, Protein und Mutationsereignis.*

Eine Untersuchung des codogenen Stranges von Patienten mit Ahornsirup-Krankheit zeigt in einigen Abschnitten deutliche Abweichungen gegenüber den entsprechenden Teilstücken bei gesunden Personen. Aus Tab. 1 (Material C), die einige dieser Veränderungen auflistet, sind folgende molekulargenetische Ursachen zu erkennen:

E1α-Gen, Triplett 718–720 **Punktmutation** im Nukleotid 718 führt zu Aminosäureaustausch					
Gesunde Person			Patient mit ASK		
DNA mRNA	3' CGT 5' 5' GCA 3'		DNA mRNA	3' **G**GT 5' 5' **C**CA 3'	
AS	Alanin		AS	Prolin	

E1β-Gen, Triplett 751–753 **Punktmutation** im Nukleotid 752 führt zu Aminosäureaustausch			
Gesunde Person		Patient mit ASK	
DNA mRNA	3' CAG 5' 5' GUC 3'	DNA mRNA	3' C**G**G 5' 5' G**C**C 3'
AS	Valin	AS	Alanin

E2-Gen, Triplett 1 150–1 152 **Punktmutation** im Nukleotid 1 150 führt zu Aminosäureaustausch			
Gesunde Person		Patient mit ASK	
DNA mRNA	3' CCA 5' 5' GGU 3'	DNA mRNA	3' **T**CA 5' 5' **A**GU 3'
AS	Glycin	AS	Serin

Alle drei Mutationen können sich auf die Faltung des jeweiligen Proteins auswirken. In der Sekundär-, Tertiär- bzw. Quartärstruktur werden – zusätzlich zu den Elektronenpaarbindungen (Atombindungen) in der Primärstruktur – weitere Bindungstypen zwischen einzelnen, durch die Faltung benachbarten Aminosäureresten ausgebildet. Ein Austausch einzelner Aminosäuren kann unter Umständen den Aufbau derartiger Bindungen verhindern, oder aber neue – im ursprünglichen Protein nicht vorgesehene – Bindungen hervorrufen. Dadurch kann eine sterische Konfigurationsänderung der jeweiligen Untereinheiten hervorgerufen werden. Die Proteine können so in ihrer Gestalt und/oder ihrer Funktionsweise verändert werden.
Im vierten Beispiel der Tab. 1 hat im E1β-Gen bei Patienten mit Ahornsirup-Krankheit eine (interkalare) Deletion inmitten des Gens stattgefunden:

E1β-Gen, ab Triplett 937– 939 **Deletion** des ursprünglichen Nukleotids 937 führt zu verschobenem Leseraster			
Gesunde Person		Patient mit ASK	
DNA mRNA	3' CAC **C**TG TGT TAA 5' 5' GUG **G**AC ACA AUU 3'	DNA mRNA	3' CAC *TGT GTT AAA* 5' 5' GUG *ACA CAA UUU* 3'
AS	Val – Asp – Thr – Ile	AS	Val – Thr – Gln – Phe

Da die Base Cytosin durch eine Mutation aus der DNA deletiert wurde, verschiebt sich ab dieser Position das Leseraster der nachfolgenden Tripletts. Die ursprünglich zweite Base des Tripletts 937–939 wird zur ersten, die dritte zur

zweiten und die erste Base des folgenden Tripletts ist nun die dritte an der Position 939. Diese Form der Rastermutation führt zum Einbau völlig anderer Aminosäuren in das Protein ab dem Punkt der Nukleotid-Deletion.
Im letzten aufgelisteten Beispiel liegt eine weitere Punktmutation, ebenfalls im E1β-Gen, vor:

E1β-Gen, Triplett 1 147–1 149 **Punktmutation** im Nukleotid 1 149 führt zu Translationsabbruch (Stopp-Codon)			
Gesunde Person		Patient mit ASK	
DNA mRNA	3' ATA 5' 5' UAU 3'	DNA mRNA	3' AT**T** 5' 5' UA**A** 3'
AS	Tyrosin	Kettenabbruch während der Translation	

Durch diese Mutation kommt es bei der Translation der mRNA nicht zum Einbau einer falschen Aminosäure, sondern zu einem Kettenabbruch durch das Stopp-Codon „UAA". Dieser Kettenabbruch sorgt dafür, dass das so entstandene E1β-Polypeptid gegenüber demjenigen gesunder Menschen verkürzt ist.
Alle fünf Beispiele für ein Mutationsereignis in den Genen E1 und E2 können schwerwiegende Auswirkungen auf den BCKD-Enzymkomplex, dessen Bestandteile sie sind, haben. Eine Veränderung in der Struktur der E1α-, E1β- und E2-Polypeptide kann sich auf die Reaktion, die von diesem Enzymkomplex katalysiert wird, gravierend auswirken. Im günstigsten Fall ist die Enzymaktivität lediglich herabgesetzt oder eingeschränkt. Im ungünstigsten Fall kann das Enzym durch die eingetretenen Mutationen funktionsuntüchtig werden. Dies ist vor allem der Fall, wenn das aktive Zentrum des Enzyms betroffen ist, das meist aus mehreren enzymatisch aktiven Untereinheiten besteht, die passgenau zusammenarbeiten müssen. Sollte der BCKD-Enzymkomplex von den Untereinheiten überhaupt nicht mehr gebildet werden können, ist mit einem Totalausfall der Enzymreaktion zu rechnen.

II.3 Die essenziellen Aminosäuren Leucin, Isoleucin und Valin werden in zwei Schritten abgebaut. Der erste Schritt, bei dem die drei Aminosäuren in die entsprechenden α-Ketosäuren umgewandelt werden, findet im Cytoplasma statt. Danach werden die Stoffe durch die äußere Mitochondrienmembran aufgenommen und gelangen zur inneren Membran. Dort erfolgt in einem zweiten Schritt die Umsetzung der α-Ketosäuren des Leucin-, Isoleucin- und Valin-Abbaus als Substrate des in die Membran integrierten Enzymkomplexes BCKD. Ihre Produkte werden über mehrere Zwischenschritte sowohl zu Acetyl-CoA als auch zu Succinyl-CoA verstoffwechselt und in den Zitronensäurezyklus eingeschleust. Im Laufe dieses Zyklus erfolgt die Freisetzung von CO_2 und Wasser.
Tritt beim BCKD-Enzymkomplex ein Defekt auf, so können die α-Ketosäuren von Leucin, Isoleucin und Valin in den Mitochondrien nicht weiter umgesetzt werden. Da der Prozess der Umwandlungsreaktion der Aminosäuren in die α-Ketosäuren umkehrbar ist, kann vermutet werden, dass sich die entsprechenden

Aminosäuren im Cytoplasma und im Blut anreichern werden. Ähnliches wird auch für die α-Ketosäuren von Leucin, Isoleucin und Valin gelten. Die Anhäufung dieser Substanzen im Blutplasma erkrankter Kinder wird durch Tab. 2 (Material D) deutlich. Auf der erhöhten Konzentration dieser Aminosäuren beruhen dann die einzelnen Symptome, die für die Ahornsirup-Krankheit typisch sind.

II.4 Die Ahornsirup-Krankheit kann durch eine strenge Diät behandelt werden, die bereits im Säuglingsalter beginnen muss. Unbehandelt führt die Erkrankung innerhalb weniger Wochen zum Tod des Babys. Untersuchungen zur Konzentration der Aminosäuren Leucin, Isoleucin und Valin im Blutplasma an Ahornsirup-Krankheit erkrankter Kinder zeigen, dass ihre Mengen deutlich von den Normwerten abweichen. Im Vergleich zu gesunden Kindern liegt eine z. T. extreme Häufung dieser drei Aminosäuren im Blutplasma vor. So kann bei an AKS Erkrankten bis zu 25-mal mehr Leucin im Blutserum nachgewiesen werden. Auch die Konzentration an Isoleucin und Valin ist um das bis zu 8,6- bzw. 3-fache gegenüber den Werten bei nicht betroffenen Kindern erhöht. Soll eine Diät bei den erkrankten Kindern erfolgreich sein, d. h. die Menge dieser drei Aminosäuren im Blut wieder auf ein Normalmaß zurückgehen, muss auf eine adäquate Zusammensetzung der Nahrung geachtet werden. Das bedeutet, dass sowohl auf die Menge an Proteinen, die die Babys mit der Nahrung aufnehmen, als auch auf deren Zusammensetzung zu achten ist. Auf der einen Seite muss damit die Aufnahme der drei Aminosäuren Leucin, Isoleucin und Valin kontrolliert und begrenzt werden. Andererseits handelt es sich bei den drei Aminosäuren aber um essenzielle Bausteine menschlicher Proteine. Eine Diät muss diesem Aspekt Rechnung tragen. Für die Ernährung eines Säuglings, der an AKS erkrankt ist, bedeutet das, dass er nicht von der Mutter gestillt werden kann. Für ihn kommen daher ausschließlich synthetische Produkte oder (in späteren Jahren) an Leucin, Isoleucin und Valin arme Lebensmittel für die Ernährung infrage. Nur so kann gewährleistet werden, dass die Patienten keine zu hohen Konzentrationen der drei Aminosäuren aufnehmen. Für die weitere Ernährung der Betroffenen ist zu vermuten, dass die Erkrankten die Diät ihr Leben lang einhalten müssen.

Leistungskurs Biologie (NRW) – Abitur-Prüfung 2013
Aufgabe 3: Ökologie

Aufgabenstellung: Punkte

Thema: Ökologie der Kannenpflanzen

III.1 Skizzieren Sie den Stickstoffkreislauf für ein Ökosystem, nennen Sie die bei Kannenpflanzen zur Sicherstellung der Stickstoffversorgung auftretenden Besonderheiten (Material A) und erklären Sie die Funktion der in der Kannenflüssigkeit nachgewiesenen Enzyme für die Pflanze. 18

III.2 Werten Sie die Untersuchung zum Zusammenleben von *Nepenthes rajah*, Spitzhörnchen *(Tupaia montana)* und Gipfelratte *(Rattus baluensis)* aus (Material B) und interpretieren Sie die Beziehungen aus ökologischer Sicht. 14

III.3 Erläutern Sie die Besonderheiten der Lebensgemeinschaft der Kannenpflanze *Nepenthes bicalcarata* und der Ameisenart *Camponotus schmitzi* (Material C). Werten Sie in diesem Kontext die Experimente A und B zur Wechselbeziehung zwischen *Camponotus schmitzi* und *Nepenthes bicalcarata* aus (Material D). 24

III.4 Stellen Sie, ausgehend von der in Material A dargestellten Form der Lebensweise von Kannenpflanzen, eine Hypothese zur evolutiven Entstehung der in den Materialien B bis D vorgestellten Lebensgemeinschaften auf und erläutern Sie Ihre Hypothese an vier Merkmalen. Bewerten Sie zusammenfassend die Entwicklungsschritte vor dem Hintergrund der speziellen Lebensraumbedingungen der Kannenpflanzen (Material A). 10

Material A: Die Kannenpflanzen – karnivore Pflanzen

Karnivore Pflanzen ergänzen ihre Mineralstoffaufnahme durch das Fangen von Tieren. Dies stellt eine wichtige Quelle für Stickstoffverbindungen insbesondere auf mineralstoffarmen Böden dar. Kannenpflanzen der Gattung *Nepenthes* verfügen über zu Kannen umgebildete Blätter, in denen sie ihre Beute fangen (Abbildung 1).

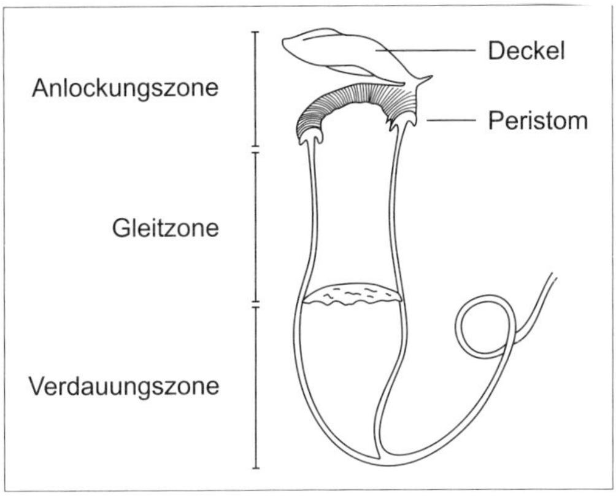

Abb. 1: Aufbau einer *Nepenthes*-Kanne *verändert nach: Rembold, K. (2006). Zur Ökologie der karnivoren Nepenthes madagascariensis. Diplomarbeit, Rheinische Friedrich-Wilhelms-Universität, Bonn*

Die *Nepenthes*-Arten sind im Normalfall nicht auf bestimmte Beutetiere spezialisiert und nutzen ein breites Spektrum an Arthropoden (= Gliederfüßer), wobei Ameisen mit bis zu 90 % den hauptsächlichen Teil ausmachen. Die potenziellen Beutetiere werden dabei durch spezielle Mechanismen angelockt: Der Kannenrand (Peristom) und der Deckel sind auffällig gefärbt, oft sondern am Kannenrand befindliche Drüsen Nektar ab. Die innere Kannenwand ist bei vielen *Nepenthes*-Arten mit sehr glatten Wachskristallen ausgekleidet. In der Flüssigkeit im unteren Teil der Kanne befinden sich neben Stoffen, die die Oberflächenspannung der wässrigen Lösung herabsetzen, auch zahlreiche Enzyme: Peptidasen, die Peptidbindungen aufbrechen, Ribonukleasen, die Nukleinsäuren zerlegen, sowie Chitinasen, die das chitinhaltige Außenskelett von Insekten und anderen Gliederfüßern auflösen.

Material B: *Nepenthes rajah* und ihre Besucher

Die asiatische Kannenpflanze *Nepenthes rajah* kommt ausschließlich im Hochland von Nord-Borneo vor (1 800 – 2 600 m über dem Meeresspiegel). In diesen Lagen sind Ameisen und andere Insekten selten. *Nepenthes rajah* hat an der Deckelunterseite ihrer sehr großen Kannen Drüsen, die ein weißes Sekret absondern. Diese kohlenhydratreiche Substanz wird täglich von Spitzhörnchen *(Tupaia montana)* und Gipfelratte *(Rattus baluensis)* gefressen. Während die Tiere das süße Sekret aufnehmen, geben sie häufig Kotbällchen gezielt in die Kanne ab. Man hat gefunden, dass Spitzhörnchen etwa 72 % ihrer Kotbällchen direkt in die Kannen abgeben und nur 28 % außerhalb. Bei der Gipfelratte ist dieses Verhältnis mit 84 % zu 16 % noch deutlicher ausgeprägt.

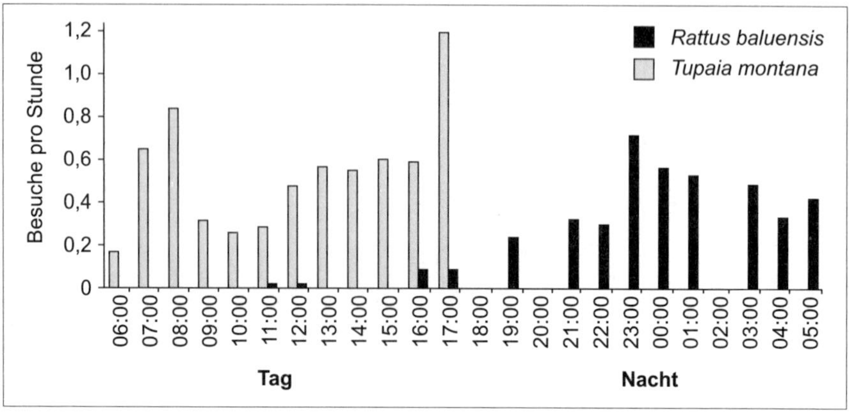

Abb. 2: Besuche von Kleinsäugern an einer *Nepenthes-rajah*-Pflanze über 24 Stunden
verändert nach: Greenwood, M., Clarke, C., Lee, C. C., Gunsalam, A., Clarke, R. H. (2011). A unique resource mutualism between the giant bornean pitcher plant, Nepenthes rajah, and members of a small mammal community. Public Library of Science ONE 6(6): e21114. doi:10.1371/journal.pone.0021114

Material C: Die karnivore Ameisenpflanze *Nepenthes bicalcarata*

Nepenthes bicalcarata ist im Tiefland von Nordwest-Borneo die vorherrschende *Nepenthes*-Art. Auffällig ist, dass sich an der Innenseite ihrer Kannen keine Wachskristalle befinden. Die Verdauungsflüssigkeit ist weniger sauer als bei anderen Arten und enthält eine geringere Konzentration an Verdauungsenzymen.
Die Ameisenart *Camponotus schmitzi* lebt ausschließlich auf *Nepenthes bicalcarata.* Sie nistet in Hohlräumen der Pflanze, und im Gegensatz zu anderen Ameisenarten ist sie in der Lage, auf allen Teilen der Kannen mühelos umherzulaufen, ohne abzurutschen. Diese Ameisen decken ihren Kohlenhydratbedarf zum Teil an den zahlreichen Nektardrüsen von *Nepenthes bicalcarata.*
Ferner besitzt *Camponotus schmitzi* die außergewöhnliche Fähigkeit, in der Kannenflüssigkeit Futter zu sammeln: Die Ameisen tauchen zu allen Teilen der Kanne. Sobald sie auf ein Beutestück treffen, packen sie es und ziehen es aus der Flüssigkeit. Die Ameisen holen ausschließlich große Beutestücke aus der Flüssigkeit. Dies geschieht je nach Umfang (Größe) des Beutestücks unter Beteiligung mehrerer Ameisen. Unter dem Rand des Peristoms wird es zerlegt und verspeist. Die Überreste sowie Fäkalien lassen sie in die Kanne fallen.
Es ist beobachtet worden, wie *Camponotus schmitzi* verhindert, dass andere Besucher wieder aus der Kanne flüchten. So greift sie aus dem Schutz des Peristoms die potenzielle Beute an und stößt die Insekten in die Verdauungsflüssigkeit.

Material D: Experimentelle Untersuchungen zur Wechselbeziehung zwischen *Camponotus schmitzi* und *Nepenthes bicalcarata*

Tabelle 1: Experiment A: Lauffähigkeit verschiedener Ameisenarten auf einer vertikalen, flüssigkeitsbenetzten Glasoberfläche während einer Beobachtungszeit von 120 Sekunden (s)

Ameisenart	Anzahl der Ameisen	durchschnittliches Gewicht einer Ameise	erfolgreiche Ameisen	Zeit bis zum Erreichen des Randes	nicht erfolgreiche Ameisen
Crematogaster inflata	12	2,01 mg	10	15,0 s	2
Camponotus schmitzi	10	4,17 mg	10	0,7 s	0
Camponotus spec.	16	8,36 mg	1	16,3 s	15
Oecophylla smaragdina	10	9,25 mg	1	11,0 s	9
Polyrhachis hector	10	32,6 mg	0	–	10

verändert nach: Bohn, H. F. (2007). Biomechanik von Insekten-Pflanzen-Interaktionen bei Nepenthes-Kannenpflanzen. Dissertation, Bayerische Julius-Maximilians-Universität, Würzburg (http://opus.bibliothek.uni-wuerzburg.de/volltexte/2008/2610/pdf/Dissertation_Bohn_HF.pdf)

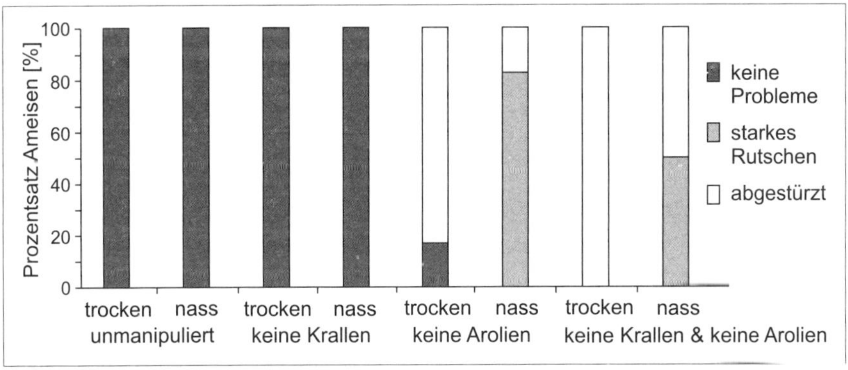

Abb. 3: Experiment B: Lauffähigkeit von Ameisen der Art *Camponotus schmitzi* auf dem Peristom einer lebenden *Nepenthes-bicalcarata*-Kanne. Die Tarsen („Zehenglieder" der Beine) wurden auf unterschiedliche Weise manipuliert, z. B. durch Entfernung der Krallen oder der als Arolien bezeichneten Haftpolster. Die Lauffähigkeit wurde auf trockenem und nassem Peristom untersucht.
aus: Bohn, H. F. (2007). Biomechanik von Insekten-Pflanzen-Interaktionen bei Nepenthes-Kannenpflanzen. Dissertation, Bayerische Julius-Maximilians-Universität, Würzburg

weitere Materialgrundlage:

Bonhomme, V., Gounand, I., Alaux, C., Jousselin, E., Barthélémy, D., Gaume, L. (2011). The plant-ant Camponotus schmitzi helps its carnivorous host-plant Nepenthes bicalcarata to catch its prey. Journal of tropical ecology 27 (1), 15–16 (24)

Lösungsvorschlag

In der Aufgabe thematisierte Unterrichtsinhalte sind:
Stickstoffkreislauf, interspezifische Konkurrenz, Angepasstheit an Lebensräume, ökologische Nische, Symbiose, Mutualismus, Koevolution, Fitness, Evolutionsfaktoren, Koadaption

III.1 *Der erste Teil der Aufgabenstellung hat rein reproduktiven Charakter. Er ermöglicht es Ihnen, durch die Wiedergabe Ihres Wissens auf leichte Art und Weise viele Punkte zu erwerben. Hierbei ist nicht vorgeschrieben, wie Sie die Darstellung gestalten sollen – ob in Form einer Zeichnung oder in einem ausformulierten Text. Im Folgenden sind beide Varianten dargestellt.*

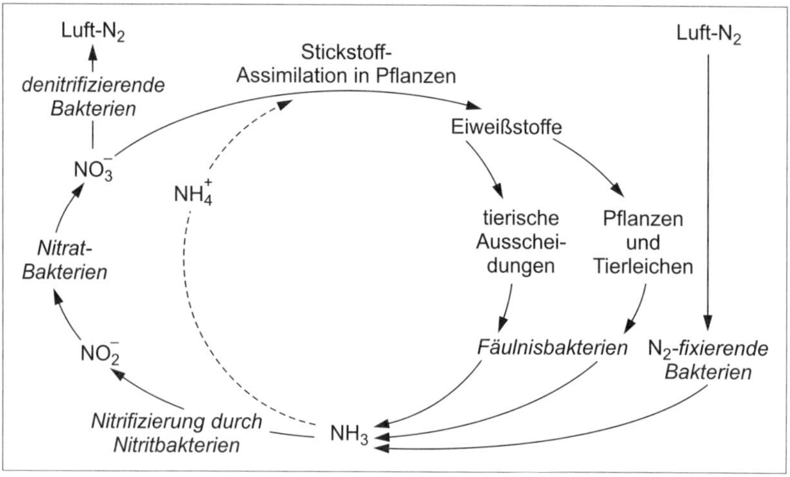

Stickstoff (N_2) ist eine der chemischen Substanzen, die im Leben von pflanzlichen und tierischen Organismen eine wichtige Rolle bei diversen Stoffwechselprozessen spielt. Nicht nur die Erbsubstanzen – DNA und RNA – enthalten Stickstoff in ihren organischen Basen, vor allem Proteine, d.h. pflanzliches und tierisches Eiweiß, sind aus stickstoffhaltigen Aminosäuren aufgebaut. Obwohl gasförmiger Stickstoff (N_2) mit fast 80 % den Hauptbestandteil der Erdatmosphäre ausmacht, kann er von den Produzenten nicht direkt zur Assimilation und für ihre Stoffproduktion genutzt werden. Grüne Pflanzen benötigen spezielle Stickstoffverbindungen, die sie bei der Wasseraufnahme über die Wurzeln in gelöstem Zustand aus dem Boden mit aufnehmen. Zur Verfügung gestellt wird den Pflanzen der Stickstoff aus der Luft durch Stickstoff-fixierende Bakterien. Sie reduzieren den Luftstickstoff zu Ammoniak (NH_3) und Ammonium (NH_4^+), der protonierten Form des Ammoniaks in wässriger Umgebung. Bei der stufenweisen Reduktion des Luftstickstoffs ist Ammoniak das erste greifbare Produkt. In wässriger Umgebung liegt es als NH_4^+ vor. Zwei Formen nitrifizierender Bakterien oxidieren NH_3 / NH_4^+ zu Nitrit NO_2^- (Nitritbakterien) und Nitrit zu Nitrat NO_3^- (Nitratbakterien). Der Boden kann aber auch Stickstoff wieder verlieren, weil denitrifizierende Bakterien Nitrat wieder zu gasförmigem N_2 reduzieren und an die Atmosphäre abgeben. Damit kann der Ein- und Umbau von Stickstoff als ein Stoffkreislauf angesehen werden. Der vornehmlich in den Eiweißstoffen von Pflanzen und Tieren gespeicherte Stickstoff kann dadurch dem Stickstoffkreislauf erneut zugeführt werden, dass Fäulnisbakterien (Destruenten) Tier- und Pflanzenleichen im Boden wieder in ihre anorganischen Bestandteile zersetzen. Dafür sind desaminierende Bakterien verantwortlich, die durch Ammonifikation verwesende Biomasse zu Ammoniak mineralisieren. Auch tierische Ausscheidungsprodukte (der Ammoniak der Fische, die Harnsäure ($C_5H_4N_4O_3$) der Vögel und der Harnstoff [$CO(NH_2)_2$] der Säuger) werden so abgebaut.

Zur Sicherung einer ausreichenden Versorgung mit Stickstoff auf mineralstoffarmen Böden weisen Kannenpflanzen einige Besonderheiten im Bauplan auf, die dazu dienen, Gliederfüßer (Arthropoden) anzulocken und zu fangen. Ihre Blätter sind dafür zu Kannen umgebildet, die aus mehreren funktionstragenden Abschnitten bestehen (Abb. 1). Der Kannenrand, das Peristom, ist in seinem oberen Bereich, der Anlockungszone, auffällig gefärbt. Gleiches gilt für den Deckel, der auch das Kanneninnere vor Regen schützt. Am Kannenrand befinden sich als Lockmittel oft spezifische Nektardrüsen. Die innere Kannenwand ist als Gleitzone mit sehr glatten Wachskristallen ausgekleidet, die es den angelockten Gliederfüßern erschwert, sich zu halten. Von dort fallen die Beutetiere schließlich in die Verdauungszone, einen Bereich mit einer enzymhaltigen Flüssigkeit. Durch Stoffe, die die Oberflächenspannung der wässrigen Lösung in der Kannenflüssigkeit herabsetzen, wird verhindert, dass sich einzelne kleinere Opfer an der Oberfläche halten können.
In der Kannenflüssigkeit ertrunkene Tiere werden mithilfe spezifischer Enzyme (Chitinasen, Peptidasen und Ribonukleasen) in der Verdauungszone zerlegt. Gliederfüßer sind von einem Exoskelett aus Chitin umgeben, das ihr Inneres schützt. Chitinasen können diesen Panzer „knacken" und damit das Innere der Tiere für die anderen Enzyme zugänglich machen. Da Chitin ein stickstoffhaltiges Polysaccharid ist, kann bereits das Zerlegen dieser Substanz der Kannenpflanze eine Stickstoffquelle erschließen. Effektiver bewerkstelligen dies aber Peptidasen und Ribonukleasen, indem sie den Aufschluss einzelner Bestandteile der Beutetiere als verwertbare Bausteine für die karnivore Pflanze katalysieren. Sowohl zerlegte Peptide als auch abgebaute Nukleinsäuren liefern – als stickstoffhaltige Metabolite – der Kannenpflanze eben jene Stickstoffverbindungen, die in ihrem Lebensraum meist selten sind. Mit einzelnen Phosphorsäureverbindungen erschließen sich die Kannenpflanzen bei der Zerlegung der Nukleinsäuren darüber hinaus noch weitere Stoffe, die sie essenziell benötigen.

III.2 *Bei der Auswertung von Abb. 2 müssen Sie nicht unbedingt mit exakten Zahlenwerten operieren. Eine tendenzielle Darstellung der Messergebnisse genügt für eine hinreichende Bearbeitung der Aufgabe.*

Bei *Nepenthes rajah* handelt es sich um einen Vertreter der Kannenpflanzen, der im Hochland von Nord-Borneo endemisch ist, und in einer Symbiose mit zwei Kleinsäugerarten lebt. Spitzhörnchen der Art *Tupaia montana* und Vertreter der Gipfelratte *Rattus baluensis* besuchen die Kannenpflanze und fressen ein kohlenhydratreiches, süßes, weißliches Sekret, das an ihrer Deckelunterseite in spezifischen Drüsen produziert wird. Bei ihren täglichen Besuchen setzen die Kleinsäuger – oftmals gezielt – Kotballen ab, die in die Kanne von *N. rajah* fallen. In der Abb. 2 (Material B) sind die Besuche der Tiere protokolliert. Eine Auswertung der Daten zeigt, dass die Spitzhörnchen die Pflanze tagsüber besuchen, wohingegen Gipfelratten ihre Besuche hauptsächlich in den Abend- und Nachtstunden absolvieren. Die Vertreter von *T. montana* suchen die Kannenpflanze kontinuierlich zwischen 6 Uhr am Morgen und 17 Uhr am Nachmittag auf. Eine erhöhte Besuchsfrequenz ist um 7, 8 und 17 Uhr zu beobachten. In der übrigen Zeit des Tages wird *N. rajah* von der Gipfelratte aufgesucht, allerdings kommen auch einzelne Besuche um die Mittagszeit (11 und 12 Uhr) sowie am Nachmittag zwischen 16 und 17 Uhr vor. *R. baluensis* besucht die Kannenpflanze aber insgesamt seltener als die Spitzhörnchen. Um 18, 20 und 2 Uhr konnten keine Tiere auf der Pflanze angetroffen werden.
Das Verhalten der Kleinsäuger und ihre Interaktion mit der Kannenpflanze lassen sich folgendermaßen interpretieren: Da Spitzhörnchen und Gipfelratte die Pflanze als Nahrungsquelle nutzen, stehen beide in einer interspezifischen Konkurrenz zueinander. Diese Konkurrenz um das kohlenhydratreiche Sekret wird aber weitgehend vermieden, da *T. montana* und *R. baluensis* unterschiedliche Aktivitätsrhythmen zeigen. Während die Spitzhörnchen tagaktiv sind, besuchen die Gipfelratten ihre Nahrungsressource vornehmlich nachts – wenn man von einer Überschneidung zwischen 16 und 17 Uhr absieht. Auf diese Weise können beide Arten nicht nur unterschiedliche ökologische Nischen nutzen, sondern auch im gleichen Biotop koexistieren. So profitieren beide Kleinsäuger von der Kannenpflanze, aber auch *N. rajah* zieht Nutzen aus der Gemeinschaft mit den beiden Tierarten. Während Gipfelratte und Spitzhörnchen kohlenhydratreiche Nahrung erhalten, bekommt die Kannenpflanze die Fäkalien ihrer tierischen Besucher. Diese Ausscheidungen kann sie zersetzen und daraus wichtige Mineralstoffe gewinnen – und dies nicht nur tagsüber (Spitzhörnchen), sondern auch bei Nacht (Gipfelratte). Damit liegt eine doppelte Symbiose, bzw. ein doppelter Mutualismus vor. Es existiert nicht nur die interspezifische Beziehung der Kannenpflanzen mit den Spitzhörnchen, sondern eine weitere zwischenartliche Beziehung zwischen den Kannenpflanzen und den Gipfelratten. Beide ziehen jeweils Vorteile aus diesen Lebensgemeinschaften zum gegenseitigen Nutzen.

III.3 *Gehen Sie bei der Untersuchung der Experimentergebnisse bitte unbedingt systematisch vor: Was wurde wie untersucht? Welche Ergebnisse wurden erzielt? Wie sind sie zu deuten? Nur so behalten Sie den Überblick, verzetteln sich nicht und erhalten auch die volle Punktzahl. Auffälligkeiten bei den Versuchsergebnissen, die vielleicht nicht ganz „ins Bild passen", sollten Sie als Versuchskritik anmerken.*

Die Kannenpflanze *Nepenthes bicalcarata* und die Ameisenart *Camponotus schmitzi* gehen eine Lebensgemeinschaft zum Vorteil beider Spezies ein, die man als **Symbiose** oder auch **Mutualismus** bezeichnen kann. *C. schmitzi* erhält von der Kannenpflanze zum einen Schutz und einen angemessenen Nistraum in den Hohlräumen der Pflanze. Zum anderen können die Ameisen kohlenhydratreiche Nahrung direkt aus den Nektardrüsen von *N. bicalcarata* gewinnen. Da die Kannenpflanze Arthropoden anlockt und fängt, kann *C. schmitzi* auch auf die erbeuteten Gliederfüßer, vornehmlich andere Ameisenarten, als Nahrung zugreifen. Mehrere Exemplare von *C. schmitzi* fischen zusammen in der Kannenflüssigkeit nach großen Beutestücken, die sie dann gemeinsam unter dem Peristomrand zerlegen und verspeisen. Davon profitiert wiederum die Kannenpflanze, da Überreste, die bei diesem Mahl abfallen, in die Verdauungszone hinab gelangen. Gleiches gilt für die Fäkalien von *C. schmitzi*, die von den Enzymen in der Kannenflüssigkeit aufgeschlossen werden und so als Mineralstoffquelle für *N. bicalcarata* dienen können. Die Ameisen unterstützen ihren Symbiosepartner auch aktiv, indem sie beim Beutefang mithelfen. Beobachtungen haben gezeigt, dass *C. schmitzi* andere Besucher an der Flucht aus der Kanne hindert. Durch einen Angriff „aus dem Hinterhalt des Peristoms" stoßen die Ameisen potenzielle Beuteorganismen in die Verdauungsflüssigkeit der Kannenpflanze. Auch in Bezug auf ihren Energiehaushalt gewinnt die Kannenpflanze durch die permanente Anwesenheit der Ameisen. Zwar muss *N. bicalcarata* Nektar für ihre „Untermieter" produzieren, kann aber gleichzeitig auch energetische Kosten einsparen. Zum einen ist die Auskleidung der Gleitzone mit Wachskristallen nicht notwendig, da fliehende Beutetiere von den Ameisen zurückgestoßen werden. Zum anderen muss keine so große Menge an Verdauungsenzymen produziert werden, da immer nur kleine Beuteorganismen, Überreste der Ameisenmahlzeit und Fäkalien von *C. schmitzi* zersetzt werden müssen.

Um sich auf „schlüpfrigem Terrain" ungehindert bewegen zu können, müssen gewisse anatomische Voraussetzungen gegeben sein, wie z. B. ein bestimmtes Gewicht der kletternden Ameise. In einem Experiment wurde die Lauffähigkeit und Geschwindigkeit verschiedener Ameisenarten, deren Gewicht zwischen 2 und 33 mg lag, auf einer vertikalen, flüssigkeitsbenetzten Glasoberfläche untersucht. *C. schmitzi* war dabei mit 4,17 mg die zweitleichteste Ameise. Von fünf getesteten Ameisenarten gelang es nur den beiden leichtesten Spezies (12 von 12 Tieren bei *C. schmitzi* und 10 von 12 Tieren bei *Crematogaster inflata*), die Glaswand zu erklimmen. Die Vertreter der schwereren Ameisenarten waren kaum bis gar nicht erfolgreich. Nur je ein Vertreter von insgesamt 16 bzw.

10 Tieren erreichte bei *Camponotus spec.* bzw. *Oecophylla smaragdina* nach über 16 bzw. 11 Sekunden den oberen Glasrand. Kein Vertreter des „Schwergewichts" *Polyrhachis hector* (32,6 mg) konnte die Aufgabe bewältigen. Interessant ist in diesem Zusammenhang, dass eine mit über 8 mg relativ schwere Ameise der Art *C. spec.* fast genauso schnell war wie der leichteste Vertreter *C. inflata* mit ca. 2 mg. Vielleicht muss dies aber auch als eine Ausnahme angesehen werden, da alle übrigen Tiere von *C. spec.* nicht erfolgreich waren. Obwohl *C. schmitzi* nicht die leichteste der getesteten Ameisenarten war, konnte sie in kürzester Zeit (0,7 s) an der Glaswand emporklettern. Der zweitschnellste Vertreter (*O. smaragdina)* benötigte für die gleiche Strecke 11 Sekunden, allerdings bei mehr als doppeltem Gewicht. Die schnellste Ameise der ebenfalls erfolgreichen Art *C. inflata* benötigte 15 Sekunden.

Die Versuchsergebnisse zeigen damit zwar deutlich, dass ein geringes Körpergewicht eine entscheidende Anpassung für das Leben auf der Kannenpflanze darstellt. Anscheinend ist das Gewicht alleine aber nicht dafür verantwortlich, dass *C. schmitzi* so gut an das Leben auf *N. bicalcarata* angepasst ist. Dies zeigt sich daran, dass Vertreter der leichtesten Ameisenspezies *C. inflata* im Versuch zwar ebenfalls größtenteils erfolgreich waren, jedoch mindestens 20-mal so lange für ihre Kletterleistung benötigten. Es müssen bei *C. schmitzi* demnach weitere Anpassungen hinzukommen.

Um auf der Kannenpflanze überleben zu können, muss sich *C. schmitzi* ungehindert auf dessen Peristom bewegen können. Die anatomischen Ursachen für diese spezielle Anpassung an das Leben auf *N. bicalcarata* wurden in einem Experiment auf trockenem und nassem Peristom genauer untersucht. In mehreren Versuchsreihen testeten Wissenschaftler sowohl nicht manipulierte Ameisen – die Kontrollgruppe – als auch solche Ameisen, deren Krallen und/oder Haftpolster entfernt worden waren, im Laufverhalten auf einer *N.-bicalcarata*-Kanne. Wie zu erwarten war, konnten sich die nicht manipulierten Exemplare von *C. schmitzi* problemlos unter beiden Bedingungen auf dem Peristom halten. Auch die Gruppe der Versuchstiere, deren Krallen entfernt worden waren, hatte auf dem nassen wie auf dem trockenen Peristom, was die Lauffähigkeit betraf, keine Probleme. Letztere traten erst bei denjenigen Ameisen auf, deren Haftpolster, die Ariolen, entfernt worden waren. Hier stürzten auf dem trockenen Peristom ca. 83 % der Tiere ab und nur etwa 17 % der Tiere hatten keine Schwierigkeiten. War das Peristom nass, kamen etwa 83 % der manipulierten Exemplare von *C. schmitzi* stark ins Rutschen und ca. 17 % stürzten in die Kanne ab. Waren den Tieren sowohl Krallen als auch Haftpolster entfernt worden, so stürzten auf dem trockenen Peristom sämtliche Tiere ab. Im nassen Peristom-Zustand stürzten 50 % der getesteten Ameisen ab, die übrigen Tiere rutschten stark auf dem Peristom der *N. bicalcarata*-Kanne.

Die Versuchsergebnisse lassen folgende Deutung zu: Werden den Ameisen die Arolien entfernt, stellt dies eine starke Beeinträchtigung ihrer Lauffähigkeit sowohl auf dem nassen als auch dem trockenen Peristom dar. Im Gegensatz zu den Haftpolstern sind die Krallen der Tiere anscheinend keine notwendigen Voraussetzungen, um auf dem Peristom ungehindert laufen zu können. Wurden

den Vertretern von *C. schmitzi* sowohl die Krallen als auch die Haftpolster entfernt, kam es zu einer verstärkten Laufunsicherheit bei den Tieren. Alle Ameisen stürzten auf einem trockenen Kannenrand ab. War dieser nass, waren es immerhin noch 50 %.

Diese Deutung der Versuchsergebnisse zeigt, dass die Arolien für die Ameisen die entscheidende Anpassung in der Lebensgemeinschaft mit *N. bicalcarata* darstellen, um auf und mit der Kannenpflanze zu leben. Auch den Krallen kommt eine Bedeutung zu. Sie können, sollten die Haftpolster fehlen oder beschädigt sein, einen Teil der Haftwirkung kompensieren und den Ameisen ein problemloses Laufen auf dem Peristom ermöglichen.

III.4 *Um die geforderte Hypothese aufzustellen, sollten Sie stets mit den Fakten argumentieren, die im Arbeitsmaterial genannt sind. Stellen Sie diese zueinander in eine logische Beziehung.*

Eine derart spezielle Lebensgemeinschaft, wie sie zum einen im Zusammenleben von *Tupaia montana* bzw. *Rattus baluensis* mit *Nepenthes rajah* und zum anderen von *Nepenthes bicalcarata* und *Camponotus schmitzi* zu beobachten ist, kann nur auf dem Wege einer **Koevolution** zustande gekommen sein. Nur eine wechselseitige Anpassung der interagierenden Partner kann dafür sorgen, dass jeweils beide Organismenpaare ihre Existenz und Fortpflanzung sichern und vervollkommnen können. Dabei spielt eine wesentliche Triebkraft der Evolution, die **Mutation**, die entscheidende Rolle. Spontane Veränderungen im genetischen Material können ihren Trägern einen Selektionsvorteil bieten, wenn die daraus resultierenden Anpassungen vorteilhaft im Zusammenleben von Säuger bzw. Ameise und Kannenpflanze sind. Damit erhöht sich die **Fitness** der Mutationsträger. Ist dies der Fall, werden sich die betroffenen Allele in den folgenden Generationen im Genpool der jeweiligen Art anreichern. Da dies auf beide Partner in der Lebensgemeinschaft zutrifft, müssen die Anpassungen wechselseitig verzahnt werden, d. h., der Anpassungsprozess läuft parallel ab (Koadaption). Dies zeigt sich am Beispiel von Ameise und Kannenpflanze im Stoffwechsel, in der Morphologie und dem Verhalten der beiden Symbiosepartner. Der Stoffwechsel von *N. bicalcarata* produziert nur geringe Mengen an Verdauungsenzymen, die in die Kannenflüssigkeit abgegeben werden. Die Morphologie von *C. schmitzi* ist darauf ausgelegt, diesen Verdauungsenzymen zu trotzen, was ihr einen Aufenthalt in der Verdauungszone der Kannenpflanze ermöglicht: Die Ameise kann in der Verdauungsflüssigkeit nach Beutetieren tauchen – eine Verhaltensweise, die sich sowohl für sie (Erlangen von Nahrung) und die Kannenpflanze (Erhalt kleinerer Nahrungsüberreste) als vorteilhaft erweist. Von einem weiteren Verhalten der Ameise profitiert auch *N. bicalcarata*. *C. schmitzi* befördert Gliedertiere vom Peristom in die Verdauungszone, die die Pflanze ansonsten vielleicht wieder verlassen hätten. Deswegen braucht die Kannenpflanze auch nicht in besondere Strukturen – wie den Aufbau von Wachskristallen – zu investieren. *C. schmitzi* ihrerseits hat morphologische Strukturen, die Arolien, ausgebildet und erlangt dadurch eine bessere Haft- und

Lauffähigkeit in der Anlockungszone der karnivoren Pflanze. In den beiden Lebensgemeinschaften Kannenpflanze/Spitzhörnchen und Kannenpflanze/Gipfelratte ist das spezielle Absetzen der Fäkalien bei den Kleinsäugern eine Verhaltensweise, die sich für die Kannenpflanze als äußerst vorteilhaft erweist.

Mineralstoffarme Böden stellen für beide Kannenpflanzen-Arten spezielle Lebensraumbedingungen dar. Diese besondere Herausforderung, sich andere Quellen für Stickstoffverbindungen und Phosphat nutzbar zu machen, haben *N. rajah* und *N. bicalcarata* durch ihre jeweiligen dauerhaften Lebensgemeinschaften gut „gemeistert". Dies ist aber nur möglich, da der Stoffwechsel beider Kannenpflanzen-Arten für eine Produktion von kohlenhydratreichen Sekreten sorgt.

Wie die oben angesprochenen Entwicklungsschritte der Partner zeigen, konnte die karnivore Kannenpflanze durch das Zusammenleben mit der Ameisenart eine bessere Angepasstheit an ihren Lebensraum erzielen. Gleiches gilt für *N. rajah* und die mit und von ihr lebenden Kleinsäuger. Im Vergleich mit anderen Pflanzen in ihren Habitaten kann man vermuten, dass sowohl *N. rajah* als auch *N. bicalcarata* durch die von ihnen jeweils eingegangenen Symbiosen deutlich konkurrenzstärker sind.

Leistungskurs Biologie (NRW) – Abitur-Prüfung 2014
Aufgabe 1: Evolution

Aufgabenstellung: Punkte

Thema: Evolution der Fledermäuse

I.1 Nennen Sie die in Abbildung 1 sichtbaren anatomischen Angepasstheiten im Hinblick auf die Flugfähigkeit bei Fledermäusen und vergleichen Sie in diesem Kontext die Merkmale der dargestellten Flügel (Material A). 8

I.2 Erklären Sie ausgehend von der Definition der ökologischen Nische das Zustandekommen der Artenvielfalt der Fledermäuse (Material B). Werten Sie die in Abbildung 3 dargestellte Untersuchung aus und erläutern Sie in diesem Zusammenhang den evolutiven Vorteil der Echoortung. 22

I.3 Fassen Sie die Ergebnisse des in Material C dargestellten Experiments zusammen und interpretieren Sie sie im Hinblick auf die spezifischen Angepasstheiten der Motte *Cycnia tenera*. 14

I.4 Skizzieren Sie mithilfe von Kurvendiagrammen die Ihnen bekannten möglichen Wirkungen der Selektion auf die Merkmalsverteilung innerhalb einer Population.
Deuten Sie auf dieser Basis die Beobachtungen zum speziellen Echoortungsverhalten einiger Fledermausarten (Material C). Beurteilen Sie umfassend, inwiefern es sich bei der Evolution von Fledermäusen und Motten um ein evolutionäres Wettrüsten handelt (Material C). 22

Material A: Anatomie der Fledermäuse

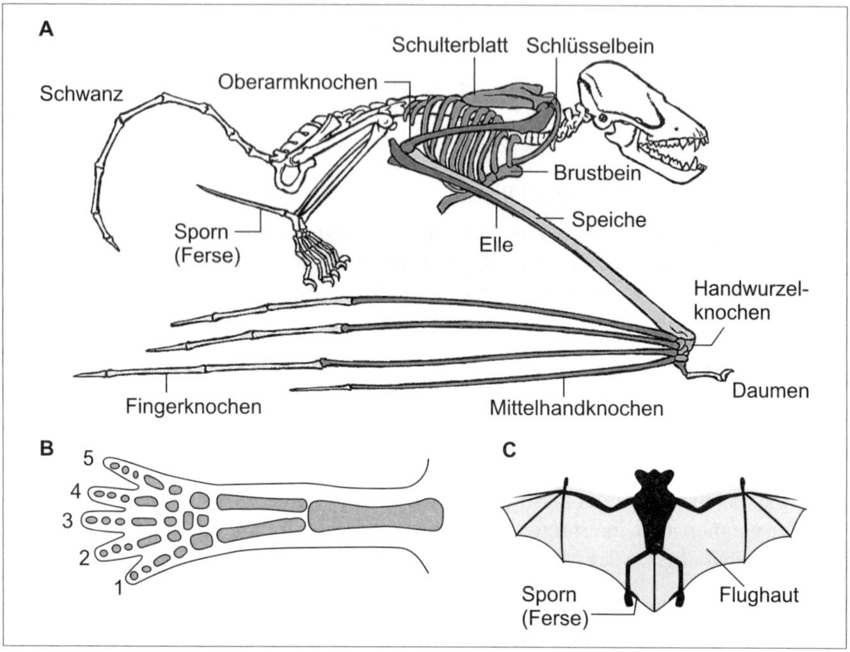

Abb. 1: Skelett einer Fledermaus (A), fünfstrahlige Grundextremität der Wirbeltiere (B), Flügelform einer Fledermaus (C)
Abb. 1 A verändert nach: patriciawynne.com
Abb. 1 B: Darstellung nach: Vogel & Angermann (1974), S. 120
Abb. 1 C: Darstellung nach: Habersetzer et al. (2008), S. 252

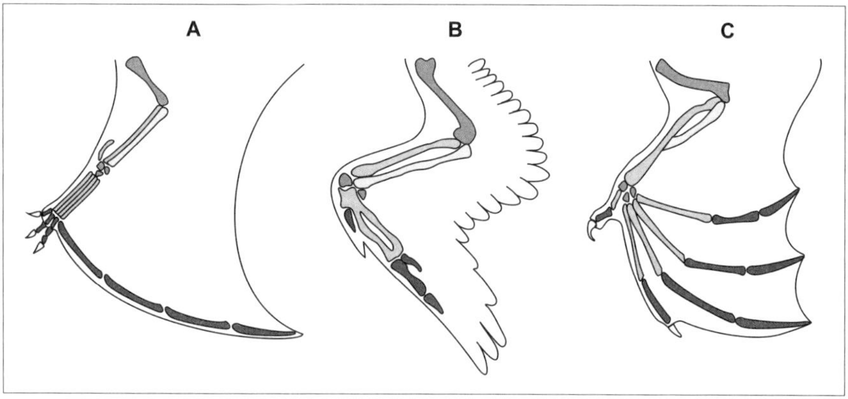

Abb. 2: Flügelaufbau von Flugsaurier (A), Vogel (B), Fledermaus (C)
verändert nach: Vogel & Angermann (1974), S. 474

Material B: Ökologie der Fledermäuse

Fledermäuse gehören mit ihren Verwandten, den Flughunden, zur Ordnung der Fledertiere *(Chiroptera)*. Die Fledertiere sind die einzigen Säugetiere, bei denen im Verlauf der Evolution die Fähigkeit des aktiven Fluges entstanden ist. Sie bilden eine sehr artenreiche Ordnung: Jede fünfte heute lebende Säugerart gehört dieser Gruppe an, sie sind – mit Ausnahme der Polargebiete – weltweit verbreitet.
Bei Fledermäusen hat sich die Fähigkeit zur Echoortung entwickelt, die ihnen zur Orientierung und zur Nahrungssuche dient: Dazu stoßen sie mit ihrem Kehlkopf Laute im Ultraschallbereich aus, die beim Auftreffen auf ein Hindernis oder ein Beutetier (z. B. ein fliegendes Insekt) zur Fledermaus zurückgeworfen werden. Das über die Ohren wahrgenommene Echo kann nun analysiert werden und verrät der Fledermaus u. a. die Lage von Hindernis oder Beutetier.
Über 85 % der heute lebenden Fledertierarten gehören zu den Fledermäusen, die im Gegensatz zu den Vögeln zumeist nachtaktiv sind. Die meisten Fledermausarten ernähren sich von Insekten, daneben finden sich auch einige Arten mit herbivorer (Früchte, Nektar, Pollen), carnivorer (Frösche, Fische) oder sanguivorer (Wirbeltierblut) Lebensweise.
Beim Kleinen Braunen Mausohr *(Myotis lucifugus)* hat man die im Flug erbeuteten und in seinem Kot nachweisbaren Insekten vermessen, in Größenklassen eingeteilt und mit der Häufigkeit von im Biotop insgesamt verfügbaren Insekten entsprechender Größenklassen verglichen (Abbildung 3).

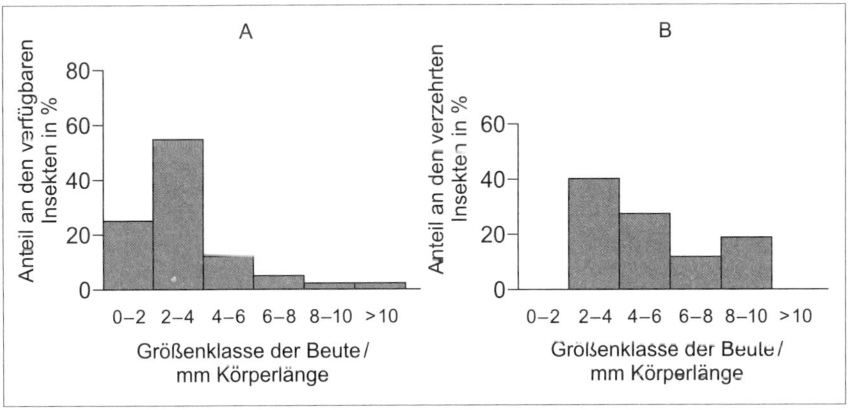

Abb. 3: Beutegröße des Kleinen Braunen Mausohres *(Myotis lucifugus)*
(**A** Anteil der Insekten einzelner Größenklassen an den insgesamt im Biotop verfügbaren Insekten,
B Anteil der Insekten einzelner Größenklassen an den verzehrten Insekten)
Darstellung nach: Altringham (2011), S. 84 und Anthony & Kunz (1977), S. 781

Material C: Evolution in Aktion

Motten schwirren ums Licht. Erzeugt man durch das Klirren eines Schlüsselbundes ein Geräusch, so fallen die Motten im scheinbar unkoordinierten Taumelflug herab. Untersucht man dieses Verhalten genauer, so sind nicht die für uns hörbaren Geräusche, sondern Ultraschalllaute im Bereich von 15–80 kHz entscheidend, die beim Klirren des Schlüsselbundes auch entstehen.
In Abhängigkeit von der Art der von Fledermäusen ausgestoßenen Laute verhalten sich Motten unterschiedlich: Auf relativ leise Ultraschalllaute reagieren sie mit einem Fluchtverhalten von der Schallquelle weg. Auf die intensiven Klicklaute, die eine Fledermaus kurz vor dem Zupacken ausstößt, reagieren die Motten mit dem Taumelflug, den man auch durch das Klirren des Schlüsselbundes hervorrufen kann.
Man hat auch Fledermausarten mit einem speziellen Echoortungsverhalten gefunden, die zur Beutesuche besonders hochfrequente Signale bis 212 kHz aussenden, andere verwenden besonders niedrige Frequenzen unter 15 kHz.
Die Mottenart *Cycnia tenera* signalisiert durch eine auffällige Färbung und die Abgabe chemischer Signalstoffe, dass sie keine wohlschmeckende Nahrung darstellt. Ferner ist diese Motte in der Lage, Klicklaute im Ultraschallbereich zu erzeugen.
Folgendes Experiment wurde mit der Fledermausart *Myotis septentrionalis* und der Motte *Cycnia tenera* durchgeführt:
Jeweils eine Fledermaus wurde mit einer Motte in einen verdunkelten Raum gebracht. In Ansatz A wurden *Cycnia tenera*-Exemplare ohne Modifikationen verwendet („intakt"), in Ansatz B wurden den Motten die der Geräuschproduktion dienenden Organe operativ entfernt („stumm"), in Ansatz C wurden zur Kontrolle Motten anderer Arten verwendet. Der Versuch wurde mit insgesamt 6 Fledermäusen und 60 Motten durchgeführt.

Tabelle 1: Anteil der Motten der jeweiligen Versuchsgruppe, die (1) keinen Kontakt zur Fledermaus hatten, (2) trotz Kontakts unverletzt blieben oder (3) in Folge des Kontakts getötet wurden

	Art des Kontaktes	Ansatz A: „intakte" *Cycnia tenera*	Ansatz B: „stumme" *Cycnia tenera*	Ansatz C: andere Motten
1	kein Kontakt	66,7 %	8,3 %	0 %
2	Kontakt, unverletzt	25,0 %	66,7 %	0 %
3	Kontakt, getötet	8,3 %	25,0 %	100 %

Ratcliffe & Fullard (2005), S. 4 693

weitere Materialgrundlage:

Altringham, J. D. (2011). Bats: from evolution to conservation. Oxford University Press, Oxford, 2. Auflage

Anthony, E. L. P. & Kunz, T. H. (1977). Feeding strategies of the little brown bat, Myotis lucifugus, in Southern New Hampshire. Ecology 58, S. 775–786

Habersetzer, J., Simmons, N. B., Seymour, K., Gunnell, G. F. & Schlosser-Sturm, E. (2008). Fledermäuse: Die Evolution des Fluges und der Echoortung. Biologie in unserer Zeit 4/08, S. 246–254

Miller, L. A. & Surlykke, A. (2001). How some insects detect and avoid being eaten by bats: tactics and countertactics of prey and predator. Bioscience 51, S. 570–581

Ratcliffe, J. M. & Fullard, J. H. (2005). The adaptive function of tiger moth clicks against echolocating bats: an experimental and synthetic approach. Journal of Experimental Biology 208, S. 4 689–4 698

Renk, C. (2012). Da wird das Kauen zum Donnergrollen. Badische Zeitung, 05. 04. 2012. www.badische-zeitung.de/suedwest-1/da-wird-das-kauen-zumdonnergrollen--57957150.html (Zugriff: 17. 11. 2013)

Simmons, N. B. (2009). Fledermäuse – wie sie fliegen und jagen lernten. Spektrum der Wissenschaft 9/09, S. 50–57

Vogel, G. & Angermann, H. (1974). dtv-Atlas zur Biologie: Tafeln und Texte (Band 1, 8. Aufl.; Band 2, 7. Aufl.). Deutscher Taschenbuch Verlag, München

Wehner, R. & Gehring, W. (2007). Zoologie. Georg Thieme Verlag, Stuttgart, 24. Auflage

Wilcken, S. & Kalko, E. K. V. (2004). Die Vielfalt neotropischer Fledermäuse. Biologie in unserer Zeit 4/04, S. 230–239

Lösungsvorschlag

In der Aufgabe thematisierte Unterrichtsinhalte sind:
Knochen-Homologie, Handskelett, ökologische Nische, adaptive Radiation, Selektion, Selektionstypen, inter- und intraspezifische Konkurrenz, Konkurrenzvermeidung, Feinddruck, Kosten-Nutzen-Bilanz, Merkmalsverteilung in Populationen, Räuber-Beute-Beziehung, Mutation, Rekombination, Koevolution, evolutives Wettrüsten

I.1 *Arbeiten Sie zunächst die anatomischen Merkmale systematisch und nacheinander ab. Sollten Sie beim Oberarmskelett des Sauriers nicht die korrekte Fingerzählung verwenden (der entscheidende Finger ist der fünfte), wird dies auch akzeptiert. Auf die Fingernummerierung beim Vogel brauchen Sie nicht einzugehen.*

In Abb. 1 sind das Skelett der Fledermaus (1 A), deren Flügelform (1 C) sowie ein Schema der fünfstrahligen Grundextremität der Wirbeltiere (1 B) dargestellt. Die anatomischen Angepasstheiten im Hinblick auf die Flugfähigkeit der Fledermäuse sind dabei gut zu erkennen. Das auffälligste Merkmal ist die Flughaut der Tiere (1 C). Aber auch das Skelett der Fledermaus weist entsprechende Anpassungen auf (1 A). Markant sind die Knochen der Mittelhand und der Finger, die eine deutliche Verlängerung aufweisen. Auch Elle und Speiche, die

Knochen des Unterarms, sind gestreckt. Hinzu kommen der lange Schwanz sowie an der Ferse ein langer Sporn.
Bei einem Vergleich der anatomischen Anpassungen an das Fliegen bei Fledermaus, Flugsaurier und Vogel (Abb. 2) fällt die sehr unterschiedliche Ausgestaltung der Vorderextremität auf. Allen drei Flügelformen ist jedoch gemeinsam, dass die Flughäute (2A, 2C) bzw. das Federkleid (2B) flächig aufgespannt werden können. Die Ausprägung und Anordnung der beteiligten Knochen unterscheiden sich aber deutlich. Vor allem der stark verlängerte Knochen des fünften Fingers – in Kombination mit den Knochen des Ober- und Unterarms – sorgt beim Flugsaurier dafür, dass die Flughaut flächig aufgespannt werden kann. Im Vergleich dazu sind die Fingerknochen beim Vogel enorm reduziert. An Ober- und Unterarmknochen sowie an den Knochen der Mittelhand und der Finger befinden sich die für das Fliegen entscheidenden Federn. Bei der Fledermaus ist ein anderes anatomisches Konzept für das Aufspannen der Flughaut verwirklicht. Entscheidend sind hier die deutlich verlängerten Knochen der Mittelhand – vor allem der Finger zwei bis fünf. Zusammen mit den ebenfalls gestreckten Knochen Elle und Speiche, des Schwanzes und der spornartig verlängerten Ferse tragen sie dazu bei, dass die Flughaut der Fledermäuse den gesamten Körper umspannen kann.

I.2 *Bei der Definition der „ökologischen Nische“ können Sie Zusatzpunkte erhalten, wenn Sie Ihre Definition möglichst treffend formulieren. Operieren Sie bei Abb. 3 mit konkreten Zahlenwerten (Einzeichnen von Hilfslinien). Gehen Sie bei der Frage nach dem evolutiven Vorteil der Echoortung von der Überlegung aus, was daran besonders ist und welche Möglichkeiten den Fledertieren dadurch eröffnet werden.*

Der Begriff der „ökologischen Nische“ bezeichnet die Stellung und Position, die eine Art in ihrer belebten wie unbelebten Umwelt innehat. Sie umfasst alle Einflüsse, die auf eine Art einwirken und auf die sie reagieren muss. Die ökologische Nische ist also kein Raum, der besetzt wird, sondern entspricht gleichsam dem „Beruf“ einer Lebensform in ihrem ökologischen Beziehungsgefüge.
20 % der heute lebenden Säugetierarten gehören zu den *Chiroptera*, die Artenvielfalt der Fledertiere ist also enorm. Nur sie haben unter den Säugetieren im Laufe ihrer Entwicklungsgeschichte die Fähigkeit des aktiven Fluges erworben. Da diese Tiere – mit Ausnahme der Polargebiete – weltweit verbreitet sind, müssen sie im Laufe der Evolution eine Vielzahl der unterschiedlichsten Lebensräume besiedelt haben, in die ihnen potenzielle Nahrungskonkurrenten nicht folgen konnten. Jede dieser ökologischen Nischen stellte unterschiedliche und anders geartete Umweltbedingungen an die Flugsäuger, in die sich die Tiere durch adaptive Radiation einnischen konnten.
Verantwortlich für die Artenvielfalt der Fledermäuse, die 85 % der heute lebenden *Chiroptera* ausmachen, sind weitere Selektionsvorteile. Hier ist zunächst die Echoortung der Tiere zu nennen, die sowohl der Orientierung als auch dem Nahrungserwerb dient. Des Weiteren ist das Nahrungsspektrum der einzelnen

Fledermausarten sehr unterschiedlich. Auf ihrem „Speiseplan" stehen Insekten (insektivore Lebensweise), aber auch Früchte, Nektar und Pollen (herbivore Lebensweise) sowie Frösche und Fische (carnivore Lebensweise). Selbst ektoparasitische Blutsauger (sanguivore Lebensweise) findet man unter den *Chiroptera*. Ein weiterer Selektionsvorteil besteht in ihrer nachtaktiven Lebensweise, die eine Konkurrenzvermeidung ermöglicht. Sie entgehen so (weitgehend) dem Wettbewerb mit den zumeist tagaktiven Vögeln.
In einer Studie gewann man Erkenntnisse über die Größe der Beutetiere, die das Kleine Braune Mausohr in seiner natürlichen Umgebung fängt (Abb. 3). Dabei gibt Abb. 3 A auf der Ordinate (y-Achse) den Anteil der im Biotop insgesamt verfügbaren Insekten an, Abb. 3B den Anteil an Insekten, der tatsächlich erbeutet und gefressen wurde. Die Abszisse (x-Achse) ist jeweils in sechs Größenklassen von Beuteinsekten unterteilt (Körperlänge in mm).
55 % der Insekten im Biotop von *Myotis lucifugus* sind etwa 2–4 mm lang, den zweitgrößten Anteil machen mit ca. 25 % Tiere aus, die kleiner als 2 mm sind. Insekten mit mehr als 4 mm Körperlänge kommen deutlich seltener vor, und ihr Anteil sinkt mit zunehmender Größe (4–6 mm: ca. 11 %; 6–8 mm: ca. 5 %). Über 10 mm große Insekten sind im Biotop nur zu 3 % vertreten.
Abb. 3B zeigt, dass *Myotis lucifugus* Insekten mit einer Körperlänge von 2–4 mm am häufigsten verzehrt. Sie machen 40 % seiner Beute aus, gefolgt von Exemplaren mit 4–6 mm (ca. 27 %) und 8–10 mm Länge (ca. 18 %). Mit einem Anteil von etwa 12 % wurde die Beutegruppe der 6–8 mm langen Insekten am seltensten gefressen.
Beim Vergleich beider Diagramme fällt auf, dass Insekten, die den größten Anteil im Biotop ausmachen (Größenklasse 2–4 mm), zwar auch am häufigsten erbeutet werden, aber gemessen an ihrem Vorkommen im Biotop im Beutespektrum der Fledermaus etwas unterrepräsentiert sind. Im Gegensatz dazu werden Insekten mit einer Körperlänge von 6–8 mm und insbesondere von 8–10 mm überdurchschnittlich häufig erbeutet. Insekten unter 2 mm fallen hingegen überhaupt nicht ins Beutespektrum, ebensowenig Tiere, die größer als 10 mm sind. Sehr kleine wie auch große Insekten werden also von *Myotis lucifugus* verschmäht.
Der evolutive Vorteil der Echoortung bei Fledermäusen ist offensichtlich. Die Ultraschallortung ermöglicht den Tieren die Orientierung und die Jagd bei Dunkelheit. Dabei verleiht sie den Fledermäusen die Fähigkeit, sowohl den Aufenthaltsort ihrer Beutetiere im Luftraum als auch deren Größe zu bestimmen – ein entsprechendes Auflösungsvermögen des Echoortungssystems vorausgesetzt. Damit werden potenzielle Beutetiere von solchen unterschieden, die nicht primär in das Beuteschema der jeweiligen Fledermausart passen, und die Fledermäuse können ihr Beutefangverhalten nach dem Prinzip der Kosten-Nutzen-Bilanz ausrichten. Dies bedeutet gleichzeitig, dass Fledermäuse durch ihr Verhalten interspezifische Konkurrenz vermeiden, sofern im gleichen Biotop verschiedene Arten unterschiedliche Insekten als Nahrung nutzen. Durch den selektiven Gebrauch der Nahrungsressourcen kann aber auch die intraspezifische Konkurrenz reduziert werden.

I.3 *Denken Sie daran, dass der erste Operator „zusammenfassen" (nicht „beschreiben") lautet. Ein einleitender Satz, der einen Überblick gibt, ist dennoch sinnvoll. Bei Ihrer Interpretation sollten Sie sich auch Gedanken zur auffälligen Färbung der Mottenart machen. Wenn Sie diesbezüglich eine plausible Hypothese formulieren können, bringt Ihnen das Zusatzpunkte.*

In Experimenten wurde die Überlebenswahrscheinlichkeit und das Verhalten von Motten der Art *Cycnia tenera* in Anwesenheit von Fledermäusen der Spezies *Myotis septentrionalis* untersucht. „Intakte", unbehandelte *Cycnia tenera*-Motten blieben in 2/3 aller Fälle ohne Kontakt mit der Fledermaus. Kam es zu einem Kontakt, so lagen die Chancen bei ca. 3:1, dass die Motten keinerlei Schaden nahmen. Nur 8,3 % aller Tiere wurden getötet. Das bedeutet, dass *Cycnia tenera*-Motten eine Kontaktaufnahme dreimal so häufig überlebten, als dass die Begegnung für sie tödlich endete.

Motten, deren Organe zur Lauterzeugung entfernt worden waren, konnten eine Begegnung mit den Fledermäusen nur in 8,3 % aller Fälle vermeiden. 66,7 % der „stummen" Tiere blieben trotz Kontakt mit ihrem potenziellen Fressfeind unverletzt, 25 % der behandelten Motten mussten ihr Leben lassen. Ähnlich wie im Versuch mit den „intakten" Motten wurden die Insekten also nur in ca. 1/4 der Fälle, in denen es zum Kontakt kam, getötet. Verwendete man als Versuchstiere hingegen Motten anderer Spezies, so kam es stets zum Kontakt mit der Fledermaus, und die Schmetterlinge wurden ausnahmslos getötet.

Diese Versuchsergebnisse liefern im Hinblick auf die spezifischen Angepasstheiten der Motte *Cycnia tenera* folgende Interpretationsmöglichkeiten. Individuen dieser Mottenart haben – im Gegensatz zu Motten anderer Arten – die Fähigkeit, nicht nur (a) einen Kontakt mit Fledermäusen der Art *Myotis septentrionalis* zu verhindern, sondern auch (b) ein Zusammentreffen zu überleben, ohne Verletzungen davonzutragen. Spezifische Anpassungen befähigen sie dazu, in beiden Fällen einen für sie tödlichen Kontakt mit der Fledermaus zu verhindern. Aus Material C geht hervor, dass *Cycnia tenera* Klicklaute im Ultraschallbereich erzeugen kann. Entfernt man Exemplaren von *Cycnia tenera* das dafür erforderliche Organ, so ist die Wahrscheinlichkeit für die Motte, *Myotis septentrionalis* zu entgehen, sehr gering (< 10 % gegenüber 66,7 % bei „intakten" Tieren). Daraus ist zu schließen, dass die Erzeugung von Ultraschalllauten eine entscheidende Anpassung der Motte an ihre spezifischen Lebensbedingungen darstellt. Kommt es dennoch zu einem Kontakt mit der Fledermaus, so trägt in ca. drei von vier Fällen eine weitere Anpassung, nämlich die Abgabe chemischer Signalstoffe dazu bei, dass die Motte unverletzt bleibt. Dies ist auch in den Versuchen mit den unversehrten Tieren der Fall. Da die Fledermäuse in der Nacht jagen, spielt die auffällige Warnfärbung der Motten im Versuch keine Rolle. Sollte *Cycnia tenera* aber auch tagaktiv sein, so liegt hier ggf. eine weitere Anpassung in Form einer Mimikry-Warntracht als Schutz gegenüber tagaktiven Fressfeinden wie etwa Vögeln vor.

In jedem Fall sind die beiden spezifischen Angepasstheiten der *Cycnia tenera*-Motten – (a) die Erzeugung von Klicklauten im Ultraschallbereich und (b) die

Abgabe chemischer Signalstoffe – entscheidende Selektionsvorteile im Überlebenskampf mit ihrem Fressfeind *Myotis septentrionalis*. So kann die Motte den Feinddruck, dem sie durch die Fledermaus ausgesetzt ist, erheblich vermindern. Offenbar haben sich diese beiden Merkmale im Laufe der Evolution in der *Cycnia tenera*-Population durchgesetzt, da sie die reproduktive Fitness der Merkmalsträger erhöhten. Dies trug zu einer Verbesserung der Überlebens- und Leistungsfähigkeit der gesamten Population bei.

I.4 *Denken Sie daran, bei der Anfertigung Ihrer Skizzen die Diagramm-Achsen verständlich und vollständig zu beschriften. Sind Sie der Meinung, dass verschiedene Selektionsmechanismen wirken können, sollten Sie diese nennen und Ihre Ansicht begründen.*

Die Wirkungen der Selektion auf die Merkmalsverteilung innerhalb einer Population können mit folgender Skizze dargestellt werden:

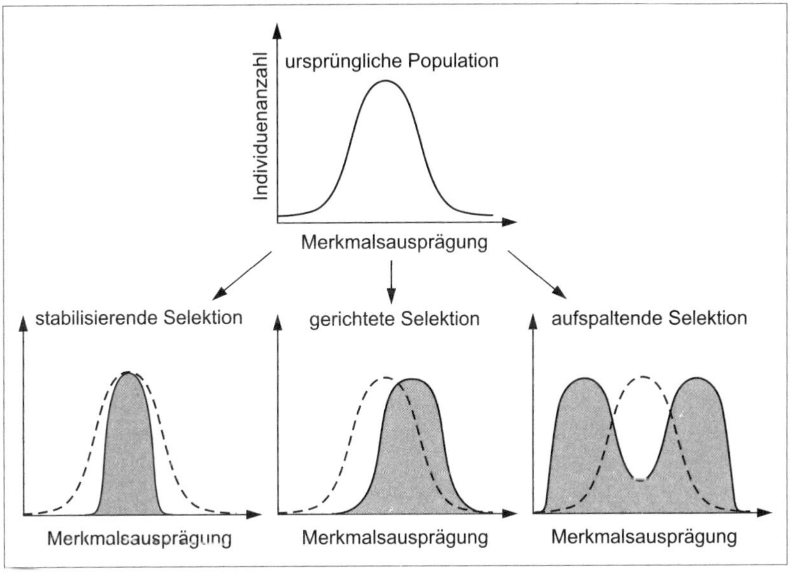

Nach den Informationen in Material C gibt es Fledermausarten, die ein spezielles Echoortungsverhalten zeigen. Sie verwenden zur Beutesuche Signale, die außergewöhnlich hochfrequent (bis 212 kHz) sind. Andere Fledermausarten senden auffallend niederfrequente Ultraschalltöne (unter 15 kHz) aus. Da für Motten nur Ultraschalllaute im Bereich von 15–80 kHz entscheidend sind, umgehen die Fledermäuse mit Aussendung anderer Tonfrequenzen den Wahrnehmungsbereich der Motten. Aus evolutionsbiologischer Sicht lässt sich die Entwicklung dieses Echoortungsverhaltens mit einer gerichteten Selektion erklären. Wenn man davon ausgeht, dass die Fledermäuse ursprünglich (auch) Signale im Wahrnehmungsbereich der Motten ausgesendet haben, könnte der

auslösende Selektionsfaktor das Ausweichverhalten der Motten gewesen sein, das bei Tönen zwischen 15 und 80 kHz einsetzt. Die Merkmalsausprägung bei den Fledermäusen wurde daraufhin – je nach Population – entweder in Richtung des einen oder des anderen Extrems verlagert. Auch das Wirken der aufspaltenden (disruptiven) Selektion ist prinzipiell denkbar. Dabei werden – innerhalb einer Population – Individuen mit den extremen Merkmalsausprägungen begünstigt, also im vorliegenden Fall diejenigen Individuen, die besonders hoch- bzw. besonders niederfrequente Töne erzeugen konnten.
Diese Befunde und Überlegungen machen es wahrscheinlich, dass es sich bei der Evolution von Fledermäusen und Motten um ein evolutionäres Wettrüsten innerhalb einer Räuber-Beute-Beziehung handelt. Die Fähigkeit der Fledermaus, wirksame hoch- bzw. niederfrequente Ultraschalllaute zu erzeugen, ist durch Mutation und/oder Rekombination bei der Keimzellenbildung und Befruchtung entstanden und an einzelne Individuen weitergegeben worden. Damit erlangten diese Tiere auch die Möglichkeit, ihre Flugfähigkeit beim Beutefang effektiver einzusetzen. Diese Merkmale verbesserten die Fortpflanzungschancen dieser *Chiroptera*, da so ausgestattete Tiere gegenüber ihren Artgenossen fitter waren. Als Folge davon häuften sich die vorteilhaften Allele im Genpool der Population an.
Auch bei den Motten ist ein „entwicklungsgeschichtlicher Waffengang" zu beobachten. Hier wirkten die Evolutionsfaktoren Mutation und Rekombination mindestens in drei Richtungen. Die Tiere bildeten die Fähigkeit aus, den Räuber Fledermaus zu orten (Erzeugung von Klicklauten, Hörvermögen), vor ihm zu fliehen (verbessertes Flugvermögen mit Taumelflug und „Flucht"flug) sowie dessen Angriff abzuwehren (Abgabe chemischer Signalstoffe, Warnfarbe bei Tagaktivität). Auch hier reicherten sich die für diese Fähigkeiten codierenden Allele im Genpool der Population an, da ihre Träger eine gesteigerte Fitness gegenüber Konkurrenten besaßen.
Da Beute wie Räuber wechselseitig auf die „Aufrüstung" des Partners „reagieren", lässt sich hier von Koevolution sprechen. Der gegenseitig ausgeübte Selektionsdruck führt dabei zu einer immer besseren Angepasstheit an die spezifischen Erfordernisse der zwischenartlichen Beziehung.
Diese Entwicklung wird durch Mutation, Rekombination und Selektion gesteuert. Sie ist damit Ergebnis des Wirkens dieser Evolutionsfaktoren und kein aktiv betriebener Prozess des Räubers oder seiner Beuteorganismen.

Leistungskurs Biologie (NRW) – Abitur-Prüfung 2014
Aufgabe 2: Genetik

Aufgabenstellung: Punkte

Thema: Der temperatursensitive *E. coli*-Stamm GR501

II.1 Geben Sie tabellarisch die in Abbildung 1 gekennzeichneten Strukturen a–d und 1–3 an. Beschreiben Sie den Ablauf der DNA-Replikation bei Prokaryoten auch unter Hinzunahme der beteiligten Strukturen, die in Abbildung 1 nicht dargestellt sind. Leiten Sie begründend mögliche Folgen eines Ausfalls des Enzyms DNA-Ligase ab. 18

II.2 Ermitteln Sie anhand von Abbildung 2 und mithilfe von Material D die Aminosäuresequenz des Wildtyps. Werten Sie aus, welche Art der Mutation bei *E. coli* GR501 stattgefunden hat und welche Folgen diese Mutation auf molekularer und funktionaler Ebene haben könnte (Material B). 22

II.3 Erläutern Sie mit Bezug auf Abbildung 4 die einzelnen Schritte des PCR-Zyklus sowie die Funktion der einzelnen Bestandteile des Expressionsvektors. 14

II.4 Zeichnen Sie – wie in Abbildung 5 bei 30 °C – das von Ihnen vermutete Wachstum für alle vier Versuchsansätze bei 43 °C in eine viergeteilte Agarplatte ein und begründen Sie Ihre Annahmen. Entwickeln Sie eine Hypothese bezüglich der Zielsetzung der in Abbildung 5 dargestellten Transformationsversuche bei 30 °C (Materialien B und C). 12

Material A: Replikation bei Prokaryoten

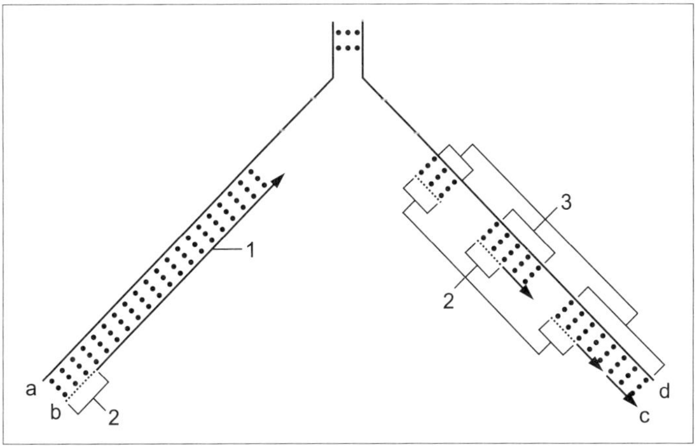

Abb. 1: Schematische Darstellung der Replikationsgabel von *E. coli*
Berg et al. (2002)

Material B: Eigenschaften des temperatursensitiven *E. coli*-Stammes GR501

Das Bakterium *Escherichia coli* (kurz: *E. coli*) ist ein beliebter Organismus bei der Erforschung genetischer Mutationen. Temperaturempfindliche *E. coli*-Stämme zeigen eine deutlich geringere Temperaturtoleranz als Stämme, die diesbezüglich keine Mutation aufweisen. Bei einem dieser Stämme (*E. coli* GR501) findet sich diese Mutation im Gen für die DNA-Ligase. Durch die Mutation ist *E. coli* GR501 eine noch messbare Zellvermehrung nur bis 42 °C möglich, während Wildtypstämme auch bei Temperaturen über 42 °C ein deutliches Wachstum der Kolonien zeigen.

Base Nr.: 1 5 // 37 40 45 50
Wildtyp: 5' ATG GAA [...] ACG ACT CTT CGC CAT CAT ... 3'
GR501: 5' ATG GAA [...] ACG ACT TTT CGC CAT CAT ... 3'

Abb. 2: Ausschnitt aus der DNA-Sequenz des **nicht-codogenen** Stranges des DNA-Ligase-Gens beim Wildtyp und bei der temperatursensitiven Mutante *E. coli* GR501
(Im Bereich der nicht dargestellten Nukleotide stimmen beide Sequenzen überein.)
zusammengestellt nach: Lavesa-Curto et al. (2004) und Lodish et al. (2000)

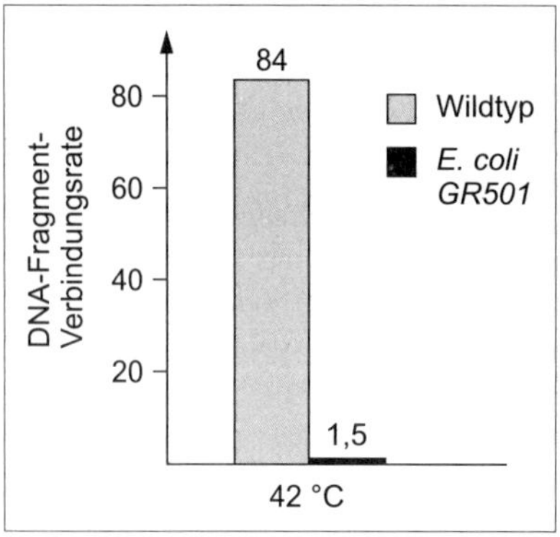

Abb. 3: DNA-Ligaseaktivität des Wildtyps und der temperatursensitiven Mutante *E. coli* GR501 bei 42 °C
(Die DNA-Fragment-Verbindungsrate beschreibt, wie viele DNA-Fragmente pro DNA-Ligasemolekül nach 20 Minuten verbunden sind.)
nach Daten von: Lavesa-Curto et al. (2004), Fig. 4

Material C: Transformationsversuche mit *E. coli* GR501

In den Abbildungen 4 und 5 sind verschiedene Transformationsversuche mit dem temperatursensitiven *E. coli*-Stamm GR501 dargestellt. Hierzu wurden vor bzw. hinter dem DNA-Ligase-Gen des Wildtyp-Stammes (ligA) experimentell Restriktionsschnittstellen der Enzyme *Nde*I bzw. *Bam*HI eingefügt, das DNA-Ligase-Gen mithilfe der PCR vervielfältigt und daraus ein rekombinanter Expressionsvektor erstellt (siehe Abbildung 4). Dieser wurde anschließend in den temperatursensitiven *E. coli*-Stamm GR501 übertragen (siehe Abbildung 5).
Die so transformierten *E. coli*-Bakterien wurden auf einer Agarplatte mit ampicillinhaltigem Nährmedium ausgestrichen und über Nacht bei 30 °C kultiviert. Bei dieser 30 °C-Kultur handelte es sich um einen Kontrollversuch, der eigentliche Versuch, dessen Ergebnis hier nicht dargestellt ist, fand bei 43 °C statt. In weiteren Kontrollan-

sätzen (siehe Abbildung 5) wurden anstelle des rekombinanten ligA-Expressionsvektors einmal derselbe Expressionsvektor mit einem Nicht-DNA-Ligase-Gen (1), mit einem Viren-DNA-Ligase-Gen (2) sowie der „leere" Expressionsvektor ohne Einbau eines Fremdgens (3) in *E. coli* GR501 transformiert und die Bakterien in oben beschriebener Weise ausgestrichen und kultiviert.

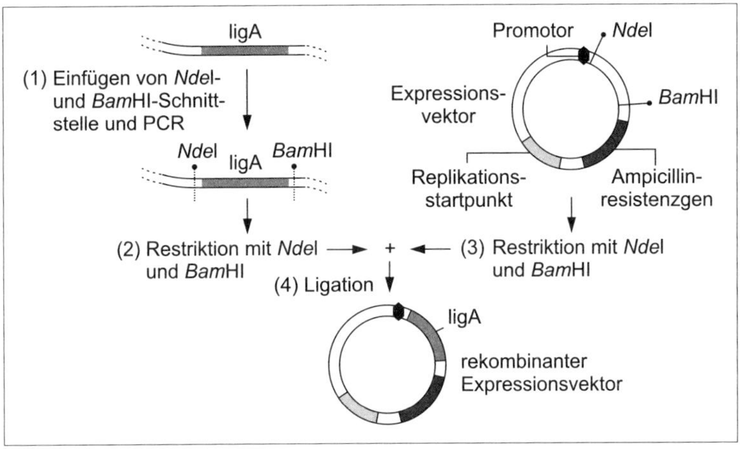

Abb. 4: Erzeugung eines rekombinanten Expressionsvektors mit ligA

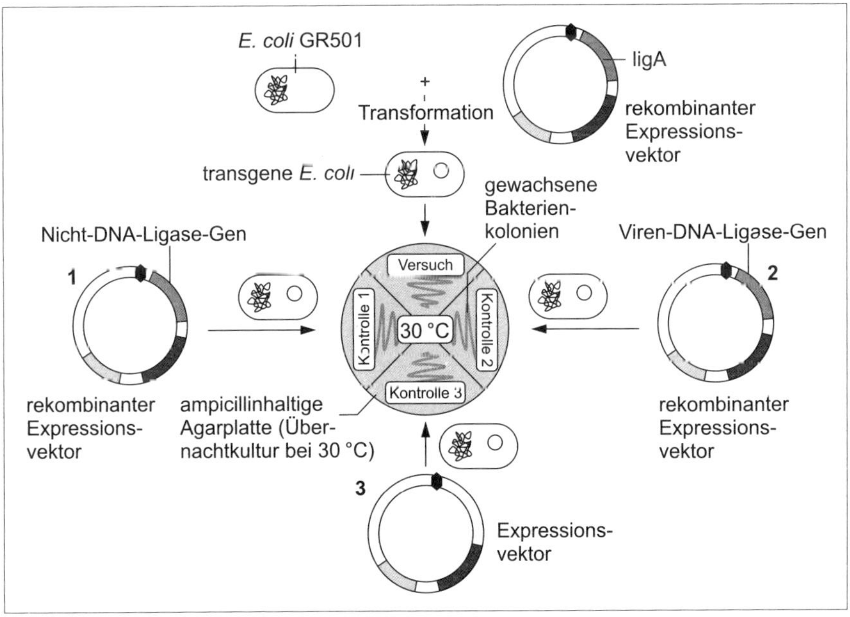

Abb. 5: Transformationsversuche mit temperatursensitiven *E. coli* GR501 bei 30 °C
Abb. 4 und 5 zusammengestellt nach: Lavesa-Curto et al. (2004), Team Heidelberg und Lodish et al. (2000)

Material D: Codesonne und Tabelle zum genetischen Code

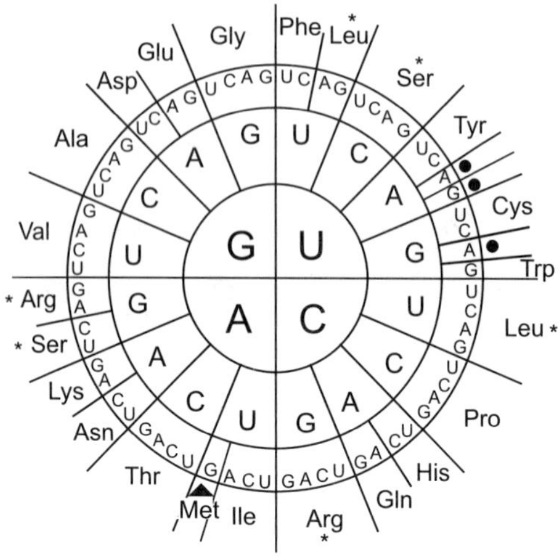

Ala	Alanin
Arg	Arginin
Asn	Asparagin
Asp	Asparaginsäure
Cys	Cystein
Gln	Glutamin
Glu	Glutaminsäure
Gly	Glycin
His	Histidin
Ile	Isoleucin
Leu	Leucin
Lys	Lysin
Met	Methionin
Phe	Phenylalanin
Pro	Prolin
Ser	Serin
Thr	Threonin
Trp	Tryptophan
Tyr	Tyrosin
Val	Valin

▲ Start-Codon ● Stopp-Codon * zweimal auftretende Aminosäure

Erste Base	Zweite Base				Dritte Base
5'	**U**	**C**	**A**	**G**	**3'**
U	Phe Phe Leu Leu	Ser Ser Ser Ser	Tyr Tyr Stopp Stopp	Cys Cys Stopp Trp	**U** **C** **A** **G**
C	Leu Leu Leu Leu	Pro Pro Pro Pro	His His Gln Gln	Arg Arg Arg Arg	**U** **C** **A** **G**
A	Ile Ile Ile Met (Start)	Thr Thr Thr Thr	Asn Asn Lys Lys	Ser Ser Arg Arg	**U** **C** **A** **G**
G	Val Val Val Val	Ala Ala Ala Ala	Asp Asp Glu Glu	Gly Gly Gly Gly	**U** **C** **A** **G**

weitere Materialgrundlage:

Berg, J. M., Tymoczko, J. L. & Stryer, L. (2002). Biochemistry. W. H. Freeman, 5th edition www.ncbi.nlm.nih.gov/books/NBK22587/figure/A3807/ (Zugriff 04. 12. 2013)

Lavesa-Curto, M., Sayer H., Bullard D., MacDonald A., Wilkinson A., Smith A., Bowater L., Hemmings A., Bowater R. P. (2004). Characterization of a temperature-sensitive DNA-Ligase from Escherichia coli. Microbiology 150, S. 4 171–4 180

Lodish, H. et al. (2000). Molecular Cell Biology. W. H. Freeman, 4th edition www.ncbi.nlm.nih.gov/books/NBK21498/figure/A1590/?report=objectonly (Zugriff 04. 12. 2013)

Nicht-codogene Gensequenz des ligA verfügbar unter: www.ncbi.nlm.nih.gov/nucleotide/407062746?report=gbwithparts&from=151517 9&to=1517194&RID=P861CXYJ01R (Zugriff 04. 12. 2013)

Team Heidelberg: http://2008.igem.org/Team:Heidelberg/Notebook/Sensing_Group/Cloning (Zugriff 04. 12. 2013)

www.ncbi.nlm.nih.gov/nuccore/AMXQ01000155.1 (Zugriff 04. 12. 2013)

Lösungsvorschlag

In der Aufgabe thematisierte Unterrichtsinhalte sind:
DNA, RNA, Replikation, Primer, Polymerase, Ligase, Okazaki-Fragmente, PCR, Substitution, Punktmutation, Missense-Mutation, Restriktionsenzyme, Ligation, Resistenzgen, Transformation

II.1 *Die Teilaufgabe stellt fast nur reproduktive Anforderungen an Sie. Achten Sie deshalb bei der Beschreibung der einzelnen Teilschritte der Replikation auf einen schlüssigen Ablauf. Wenn Sie die unterschiedlichen Polymerasen (I und III) bei E. coli nennen, erhalten Sie Zusatzpunkte.*

Die in Abb. 1 gekennzeichneten Strukturen zur Replikation von Prokaryoten können wie folgt benannt werden:

a 3'-Ende der Matrize
b 5'-Ende des Leitstranges/des kontinuierlich synthetisierten Stranges
c 3'-Ende des Folgestranges/des diskontinuierlich synthetisierten Stranges
d 5'-Ende der Matrize
1 Leitstrang/kontinuierlich synthetisierter Strang
2 Primer
3 Okazaki-Fragmente/Folgestrang/diskontinuierlich synthetisierter Strang

Die DNA-Replikation bei Prokaryoten beginnt damit, dass der dreidimensional verdrillte DNA-Doppelstrang durch Enzyme (u. a. Helicasen) entspiralisiert wird. Das Enzym Helicase spaltet auch die Wasserstoffbrückenbindungen zwischen den komplementären Teilen des Doppelstranges, sodass (abschnittsweise) zwei DNA-Einzelstränge entstehen. Zur Replikation wird das Enzym DNA-Polymerase III benötigt. Da die Polymerase III nur an freien 3'-OH-Enden ansetzen kann, synthetisiert das Enzym Primase – komplementär zum Matrizenstrang (a) – einen kurzen RNA-Abschnitt als 5'-Ende des Leitstrangs (1). Mit dem Primer (2) als Ansatzpunkt kann die DNA-Polymerase III mithilfe freier Nukleotide aus dem Plasma den Leitstrang kontinuierlich und nach der Komplementaritätsregel in 5' $\rightarrow$ 3'-Richtung herstellen. Da sie in die Gegenrichtung (3' $\rightarrow$ 5') nicht arbeiten kann, ist es ihr nicht möglich, am 5'-Ende des ursprünglichen DNA-Doppelstranges (d) anzusetzen. Daher erfolgt die Synthese hier nicht „in einem Stück", sondern diskontinuierlich in vielen kleinen Abschnitten, den Okazaki-Fragmenten (3). Primasen erstellen am Matrizen-Strang (d) deshalb für die Synthese des Folgestrangs mehrere, hintereinander liegende Primer. An ihnen setzen Polymerase III-Moleküle an und synthetisieren jeweils den kleinen Bereich bis zum nächsten Primer. Ein weiteres Enzym, die Polymerase I, entfernt nach Abschluss der Replikation – auch auf dem komplementären Strang (b) – die Primer und ersetzt die RNA- durch DNA-Nukleotide. Das Enzym DNA-Ligase verbindet im letzten Schritt die noch vorhandenen Lücken zwischen den Okazaki-Fragmenten, sodass ein durchgehender Strang entsteht. Auch beim Leitstrang (b) wird die Anschlussstelle durch Ligasen geschlossen.

Die DNA-Ligase sorgt im letzten Arbeitsschritt der Replikation dafür, dass zwei neue durchgehende DNA-Doppelstränge entstehen. Fällt das Enzym aus, weisen die neu synthetisierten DNA-Stränge „Lücken" auf. Dies hätte auf die Struktur der DNA sehr negative Auswirkungen. Zum einen wäre eine innere Stabilität der Doppelstränge nicht mehr gegeben. Zum anderen könnten bei einem weiteren Replikationszyklus die zuvor neu synthetisierten Stränge in einzelne Bruchstücke zerfallen. Damit wäre die Replikation massiv beeinträchtigt. Ist der lückenhafte DNA-Strang der codogene Strang, wären im Rahmen der Transkription auch unvollständige mRNA-Moleküle – mit den entsprechenden Auswirkungen auf die weitere Proteinbiosynthese – denkbar.

II.2 *Um die korrekte mRNA-Sequenz ermitteln zu können, leiten Sie zuerst die Sequenz des codogenen DNA-Stranges aus dem komplementären, nicht-codogenen Strang ab. Denken Sie bei der Ermittlung der zugeordneten Aminosäuren daran, dass die Codesonne in 5' → 3'-Richtung von innen nach außen gelesen wird. Bei der Darstellung der Ergebnisse ist eine tabellarische Form besonders übersichtlich.*

Mithilfe der Komplementaritätsregel und der Codesonne/Codetabelle kann die Aminosäuresequenz des Wildtyps aus Abb. 2 ermittelt werden:

	1 5 // 37 40 45 50
nicht-codogener DNA-Strang:	5' ATG GAA [...] ACG ACT CTT CGC CAT CAT ... 3'
codogener DNA-Strang:	3' TAC CTT [...] TGC TGA GAA GCG GTA GTA ... 5'
mRNA:	5' AUG GAA [...] ACG ACU CUU CGC CAU CAU ... 3'
Aminosäuresequenz:	Met – Glu [...] Thr – Thr – Leu – Arg – His – His

Beim Vergleich der *E. coli*-DNA des Wildtyps mit der entsprechenden DNA-Sequenz von GR501 ist festzustellen, dass an Position 43 eine Substitution stattgefunden hat:

	Wildtyp	GR501
nicht-codogener DNA-Strang	5' **C**TT 3'	5' **T**TT 3'
codogener DNA-Strang	3' **G**AA 5'	3' **A**AA 5'
mRNA	5' **C**UU 3'	5' **U**UU 3'
Aminosäure	Leucin	Phenylalanin

Anstelle der Base Cytosin findet man an dieser Position die Base Thymin. Damit liegt eine Punktmutation vor, die zu einer Missense-Mutation führt. Anstelle der Aminosäure Leucin wird Phenylalanin in die Polypeptidkette eingebaut. Ansonsten bleibt das Ligase-Molekül unverändert.
Die Auswirkungen des Einbaus von Phenylalanin anstelle von Leucin hängen von der Funktion ab, die die Aminosäure Leucin für den Aufbau und die Struktur des Enzyms besitzt. Es ist möglich, dass durch den Einbau die Tertiärstruk-

tur des Enzyms verändert wird – durch Ausbildung zusätzlicher oder durch den Wegfall von Bindungen zwischen den Seitenketten der Aminosäuren. Die veränderte Struktur kann dann Veränderungen im Proteinaufbau und damit ggf. auch im aktiven Zentrum des Enzyms nach sich ziehen, letzteres insbesondere, falls die 15. Aminosäure in der Molekülkette (Leucin) selbst Teil des aktiven Zentrums ist. Dann geht u. U. die katalytische Wirkung verloren.
Untersuchungen zur Aktivität der Ligase von Wildtyp und Mutante von *E. coli* lassen weitere Rückschlüsse zu. Abb. 3 verdeutlicht die DNA-Fragment-Verbindungsrate beider Stämme bei 42 °C. Bei der temperatursensitiven Mutante konnten nach 20 Minuten lediglich 1,5 verbundene DNA-Fragmente pro DNA-Ligase-Molekül nachgewiesen werden, beim Wildtyp hingegen 84. Die Missense-Mutation bei GR501 führt damit bei 42 °C zwar nicht zu einem kompletten Ausfall der Enzymaktivität, aber zu einer starken Verringerung der Ligase-Aktivität, die sich in einer erkennbar reduzierten DNA-Fragment-Verbindungsrate äußert. Dass sich GR501 bei Temperaturen über 42 °C nicht mehr vermehrt, ist dann vermutlich auf den gänzlichen Ausfall der Ligase-Funktion zurückzuführen.

II.3 *Beim reproduktiven Teil dieser Aufgabe ist es sinnvoll, die Polymerase-Kettenreaktion vor Schilderung ihres Ablaufs zunächst in ein oder zwei Einleitungssätzen kurz zu umreißen und dabei ihren Zweck zu erläutern. Eine detaillierte Darstellung kann Zusatzpunkte bringen. Achten Sie bei der Erläuterung der einzelnen Bestandteile des Expressionsvektors darauf, dass Sie Ihre Ausführungen in einen sachlogischen Zusammenhang bringen.*

Das im Genom des Wildtyp-Stamms enthaltene ligA-Gen wurde aus der bakteriellen DNA herausgeschnitten und mithilfe der PCR-Technik vervielfältigt.
Die Polymerase-Kettenreaktion (PCR) ist eine molekularbiologische Arbeitsmethode zur Vervielfachung von DNA-Molekülen. Das Verfahren, mit dem spezifische Abschnitte einer DNA in einem Reaktionsgefäß identisch vermehrt werden, bezeichnet man auch als *in-vitro*-Amplifikation („gezielte Vermehrung von DNA-Sequenzen im Glase“). Selbst kleinste Mengen an DNA lassen sich so in kurzer Zeit für Analysezwecke vervielfachen.
Zur Durchführung wird zunächst ein PCR-Mix, der die zu vervielfältigende DNA, spezifische Primer, DNA-Nukleotide sowie eine hitzebeständige DNA-(Taq-)Polymerase enthält, angesetzt. Die Erhitzung des Ansatzes auf ca. 95 °C führt dazu, dass die zu untersuchende DNA denaturiert und in ihre Einzelstränge zerlegt wird. Im nächsten Schritt werden die zu kopierenden DNA-Abschnitte markiert. Dies ist der entscheidende Schritt in der PCR, der nur dann gelingt, wenn die Nukleotidsequenzen, die an den Enden des zu kopierenden DNA-Abschnitts liegen, bekannt sind. Zur Markierung werden jeweils zwei spezifische gegenläufige PCR-Primer (für die zwei Enden des DNA-Abschnitts) verwendet. Damit die Primer an die DNA binden können, wird die Temperatur auf ca. 60 °C gesenkt. Lagern sich die beiden im Überschuss zugegebenen Primer-Moleküle nach der Komplementaritätsregel an die denaturierte

DNA an, spricht man von Hybridisierung. Anschließend findet bei ca. 70 °C die Polymerisierung statt. Dabei synthetisiert die DNA-(Taq-)Polymerase ausgehend von den Primern und mithilfe der Nukleotide neue komplementäre Einzelstränge. Die Abfolge von DNA-Denaturierung, Hybridisierung und Polymerisierung bezeichnet man als PCR-Zyklus. Dieser Kreislauf wird im Reaktionsgefäß mehrfach durchlaufen. Bei jedem Zyklus werden doppelt so viele neue, identische DNA-Moleküle erzeugt, ihre Zahl steigt also exponentiell an (n Zyklen = 2^n DNA-Abschnitte). Selbst bei einer geringen DNA-Ausgangsmenge reichen daher schon 25–35 PCR-Zyklen aus, um genügend DNA für weitere Untersuchungen herzustellen.
Der als „Genfähre" verwendete Expressionsvektor muss mehrere Komponenten aufweisen, damit er das zu untersuchende DNA-Teilstück aufnehmen kann, und damit nach der Transformation dessen Expression gewährleistet ist. Darüber hinaus muss methodisch einfach erkennbar sein, dass die Aufnahme des Vektors in die Wirtszelle erfolgreich war.
Der Expressionsvektor benötigt daher zum einen Restriktionsschnittstellen – in diesem Fall für die Enzyme *Nde*I und *Bam*HI –, damit das einzuschleusende DNA-Teilstück zwischen die Schnittstellen eingepasst werden kann. Dabei erfolgt die Ligation, d. h. die Verknüpfung von Expressionsvektor und ligA-Gen, nur dann, wenn im *E. coli*-Stamm zu beiden Seiten des ligA-Gens die gleichen Restriktionsschnittstellen vorhanden sind. Zum anderen wird ein Marker benötigt, in diesem Fall ein Ampicillinresistenzgen. Die mit dem Gen vermittelte Ampicillinresistenz zeigt an, dass der Vektor erfolgreich in eine *E. coli*-Zelle geschleust wurde, gleichgültig ob er das ligA-Gen enthält (rekombinant) oder nicht (nicht rekombinant). Die Expression, d. h. die Proteinbiosynthese des ligA-Gens, kann nur dann erfolgen, wenn der Expressionsvektor (stromaufwärts vom ligA-Gen) auch einen eigenen Promotor besitzt. Dort startet in den transgenen *E. coli*-Zellen die Transkription. Außerdem ist noch ein Replikationsstartpunkt vonnöten, damit der übertragene Expressionsvektor inklusive ligA-Gen in den Zellen des aufnehmenden *E. coli*-Stamms selbstständig vermehrt werden kann.

II.4 *Denken Sie bei Ihrer Zeichnung und Ihrer anschließenden Begründung daran, dass es nicht eindeutig ist, ob die E. coli-Mutante mit der viralen Ligase überhaupt arbeiten kann. Daher sollten Sie, um Zusatzpunkte zu erhalten, beide Möglichkeiten angeben und entsprechend begründen.*

Führt man die Inkubation der Agarplatte mit den transformierten Bakterien bei 43 °C durch, ist, wie in folgender Skizze dargestellt, nur bei dem eigentlichen Versuchsansatz sowie bei Kontrollansatz 2 bakterielles Wachstum zu erwarten:

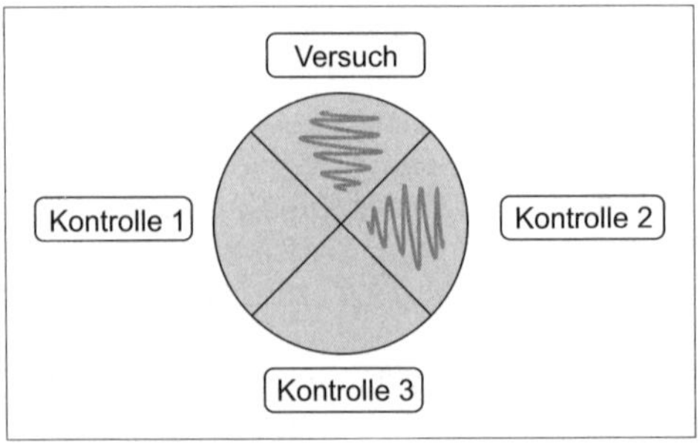

Da der *E. coli*-Mutante GR501 aufgrund eines temperatursensitiven Defekts im DNA-Ligase-Gen eine Zellvermehrung nur bis 42 °C möglich ist, dürfte sie bei höheren Temperaturen nicht mehr wachsen. Durch die Transformation wurden im Versuchsansatz *E. coli*-Bakterien des Stammes GR501 zu transgenen Zellen, da sie den Expressionsvektor mit dem Gen für eine intakte DNA-Ligase enthalten. Dies ermöglicht den Zellen eine ungehinderte Replikation ihrer DNA auch bei Temperaturen über 42 °C.
Nur einer der drei Kontrollansätze wird vermutlich bakterielles Wachstum aufweisen, nämlich Kontrolle 2. Bei diesem Ansatz wurde mittels Expressionsvektor ein Viren-DNA-Ligase-Gen in GR501-Zellen eingeschleust. Damit sind diese *E. coli*-Zellen ebenfalls transgen. Ist es ihnen möglich, mithilfe der Viren-DNA-Ligase ihre eigene defekte Ligase zu ersetzen, werden sich auch diese Zellen vermehren. Können sie jedoch nicht mit den viralen Ligasen arbeiten, da sich die viralen Enzyme von den bakteriellen zu sehr unterscheiden, wird kein Wachstum zu beobachten sein.
In den beiden übrigen Kontrollversuchen 1 und 3 ist keine Zellvermehrung zu erwarten. Die Bakterienzellen in Kontrolle 1 sind zwar transgen, enthalten aber ein „Nicht-DNA-Ligase-Gen“ im Expressionsvektor. „Nicht-DNA-Ligasen“ wird es keinesfalls möglich sein, die zelleigenen Ligasen bei Temperaturen über 42 °C zu ersetzen. Die Zellen im Kontrollansatz 3 werden ebenfalls keine Vermehrung zeigen. Ihr Expressionsvektor ist nicht rekombinant, enthält also kein zusätzliches Gen – er ist gewissermaßen „leer“. Der Defekt in den Zellen des *E. coli*-Stamms GR501 kann somit nicht ausgeglichen werden.
Fragt man nach der Zielsetzung der in Abb. 5 dargestellten Transformationsversuche bei 30 °C, so kann folgende Hypothese aufgestellt werden. Bei den vier Ansätzen handelt es sich gewissermaßen um den Vorversuch zum eigentlichen Versuch bei 43 °C. Er soll einerseits sicherstellen, dass das Einschleusen der (rekombinanten) Expressionsvektoren erfolgreich war. Dies kann durch die Zugabe von Ampicillin in das Nährmedium getestet werden, da sich bei Anwesenheit dieses Antibiotikums nur solche Bakterienzellen vermehren, die den Vektor mit dem entsprechenden Resistenzgen enthalten. Dieser Nachweis muss bei 30 °C erfolgen, da hier der Gendefekt noch keine Rolle spielt und ein Ausbleiben des Wachstums auf eine fehlerhafte Transformation hinweist.

Andererseits kann geklärt werden, ob sich die transformierten Mutanten bei 30 °C überhaupt vermehren können. Die Bakterien sind durch die Transformationsexperimente insofern verändert worden, als sie „Fremdkörper“ – die Expressionsvektoren – aufgenommen haben, die nicht zu ihrer „Grundausstattung“ gehören. Ob sich deren Anwesenheit negativ auf das Wachstum der Bakterienzellen auswirkt, sollte bei einer Temperatur getestet werden, bei der sich die Mutante GR501 normalerweise problemlos vermehren kann (30 °C).

Leistungskurs Biologie (NRW) – Abitur-Prüfung 2014
Aufgabe 3: Ökologie

Aufgabenstellung: Punkte

Thema: Schädlinge in Kakaoplantagen

III.1 Skizzieren Sie für die beschriebene Lebensgemeinschaft in der Kakaoplantage ein Nahrungsnetz und erläutern Sie die unterschiedlichen Trophieebenen und die Formen interspezifischer Wechselwirkung in diesem Ökosystem (Material A). 18

III.2 Fassen Sie die in Material B dargestellten Untersuchungsergebnisse zusammen und beurteilen Sie die Eignung der in Tabelle 1 aufgeführten Maßnahmen zur Schädlingsbekämpfung. 14

III.3 Beschreiben Sie die in Material C dargestellten Ergebnisse der Untersuchungen mit Kakao-Miniermotten und Kakao-Wanzen. Erläutern Sie auch mithilfe der Informationen in Material A die Ergebnisse. 22

III.4 Beurteilen Sie den Einsatz von Insektiziden in Kakaoplantagen zur Reduzierung des Befalls mit Schädlingen. Leiten Sie aus den Materialien A bis C eine ökologisch und wirtschaftlich sinnvolle Strategie zur Ertragssteigerung der Kakaobohnen ab. 12

Material A: Lebensgemeinschaft im Agrarökosystem Kakaoplantage

Der Kakaobaum *(Theobroma cacao)* gedeiht ausschließlich in den Tropen. An ihm wachsen jährlich etwa 50 Kakaoschoten, die je 20 bis 50 von Fruchtfleisch umgebene Kakaobohnen enthalten (Abbildungen 1 A–1 C). Aus ihnen wird der Kakao gewonnen.

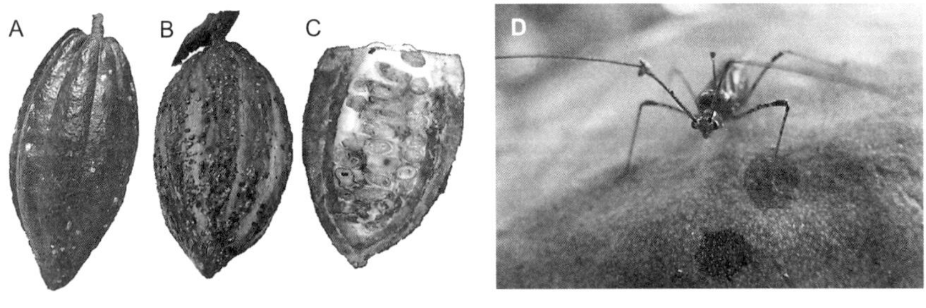

Abb. 1: Kakaoschote (A), durch Kakao-Wanzen vernarbte Schote (B), halbierte Frucht mit Fraßschäden durch Larven der Kakao-Miniermotte (C, nur helle Bereiche sind nicht geschädigt), Kakao-Wanze (D)
Abb. 1 A bis 1 D: Arno Wielgoss

Die Kakao-Miniermotte *(Conopomorpha cramerella)* ist der Hauptschädling des Kakaobaums in Südostasien. Kakao-Miniermotten legen ihre Eier auf den Kakaoschoten ab. Sobald ihre Larven schlüpfen, bohren diese Tunnel in die Kakaoschoten und fressen das Fruchtfleisch (Abbildung 1 C). In den befallenen Kakaoschoten entwickeln sich weniger Kakaobohnen, und diese haben eine schlechte Kakaoqualität.
Die Kakao-Wanze *(Helopeltis sulawesi)* (Abbildung 1 D) tritt bereits drei Monate vor der Eiablage der Kakao-Miniermotte auf. Kakao-Wanzen legen ihre Eier auf den Kakaoschoten ab. Die Tiere saugen an Kakaoschoten, wodurch deren Oberfläche vernarbt und verhärtet (Abbildung 1 B). Die Kakaobohnen in der Schote werden nicht geschädigt. Kakao-Wanzen und Kakao-Miniermotten können auf einer Schote zur gleichen Zeit zusammenleben.
Auch Ratten sind ernst zu nehmende Schädlinge in Kakaoplantagen. Sie ernähren sich dort vor allem von Kakaoschoten und können bis zu 90 % der Ernte einer Plantage zerstören, wie Untersuchungen in Malaysia belegen.
Auf den Kakaoschoten findet man häufig die Schwarze Kakaoameise *(Dolichoderus thoracicus)* gemeinsam mit der Schildlaus *(Cataenococcus hispidus)* (Abbildung 1 E). Die Schildläuse saugen an den Kakaoschoten und scheiden dabei kohlenhydratreichen Honigtau aus. Die Anwesenheit der Schildläuse wirkt sich nicht sichtbar auf den Gesundheitszustand der Kakaobäume oder den Ernteertrag aus. Schwarze Kakaoameisen ernähren sich vom Honigtau der Schildläuse und vertreiben deren Fressfeinde und Nahrungskonkurrenten; sie wurden bisher nur selten bei der Suche nach anderen Nahrungsquellen beobachtet.

Abb. 1 E: Schwarze Kakaoameise erntet Honigtau von Schildläusen
© *Dr. Roy Bateman; www.dropdata.org*

Die Vogelarten in Kakaoplantagen zeigen vielfältige Ernährungsweisen. Carnivore Vögel erbeuten häufig kleine Säugetiere. Neben Insektivoren findet man auch Nektarivore, also Vögel, die sich vom Blütennektar der zahlreichen Blüten der Kakaobäume ernähren.

Material B: Bekämpfung der Kakao-Miniermotte

Der Befall der Kakaoschoten durch Schadinsekten wird traditionell mit Insektiziden bekämpft. Dies geschieht in einem frühen Entwicklungsstadium der Früchte, sobald Kakao-Wanzen auf den Früchten entdeckt werden. Neben Insektiziden werden auch alternative Methoden zur Schädlingsbekämpfung in Kakaoplantagen eingesetzt.
In einer malaysischen Kakaoplantage wurde der Zusammenhang zwischen der Individuendichte Schwarzer Kakaoameisen auf Kakaobäumen und der Schädigung der Kakaoschoten durch Kakao-Miniermotten und Ratten ermittelt. Abbildung 2 zeigt hier exemplarisch einen Zeitraum von 100 Tagen.

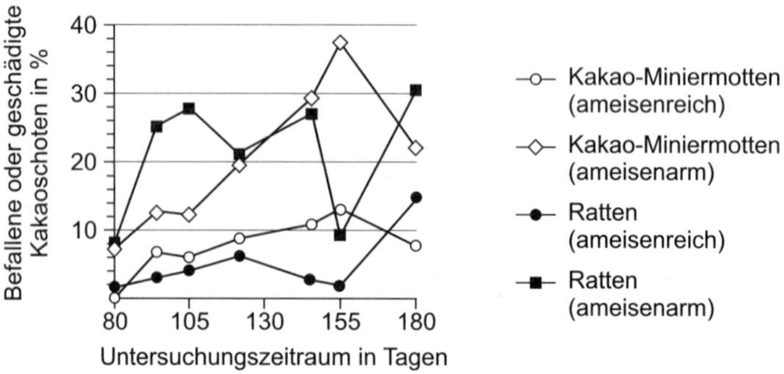

Abb. 2: Mittlerer Prozentanteil durch Kakao-Miniermotten befallener oder durch Ratten geschädigter Kakaoschoten an jeweils ameisenreichen oder ameisenarmen Kakaobäumen
verändert nach: See & Kho (1996)

In einer weiteren Studie wurden die Schoten in einer indonesischen Kakaoplantage zum Schutz vor Schädlingen mit einer abbaubaren Folie umwickelt (Abbildung 3). Außerdem wurden auch Fadenwürmer eingesetzt, die mit bloßem Auge nicht erkennbar sind. Sie werden verspritzt und parasitieren die Larven der Kakao-Miniermotte (Tabelle 1).

Abb. 3: Kakaoschote in abbaubarer Folienumhüllung
© Merle Shepard, Clemson University

Tabelle 1: Mittlere Schädigung der Kakaoschoten und Trockengewicht geernteter Kakaobohnen pro Kakaoschote nach Behandlung mit verschiedenen Maßnahmen zur Schädlingsbekämpfung

Maßnahme	mittlere Kakaoschoten-schädigung	durchschnittliches Gesamt-Trockengewicht aller absatzfähigen Kakaobohnen pro Kakaoschote
Kontrolle (unbehandelt)	62,3 %	22,4 g
umwickelt mit abbaubarer Folie	8,5 %	45 g
gespritzt mit Fadenwürmern	4,9 %	45 g
abbaubare Folie + Fadenwürmer	0 %	74,8 g

verändert nach: Rosmana et al. (2010), Table 2

Material C: Untersuchungen mit Kakao-Miniermotten und Kakao-Wanzen

Im Verlauf einer Ernteperiode wurde auf Untersuchungsflächen in 43 indonesischen Kakaoplantagen der Befall geernteter Kakaoschoten durch Kakao-Wanzen und Kakao-Miniermotten ermittelt (Abbildung 4). Dafür wurden im Abstand von etwa zwei Wochen die zu diesem Zeitpunkt reifen Kakaoschoten auf den Untersuchungsflächen geerntet. Auch das Trockengewicht absatzfähiger Kakaobohnen wurde aufgenommen (Tabelle 2).

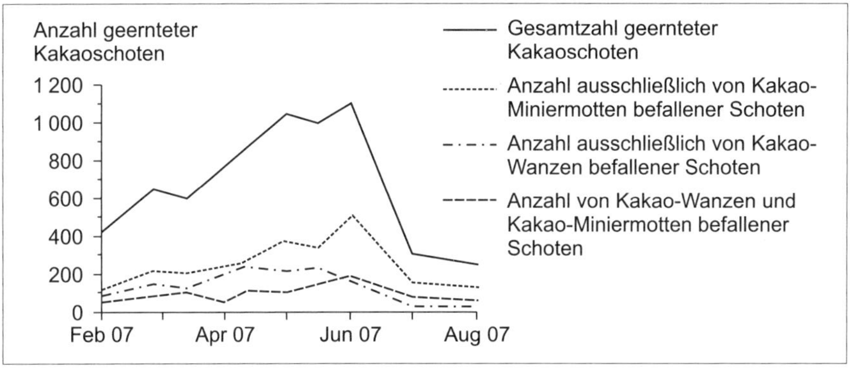

Abb. 4: Geerntete Kakaoschoten der ersten Ernteperiode 2007
Darstellung verändert nach: Wielgoss et al. (2012)

Tabelle 2: Trockengewicht absatzfähiger Kakaobohnen

untersuchte Kategorie	durchschnittliches Gesamt-Trockengewicht aller absatzfähigen Kakaobohnen pro Kakaoschote
nicht befallen	32,5 g
durch Kakao-Wanzen befallen	32,3 g
durch Kakao-Miniermotten befallen	21,5 g

nach Daten von: Wielgoss et al. (2012)

In weiterführenden Laborexperimenten wurde untersucht, ob Kakao-Miniermotten ihre Eier auf Kakaoschoten ablegen, die schon von Kakao-Wanzen befallen waren. Zu diesem Zweck hängte man in eine Experimentierbox zwei Kakaoschoten. Eine Kakaoschote war durch den Befall mit Kakao-Wanzen vernarbt. Die Kakao-Wanzen und deren Eier wurden jedoch vor dem Versuch entfernt. Die andere Schote war weder befallen noch vernarbt. Anschließend gab man jeweils ein Weibchen und ein Männchen der Kakao-Miniermotte hinzu. Nach fünf Tagen wurden deren Eier auf der Oberfläche der beiden Schoten gezählt. Der Versuch wurde 38-mal erfolgreich wiederholt (Tabelle 3).

Tabelle 3: Ergebnisse der Laborexperimente

untersuchte Kategorie	Anzahl der Kakaoschoten mit Befall durch Kakao-Miniermotten	durchschnittliche Anzahl an Eiern der Kakao-Miniermotte pro Kakaoschote
nicht von Kakao-Wanzen befallene Schoten	38 von 38	14
von Kakao-Wanzen befallene Schoten	25 von 38	4

nach Daten von: Wielgoss et al. (2012)

weitere Materialgrundlage:

Clough, Y., Putra, D. D., Pitopang, R. & Tscharntke, T. (2009). Local and landscape factors determine functional bird diversity in Indonesian cacao agroforestry. Biological Conservation 142, S. 1 032–1 041

Freudig, D. (2004). Lexikon der Biologie. Spektrum Akademischer Verlag, Heidelberg

Ho, C. T. & Khoo, K. C. (1997). Partners in biological control of cocoa pests: Mutualism between Dolichoderus thoracicus (Hymenoptera: Formicidae) and Cataenococcus hispidus (Hemiptera: Pseudococcidae). Bulletin of Entomological Research 87, S. 461–470

Hosang, M. L. A., Schulze, C. H., Tscharntke, T. & Buchori, D. (2010). The potential of artificial nesting sites for increasing the population density of the black cacoa ants. Indonesian Journal of Agriculture 3(1), S. 45–50

Rizali, A. (2012). Ant community structure and biological control in Indonesian cacao agroforestry: long-term changes, land-use management and precipitation gradients. Dissertation in the International Ph. D. Program for Agricultural Sciences in Goettingen (IPAG) at the Faculty of Agricultural Sciences, Georg-August-University Göttingen, Germany

Rosmana, A., Shepard, M., Hebbar, P. & Mustari, A. (2010). Control of cocoa pod borer and phytophtora pod rot using degradable plastic pod sleeves and a nematode, Steinernema carpocapsae. Indonesien Journal of Agricultural Science 11, S. 41–47

See, Y. A. & Khoo, K. C. (1996). Influence of Dolichoderus thoracicus (Hymenoptera: Formicidae) on cocoa pod damage by Conopomorpha cramerella (Lepidoptera: Gracillariidae) in Malaysia. Bulletin of Entomological Research 86, S. 467–474

Way, M. J. (1992). Role of ants in pest management. Annual Review of Entomology 37, S. 479–503

Wielgoss, A. C., Clough, Y., Fiala, B., Rumede, A. & Tscharntke, T. (2012). A minor pest reduces yield losses by a major pest: plant-mediated herbivore interactions in Indonesian cacao. Journal of Applied Ecology 49, S. 465–473

http://bioweb.uwlax.edu/bio203/s2008/boland_kirs/Adaptations.htm (Zugriff 21. 01. 2014)

www.oired.vt.edu/ipmcrsp/SuccessStories/CocoaPod.html (Zugriff 21. 01. 2014)

www.uni-goettingen.de/de/3240.html?cid=4322 (Zugriff 21. 01. 2014)

Lösungsvorschlag

In der Aufgabe thematisierte Unterrichtsinhalte sind:
Räuber-Beute-Beziehung, Parasit-Wirt-Beziehung, Mutualismus, Symbiose, Parabiose, Lebensgemeinschaft im Ökosystem, Nahrungsnetz, Trophieebenen, Konsument, Produzent, chemische und ökologische Schädlingsbekämpfung, Ertragssteigerung

III.1 *Für den ersten Aufgabenteil ist es sinnvoll, zunächst alle aufgeführten Organismen gesondert zu notieren und anschließend zueinander in Beziehung zu setzen. Dabei können Sie auch schon Ordnung in die einzelnen Gruppen von Organismen bringen. Dies hilft Ihnen bei der Erläuterung der unterschiedlichen Trophieebenen weiter und erleichtert es Ihnen, sich die interspezifischen Wechselwirkungen in diesem Ökosystem klarzumachen. Achten Sie darauf, dass Sie alle Wechselbeziehungen erfassen und benennen, auch solche, die auf den ersten Blick etwas „abwegig" erscheinen (Parabiose). Dies bringt Ihnen Zusatzpunkte ein.*

Die beschriebene Lebensgemeinschaft in der Kakaoplantage lässt sich mit folgender Skizze zusammenfassen:

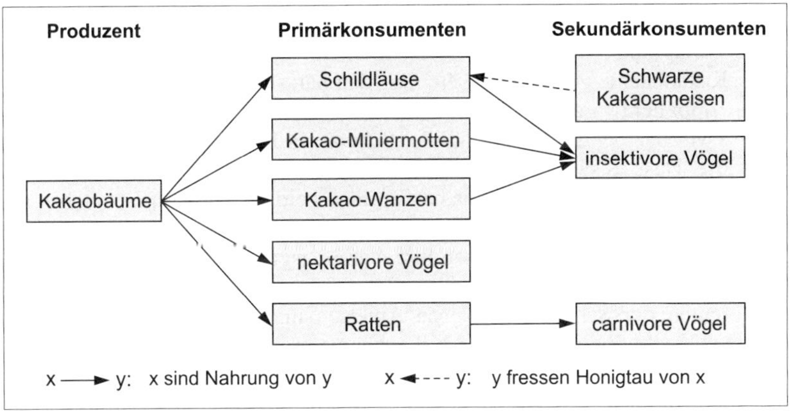

Wie in allen komplexen Ökosystemen sind auch in dieser Lebensgemeinschaft Organismen auf unterschiedlichen Trophieebenen angesiedelt. Die Basis bildet der Kakaobaum als Produzent. Von ihm ernähren sich – direkt oder indirekt (Vögel/Ameisen) – weitere Mitglieder dieses Ökosystems. Als Konsumenten 1. Ordnung sind Kakao-Miniermotten, Kakao-Wanzen, Schildläuse sowie Ratten zu nennen. Sie ernähren sich von den Kakaoschoten bzw. -bohnen des Baumes. Weitere Primärkonsumenten sind nektarivore Vögel, die den Blütennektar des Baumes als Nahrungsquelle nutzen.
Als Sekundärkonsumenten werden Mitglieder des Ökosystems bezeichnet, die sich nicht direkt von Kakaobäumen, sondern von deren Nutzern, den Primärkonsumenten, ernähren. Dazu zählen zum einen insektivore Vögel, die Jagd auf

Kakao-Miniermotten, Kakao-Wanzen und Schildläuse machen. Zum anderen sind auch carnivore Vögel Konsumenten 2. Ordnung, da sie auf das Erbeuten kleinerer Säugetiere spezialisiert sind. Somit gehören auch Ratten zu ihrem Beutespektrum. Auch die Schwarze Kakaoameise könnte man zu den Sekundärkonsumenten zählen, obwohl hier eine besondere Lebensgemeinschaft vorliegt.

Drei Arten von spezifischen Wechselwirkungen können in diesem Ökosystem beobachtet werden: das Räuber-Beute-Verhältnis, die Parasit-Wirt-Beziehung und die Symbiose (Mutualismus). Als Räuber fungieren insektivore Vogelarten, die Insekten wie Schildläuse, Kakao-Wanzen und Kakao-Miniermotten erbeuten oder carnivore Vögel, die Individuen der Rattenpopulation bejagen.

Schildlaus, Kakao-Miniermotte und Kakao-Wanze stehen zu ihrer Nahrungsgrundlage, dem Kakaobaum, in einer Parasit-Wirt-Beziehung. Für dieses Verhältnis sprechen folgende Indizien: Alle drei Insektenarten sind deutlich kleiner als ihr Wirtsorganismus. *Cataenococcus hispidus, Conopomorpha cramerella* und *Helopeltis sulawesi* leben im bzw. auf dem Kakaobaum und stehen damit in einem direkten, ununterbrochenen Kontakt mit ihrem Wirt. Sie schädigen ihn, indem sie dem Baum Nährstoffe entziehen (Schildläuse und Kakao-Wanzen saugen an den Schoten, Larven der Kakao-Miniermotte fressen das Fruchtfleisch der Kakao-Schoten). Entscheidend ist auch, dass die drei Arten die Wirtspflanze durch ihren Befall nicht töten. Die Schädigung der befallenen Kakaobäume geht nur so weit, dass den parasitierenden Insekten ein Überleben ermöglicht wird.

Zwischen der Schildlaus und der Schwarzen Kakaoameise besteht eine Symbiose. Dass es sich dabei um Mutualismus – d. h. eine nicht-obligatorische Symbiose – handelt, geht daraus hervor, dass beide Arten zusammenleben und dass aus diesem Zusammenleben für beide ein Nutzen erwächst. Einerseits liefern die Schildläuse den Ameisen ihre Nahrungsgrundlage, den Honigtau. Andererseits vertreibt *Dolichoderus thoracicus* die Fressfeinde und Nahrungskonkurrenten der Schildläuse. Neben Ameisen und Schildläusen leben vermutlich auch nektarivore Vögel und Kakaobäume in Symbiose (Nahrung für die Vögel/ Bestäubung der Pflanzen).

Die Tatsache, dass die Anwesenheit der Schildläuse kaum Einfluss auf den Gesundheitszustand der Kakaobäume oder den Ernteertrag hat, deutet darauf hin, dass zwischen der Schildlaus und dem Kakaobaum eine Parabiose vorliegt: Nur *Cataenococcus hispidus* zieht einen Vorteil aus der Beziehung und der Kakaobaum wird sichtlich nicht geschädigt.

III.2 *Beachten Sie, dass Sie nur die Untersuchungen in Tab. 1 beurteilen sollen. Um bei Abb. 2 mit konkreten Werten operieren zu können, zeichnen Sie Hilfslinien ein. Wenn Ihnen Besonderheiten bei den Versuchsergebnissen auffallen, sollten Sie unbedingt darauf hinweisen, um ggf. Zusatzpunkte zu erlangen.*

Um die Frage zu klären, welche Art der Bekämpfung der Schädlinge des Kakaobaumes erfolgversprechend ist, wurde auf einer malaysischen Kakaoplanta-

ge untersucht, inwiefern die Anwesenheit Schwarzer Kakaoameisen auf Kakaobäumen die Schädigung der Kakaoschoten durch Kakao-Miniermotten und Ratten beeinflusst. Dabei ermittelte man über einen längeren Zeitraum hinweg den mittleren Prozentsatz der befallenen oder geschädigten Kakaoschoten jeweils an ameisenreichen und ameisenarmen Kakaobäumen. Die Ergebnisse der Untersuchungen zeigen, dass deutlich weniger Schoten mit Schädlingen befallen oder geschädigt waren, wenn sich viele Ameisen auf dem Kakaobaum befanden. So war der Anteil an mit Motten befallenen Schoten durchweg um mindestens die Hälfte reduziert (z. B. am 155. Untersuchungstag 19 % gegenüber 38 %). Der Anteil der durch Ratten geschädigten Schoten war im Vergleich ebenfalls um mindestens die Hälfte, oft sogar auf weniger als 20 % reduziert (am 105. Untersuchungstag beispielsweise 4 % gegenüber 28 %). Die Anwesenheit von Ameisen scheint den Kakaobaum also vor Schädlingen zu schützen – und zwar noch stärker vor Ratten als vor Miniermotten.
In einer weiteren Untersuchung schützten die Forscher die Kakaoschoten, indem sie diese mit einer abbaubaren Folie umwickelten. Außerdem wurden weitere Schoten mit mikroskopisch kleinen Fadenwürmern besprüht, die Larven von *Conopomorpha cramerella* parasitieren. Bei einer dritten Pflanzengruppe führten die Wissenschaftler beide Maßnahmen durch. Am Ende des Versuchs ermittelte man die mittlere Schädigung der Kakaoschoten und das Trockengewicht der absatzfähigen Kakaobohnen pro Schote. Dabei zeigte sich, dass die unbehandelten Kontrollpflanzen – wie zu vermuten war – den geringsten Ertrag erbrachten. Ihre Kakaoschoten waren zu 62,3 % geschädigt und die absatzfähigen Bohnen pro Schote hatten ein durchschnittliches Trockengewicht von lediglich 22,4 g. Waren die Schoten mit der abbaubaren Folie umwickelt, betrug die mittlere Schädigung der Kakaoschoten nur noch 8,5 % und das Durchschnittsgewicht der absatzfähigen Kakaobohnen 45 g. Es war damit doppelt so hoch wie bei den unbehandelten Kakaopflanzen. Das gleiche Gewicht erzielten auch die Schoten, die nur mit Fadenwürmern behandelt worden waren. Allerdings war hier die Schädigung der Kakaoschoten deutlich geringer, sie lag bei nur 4,9 %. Den größten Schutz erzielte die Kombination beider Maßnahmen. Hier waren die Schoten im Mittel gar nicht geschädigt, und das durchschnittliche Gesamt-Trockengewicht der absatzfähigen Bohnen lag bei 74,8 g.
Bei einer Beurteilung der in Tab. 1 aufgeführten Maßnahmen zur Schädlingsbekämpfung kann festgehalten werden, dass eine Kombination aus Besprühen mit Fadenwürmern und der Umhüllung der Kakaoschoten mit abbaubarer Folie den besten Schutz bietet. Der Ertrag an absatzfähigen Kakaobohnen liegt dann um 66 % über demjenigen, der erzielt wird, wenn jeweils nur eine der beiden Maßnahmen angewendet wird. Außerdem liegt überhaupt keine Schädigung der Schoten vor.
Die beiden Einzelmaßnahmen sind in ihrer Wirkung zwar gleich gut; es zeigt sich allerdings, was die Schädigung der Schoten angeht, dass ein Umwickeln, d. h. ein temporärer Abschluss von der äußeren Umwelt, weniger erfolgreich bei der Abwehr von Schädlingen ist als eine Behandlung mit Nematoden.

III.3 *Geben Sie auch bei der Beschreibung von Abb. 4 konkrete Werte an (Hilfslinien).*

Zur Erforschung der Schadwirkung von Kakao-Wanze und Kakao-Miniermotte wurden in Indonesien 43 Kakaoplantagen in der Zeit von Februar bis August 2007 genauer untersucht. Dazu ermittelte man zunächst die Gesamtzahl der geernteten Kakaoschoten. Ihre Anzahl stieg von ca. 450 im Februar – mit leichten Einbrüchen im März (650 auf 600) und Mai (1 050 auf 1 000) – bis Juni kontinuierlich auf etwa 1 100 an. Von Juni bis Juli gingen die Ernteerträge stark zurück (auf 300 Kakaoschoten) und nahmen bis August weiter ab (auf 250 Schoten).

Unter den geernteten Kakaoschoten war von März bis Juni kaum ein Viertel ohne Insektenbefall, im Juli und August waren fast alle Schoten parasitiert. Die Anzahl der Schoten, die ausschließlich von der Kakao-Miniermotte befallen waren, lag bis Juni relativ konstant bei ca. einem Drittel der Gesamternte, im Juli und August bei etwa der Hälfte. Sie lag damit höher als die Anzahl der Schoten, die lediglich Kakao-Wanzen als Parasiten aufwiesen, im Juni sogar mehr als doppelt so hoch. Die Anzahl der Kakaoschoten, die beide Parasiten aufwiesen, war bis Juni stets geringer als die Zahl der Schoten, die nur von einer Spezies befallen waren. Lediglich von Juni bis August waren mehr Kakaoschoten von beiden Parasiten besetzt als von *Helopeltis sulawesi* allein.

In einer weiteren Untersuchung wurde das Trockengewicht der absatzfähigen Kakaobohnen ermittelt. Dabei lag das durchschnittliche Gesamt-Trockengewicht aller absatzfähigen Kakaobohnen pro Schote bei 32,5 g, wenn die Pflanze von keinem der beiden Insekten befallen war. Parasitierte auf der Pflanze nur die Kakao-Wanze, unterschied sich das Gewicht der Kakaobohnen pro Schote mit 32,3 g kaum von demjenigen einer Pflanze ohne Befall. Deutlich geringer fiel der Ertrag bei einem Befall mit *Conopomorpha cramerella* aus. Hier lag das Gesamt-Trockengewicht aller Bohnen pro Schote bei nur 21,5 g.

Um die Eiablage-Gewohnheiten von *Conopomorpha cramerella* zu untersuchen, wurden Experimente im Labor durchgeführt. Dazu bot man Pärchen der Kakao-Miniermotte in einer Experimentierbox zwei unterschiedliche Kakaoschoten an. Eine der Schoten war durch den Befall mit Kakao-Wanzen vernarbt (aber nicht von *Helopeltis sulawesi*-Exemplaren oder deren Eiern besetzt). Die andere Schote zeigte weder Befall noch Vernarbungen. Nachdem der Versuch 38 Mal durchgeführt worden war, zeigte sich, dass alle Kakaoschoten, die keinen Befall durch Kakao-Wanzen aufwiesen, von den Motten für ihre Eiablage angenommen wurden. Dabei lag die durchschnittliche Anzahl der Eier pro Schote bei 14. Nur vier Eier pro Schote legte das Motten-Weibchen, wenn die Schote Anzeichen eines Befalls mit Kakao-Wanzen aufwies. Dabei wurden von den angebotenen 38 Schoten überhaupt nur 25 für eine Eiablage angenommen.

Die Untersuchungsergebnisse zur Schadwirkung von Kakao-Wanze und Kakao-Miniermotte können mithilfe der Informationen aus Material A näher erläutert werden. Der Hauptschädling des Kakaobaumes ist die Kakao-Miniermotte. Dies verdeutlicht der Kurvenverlauf in Abb. 4. So waren im Juni ca. 500

von ca. 1 100 Schoten befallen und damit deutlich mehr, als durch die Kakao-Wanze (ca. 170). Die Larven der Motte durchbohren die äußere Schale der Kakaoschoten, graben Tunnel und fressen im Inneren das Fruchtfleisch. Da sich in den befallenen Kakaoschoten weniger Bohnen von schlechterer Qualität entwickeln, ist die Schädigung des Baumes gravierender als bei Befall durch die Kakao-Wanze. *Helopeltis sulawesi* verringert das Gesamt-Trockengewicht aller Bohnen pro Schote nur geringfügig, während die Motte das Gewicht durchschnittlich um fast 34 % reduziert. Dies bedeutet, dass der Ertrag bei von diesem Insekt befallenen Schoten um ca. ein Drittel gesenkt wird. Die geringe Schädigung der Kakaopflanze durch die Kakao-Wanze ist damit zu erklären, dass diese Tiere nur an den Kakaoschoten saugen. Dadurch vernarbt und verhärtet zwar die Oberfläche der Schote, die Bohnen in der Schote bleiben aber unversehrt. Dass Kakao-Miniermotten ihre Eier nur ungern auf Schoten ablegen, die zuvor schon von Kakao-Wanzen parasitiert wurden, hängt vermutlich damit zusammen, dass die Wanzen die Oberflächenbeschaffenheit der Kakaoschoten verändern. Dadurch wird es den Larven von *Conopomorpha cramerella* wahrscheinlich erschwert, die Schale zu durchdringen und ins Innere der Schote zu gelangen.

III.4 *Wenn Sie Ihre Kenntnisse in Bezug auf die Ausbildung von Resistenzen aus der Genetik reaktivieren, kann dies Zusatzpunkte einbringen. Im Übrigen sollten Sie schrittweise vorgehen und in beiden Aufgabenteilen alle wesentlichen Punkte der Untersuchungsergebnisse aus Material B und C sowie die Aussagen in Material A berücksichtigen.*

Bei der Beurteilung des Insektizid-Einsatzes zur Reduktion des Schädlingsbefalls sind mehrere Aspekte zu berücksichtigen. Aus Material B geht hervor, dass die chemischen Schädlingsbekämpfungsmittel in einem frühen Entwicklungsstadium der Früchte eingesetzt werden, sobald Kakao-Wanzen auf den Früchten gefunden werden. Dies bedeutet, dass die Insektizide vor allem *Helopeltis sulawesi* schaden. Ob sie auch den Hauptschädling des Kakaobaums, die Kakao-Miniermotte, signifikant treffen können, ist fraglich. Erstens erfolgt der Chemie-Einsatz drei Monate bevor die Motten ihre Eier auf den Schoten ablegen. Zweitens dringen die Larven sofort nach dem Schlupf ins Innere der Kakaoschoten ein, um sich dort vom Fruchtfleisch zu ernähren, und entgehen dadurch vermutlich der Wirkung der Insektizide. Es ist daher wahrscheinlich, dass die Miniermotten durch die chemische Schädlingsbekämpfung nur unbedeutend dezimiert werden.

Prinzipiell töten Insektizide alle Insekten ab, die sich auf den Schoten aufhalten, und damit – neben den Kakao-Wanzen – auch Kakaoameisen und Schildläuse. Wanzen und Läuse stellen aber Nahrungskonkurrenten der Motten dar, die dann fehlen. So erhöht der Einsatz von Insektiziden sogar die Schädigung des Kakaobaumes. *Conopomorpha cramerella* legt deutlich mehr Eier auf den Kakaoschoten ab, wenn kein Befall mit Kakao-Wanzen vorliegt (Tab. 3), und auf ameisenarmen Bäumen ist die Anzahl der befallenen bzw. geschädigten

Schoten deutlich höher als auf ameisenreichen Bäumen (Abb. 2). Aufgrund dieser Befunde ist der Einsatz von Insektiziden sogar als kontraproduktiv einzustufen. Die Schädlingsbekämpfung mit chemischen Mitteln ist auch deshalb ein „zweischneidiges Schwert", da man bei einer längerfristigen Anwendung in der Schädlingspopulation mit der Ausbildung von Resistenzen rechnen muss. Aus den Materialien lässt sich jedoch eine ökologisch und wirtschaftlich sinnvolle Strategie ableiten, um die Erträge des Kakaobaumes zu steigern. Da die Kakao-Wanze dafür sorgt, dass der Befall der Kakaopflanze durch ihren Hauptschädling, die Kakao-Miniermotte, entscheidend verringert wird (Tab. 3), sollte die Besiedlung mit *Helopeltis sulawesi* nicht verhindert, sondern gefördert werden. Des Weiteren wäre es sinnvoll, die Individuendichte der Kakaoameisen auf den Pflanzen zu erhöhen. Die Ergebnisse in Abb. 2 belegen, dass ihre Anwesenheit sowohl die Anzahl der Miniermotten als auch die Anzahl der Ratten, eines weiteren Ernteschädlings in der Kakaoplantage, deutlich verringert. Da *Dolichoderus thoracicus* im Mutualismus mit Schildläusen lebt, sollten auch letztere nicht bekämpft werden. Schildläuse schädigen Kakaoschoten und deren Bohnen kaum, ihre Anwesenheit erhöht aber die Wahrscheinlichkeit einer Besiedlung der Bäume durch die Kakaoameise. Als flankierende Maßnahme empfiehlt sich außerdem der Einsatz von endoparasitischen Fadenwürmern, die Mottenlarven attackieren (Tab. 1). Ihr Einsatz müsste allerdings erfolgen, bevor die Larven geschlüpft sind und sich ins Innere der Schoten gebohrt haben. Auch der Einsatz von abbaubaren Folien (alleine oder als zusätzliche Maßnahme) ist erfolgversprechend, wie Tab. 1 verdeutlicht. Er ist ökologisch sinnvoll und ertragssteigernd. Gegen dieses Verfahren sprechen jedoch ökonomische Aspekte. Das Verpacken jeder einzelnen Schote auf einer ganzen Plantage bedeutet vermutlich einen enormen zusätzlichen Arbeitsaufwand. Der Einsatz abbaubarer Plastikfolien ist damit wenig sinnvoll und auch nicht nötig, da genügend biologische Alternativen zur Verfügung stehen.

Leerseiten verbilligen in diesem Fall die Herstellung des Buches!

Ihre Meinung ist uns wichtig!

Ihre Anregungen sind uns immer willkommen. Bitte informieren Sie uns mit diesem Schein über Ihre Verbesserungsvorschläge!

Titel-Nr.	Seite	Vorschlag

Bitte hier abtrennen

Lernen • Wissen • Zukunft

STARK

Bitte hier abtrennen

Zutreffendes bitte ankreuzen!

Die Absenderin/der Absender ist:

- ☐ Lehrer/in in den Klassenstufen: ____
- ☐ Fachbetreuer/in
  Fächer: ____
- ☐ Seminarlehrer/in
  Fächer: ____
- ☐ Regierungsfachberater/in
  Fächer: ____
- ☐ Oberstufenbetreuer/in
- ☐ Schulleiter/in
- ☐ Referendar/in, Termin 2. Staatsexamen: ____
- ☐ Leiter/in Lehrerbibliothek
- ☐ Leiter/in Schülerbibliothek
- ☐ Sekretariat
- ☐ Eltern
- ☐ Schüler/in, Klasse: ____
- ☐ Sonstiges: ____

Unterrichtsfächer: (Bei Lehrkräften!)

____

STARK Verlag
Postfach 1852
85318 Freising

24-V_Abi

Bitte ausfüllen und im frankierten Umschlag an uns einsenden. Für Fensterkuverts geeignet.

Kennen Sie Ihre Kundennummer?
Bitte hier eintragen.

Absender (Bitte in Druckbuchstaben!)

Name/Vorname

Straße/Nr.

PLZ/Ort/Ortsteil

Telefon privat

Geburtsjahr

E-Mail

Schule/Schulstempel (Bitte immer angeben!)

(Bitte blättern Sie um)